“十二五”普通高等教育本科国家级规划教材

河南省“十四五”普通高等教育规划教材

Java程序设计教程

（第3版）

张墨华　主编

李戈　米慧超　副主编

清华大学出版社

北京

内容简介

全书共14章,涵盖Java基础、类型、变量和表达式、流程控制、数组、类和对象、继承和接口、异常控制、泛型和集合、常用类的编程、基本I/O处理、多线程开发、网络编程、数据库访问、用户界面开发等内容。本书着力提升学生解决复杂软件工程问题的能力,将银行存取款业务经典案例精心组织,分解到各章,循序渐进地介绍了面向对象技术的概念、设计方法和开发步骤,既系统地讲述程序设计的基础,又适当地引入适合工程领域开发的主要应用技术,"以典型问题引路,面向问题求解",将理论与技术培养相结合,加强思维方式和计算思维的训练,尤其突出案例和实践的应用。本书以项目驱动,每章都附有针对性的习题,引导学生继续完善银行案例。

本书可作为高等院校计算机类本科专业教材,缩减部分教学内容后也可作为高职高专的Java程序设计课程的教材。

图书在版编目(CIP)数据

Java程序设计教程/张墨华主编. —3版. —北京:清华大学出版社,2023.6 (2025.3重印)
ISBN 978-7-302-63653-3

Ⅰ.①J… Ⅱ.①张… Ⅲ.①JAVA语言—程序设计—教材 Ⅳ.①TP312.8

中国国家版本馆CIP数据核字(2023)第087397号

责任编辑: 汪汉友
封面设计: 何凤霞
责任校对: 胡伟民
责任印制: 沈 露

出版发行: 清华大学出版社
网　　址: https://www.tup.com.cn,https://www.wqxuetang.com
地　　址: 北京清华大学学研大厦A座　　**邮　　编:** 100084
社 总 机: 010-83470000　　**邮　　购:** 010-62786544
投稿与读者服务: 010-62776969,c-service@tup.tsinghua.edu.cn
质量反馈: 010-62772015,zhiliang@tup.tsinghua.edu.cn
课件下载: https://www.tup.com.cn,010-83470236
印 装 者: 三河市龙大印装有限公司
经　　销: 全国新华书店
开　　本: 185mm×260mm　　**印　　张:** 25　　**字　　数:** 624千字
版　　次: 2010年10月第1版　2023年8月第3版　　**印　　次:** 2025年3月第2次印刷
定　　价: 74.00元

产品编号:090879-01

前　　言

本书第 2 版于 2014 年 1 月出版，至今已被几十所高校选作教学用书，多年以来广受好评，并被遴选为“十二五”普通高等教育本科国家级规划教材。

由于近年来 Java 推出了不少重要的新特性，例如 Lambda 表达式、模块化系统、Stream 流操作、Optional 类、try…with…resources、var 局部变量类型推断等，因此此次改版将这些新的内容加入其中，全面反映 Java 技术最新的发展。

为了紧跟技术发展前沿，本书在编写中将 Java 的新特性分布于各个章节中。在听取教师和学生对前版教材的意见和建议后，在清晰性、内容组织、表达方式、程序清单和习题等方面进行了大量改进。具体如下。

(1) 本书重新编写了第 1 章，介绍 Java 最新的技术特性；为了便于后面内容的讲解，第 2 章加入了枚举类型概述、空串与 null 串比较、常量命名规则、类常量概念等内容；第 3 章加入了 switch 语句使用枚举类型变量、for each 循环、带标签的 break 语句等内容；第 4 章扩充了 Arrays 类方法介绍；第 5 章新增了释放对象时的操作、static 工厂方法用法、模块的概念及模块的基本使用方法等内容；第 7 章新增了 try…with…resources；第 8 章新增了 Lambda 表达式、Stream 操作等内容；第 9 章新增了 SimpleDateFormat 的格式字符的示例、Optional 类，删除了 Observable 和 Observer 对象等过时内容；第 10 章新增了 InputStream 的 readAllBytes 和 readNBytes 方法；第 11 章新增了利用 Callable 接口实现线程的内容；第 12 章新增了 URL 的网络编程示例；将第 13 章操作的数据库系统变为 MySQL，新增了二进制大数据对象的存取等内容；第 14 章讲述用户界面开发。

(2) 此次改版对第 2 版内容进行了调整和修正，语句更为清晰简练，对课后习题也进行了调整。

本书由张墨华负责大纲审定和统稿。第 1、2 章由柳玉炯编写，第 4、5 章由李戈编写，第 6 章由冯新扬编写，第 11～13 章由张墨华编写，第 7、8 章由陈珂锐编写，第 3、10 章由米慧超编写，第 9、14 章由潘君、魏庆编写。

我们为选用此书的教师提供了课件、实验报告以及书中的源程序，这些资源既可以扫描下方二维码下载，也可以和我们直接联系，非常欢迎老师们的建议和批评。

虽然 Java 已经是一种成熟且功能齐全的语言，但是其仍在快速发展中，一般情况下每 7 个月发布一次更新版本。作为教材，我们力求精益求精，给大家带来阅读、学习和实践的快乐，若书中出现疏漏、欠妥和谬误，敬请批评指正。

编　者

2023 年 5 月 15 日

学习资源

目　录

第 1 章　Java 概述 …… 1

1.1　Java 技术简介 …… 1

1.1.1　Java 发展历史 …… 1

1.1.2　Java 技术的构成 …… 2

1.1.3　Java 特性 …… 2

1.2　JDK 安装及配置 …… 3

1.2.1　了解 JDK …… 3

1.2.2　安装 Java 开发工具包 …… 5

1.2.3　配置环境变量 …… 6

1.3　创建一个 Java 应用程序 …… 10

1.3.1　创建一个 Java 源文件 …… 10

1.3.2　编译和运行 …… 12

1.3.3　编写 Java 应用程序需要注意的几个规则 …… 13

1.3.4　排除常见的错误 …… 13

1.4　Java 的工作原理 …… 14

1.4.1　Java 运行环境 …… 14

1.4.2　Java 应用程序执行过程 …… 15

1.4.3　Java 虚拟机 …… 17

1.4.4　自动垃圾收集 …… 19

1.5　程序注释 …… 19

1.6　常用开发环境 …… 20

本章小结 …… 21

习题 1 …… 22

第 2 章　类型、变量和表达式 …… 23

2.1　一个计算圆面积的程序 …… 23

2.2　变量和常量 …… 24

2.2.1　变量的种类 …… 24

2.2.2　变量的命名 …… 25

2.2.3　Java 的基本数据类型 …… 26

2.2.4　变量声明 …… 27

2.2.5　转义字符 …… 30

2.2.6　常量 …… 31

2.2.7　枚举类型 …… 31

2.3 运算符和表达式 …… 32
2.3.1 运算符 …… 32
2.3.2 算术表达式 …… 33
2.3.3 关系和逻辑表达式 …… 35
2.3.4 移位和位操作运算 …… 38
2.3.5 赋值运算符 …… 40
2.3.6 其他运算符 …… 41
2.3.7 数学函数 …… 41
2.3.8 字符运算 …… 42
2.3.9 类型转换 …… 42
2.4 字符串 …… 44
2.4.1 字符串常量 …… 44
2.4.2 字符串变量 …… 44
2.4.3 字符串运算 …… 45
2.5 基于文本的输入输出 …… 47
2.5.1 控制台的输入 …… 47
2.5.2 字符界面的输出 …… 49
本章小结 …… 51
习题 2 …… 53

第 3 章 流程控制 …… 54
3.1 语句、语句块和空白 …… 54
3.1.1 语句 …… 54
3.1.2 语句块 …… 55
3.1.3 空白 …… 56
3.2 顺序结构 …… 56
3.3 选择结构 …… 57
3.3.1 if…else 语句 …… 57
3.3.2 switch 语句 …… 61
3.4 循环结构 …… 63
3.4.1 for 循环 …… 63
3.4.2 while 循环 …… 65
3.4.3 do 循环 …… 66
3.4.4 跳转 …… 66
3.5 嵌套的结构 …… 68
3.6 变量的作用域 …… 69
3.7 程序设计应用 …… 70
3.7.1 求解素数 …… 70
3.7.2 递归 …… 71

3.8 程序调试和排错 …… 72
3.8.1 利用 assert 语句调试程序 …… 72
3.8.2 常见排错方法 …… 73
本章小结 …… 74
习题 3 …… 75

第 4 章 数组 …… 78
4.1 数组的声明、初始化和访问 …… 78
4.1.1 数组型变量的声明 …… 78
4.1.2 为数组分配空间 …… 79
4.1.3 初始化数组 …… 79
4.1.4 数组元素的访问 …… 80
4.1.5 使用增强型循环访问数组元素 …… 81
4.2 命令行参数 …… 81
4.3 多维数组 …… 82
4.4 数组的操作 …… 84
4.5 数组的应用 …… 85
4.5.1 查找 …… 85
4.5.2 排序 …… 88
本章小结 …… 89
习题 4 …… 90

第 5 章 类和对象 …… 92
5.1 面向对象技术的基础 …… 92
5.2 使用 JDK 的类 …… 93
5.3 创建自己的类 …… 95
5.3.1 类的结构 …… 95
5.3.2 声明自定义类 …… 96
5.3.3 为类添加成员变量 …… 98
5.3.4 为类添加方法 …… 101
5.3.5 方法重载 …… 106
5.3.6 为类添加构造方法 …… 106
5.4 对象 …… 108
5.4.1 创建对象 …… 109
5.4.2 访问对象 …… 110
5.4.3 this …… 111
5.4.4 实例运算符的作用 …… 113
5.4.5 对象特性及对象之间的关系 …… 113
5.5 static …… 116

5.5.1 static 代码块(类的初始化) …… 116
5.5.2 static 成员变量(共享数据) …… 117
5.5.3 static 方法(共享操作) …… 118
5.5.4 static 加载 …… 119
5.5.5 工厂方法 …… 119
5.6 内部类 …… 120
5.6.1 内部类的声明和应用 …… 120
5.6.2 具有 static 修饰的内部类 …… 121
5.6.3 局部内部类 …… 122
5.6.4 匿名内部类 …… 122
5.7 枚举 …… 123
5.8 包 …… 125
5.9 模块 …… 127
本章小结 …… 129
习题 5 …… 130

第 6 章 继承和接口 …… 132
6.1 类的层次结构 …… 132
6.2 创建现有类的子类 …… 133
6.2.1 继承 …… 133
6.2.2 使用 super 访问超类的构造方法 …… 135
6.2.3 覆盖和隐藏 …… 136
6.3 Object 类、抽象类、final 类 …… 137
6.3.1 Object 类 …… 137
6.3.2 抽象类 …… 140
6.3.3 final 类 …… 141
6.4 接口 …… 142
6.4.1 定义接口 …… 142
6.4.2 实现接口 …… 143
6.4.3 用接口定义变量 …… 144
6.5 抽象类和接口 …… 145
6.6 类型系统 …… 147
6.6.1 动态和静态类型 …… 147
6.6.2 多态性 …… 147
6.6.3 类型转换 …… 148
本章小结 …… 149
习题 6 …… 150

第 7 章 异常控制 …… 153
7.1 异常 …… 153
7.1.1 异常类型 …… 154
7.1.2 Java 程序中的常见异常 …… 155
7.2 异常处理 …… 156
7.2.1 异常处理的结构 …… 157
7.2.2 捕获多种异常 …… 158
7.2.3 异常与资源管理 …… 159
7.3 自定义异常 …… 161
7.3.1 定义一个受检异常 …… 161
7.3.2 定义一个非受检异常 …… 161
7.4 方法声明抛出异常 …… 162
7.4.1 方法声明中的异常 …… 162
7.4.2 运行时环境抛出异常 …… 163
7.4.3 开发人员编码在程序中抛出异常 …… 163
7.4.4 多异常抛出 …… 164
7.4.5 覆盖继承自父类的方法时常见的异常问题 …… 165
7.5 异常处理的基本规则 …… 165
7.5.1 捕获及声明异常 …… 165
7.5.2 finally 和 return 的关系 …… 166
7.5.3 需要注意的其他问题 …… 166
本章小结 …… 167
习题 7 …… 168

第 8 章 泛型和集合 …… 170
8.1 集合框架 …… 170
8.1.1 集合类 …… 170
8.1.2 集合的接口 …… 171
8.2 List …… 173
8.2.1 List 的主要方法 …… 173
8.2.2 ListIterator …… 174
8.2.3 ArrayList …… 175
8.2.4 Vector …… 177
8.3 Queue …… 178
8.3.1 LinkedList …… 179
8.3.2 LinkedBlockingQueue …… 181
8.4 Set …… 182
8.5 Map …… 184
8.6 构建有序集合 …… 187

8.6.1 利用 Comparable 接口实现有序列表 …… 187
8.6.2 利用 Comparator 接口实现有序集合 …… 188
8.6.3 其他排序集合 …… 189
8.7 泛型 …… 190
8.7.1 泛型在集合中的主要应用 …… 190
8.7.2 声明泛型类 …… 191
8.7.3 声明泛型接口 …… 192
8.7.4 声明泛型方法 …… 193
8.7.5 泛型参数的限定 …… 193
8.8 Lambda 表达式和 Stream 操作 …… 194
8.8.1 Lambda 表达式 …… 194
8.8.2 Stream 的操作 …… 195
本章小结 …… 200
习题 8 …… 201

第 9 章 常用类的编程 …… 202
9.1 Objects 类 …… 202
9.2 System 类 …… 204
9.3 String 类与 StringBuffer 对象 …… 205
9.3.1 String 类 …… 205
9.3.2 StringBuffer 对象 …… 208
9.4 日期处理 …… 209
9.4.1 获得 Date 对象 …… 209
9.4.2 创建一个 Calendar 对象 …… 210
9.4.3 Date 和 Calendar 的转换 …… 211
9.4.4 修改日历属性 …… 211
9.4.5 格式化输出及日期型字符串解析 …… 212
9.5 正则表达式 …… 214
9.5.1 一个例子 …… 214
9.5.2 字符集 …… 214
9.5.3 查找和替换 …… 218
9.5.4 捕获分组 …… 219
9.6 Optional 类 …… 220
9.7 数值的包装类 …… 223
9.8 生成随机数 …… 224
9.9 反射与代理 …… 225
9.9.1 Class 和反射 …… 225
9.9.2 对象代理 …… 229
本章小结 …… 232

习题 9 …… 233

第 10 章 基本 I/O 处理 …… 236

10.1 流 …… 236

10.1.1 什么是流 …… 236

10.1.2 流的分类 …… 237

10.1.3 输入流的基本方法 …… 238

10.1.4 输出流的基本方法 …… 239

10.2 字符流和字节流 …… 240

10.3 结点流 …… 241

10.4 流的处理链 …… 242

10.4.1 过滤器流 …… 242

10.4.2 转换流 …… 243

10.4.3 数据输入和输出流 …… 244

10.4.4 缓冲流 …… 245

10.4.5 打印输出流 …… 246

10.4.6 如何利用流编写程序 …… 246

10.5 文件处理 …… 247

10.5.1 File …… 247

10.5.2 Path 与 Files …… 251

10.5.3 顺序读写文件 …… 254

10.5.4 随机读写文件 …… 256

10.6 对象串行化 …… 259

10.6.1 什么是串行化 …… 259

10.6.2 可串行化的对象 …… 260

10.6.3 对象的串行化存取 …… 260

10.6.4 串行化的问题 …… 261

10.7 I/O 的异常处理 …… 263

本章小结 …… 264

习题 10 …… 264

第 11 章 多线程开发 …… 266

11.1 理解线程 …… 266

11.2 创建线程 …… 267

11.2.1 从 Thread 派生线程类 …… 267

11.2.2 实现 Runnable 接口创建线程目标类 …… 268

11.2.3 定义线程执行的任务 …… 268

11.2.4 创建线程实例,执行任务 …… 269

11.2.5 利用 Callable 接口实现线程 …… 269

11.3 失控的线程 …… 271
11.4 线程间的同步和互斥 …… 277
11.4.1 互斥对象的访问 …… 277
11.4.2 互斥方法的访问 …… 278
11.4.3 线程间的同步 …… 279
11.4.4 线程的死锁问题 …… 281
11.5 线程的状态与转换 …… 281
11.6 线程的管理 …… 285
11.6.1 线程的优先级 …… 285
11.6.2 线程的中断 …… 286
11.6.3 守护线程和用户线程 …… 286
11.6.4 线程组 …… 287
本章小结 …… 289
习题 11 …… 291

第 12 章 网络编程 …… 293
12.1 网络基础 …… 293
12.1.1 网络基本概念 …… 293
12.1.2 TCP 和 UDP …… 294
12.2 网络编程常用类 …… 295
12.3 基于 TCP 的网络编程 …… 297
12.3.1 基于 Socket 的客户-服务器模型 …… 297
12.3.2 创建服务器端 Socket …… 298
12.3.3 创建客户端的 Socket …… 299
12.3.4 创建一个多线程通信服务器 …… 301
12.3.5 客户-服务器通信的过程 …… 302
12.3.6 Socket 连接的关闭 …… 306
12.3.7 Socket 异常 …… 306
12.4 对象的网络传输 …… 307
12.5 基于 UDP 的网络编程 …… 310
12.5.1 数据报 …… 310
12.5.2 基于 UDP 的客户-服务器通信过程 …… 312
12.5.3 UDP 组播通信 …… 313
12.6 基于 URL 的网络编程 …… 315
12.6.1 URL 基础 …… 315
12.6.2 资源访问技术 …… 315
本章小结 …… 317
习题 12 …… 318

第 13 章　数据库访问 ………… 319
13.1　数据库编程基础 ………… 319
13.1.1　什么是 JDBC ………… 319
13.1.2　JDBC 驱动程序类型 ………… 320
13.1.3　安装 JDBC 驱动程序 ………… 321
13.2　连接数据库 ………… 321
13.3　使用 Statement 访问数据库 ………… 324
13.3.1　获得 Statement ………… 324
13.3.2　使用 Statement 对象执行 SQL 语句 ………… 326
13.3.3　语句完成 ………… 327
13.4　ResultSet ………… 328
13.4.1　行和光标 ………… 329
13.4.2　获取列的值 ………… 329
13.4.3　插入新行 ………… 331
13.4.4　更新列值 ………… 332
13.4.5　删除记录行 ………… 332
13.4.6　特殊字段类型的处理 ………… 332
13.5　PreparedStatement ………… 335
13.6　CallableStatement ………… 336
13.7　事务 ………… 338
13.7.1　事务处理 ………… 338
13.7.2　保存点 ………… 340
13.8　使用 RowSet ………… 341
13.8.1　RowSet 的种类 ………… 341
13.8.2　使用 JdbcRowSet 访问数据库 ………… 342
13.8.3　使用 CachedRowSet 访问数据库 ………… 343
13.9　数据源和连接池 ………… 347
本章小结 ………… 348
习题 13 ………… 349

第 14 章　用户界面开发 ………… 350
14.1　简介 ………… 350
14.1.1　从 AWT 到 Swing ………… 350
14.1.2　创建第一个 Swing 窗口 ………… 351
14.2　容器和基本组件 ………… 352
14.2.1　Swing API ………… 352
14.2.2　设计主窗口 ………… 354
14.2.3　添加组件到窗口 ………… 355
14.2.4　按钮 JButton ………… 356

14.2.5 标签 JLabel …… 356
14.2.6 文本组件 …… 356
14.2.7 选择性输入组件 …… 357
14.2.8 列表 JList …… 359
14.2.9 表格 JTable …… 361
14.2.10 添加菜单到窗口 …… 366
14.3 布局管理器 …… 367
14.3.1 BorderLayout …… 367
14.3.2 FlowLayout …… 368
14.3.3 BoxLayout …… 369
14.3.4 GridLayout …… 369
14.4 用中间容器组织界面元素 …… 370
14.5 事件机制 …… 372
14.5.1 事件处理过程 …… 372
14.5.2 主要事件类型 …… 373
14.5.3 一个事件处理的实例 …… 375
14.6 对话框 …… 377
14.6.1 选项对话框 …… 377
14.6.2 文件对话框 …… 378
14.6.3 自定义对话框 …… 378
14.7 图形编程基础 …… 380
本章小结 …… 382
习题 14 …… 383

第1章 Java 概述

本章围绕 Java 的技术构成阐述了 Java 是什么的问题。通过介绍 Java 技术发展的历史和现状，对 Java 技术以及本书内容在 Java 体系中所处位置进行了概括；通过典型的 Hello World 程序，简要介绍了 Java 程序的基本特点、应用程序的基本结构以及一些编程时应该注意的一些问题，并对 Java 虚拟机和程序加载和执行过程进行了必要的讲解。

学习目标：

- 了解 Java 的技术构成及几种开发平台的差异和联系。
- 理解 Java 编程语言的主要特性。
- 了解 JDK，掌握 JDK 的安装和配置。
- 认识 Java 程序的基本结构。
- 掌握利用工具进行 Java 应用程序的编辑、编译和执行过程。
- 认识源程序和字节码的区别。
- 了解 Java 虚拟机的工作原理。

1.1 Java 技术简介

1.1.1 Java 发展历史

Java 是从一种语言逐步发展为一种平台的。Java 的前身是一种与平台无关的语言——Oak。它于 1991 年诞生于美国 Sun 公司的一个研究项目，该项目最初的目的是创建一种独立于烤面包机和机顶盒等消费类电子设备内嵌系统的语言，但是在当时该项目并不太成功。1994 年，Internet 开始大规模发展。1995 年，NetScape 公司把 Java 集成到其浏览器产品中，Java 的可执行代码可以 Applet 的形式在浏览器中运行，极大地丰富了互联网应用。由于 Java 具有独立于任何平台的特性，使其非常适合 Internet 这种分布、异构的网络环境，因此受到众多程序员的青睐，是最广泛的开发技术之一。

除了应用于 Internet 的 Web 开发领域，Java 还具备一般计算机语言的全部功能，甚至可能更强。例如，在金融、电信、保险等行业的企业级计算环境中，面对百万、千万甚至更高的访问量，基于 Java 技术的业务系统依旧能良好运行。除此之外，Java 还是一种开发 Android 应用的主要语言，为众多嵌入式智能设备提供了强大的功能。

当前的 Java 技术标准是由 Java Community Process（JCP，Java 标准制定组织）制定的，其成员包括 Oracle、IBM、Intel、Microsoft、三星、金蝶公司以及一些个人用户。组织成员可以提交 JSR（Java Specification Requests，Java 规范请求），JCP 引领 Java 技术发展并审核其技术规范，确保 Java 技术规范的稳定性和跨平台的兼容性。JCP 通过不断更新 Java 的技术规范，协助各地 Java 程序开发者创造出更新的 Java 应用。JCP 维护的规范包括 Java ME、Java SE、Java EE、XML、OSS、JAIN 等，截至 2022 年 3 月，最新的 Java 平台发布的版本是 18。

1.1.2 Java 技术的构成

Java 不但是一种编程语言，而且是一个平台。作为一种编程语言，Java 是一个面向对象程序高级语言，拥有自己特殊的语法和风格，而 Java 平台就是一个供 Java 程序运行的特别环境，Java 目前主要有 4 个应用于不同领域的平台：Java Standard Edition (Java SE)、Java Enterprise Edition(Java EE)、Java Micro Edition(Java ME)以及 JavaFX。

Java 平台主要由两部分组成：Java 虚拟机(Java Virtual Machine，JVM)和 Java 应用编程接口(Application Programming Interface，API)。Java 虚拟机是能够翻译 Java 程序代码到目标机器的特殊软件。Java 虚拟机规范是一个开放标准，除了 Oracle 公司提供了能够安装在 Linux、Windows 和 macOS 等多个主流操作系统上的 JVM 产品，IBM、Microsoft 等公司也有各自的 JVM。这使得任何一个用 Java 编写的程序不用修改就可以在安装有 JVM 的操作系统中运行。因此，Java 是跨平台的，即它不依赖于特定硬件或操作系统。Java API 是一个软件组件的集合，便于进行 Java 程序的开发和部署，例如 JDBC API 就是用于访问数据库的一组程序。Java API 被分组到相关类和接口的库中，这些库被称为包，每个平台拥有数量不等、功能各异的包。当然，不同平台之间可以拥有相同的包。

1. Java SE

Java SE 是 Java 各应用平台的基础，大多数人提到的 Java 程序语言主要是指 Java SE 的 API 所提供的功能。Java SE 的 API 提供了 Java 程序语言的核心功能，从 Java 的基本类型和对象到面向网络、数据库、图形用户界面等开发使用的类，主要用于桌面开发和低端商务应用。

除了核心的 API，Java SE 平台还包括一个虚拟机、开发和部署工具，以及其他的一些类库和常用工具。

2. Java EE

Java EE 平台构建于 Java SE 平台之上，它提供的 API 和运行环境主要面向高负载、多层应用、可扩充、可信赖以及安全的企业级应用开发和部署。

3. Java ME

Java ME 平台为在小型设备上运行 Java 程序提供了一套 API 和一个占用很少资源的虚拟机，例如移动手机等嵌入式设备。它的 API 是 Java SE 的子集，另外提供了用于小型设备应用程序开发的特殊类库。

4. JavaFX

JavaFX 平台利用一套轻量级图形用户界面的 API，提供了开发富互联网应用程序(Rich Internet Applications，RIA)以及富客户端应用(Rich Client Platform，RCP)的基础。

1.1.3 Java 特性

在 Java 白皮书中，Java 被描述为“一种简单、面向对象、分布式、解释型、健壮、安全、结构中立、可移植、高性能、多线程、动态性的语言”。

1. 体系架构中立和可移植

一个程序要在一个操作系统上运行，必须先编译为该操作系统能理解的机器语言。不同操作系统所能理解的机器语言有所不同，因此在 Windows 系统上能运行的程序不能直接在 Linux 系统上运行，而 Java 程序的可移植性取决于其自身的体系架构，编译后的程序只是面向于虚拟机发布。

Java 源程序（扩展名为 java 的文件）首先被编译为体系结构中立的字节码（Bytecode）格式（扩展名为 class 的文件），而不是和某个具体的操作系统对应的机器语言，这个字节码可被视为能够在 Java 虚拟机中运行的机器指令，由于操作系统可以选装相应的虚拟机，所以 Java 程序不经修改就可以运行在各种操作系统的虚拟机中，真正实现"一次编写、处处运行"，如图 1-1 所示。

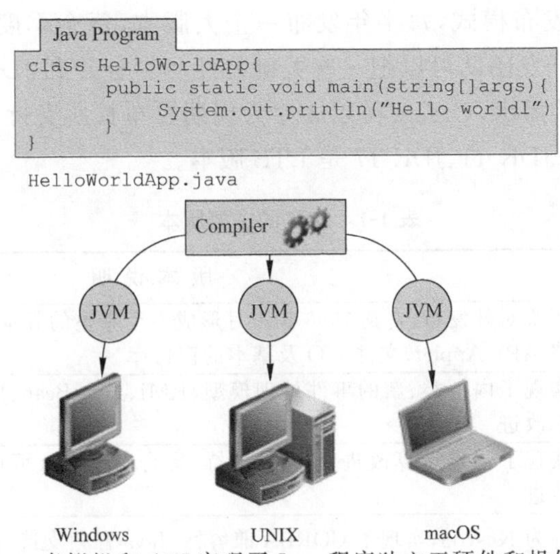

图 1-1　Java 虚拟机和 API 实现了 Java 程序独立于硬件和操作系统环境

2. 健壮性和安全性

Java 的强类型机制、异常处理、自动回收垃圾机制等是 Java 程序稳健性的重要保证。Java 丢弃了 C 和 C++ 中功能强大但复杂且危险的指针功能，内存分配和布局由 Java 环境透明地完成，资源的回收是由虚拟机直接完成的，这些机制保证了 Java 在编程时更加简单。因为 Java 代码通常运行在网络环境中，所以 Java 提供了安全机制以防止恶意代码的攻击。

3. 解释型

Java 是一种解释型语言。Java 程序首先被编译为字节码，然后便可以在安装有 Java 运行时环境的任何系统中运行。在代码运行时，Java 解释器对这些字节码进行解释执行，执行过程中需要的类在链接阶段便被载入运行环境中。

1.2　JDK 安装及配置

1.2.1　了解 JDK

Java 开发工具包（Java Development Kit，JDK）是一个用于构建在 Java 平台上发布的应用程序、Applet 和组件的开发环境，也是一切 Java 应用程序的基础，所有的 Java 应用程序都是构建在其上，它主要包括以下几部分。

（1）Java 程序语言。

（2）工具及工具的 API。

(3) Java 平台,Java 标准版的类库。

(4) 部署技术。

(5) Java 平台的虚拟机。

Sun 公司于 1996 年 1 月发布了 JDK 1.0,次年 2 月发布了 JDK 1.1,从此 Java 便开始在企业中应用。1998 年 12 月发布 JDK 1.2,即 Java 2 平台,并于 1999 年 6 月经集成重组后重新发布,至 2022 年 3 月,Java SE 的最高版本为 18,JDK 发布的主要版本如表 1-1 所示。自 JDK 10 开始,为了更快地迭代,Java 的更新从传统的以特性驱动的发布周期,转变为以时间驱动的(6 个月为周期)发布模式,每半年发布一个大版本,每个季度发布一个中间特性版本。通过这样的方式,开发团队可以把一些关键特性尽早合并到 JDK 中,以快速得到开发者反馈,针对企业客户的需求,Oracle 将以 3 年为周期发布长期支持(Long Term Support,LTS)版本,目前 JDK 8、JDK 11、JDK 17 是 LTS 版本。

表 1-1 JDK 的主要版本

JDK 版本	发布日期	版本说明
JDK 1.0	1995	正式对外发布,直到 1996 年 1 月形成一个完整的版本。包括标准的 I/O 库、网络 API、Applet、文件 I/O 及基本的窗口库
JDK 1.1	1997	实现了内部类、新的事件处理模型、RMI、Java Bean、JDBC、串行化、国际化、性能改进
JDK 1.2	1998	实现了浮点运算改进,Swing 支持、集合、Java2D、可访问性、引用对象及性能改进
JDK 1.3	2000	称为 Kestrel,实现了 CORBA 兼容性、Java 音频支持、JNDI 及性能改进
JDK 1.4	2001	称为 Merlin,实现了断言支持、64 位空间、新的 I/O 库、模式匹配、Java Web Start、IPv6、XML 进一步性能改进等
JDK 5.0	2003	称为 Tiger,实现了通用性(代码模块)、某些运算符重载等
JDK 6	2006	称为 Mustang,在性能和质量方面得到了很大提高,语言特性改进包括 JDBC 4、脚本语言、Web 服务、应用部署和监控等
JDK 7	2011	称为 Dolphin,实现了资源的自动回收管理,二进制字面量、catch 多个异常、switch 增加对 String 的支持,支持 Socket Direct Protocol (SDP),泛型及集合实例创建简化等
JDK 8	2014	实现了接口默认方法、Lambda 表达式、函数式接口、Stream API、新的日期工具类等
JDK 9	2017	实现了模块化、改进的 Java doc、集合工厂方法及优化集合初始化、改进 Stream API、支持私有接口方法等
JDK 10	2018 年 3 月	实现了局部变量类型推断、并行 Full GC 的 G1、基于实验 Java 的 JIT 编译器等
JDK 11	2018 年 9 月	实现了 Http Client 增强版、ZGC、完全支持 Linux 容器等
JDK 12	2019 年 3 月	实现了 Switch 语句的简化
JDK 13	2019 年 9 月	实现了字符串拼接、重写实现旧版套接字 API 等
JDK 14	2020 年 3 月	实现了 GC 优化、instanceof 扩展、Null Pointer Exception 改进等
JDK 15	2020 年 9 月	实现了 EdDSA 椭圆曲线签名算法、Record 类型等
JDK 16	2021 年 3 月	实现了弹性 Metaspace 功能、将 JDK 移植到 Windows 或 AArch64 平台、jpackage 工具等

续表

JDK 版本	发布日期	版本说明
JDK 17	2021 年 9 月	实现了 Sealed Classe、增强型伪随机数发生器、新的 macOS 渲染管道、特定于上下文的反序列化过滤器等
JDK 18	2022 年 3 月	默认使用 UTF-8 字符编码，实现了简单 Web 服务器、API 文档支持代码片段、向量 API 等

Java SE 平台包括了 JDK、Java 运行时环境(Java Runtime Environment，JRE)和相关 API。JDK 包含了 JRE 和相应的工具，例如编译器和调试程序等。JRE 提供了虚拟机、类库以及必要的组件，Java SE 的结构图如图 1-2 所示。

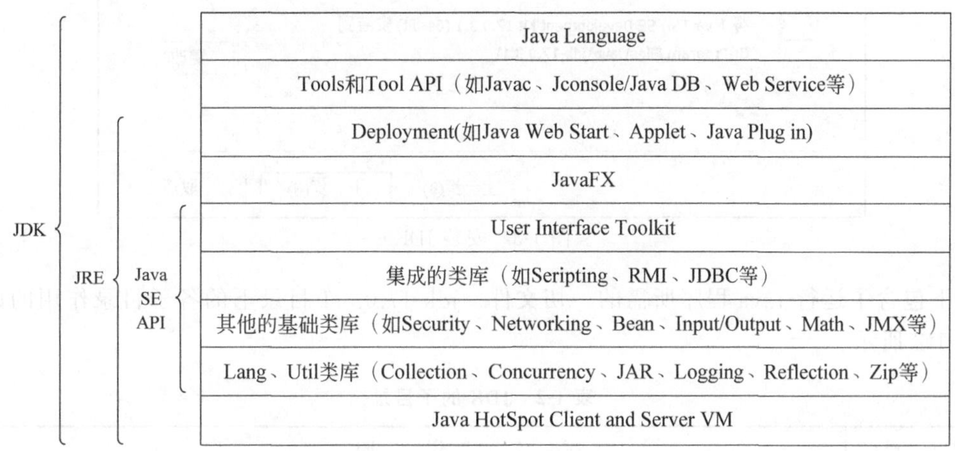

图 1-2　Java SE 的结构图

1.2.2　安装 Java 开发工具包

1. 安装 JDK

安装 Java 开发环境，必须有支持该环境的操作系统，Java 面向的主流平台有 Windows、macOS、Linux 等。由于在学习过程中使用的大多是 Windows 操作系统，因此本书以 JDK 17 的 Windows 版本为例来说明运行环境的安装及配置过程。

第 1 步，下载合适的 JDK。Oracle 公司网站提供了多种操作系统下的 JDK 下载。从这个地址可以进入 Java SE 平台的下载页面，选择对应操作系统下的 JDK 版本。本书假定下载的版本是 jdk-17_windows-x64_bin.exe，基于 64 位的 Windows 系统。

第 2 步，安装 JDK。双击下载的可执行程序，启动安装过程，首先安装的是供开发人员使用的开发环境，也就是 JDK，如图 1-3 所示。

JDK 默认安装在 C:\Program Files\Java 目录下根据版本号命名的子目录中，如图 1-3 中的 jdk-17.0.3.1。这个 JDK 软件包的安装目录通常称为 JDK 开发包安装的根路径，对应于后面提到的 JAVA_HOME 系统变量值。在安装 JDK 时可以更换安装目录，单击“更改”按钮，并在对话框中设置新的目录即可。

2. JDK 安装目录

安装后会在 C:\Program Files\Java 目录下创建名为 jdk-17.0.3.1 子目录，jdk-17.0.3.1

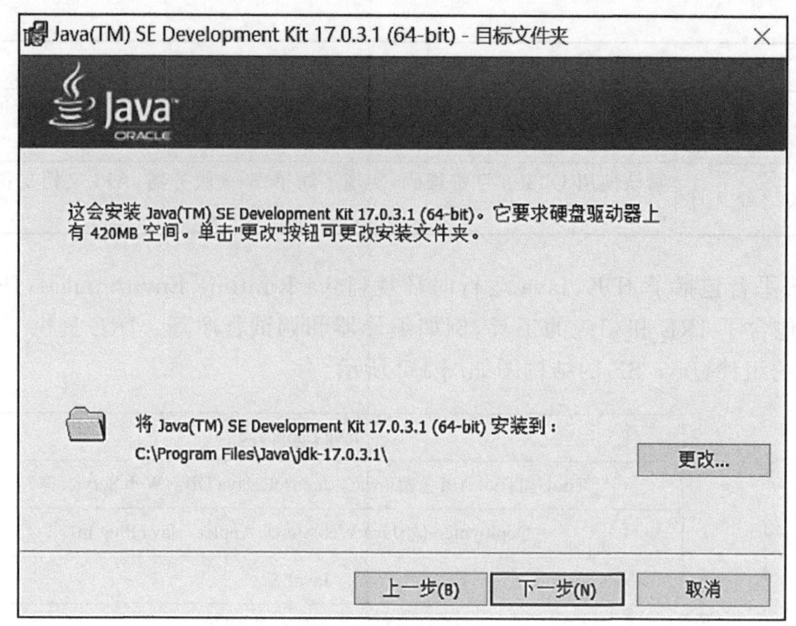

图 1-3　安装 JDK

目录下包含了运行 Java 程序所需的一切文件。jdk-17.0.3.1 目录下的各子目录作用的说明如表 1-2 所示。

表 1-2　JDK 的子目录

目　　录	说　　明
bin	JDK 的工具程序，例如 javac、java、javadoc、appletviewer 等
conf	由开发者、部署人员和最终用户进行编辑
include	使用 Java 本地接口和 JVM 调试接口的本地代码的 C 语言的头文件
jmods	编译的模块定义
legal	每个模块的版权和许可文件
lib	运行时系统的私有实现详细信息，这些文件仅供外部使用，不得修改
lib/src.zip	Java 平台源代码

3. 文档

下载 JDK 17 的帮助文档，该文档名为 jdk-17.0.3.1_doc-all.zip，解压缩这个文件，运行 api/index.html，可以查阅帮助手册，如图 1-4 所示。

1.2.3　配置环境变量

这是一个可选的步骤，从 JDK 1.5 后，安装完成后就可以结束安装工作了，而早期的版本通常还需要在系统中配置相应的环境变量才能保证正常的程序开发和运行。此外，某些 Java 的产品运行时也需要知道 JDK 的安装信息，下面介绍了在 Windows 系统中环境变量的配置步骤。

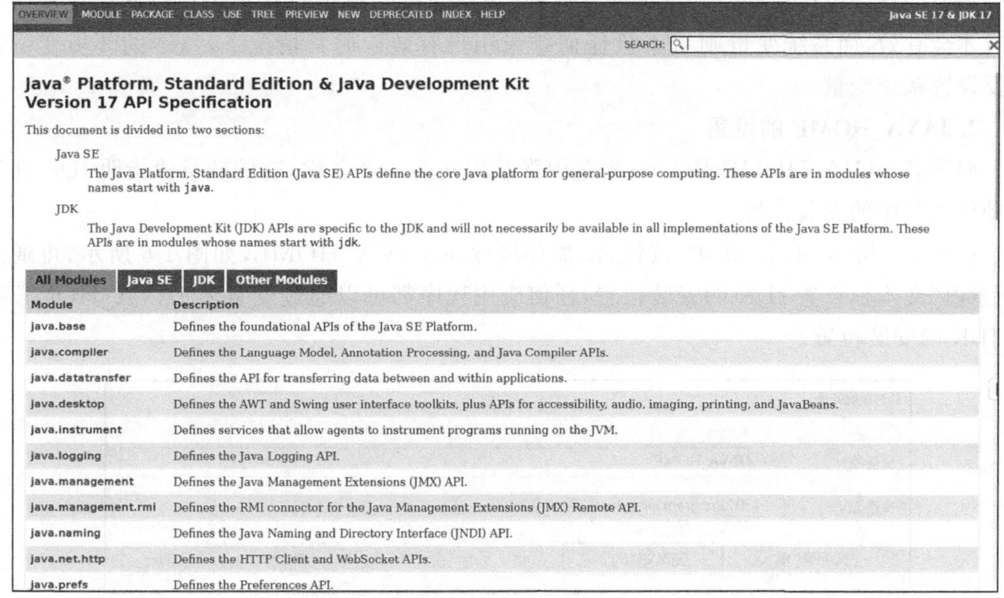

图 1-4　帮助文档

1. 环境变量配置

在 Windows 的桌面上右击“我的电脑”图标，在弹出的快捷菜单中选中“属性”选项，在弹出的窗口中单击“高级系统设置”按钮，在弹出的“系统属性”对话框中选中“高级”选项卡，在弹出的窗口中单击“环境变量”按钮，出现如图 1-5 所示的“环境变量”对话框。

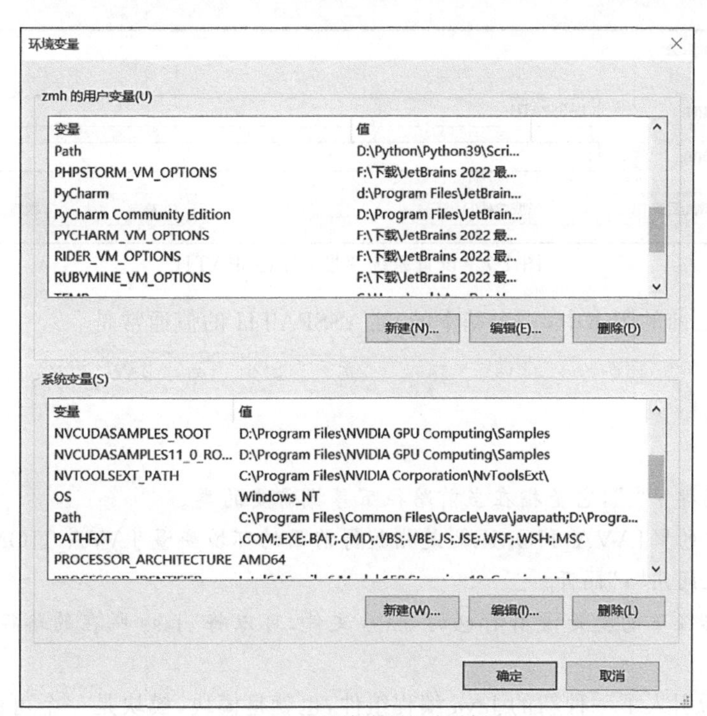

图 1-5　“环境变量”对话框

环境变量分为用户变量和系统变量两种,用户变量的设置只有当用户以此用户身份登录时才会有效,而系统变量则对本机任何登录用户有效。通常情况下,Java 的环境变量都需要设置系统变量。

2. JAVA_HOME 的设置

变量名 JAVA_HOME 是 Java 规范中强制定义的一个名称,它的变量值指明 JDK 在当前操作系统中的安装位置。

如图 1-5 所示,单击“新建”按钮,添加环境变量 JAVA_HOME,如图 1-6 所示,可通过“变量值”文本框设置 JDK 的安装位置,任何应用程序都可以通过变量名 JAVA_HOME 获得 JDK 的安装位置。

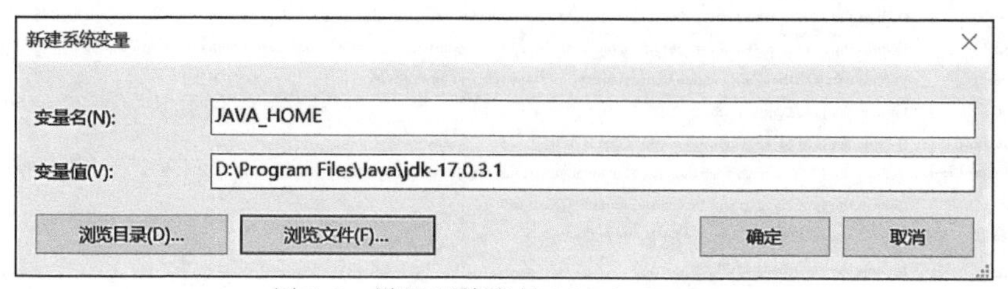

图 1-6　设置环境变量 JAVA_HOME

3. CLASSPATH 的设置

顾名思义,CLASSPATH 表示类路径,该变量值用于告诉 Java 运行环境去哪里查找程序中用到的 Java 类文件。具体操作与 JAVA_HOME 系统变量的添加过程相同。通过“变量名”框可添加一个名为 CLASSPATH 的系统变量,如图 1-7 所示。

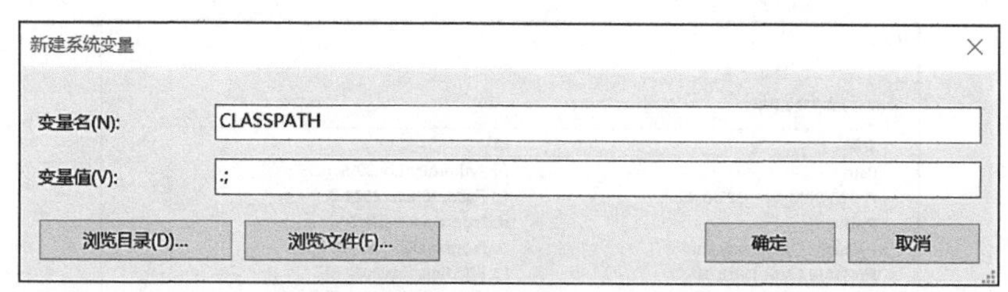

图 1-7　设置系统变量 CLASSPATH

在 JDK 9 之前的版本中,一个基本的 CLASSPATH 的值通常是

```
.;%JAVA_HOME%\lib\tools.jar;%JAVA_HOME%\lib\dt.jar;%JAVA_HOME%\jre\lib\
    rt.jar
```

注意:

(1) 不要漏掉了“.”,它是指在当前路径下寻找需要的类。

(2) 设置中的%JAVA_HOME%是指获得前面的环境变量 JAVA_HOME 的值。

(3) 路径之间用“;”隔开。

(4) 如果路径下的类是没有打包的 class 文件,可以将 class 所在的路径添加到该变量的值中。

JDK 9 之后引入了一种新的 Java 编程组件,也就是模块,模块是一个可命名的、自描述的代码和数据集合。模块技术的核心目标是减少 Java 应用和 Java 核心运行时环境的大小与复杂性。为此,JDK 本身进行了模块化,Oracle 公司希望通过这种方式提升性能、安全性和可维护性。

为了支持 Java 9 的模块，Oracle 公司引入了一种新的模块化 JAR 文件形式，按照这种形式会在其根目录中包含一个 module-info.class 文件。为此，Oracle 提供了用于组合和优化一组模块的工具，以形成自定义的运行时镜像(image)，这样的镜像不必将整个 Java 运行时包含进来。模块化所带来的其他变化包括从 Java 运行时镜像中移除了 rt.jar 和 tools.jar。也就是说，从 JDK 9 及之后的版本时，配置环境变量时不需要配置 CLASSPATH 变量。

4. PATH 的设置

PATH 环境变量用来设置操作系统寻找和执行应用程序的搜索路径，这个变量在原来的系统环境变量中已经存在。它的作用是当操作系统在当前路径下没有找到需要执行的命令和应用程序时，就按照此变量设置的搜索路径一一查找，如果没有找到，将会出现如图 1-8 所示的类似错误信息。

图 1-8　Path 环境变量没有正确设置时出现的提示信息

图 1-9 所示为环境变量中系统变量的设置。找到 PATH 环境变量，双击打开(或单击“编辑”按钮)“编辑系统变量”对话框，追加上%JAVA_HOME%\bin。JAVA_HOME 是前述设置的环境变量，如图 1-10 所示。设置后，在 Windows 系统的命令行环境中在任何路径下执行 JDK 的工具程序(如 java.exec 和 javac.exe 等)，Windows 系统都能通过设置的这个搜索路径找到对应的命令程序。

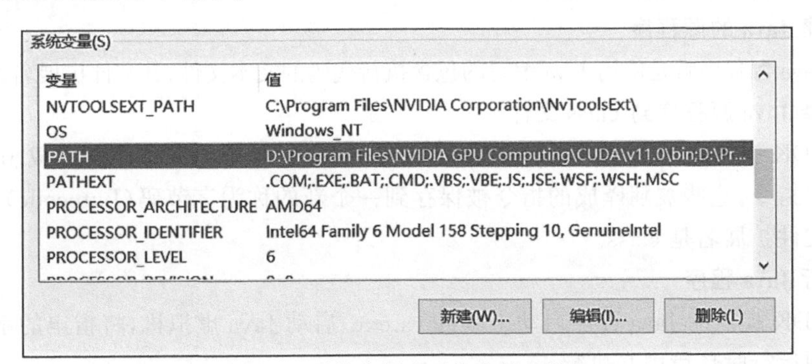

图 1-9　环境变量中系统变量的设置

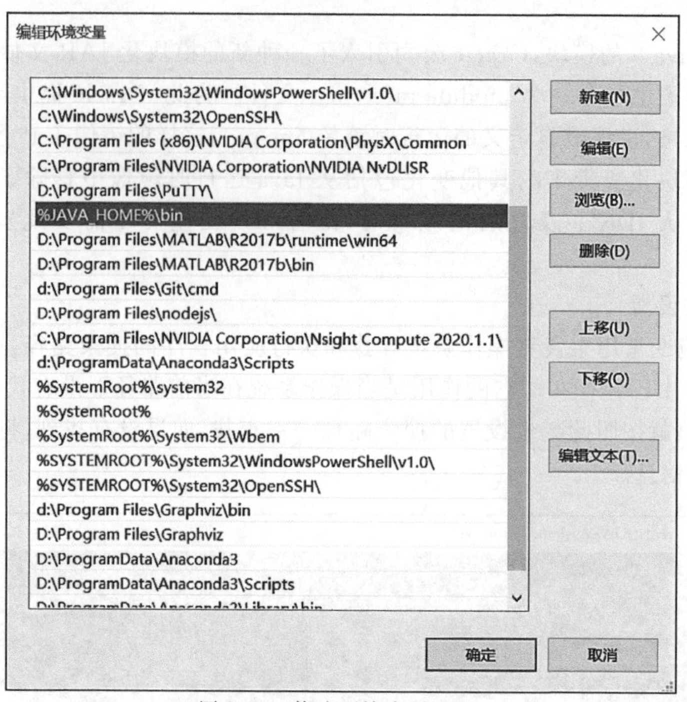

图 1-10 修改环境变量 Path

1.3 创建一个 Java 应用程序

在准备编写 Java 程序之前，要先保证在计算机上已经安装了 JDK，并做了正确的环境变量配置。为了编写程序，可以使用任何一个纯文本编辑器，或者如 Eclipse、Intellij IDEA 这样的集成开发环境(Integrated Development Environment，IDE)。在下面的例子中，将采用 Windows 系统的记事本程序作为编辑器来创建 Java 源程序。创建并运行一个 Java 应用程序，不借助任何 IDE，需要经过下面几个步骤。

1. 创建 Java 的源程序

一个 Java 源程序就是使用 Java 编写的包含执行代码的文本文件，其文件扩展名为 java。

2. 编译 Java 源程序到.class 文件

利用 JDK 提供的 Java 程序编译器(javac.exe)可以将指定的源程序翻译成 Java 虚拟机能够识别的指令，这些被翻译成的指令被保存到一个新的称为字节码(Bytecode)的文件中，这个新的文件扩展名是 class。

3. 运行 Java 程序

利用 JDK 提供的 Java 程序启动工具(java.exe)启动 Java 虚拟机，将指定的字节码文件(类)加载到运行时环境中并执行。

1.3.1 创建一个 Java 源文件

程序 1-1 是一个向控制台输出字符串“Hello World!”的 Java 源程序，可以用纯文本编辑器(如 Windows 系统附件里的记事本)编辑创建，保存文件名字为 HelloWorldApp.java。

```
(01)  /**
(02)  *   程序 1-1:一个向控制台输出字符串的应用程序
(03)  */
(04)  public class HelloWorldApp{
(05)  /*main 方法是构成 Java 应用程序不可缺少的部分
(06)  @param  args 一个 String 类型的数组
(07)  */
(08)  public static void main (String[] args) {
(09)      System.out.println("Hello World!");      //向控制台输出
(10)  }
(11)  }
```

注：行号并不是程序的组成部分。

编写 Java 源程序时，应当遵循以下 Java 的编程规则。

1. 注释

注释用来帮助其他人理解程序。程序 1-1 的 1～3 行是 Java 的文档注释，其符号是"/**…*/"，符号中间是注释内容。5～7 行是 Java 中的另外一种注释方式，可以在/*…*/中包含多行注释文本，而第 9 行"//"符号，表示后续的是单行注释内容。

2. 定义类

第 4 行利用 class 这个关键字定义了一个名为 HelloWorldApp 的类，public 关键字说明这个类的访问控制属性是公有。

3. main 方法

main 方法是 Java 程序执行的起始点，任何一个 Java 程序都必须有一个 main 方法。Java 解释器必须发现这一严格定义的运行起点，否则将拒绝运行要求执行的程序，因此这个方法的声明是标准的，每部分都不可或缺。

public 表示 main 方法可被任何程序访问(前提是类本身可以被访问)。

static 表示 main 方法是一个可以直接使用的方法，无须创建该类的对象就可以使用。

void 表示 main 方法执行它所包含的语句后不返回给调用者任何信息。这一点是重要的，因为 Java 编程语言要进行谨慎的类型检查，包括检查调用的方法确实返回了这些方法所声明的返回值类型。

String args[]是一个 String 数组的声明，命令行的参数会传递给 args。

4. 程序执行语句

程序的功能是由执行代码体现的，没有代码，程序就毫无意义。程序 1-1 的第 9 行是本程序唯一一条可执行代码，println 方法将"("和")"之间的字符串信息"Hello World!"输出到标准输出设备上(默认是显示器)。

5. "{"和"}"

"{"和"}"必须成对出现，每个类的类体或者方法体都是以"{"开始，以"}"结尾。

6. ";"

每一条语句都是以";"表示语句的结束，例如第 9 行的代码。

7. 文件名

如果 Java 的源程序文件中包含了一个用 public 修饰的类定义，那么源文件的文件名必须和该类的名称保持完全一致(包括大小写)，Java 源文件的文件名扩展名为 java。

1.3.2 编译和运行

为了介绍 Java 程序的编译和运行过程，事先需要对程序的环境进行限定，具体 Java 环境的配置可参考 1.2.3 节的有关内容。这里假定环境配置正确，程序 1-1 源程序文件放在 D 盘根目录的 demo 文件夹内。如果在编译和运行中遇到问题，可参阅 1.3.4 节的常见错误排除部分。

一个 Java 的源程序并不能直接执行，必须被编译为对应的字节码文件后才可以执行。

1. 编译源程序，产生字节码文件

当创建了源程序之后，用 JDK 开发包提供的编译器(JDK 开发包下的 bin 文件夹下一个名为 javac.exe 的可执行文件)进行编译，使用该编译器要首先进入 Windows 的命令行提示符环境下，切换路径到 Java 源程序所在的路径下，然后执行命令如图 1-11 所示。注意，编译时，源文件名后的文件类型扩展名 java 不能丢弃。

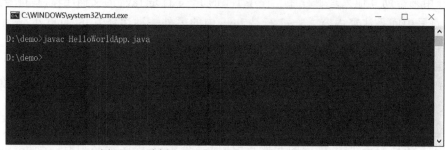

图 1-11 编译 Java 源程序产生对应的字节码文件

编译结束后，如果编译器未返回任何提示信息，则表示一切正确。编译的结果是产生一个以类名作为文件名，扩展名为 class 的文件，例如 HelloWorldApp.class，这个 class 文件被称为字节码文件，如图 1-12 所示。

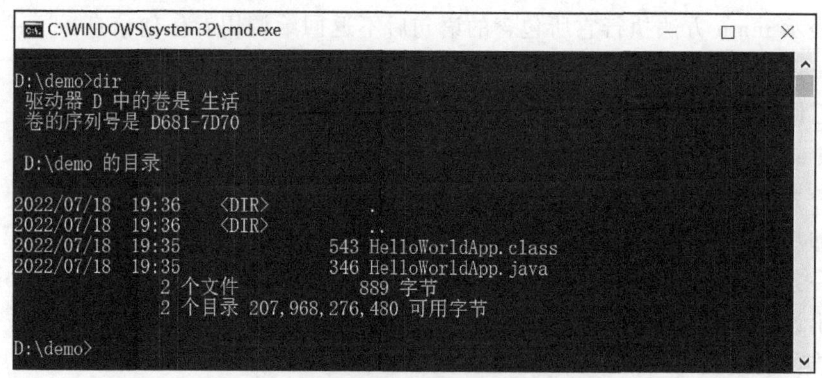

图 1-12 通过 dir 命令列出目录下的文件

2. 运行字节码文件

为运行 HelloWorldApp 应用程序，必须使用 Java 程序解释器和位于 bin 目录下的 java.exe 可执行文件，java.exe 的作用是启动 Java 的虚拟机以便运行程序，使用方法如图 1-13 所示。

虚拟机启动后，会加载指定的类，例如本例中的 HelloWorldApp 类，开始依次执行类中定义的 main 方法中的执行代码。

图 1-13 使用 Java 程序启动虚拟机执行应用程序

注意：运行时，字节码文件名后的文件类型扩展名 class 应当省略。

在 JDK 11 及之后的版本中，可以直接使用 Java 解释器(java.exe)来执行 Java 源代码文件，源代码在内存中编译，然后由解释器执行，而不需要在磁盘上生成.class 文件。

1.3.3 编写 Java 应用程序需要注意的几个规则

编写程序时，在遵守语法的同时，一些基本规则也需要遵守的，下面简单列出了初学者应该遵守的基本规则。

规则 1：Java 的程序是由一个或多个类组成的，一个 Java 应用程序至少包含一个类。极端地，一个类可以是一个空类，不包含任何属性定义和方法声明。

规则 2：至少一个类中应该包含 public static void main(String[] args)这样的方法声明，否则程序不可能被运行。

规则 3：一个 Java 源文件一般只包含一个类定义，当然如果希望将更多的类定义写入一个 Java 源文件中，Java 规范也是允许的。建议在一个源文件中只定义一个类，因为这样便于维护。

规则 4：一个源文件中，最多只能包含一个用 public 修饰的类。

规则 5：如果一个源文件中包含了一个用 public 修饰的类，那么源文件的文件名必须和类的名称保持完全一致，包括大小写，这一点初学者尤其要注意。

规则 6：Java 源文件的文件名后扩展名是 java。

规则 7：声明一个类时，其类名的第一个字母应该大写。当类名是由多个单词组合时，每个单词的第一个字母应该大写，与 HelloWorldApp 的命名风格一样。

1.3.4 排除常见的错误

初学者在开始自己的第一个 Java 程序时，由于环境设置、编码规范等多方面的原因导致成功运行首个程序的过程可能并不顺利，这里就 HelloWorldApp.java 程序在 Windows 平台上的编译和运行过程中出现的问题进行总结，读者可以对照进行参考。

错误 1：声明一个类的关键字 class，写成了 Class，要注意大小写。

错误 2：声明 main 方法时，方法修饰符没有严格按照 public static void 的顺序，并且其参数是一个字符串数组 String[]。

错误 3：大小写问题，例如把 main 方法的参数 args 的类型 String[]，改成了 string[]，把 System 写成了 system。

错误 4：

```
'JAVAC' is not recognized as an internal or external command,operable program or
    batch file。
```

解释：编译错误。包含 javac.exe 编译器的路径变量设置不正确，操作系统无法发现该执行文件。请检查 PATH 的环境变量设置是否正确。

错误 5：类名和文件名不能保持一致。如：

```
HelloWorldAp.java:5: class HelloWorldApp is public, should be declared in a file
    named HelloWorldApp.java
public class HelloWorldApp{
```

解释：编译错误。当一个类被 public 修饰时，包含这个类的文件名应该和该类名完全一致，例如上面的错误显示类 HelloWorldApp 被声明为 public，但其所在的文件名称却是 HelloWorldApp.java，类名和文件名不相符。

错误 6：不能发现需要执行的类。例如：

```
Exception in thread "main" java.lang.NoClassDefFoundError: HelloWorldApp
```

解释：运行错误。执行当前的程序时，没有找到所需的类 HelloWorldApp，可以检查需要执行的类名是否正确，注意大小写。

错误 7：

```
HelloWorldApp.java:10: cannot resolve symbol
symbol: method printl (java.lang.String)
location: class java.io.PrintStream
```

解释：编译错误。PrintStream 类中没有名为 printl 这样的方法。

HelloWorldApp.java：10：cannot resolve symbol 的意思是在 HelloWorldApp.java 文件的第 10 行发现一个不认识的符号。

symbol：method printl (java.lang.String)是指这个符号是一个名为 printl 的方法，该方法有一个字符串类型的参数。

location：class java.io.PrintStream 的意思是该方法是 PrintStream 类中的方法，这是根据上下文发现的，因为 out 的类型是 PrintStream，而输出消息 printl 是向 out 发出的，但 out 中并没有一个名为 printl 的方法，故而报错。

错误 8：无法读取 HelloWorldApp.java。

解释：利用 javac 编译器编译 HelloWorldApp.java 源文件时，在指定的文件夹下没有找到此文件，可能是文件名错误，或者指定的文件夹位置不对。

在第一次编写、调试或运行程序时，很多初学者都会犯以上类似的错误。

1.4　Java 的工作原理

1.4.1　Java 运行环境

Java 编程语言是与众不同的，因为 Java 源程序需要经过编译(翻译为 Java 字节码)和解释(解释程序由 JVM 实现,完成字节码的分析和运行)运行两个过程。编译过程只需进行一次,而解释则在每次运行程序时都要进行。编译产生的字节码是 JVM 的最佳机器码形式。

Java 的运行环境如图 1-14 所示,首先 Java 的源程序由编译器编译成 Java 的二进制字节码 class 文件,然后 class 文件由 Java 运行环境中的类装载器加载到内存,同时类装载器还会加载 Java 的原始 API Class 文件。类加载器负责加载、连接和初始化这些 class 文件以后,就交给虚拟机中的执行引擎运行。执行引擎将 class 文件中的 Java 指令解释成具体的本地操作系统方法来执行,而安全管理器将在执行过程中根据设置的安全策略控制指令对外部资源的访问。

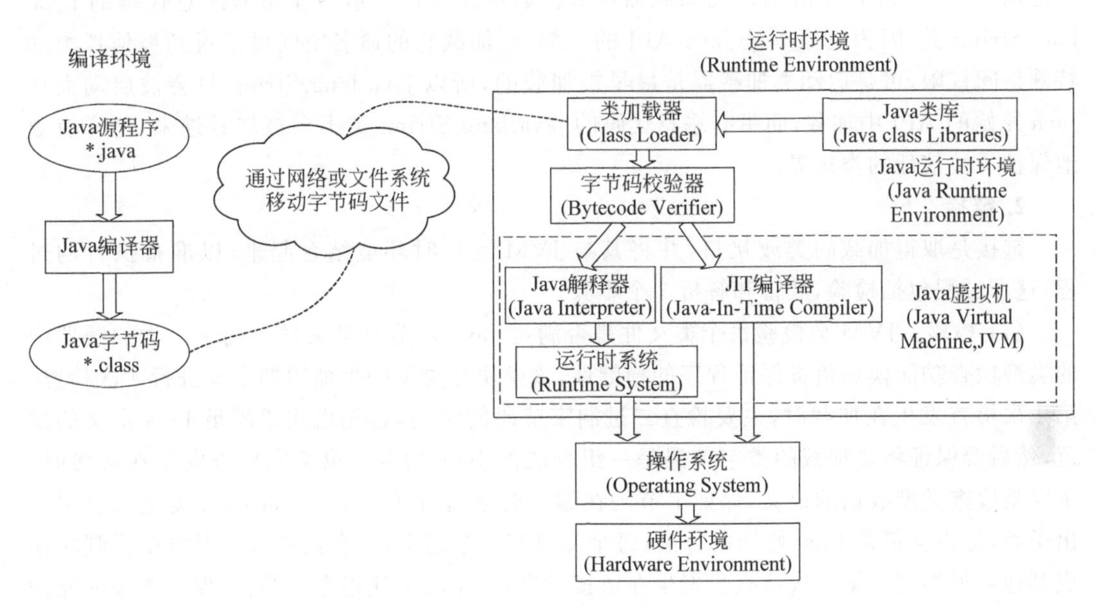

图 1-14 Java 的运行环境

1.4.2 Java 应用程序执行过程

JVM 在解释执行一个 Java 程序时,会首先生成一个初始 Class 对象(如上例 Java 命令后跟的 HelloWorldApp 类),这个初始的类对象是包含 public static void main(String[] args)方法的 Java 类对象。JVM 连接与初始化这个类并调用 main 方法(注:找不到时就会抛出异常)。这个 main 方法推动所需要的其他类和接口的加载、连接与初始化。

1. 加载

加载过程由类加载器完成,包括读取字节码,生成 Class 对类对象以及验证格式合法性。加载的过程是由类加载器完成的,该加载器是 ClassLoader 的子类。当 JVM 加载类时,它寻找类或接口的二进制表示,并用这个二进制表示(通常是 Java 编译器生成的字节码文件)生成 Class 对象。Class 对象封装的是欲执行类或接口的运行时状态。

类加载器分成了启动类加载器、标准扩展类加载器、路径类加载器和网络类加载器 4 种。启动类加载器从本地系统中加载原始的 Java API 类,用来启动 Java 虚拟机,而其他 3 种加载器是在运行时加载用户定义的类,标准扩展类加载器加载的是不同虚拟机提供商扩展的标准Java类，而在CLASSPATH(指定了某些类库所在位置的系统环境变量)中的类由路径类加载器来加载，网络类加载器加载通过网络下载得到的类文件，每一种加载器在加载类的时候都会建立一个加载器实例。

在加载过程中，当发出加载请求时，加载器首先询问路径类加载器来查找并加载这个类，而这个加载器也向上层请求加载，一层一层向上请求，直到启动加载器获得请求，来查找并加载这个类，如果这个类没有被加载并且查找不到，返回结果给它的子加载器，由子加载器加载，直到请求返回给原来的加载器，这时还没有加载成功，由网络类加载器试图从网络中寻找并下载，如果还不成功将抛出 NoClassDefFoundError 异常。这个过程保证了启动类加载器可以在标准扩展类加载器之前加载类，而标准扩展类加载器又可以在路径类加载器之前加载类，最后才由网络类加载器加载。若应用试图加载一个带有恶意代码的java.lang.String类，因为它原本是Java API的一部分，加载它的命名空间可以得到被信任类的特殊访问权限，可是启动类加载器是最早被加载的，所以java.lang.String只会被启动类从Java原始的API中加载，而带有恶意代码的java.lang.String类不会被加载进来，这样有效地保护了被信任的类边界。

2. 链接

链接是取得加载的类或接口，并将其与JVM运行时环境结合起来，以准备执行的过程，这个过程包括检验，准备和解析3个步骤。

(1) 检验。JVM会检验每个类文件是否满足Java规范对类文件的约束。类加载器中的类型检查功能模块负责保证程序的稳健性，该模块在类型的生命周期中要进行4次检查。第1次检查发生在加载时，主要检查二进制字节码的结构，首先格式要满足Java定义的规范，然后要保证将要加载的类字节码是一组合法的Java指令。第2次检查发生在链接时，主要是检查类型数据的语义，保证字节码在编译时候遵守了规范，例如final类是否会派生出子类，是否会覆盖final修饰的方法；每个类只有一个超类；没有把基本数据类型强制转换成其他数据类型。第3次检查也发生在链接时进行，主要关注指令的结构，保证指令的操作数类型和值正确，操作数堆栈是否会出现上溢或者下溢。第4次检查发生在动态链接时，主要检查类型中的符号引用被解析时是否正确。以上的问题都会产生恶意的行为，所以必须在运行前进行检查，而一部分检查工作会在虚拟机运行字节码时检查，比如数组越界、对象类型的转换等，一旦检查发现了问题就会抛出异常，避免程序执行。

(2) 准备。准备则是在校验类文件之后，JVM准备初始化类，包括为类成员(非final的静态成员)分配空间并用对应类型的默认值初始化。

(3) 解析。解析是在类的常量池中把类、接口、字段和方法的符号引用解析为直接引用的过程。通常该过程是延缓执行的，例如对于实例成员来说，仅在新建一个类实例的情况下才会开始解析，对于方法或方法中引用的类或接口，或者引用其他类的方法的解析，在调用该方法时才会进行解析。

3. 初始化

如果类存在对非final静态变量的赋值或者static代码段，则在编译时会隐式生成一个cinit方法，即初始化执行的方法体。

首先查找超类是否存在cinit方法，如果有，则先初始化超类。当多个线程同时引起类的初始化时，只能有一个线程被执行，其他线程需要等待，执行线程完成初始化后再通知其他等待线程。仅在类被主动使用时，才会被初始化，例如调用一个类的 final 变量这样的被动使用不会引起初始化。

图 1-15 所示为 HelloWorldApp 类的加载过程。

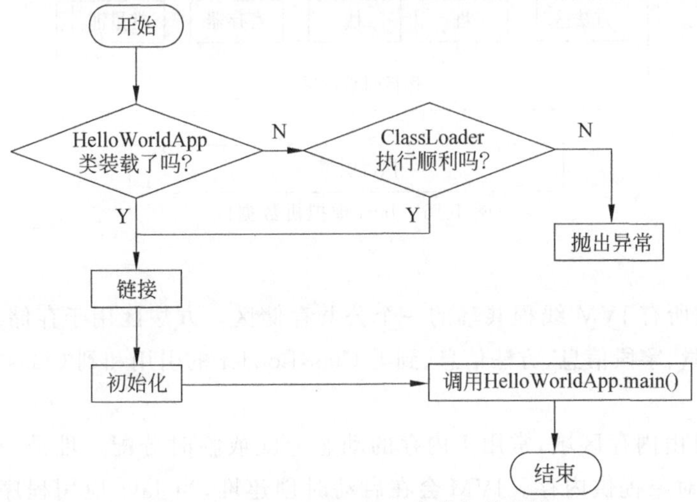

图 1-15 HelloWorldApp 类的加载过程

1.4.3 Java 虚拟机

Java 虚拟机(Java Virtual Machine,JVM)在相应规范中的定义是，在真实的计算机中用软件模拟实现的一种想象机器。因此，特定的 JVM 实现一定与特定的平台相关。例如在 Windows 系统中下载的 JDK。JVM 拥有一组指令集，用来解释.class 字节码。也就是说，JVM 并不认识所谓的 Java，而仅仅能够读懂经过编译后产生的字节码文件中有限的指令、符号及其他一些辅助信息。当执行字节码时，JVM 把字节码中包含的操作指令转换成底层操作系统能够识别的本地指令，因此对于开发人员而言，就实现了 Java 开发和平台无关。它的主要功能如下。

(1) 执行引擎：负责把字节码导入虚拟机。

(2) 内存管理：负责分配内存给对象和数组，并进行垃圾收集。

(3) 错误和异常管理：负责异常的捕获或抛出。

(4) 线程接口：负责对线程的支持。

(5) 对本地方法(Native Method)的支持：支持调用 C、C++ 等语言编写的方法。

除了这些组件，JVM 需要内存来存储加载的类以及执行中的数据，这些数据都存放在 JVM 的运行时数据区中，JVM 运行时的数据结构如图 1-16 所示。

在运行时，JVM 的每个实例都有自己的方法区和堆，JVM 中运行的所有线程都共享这些区域；当虚拟机装载类文件时，会解析其中的二进制数据所包含的类信息，并把它们放到方法区中；当程序运行时，JVM 会把程序初始化的所有对象置于堆上；而每个线程创建的时候，都会拥有自己的程序计数器和 Java 栈，其中程序计数器中的值指向下一条即将被执行的指令，线程的 Java 栈则存储为该线程调用 Java 方法的状态，本地方法调用的状态被存储在本地方法栈，该方法栈依赖于具体的实现。

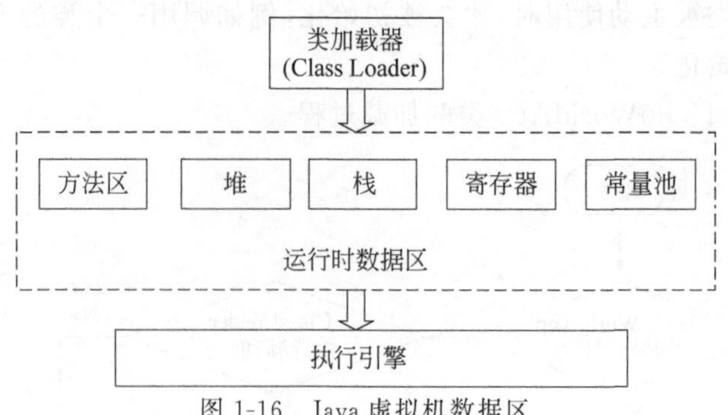

图 1-16　Java 虚拟机数据区

1. 方法区

方法区是由所有 JVM 线程共享的一个公共存储区。方法区用于存储类的基本信息、常量池、静态变量、字段信息、方法信息、到类 ClassLoader 的引用和到 Class 类的引用。

2. 堆

堆是一个自由内存区域,常用于内存的动态分配或临时分配。堆是一种运行时数据区,为类和数组对象提供内存。JVM 会在启动时创建堆,当 Java 应用程序中创建类或数组对象时,再向堆中分配所需内存。当对象或数组不再存在后,由一个称为垃圾收集的自动存储管理系统来回收堆占用的内存。系统部署人员可以根据实际情况指定堆的初始大小(在使用 Java 程序启动虚拟机时,使用 Xms 和 Xmx 参数设置最小和最大堆内存),堆内存并不一定是连续的。如果堆内存用完,并且无法为堆分配额外的内存,系统就会产生 OutOfMemoryError 异常。

3. 栈

每个线程都有一个私有的 Java 栈,任何线程不能调用其他线程的栈,JVM 对栈只有以栈帧为单位的压栈和出栈。栈帧用于存储方法调用的状态。当线程调用一个方法时,JVM 会在该线程的栈上压入一个新的帧。该帧自然成为当前帧,在执行该方法期间,线程用该帧存储参数、局部变量和中间运算结果等信息。

Java 方法的执行有两种情况:一种是正常执行完成并返回,另一种是抛出异常并终止。虚拟机都会将当前的栈帧出栈。

与堆一样,栈的尺寸可以固定,也可以根据需求扩大或缩小。系统部署人员能够控制栈的初始化尺寸、最大尺寸和最小尺寸。如果计算所需的栈超出范围,就会产生 StackOverflowError 异常。

4. 栈帧

栈帧由 3 部分组成:局部变量区、操作数栈和帧数据区。

(1) 局部变量区。局部变量区是方法中所需要用到的局部变量和传入参数存储区,它被组织为以 16b 为单位,从 0 开始计数的数组数据。类型为 int、float、reference 和 returnAddress 中的一项。局部变量区的长度在 class 文件中已经固定。

(2) 操作数栈。操作数栈是 JVM 运行的工作区,JVM 运行时从这里获取操作数据进行运算,并把运算结果存储在操作栈上。

(3) 帧数据区。帧数据区用于存储常量池解析信息,正常方法返回和异常信息。

5. 寄存器

与其他计算机系统中的寄存器类似，JVM 中的寄存器用于反映虚拟机的当前状态。寄存器会在字节码执行时进行更新。其中，主寄存器是程序计数器(PC 寄存器)，用于指示 JVM 当前执行指令的地址。如果当前执行的是本地方法(用非 Java 编写的方法)，则 PC 寄存器的值不定。JVM 中的其他寄存器包括指向当前方法的执行环境的指针、指向当前执行方法的第一个局部变量的指针，以及指向操作数栈顶的指针。

运行时常量池

运行时常量池相当于其他编程语言中所用的符号表。顾名思义，常量池中包含的是数值文字和字段常量。每个运行时常量池的内存是从方法区中分配的，JVM 为类或接口加载类文件时会构造一个运行时常量池。

1.4.4 自动垃圾收集

在 C++ 中，对象所占的内存在程序结束运行之前一直被占用，在明确释放之前不能分配给其他对象；而在 Java 中，当没有对象引用指向原先分配给某个对象的内存时，该内存便成为垃圾。当 JVM 调整内存或收回不需要的内存时，一个系统级线程会自动释放这类内存块，以便空间被后来的新对象使用。事实上，除了释放没用的对象，垃圾收集也可以清除内存记录碎片。由于创建对象和垃圾收集器释放丢弃对象所占的内存空间，内存会出现碎片。碎片是分配给对象的内存块之间的空闲内存洞。碎片整理时，会将占用的堆内存移到堆的一端，JVM 将整理出的内存分配给新的对象。

垃圾收集能自动释放内存空间，减轻编程的负担。这使 Java 虚拟机具有一些优点。首先，它能使编程效率提高。在没有垃圾收集机制的时候，可能要花许多时间来解决一个难懂的存储器问题。在用 Java 编程的时候，靠垃圾收集机制可大大缩短时间。其次是保护了程序的完整性，垃圾收集是 Java 安全性策略的一个重要部分。

垃圾收集的一个潜在的缺点是它的开销会影响程序的性能。Java 虚拟机必须追踪运行程序中有用的对象，释放没用的对象。这个过程需要占用处理器的运行时间；此外，垃圾收集算法的性能不是十分完备。例如，早先采用的某些垃圾收集算法不能 100% 收集所有的废弃内存空间。随着垃圾收集算法的不断改进以及软硬件运行效率的不断提升，这些问题都可以得到解决。

1.5 程序注释

在程序中添加必要的注释是好的编程习惯。Java 中使用 3 种注释方法来达到不同的目的。

1. 用于单行注释

“//”用于注释一行，可单独占一行，也可放到代码行的最后，例如：

```
//下面是变量的定义
int nAge=0;                                    //定义整型变量 nAge,表示年龄
```

2. 用于多行注释

“/ * … * /”用来注释一段代码，开始用处“/ * ”，中间为注释内容，结束处用“ * /”，

例如：

```
/*
下面是方法的定义,用到的方法有两个:
displayDetails()
getDetails()
*/
```

3. 文档注释

/**…*/是 Java 特有的 doc 注释，目的是为工具 javadoc 而采用，javadoc 能识别注释中用@标记的特殊变量，并把 doc 注释加入它所生成的 HTML 文件。通常用于类、接口、变量、方法的前面。文档中支持的一些注释标签如表 1-3 所示。具体使用如下：

```
/**
 * The class <code>Math</code> contains methods for performing basic
 * numeric operations such as the elementary exponential, logarithm,
 * square root, and trigonometric functions.
 * @see java.sun.com
 * @author  unascribed
 * @version 14, 2022/02/07
 * @since   JDK14
 */
```

一般而言，这些文档注释通常出现在类声明、属性声明和方法声明等的注释地方，作为未来开发文档的一部分。

表 1-3　文档中支持的一些注释标签

标　记	描　述	应　用
@see	关联类	Class、Method、Variable
@author	作者与组织	Class
@version	程序版本	Class
@param	参数名称与描述	Method
@return	返回值的描述	Method
@exception	抛出的异常描述	Method
@deprecated	说明该项已经过时	Class、Method、Variable
@since	说明该项被增加时的 API 版本	Variable

1.6　常用开发环境

1.3 节介绍了利用纯文本编辑器进行 Java 程序的编辑的过程。实际上，一个 Java 的应用程序会由若干类构成，如果都用手工方式进行，则程序开发的工作效率会非常低。为解决 Java 的工程化问题，有许多优秀的工具软件将 Java 的代码编辑、调试、运行和部署集成于一身，这种工具软件通常被称为集成开发环境(Integrated Development Environment，IDE)。

通常情况下，一个优秀的 IDE 都会实现可视化的开发环境，并支持智能开发、语法检查、断点调试、代码重构、多种不同类型的项目开发集成、可扩展的开发环境等。支持Java的IDE很多,基本上可以分为商业和免费的两种,其中商业的IDE当属Intellij的IDEA,而免费的则属Eclipse和Netbeans。Eclipse、Netbeans这类IDE除了免费之外,更重要的是它们提供了不亚于商业软件的功能和特性,可以满足绝大多数的项目开发需要。由于它们是开源的,所以世界各地的软件组织和独立的程序员都可以根据需要定制自己的IDE,从而形成自己风格的开发平台。

本章小结

本章主要介绍Java的基本技术情况,并对4个开发平台进行了简要说明。在Java应用程序结构中,通过HelloWorldApp程序,详细介绍了Java的基本程序结构。在学习时,对Java程序编写的基本规则需要认真掌握,并能排除编译和运行过程中出现的常见错误。

JVM的运行环境,应用程序加载执行过程,特别Java虚拟机的运行时数据区的构成和作用部分,对于Java的初学者来讲,有一定的难度,但这些部分能够有助于真正了解Java是如何运行的,可以随着后续的学习不断加深对此部分的理解,具体如下。

1. Java技术

简单介绍Java发展历史以及Java的特点。

介绍了Java ME、Java SE、Java EE及JavaFX之间的区别。它们的基本结构是相同的,主要表现在所包含的类库不同,用于不同的实现目的。

2. Java应用程序

JDK安装过程包括下载、安装和配置的详细过程,能够区别JDK和JRE。

Java的程序由类构成。以HelloWorldApp.java为例,详细讲解编写程序的过程和每行代码的意义。

main方法十分特殊,用于告诉JVM应用程序入口的位置。

javac.exe和java.exe都是JDK提供的工具程序。java.exe可以将源程序便以为虚拟机所能识别的字节码,java.exe用于启动虚拟机,加载执行目标类。

学习后,需要了解常见程序错误的排除方法。

3. Java运行原理

Java是一种解释性语言,Java源程序需要经过编译产生字节码。

JVM是编程语言与机器底层软件和硬件之间的翻译器。

JVM要解释Java字节码,就必须对所需的类和接口执行加载、链接和初始化这3步操作。

JVM运行时数据区保存了JVM加载的类以及执行中的数据。

4. Java源程序的3种注释风格

单行注释常用于一条语句的解释。

多行注释常用于语句块的注释。

文档注释主要用于产生Java程序的说明性文档。

习 题 1

1. 下面语句是将字符串“Hello,World!”输出到默认输出设备上,指出下面语句的错误。

```
system.out.println(Hello,World!);
```

2. Java技术和其他语言相比具备很多特点,请简要解释这些特点的表现。

3. 简要描述Java的Java SE、Java EE和Java ME这3种开发平台之间的异同。

4. 简述main方法的作用。

5. 模仿HelloWorldApp程序,编写一个程序向控制台输出信息“Good,Everyone”,并完成编译和执行过程。

6. 简要介绍javac.exe和java.exe的作用。查找资料,对%JAVA_HOME%\bin目录下的其他可执行文件的作用进行描述。

7. Java的源程序编译后产生的文件称为什么?

8. 简要说明JVM在解释执行一个Java程序所经历的过程。

9. Java的跨平台特性是如何实现的?

10. 简要介绍JVM的运行时数据区的构成及其作用。

11. 为程序增加文档注释,尝试JDK软件包提供的javadoc工具生成开发文档。

12. 描述一个Java源文件与其内部包含的类的个数及名称的对应关系。

第2章 类型、变量和表达式

程序的本质就是对数据进行加工运算并得到需要的结果。例如,计算特定半径的圆面积、银行储户的存款利息等。如何表示问题中出现的半径、圆面积、存款利息等效值就是学习本章要掌握的类型、变量、常量、运算符和表达式等Java要素。

学习目标:

- 掌握8种基础数据类型。
- 理解标识符、变量和常量。
- 熟练地进行变量和常量的声明。
- 理解显式和隐式的类型转换。
- 掌握辨认、描述并使用Java运算符。
- 掌握表达式中运算符的执行顺序。
- 掌握赋值语句的使用,理解赋值兼容性。

2.1 一个计算圆面积的程序

什么是程序?有这样一个著名的公式“程序=数据结构+算法”。数据结构是什么?简单的数据结构就是整型、实型这样的数据表示,复杂的数据结构可以由简单的数据结构组合而成。那么算法又是什么呢?算法就是用特定的方法处理给定的数据,从而得到所需的结果。例如,想计算一个圆的面积,就必须知道这个圆的半径,并将它代入计算圆面积的公式$S=\pi r^2$,计算过程可以这样描述。

第1步,给出圆的半径。

第2步,将半径的值代入圆面积计算公式,计算出圆面积。

Java程序又是如何完成这项工作呢?程序2-1演示了这个计算过程。

```
//程序 2-1:一个计算圆面积的程序
(01)  public class ComputeArea {
(02)      public static void main(String[] args) {
(03)          int r=10;
(04)          double area=3.14 * r * r;
(05)          System.out.println(area);
(06)      }
(07)  }
```

第3行程序用于给出一个半径值,这里用一个符号r保存了10这个半径值,相当于计算过程的第1步。

第4行程序用于计算面积,用符号area保存,圆周率π用一个固定的数值3.14近似表示,乘法运算符用“*”表示,平方用连续相乘简单表示,相当于计算过程的第2步。

第5行程序,利用输出语句将符号area的值输出,如果没有这条输出语句,程序计算完面积后就结束了，对外没有任何显示。为了让执行程序的用户知道结果，所以需要加上一条这样的输出语句。

可以看出，数学的计算过程和程序的计算过程形式上非常相似。对于初学者而言，编写程序是件困难的事情，这是因为需要将一个问题的算法翻译成具体语言，通过程序 2-1 可以看出，解决这个问题的第 1 步就是掌握如何将描述语言转换为程序语言。例如，乘法符号在 Java 中使用“*”表示而不是“×”，Java 中没有符号 π，所以可直接用 3.14 具体的数值来表示，“=”在这里表示将右边的值计算后赋值给左边的符号。至于符号 r 和 area 就像数学公式中的变量 r 和 S 一样，用来保存一些中间值或者计算结果。

2.2 变量和常量

通过程序 2-1 可以看出，在程序中表示数据有两种方法：一种是在表达式中直接用具体值来表示，例如 10、3.14 等，它们被称为“字面量(Literal)”；另外一种是用一个特定的名字来间接表示，例如 r、area 等，它们被称为变量(Variable)。间接表示的最大优点在于可以重复使用一个名字来表达某种类型的数值。在 Java 中，所有的变量必须要首先声明，然后才能使用。也就是说，为了使用名字来进行计算，必须事先为这个名字规定它可以表达的数值类型，例如整数、单精度实数、字符等。

2.2.1 变量的种类

Java 定义了几种起不同作用的变量。

1. 实例变量

每个对象用实例变量(Instance Variable，即 Non-static Field)保存自己的状态。从形式上看，类的字段(Field)在声明时没有用关键字 static 修饰，例如程序 2-2 中的 radius 字段，之所以称为实例变量是因为对于一个类的每一个实例(也称为对象)，实例变量的值都是独立的，与该类的其他实例无关。例如，一个圆的半径 radius 和另外一个圆的半径 radius 无关，即使两个圆的半径值一样。

2. 类变量

从形式上看，类变量(Static Field)就是字段在声明时使用了 static 修饰符，无论通过该类实例化了多少个对象，这些对象都共享一个唯一的值。例如程序 2-2 的 PI，因为圆周率是一个常数，没有必要每个 Circle 的实例都分别定义一个实例变量来保存这个常数，所以 Java 提供了类变量这种形式。

3. 局部变量

类似于对象用字段保存自己的状态，一个方法在执行时用局部变量(Local Variable)保存运行过程中需要记录的值。例如，程序 2-2 中方法 computeArea 中的局部变量 area。之所以称为“局部”，是因为这种变量只在方法执行时存在于计算机的内存中，一旦方法执行结束，就释放它所占用的内存，而且这种变量在方法的外部是无法使用的，只在声明它的方法内可见。

4. 参数

一个类的方法有时在运算时需要接收外界传递的值。例如，程序 2-2 中方法

changeRadius(int r)中,“( )”内的 r 被称为方法的参数(Psarameter)(在 Java 中,除了方法的参数,还有构造方法的参数和异常捕获时的参数),表示在访问这个方法时,必须传递给这个方法一个整型的值,例如程序 2-2 中 main 方法里的 c.changeRadius(6)。

```
//程序 2-2:一个关于不同类型变量的程序
public class Circle {
    static  final double PI=3.14;                   //这是一个类变量
    int radius;                                     //这是一个实例变量
    public Circle(int r) {                          //r 是一个参数类型的变量
        super();
        this.radius=r;
    }
    public double computeArea(){
        double area=0.0;                            //area 是一个局部变量
        area=PI*radius*radius;
        return area;
    }
    public void changeRadius(int r){                //r 是一个参数类型的变量
        this.radius=r;
    }
    public static void main(String[] args){
        Circle c=new Circle(5);                     //c 是一个局部变量
        //下面的 area 是一个局部变量,与 computeArea 方法中的变量 area 无关
        double area=c.computeArea();
        System.out.println("半径为 5 的圆面积是"+area);
        c.changeRadius(6);
        area=c.computeArea();
        System.out.println("半径为 6 的圆面积是"+area);
    }
}
```

变量一旦声明,就可以重复使用,例如程序 2-2 中 main 方法的 area 变量,在程序运行的不同时刻,分别代表不同半径的圆面积。

2.2.2 变量的命名

变量必须由一个名称来表示。在 Java 编程语言中,标识符是赋予变量、类或方法的名称,它的命名规则如下。

(1) 标识符可从字母、“_”或“ $ ”开始,随后可跟除了在 Java 中作为运算符之外的任何可见字符。

(2) 标识符是连续的字符串,不能被空格或制表符隔开。

(3) 标识符不能是关键字(如表 2-2 所示),但是它可包含一个关键字作为它的名字的一部分。例如,thisone 是一个有效标识符,而 this 却不是,这是因为 this 是 Java 关键字。Java 关键字的知识将在后面讨论。

(4) Java 严格区分标识符的大小写,例如 A 和 a、Day 和 day 都是不同的标识符。

(5) 标识符未规定最大长度。

表 2-1 列出了一些有效标识符和无效标识符,Java 编译器在编译时会检查标识符的命名是否符合规则,并报告错误的命名。

表 2-1 有效与无效标识符

有效标识符	无效标识符
Identifier	1User
userName	220
User_name	user name
_sys_varl	user&name
$ change	

虽然标识符是一个名字,开发人员可以为变量定义任何符合标识符规定的名字,但是在实际开发过程中,这几乎是不可能的,每个开发组织都有自己的一套关于标识符命名规定。显而易见,定义标识符的最好方法是"望名生义",例如 radius 要比 r 好,就是因为含义清晰。在小范围内,局部变量的命名在不影响程序理解的基础上可以采用简单的命名,这也是程序 2-1 采用 r 表示半径的原因。

表 2-2 列出了 Java 的关键字和保留字。关键字对 Java 编译器有特殊的含义,用于标识数据类型名或程序结构,因此程序中不能使用关键字作为标识符。严格地讲,true、false 和 null 都不是关键字,而是字面量,而 const 和 goto 是保留字,不可以在程序中作为标识符出现。

表 2-2 Java 的关键字

abstract	continue	for	new	switch
assert***	default	goto*	package	synchronized
boolean	do	if	private	this
break	double	implements	protected	throw
byte	else	import	public	throws
case	enum****	instanceof	return	transient
catch	extends	int	short	try
char	final	interface	static	void
class	finally	long	strictfp**	volatile
const*	float	native	super	while

注:* 表示未用,**表示 JDK 1.2 以后,***表示 JDK 1.4 以后,****表示 JDK 5.0 以后。

2.2.3 Java 的基本数据类型

Java 的类型非常丰富,本章仅介绍如图 2-1 所示类型树的左分支,即基本数据类型(Primitive Data Type),其他的在后续章节中逐步介绍。

类型不但限制了一个变量能够拥有的值和一个表达式能够生成的值,而且限制了各种操作对这些值的支持程度以及操作的含义。例如一个整数可以和另一个数值类型的值进行算数运算,但不可以和一个引用类型进行数学运算。

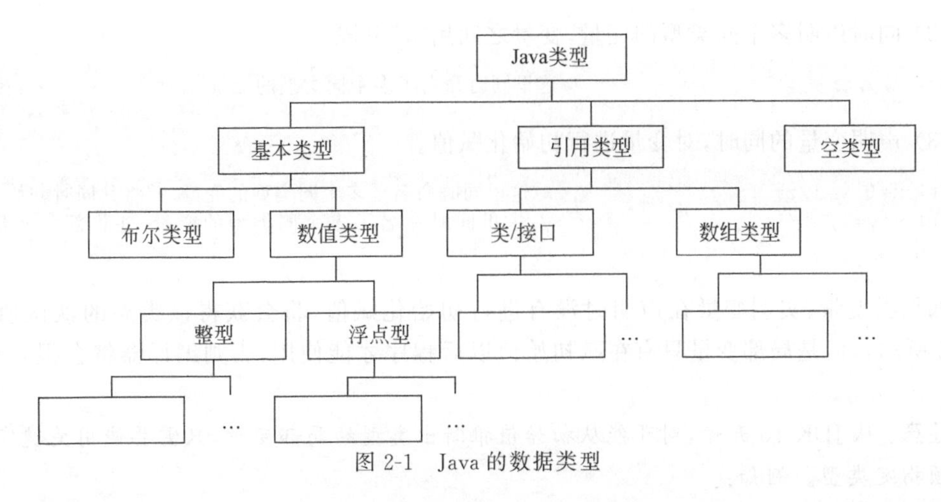

图 2-1　Java 的数据类型

表 2-3 列出了 Java 的 8 种基本数据类型，每种数据类型都规定了固定的字节宽度(boolean 是特殊的，具体宽度由具体的虚拟机决定)和合法的取值范围。例如，程序 2-1 中 r 的类型是整型 int，所以按照规范，Java 虚拟机会分配 4B 空间保存 r 的值，而 area 的类型是 double，就会为其分配 8B 空间；同时，程序使用的每一个变量都有自己合法的取值范围。例如，一个 int 类型的变量的数值范围是 $-2^{31} \sim 2^{31}-1$，如果把一个超出范围的值赋给变量，编译器和执行环境将会报告语法和运行错误。

表 2-3　Java 的基本数据类型

数据类型	关键字	占用空间/B	默认值	取值范围
逻辑型	boolean	未定义	false	true，false
字符型	char	2	'\u0000'	'\u0000'～'\uFFFF'
字节型	byte	1	0	−128～127
短整型	short	2	0	−32768～32767
整型	int	4	0	−2147483648～2147483647
长整型	long	8	0	−9223372036854775808～9223372036854775807
单精度	float	4	0.0F	$-3.4\times10^{38} \sim 3.4\times10^{38}$
双精度	double	8	0.0D	$-1.7\times10^{308} \sim 1.7\times10^{308}$

2.2.4　变量声明

Java 属于强类型的程序设计语言。所有的变量和表达式在编译时都有明确的类型，这有助于编译和运行时的错误检测，而且每一个变量在使用之前都必须事先声明。

1. 变量声明

```
[修饰符] 类型变量名 [=初值][,变量名[=初值] …]
```

(1) 变量的声明至少包括类型和一个变量名，类型和变量名之间用空格分隔。

```
int x;
```

(2) 同时声明多个同类型的变量,变量之间用“,”分隔。

```
int x,y,z;                              //这里同时命名了多个同类型的变量
```

(3) 声明变量的同时,对变量进行初始化赋值。

```
int x=0,y=1,z= 1;                       //这里同时命名了多个同类型的变量,并将其同时初始化
int x,y=1, z=1;                         //这里同时命名了多个同类型的变量,并将部分变量初
始化
```

如果类变量、实例变量在声明时没有进行初始化赋值,将会获得该类型的默认值(如表 2-3 所示),但是局部变量只有在赋初始值以后程序才能使用,否则编译器将会报告语法错误。

注意:从 JDK 10 开始,对于能从初始值推断出类型的局部变量,只需要使用关键字 var 而无须指定类型。例如:

```
var x=15;                               //x 是整数 int 类型
var s='H';                              //s 是字符 char 类型
```

2. 不同类型的变量声明

1) 逻辑类型的变量

逻辑值有两种状态,人们经常使用的 on 和 off、true 和 false 和 yes 和 no 都可用 boolean 类型表示。boolean 类型有两个字面量,即 true 和 false,用于判定逻辑条件。注意,逻辑值与整数值之间不能相互转换。下面是一个 boolean 类型变量声明和初始化的例子:

```
boolean truth=true;             //声明一个布尔类型的变量 truth,并初始化其值为 true
```

2) 字符类型的变量

char 类型用于表示单个字符。一个 char 代表一个 16 位无符号(即不分正负)的 Unicode 字符。一个 char 类型的字面量必须包含在“' '”内。例如'a',同时可以用'\u????'这样的格式来表示包括不可见的字符在内的任何字符,其中的“????”表示 4 个十六进制数字,char 类型的值取值范围为'\u0000'~'\uFFFF'。例如'\u0061'表示字符'a','\u03C0'表示字符表示字符'π'。以下是一些有关 char 类型变量的声明和初始化:

```
char ch='A';                  //声明并初始化一个字符型变量
char ch1,ch2 ;                //声明两个字符型变量,没有进行初始化
char ch='1';                  //声明并初始化一个字符型变量,其值为字符 1;注意并不是数值 1
```

由于 char 类型的字符在内存中的表示和整型值相同,因此既可以采用下面的方式赋值(只要整数值不超过 65535),也可以参与算术运算。

```
char ch=100;                  //实际代表是字符 d 的 Unicode 码值
```

下面是错误的声明:

```
char ch='AB';                           //单引号内只能包含一个字符
char ch="A";                            //双引号内是一个界定的字符串常量
char ch='100';                          //"100"并不表示数值,而是 3 个字符
```

注意:String 不是原始类型,而是一个类(Class),它被用来表示字符序列。与 C 和 C++ 不同,String 不能用'\0'作为结束。

3）整数类型的变量——byte、short、int、long

在Java编程语言中有4种整数类型，它们的区别在于表达的数值范围不同。以下是一些整数类型变量的声明和初始化的例子：

```
byte smallOne=2;
short count=2;
int score=2;
long bigone=2L;
```

默认整数类的字面量属于int类型。例如，2的类型是int，如果在其后直接跟着一个字母L或者l，则表示这是一个long值，占8B空间。注意，在Java编程语言中使用L或l都是有效的，但由于英文l与数字1容易混淆，最好使用L作为后缀。

整数类型的字面量表示可使用二进制（用0b或0B开头，JDK 7版本开始支持）、八进制（用0开头）、十进制和十六进制（用0x或0X开头）表示，如下所示：

```
int x=2;          //赋给的是十进制的数值 2
int x=0b10;       //0b 前缀表示这是一个二进制字面量,大小等于十进制的数值 2
int x=077;        //首位的 0 表示这是一个八进制的数值,大小等于十进制的数值 63
int x=0xBAAC;     //开头的 0x 表示这是一个十六进制的数值,大小等于十进制的数值 47788
```

4）浮点类型的变量——float和double

浮点变量可用关键字float或double声明。如果一个数值包括小数点或指数部分，或者在数字后带有F或f（表示float类型）、D或d（表示double类型），则该字面量为实数。下面是浮点数的示例：

```
double x=3.14;                //一个简单的浮点值
double x=4.02E23;             //一个用科学记数法表示的浮点值
float x=2.718F;               //F 后缀表示 float 类型的字面量
```

默认实数字面量的类型是double，因此实数字面量后不需带后缀D或d，下面的声明是正确的：

```
double x=3.14;                //正确的赋值
```

下面的声明是错误的，因为3.14是double类型，不能直接将3.14这个占用8B空间的double值赋给一个只占4B的变量。

```
float x=3.14;                 //错误的赋值
```

浮点数值计算涉及3个特殊的浮点数值：正无穷大、负无穷大和NaN（非数字）。例如，一个正浮点数除以0的结果是正无穷大，一个负浮点数除以0的结果是负无穷大，负数开平方根的结果是NaN。在Java中，分别用Double.POSITIVE_INFINITY、Double.NEGATIVE_INFINITY、Double.NaN分别表示这3个特殊的数值。

3. 在数值字面量中使用下画线分隔符

在JDK 7版本以后，在数值字面量中的两个数字之间可以使用任意的下画线来对数字进行分组，以增强数值的可读性。例如：

```
long creditCardNumber=1234_5678_9012_3456L;
float pi=3.14_15F;
```

```
long hexBytes=0xFF_EC_DE_5E;
long hexWords=0xCAFE_BABE;
long maxLong=0x7fff_ffff_ffff_ffffL;
byte nybbles=0b0010_0101;
long bytes=0b11010010_01101001_10010100_10010010;
```

下画线的出现位置只能在两个数字之间,不能出现在下面的位置。

(1) 在数值的开头和末尾。

(2) 紧跟在浮点数中的小数点后。

(3) F 或 L 后缀之前。

(4) 在一个数值型字符串中。

下面是一些错误使用“_”的例子。

```
float pi1=3_.1415F;                          //不能将"_"紧邻小数点
float pi2=3._1415F;                          //不能将"_"紧邻小数点
long socialSecurityNumber1=999_99_9999_L;    //不能将"_"放在 L 后缀前
int x1=_52;                                  //不是合法数值,是标识符
int x3=52_;                                  //不能将"_"放在字面量的尾部
int x5=0_x52;                                //不能将"_"放在前缀 0 与 x 之间
int x6=0x_52;                                //不能将"_"放在数值头部
int x8=0x52_;                                //不能将"_"放在数值尾
```

2.2.5 转义字符

转义字符是指示规定字符的一种替代手段。用“\”表示转义字符开始,例如把“\u”放在由 4 个十六进制数字表示的字符前,为该 Unicode 字符建立转义字符,例如“\u03c0”表示字符 π,表 2-4 是常用的转义字符表示。

表 2-4 常用转义字符

转 义 字 符	字 符	Unicode	转 义 字 符	字 符	Unicode
\\	\	\u005C	\f	换页	\u000C
\"	"	\u0022	\n	换行	\u000A
\'	'	\u0027	\r	回车	\u000D
\b	退格	\u0008	\t	制表	\u0009

程序 2-3 演示了一些基本的转义字符的应用。

```
     //程序 2-3:转义字符的应用
     public class EscapeDemo {
         public static void main(String[] args) {
(01)         System.out.println("这是\u03c0");
(02)         System.out.println("下面的数据输出是按照制表位控制的,每行两个。");
(03)         System.out.print(10+"\t"+20+"\n"+30+"\t"+40+"\n");
         }
     }
```

程序第 1 行在字符串中利用“\u”加 4 位十六进制编码的形式输出了一个无法输入的字

符 π,另外,在第 3 行输出中“\t”表示将输出位置跳在下一个制表位,两个制表位之间一般间隔 8 个空格,这样的输出可以保证每个数据左对齐输出,输出格式比较美观,“\n”表示换行,光标定位在下一行的开始位置,程序的输出结果如下:

```
这是 π
下面的数据输出是按照制表位控制的,每行两个。
10      20
30      40
```

2.2.6 常量

程序中可能会有一种变量,它的值不会变化,例如 π 的值,如果只使用字面量参与运算,既麻烦又容易输错,而且在不同的地方其表示的精度也可能不同,用变量表示可能又担心被修改,Java 提供了一种方法可以将一个变量声明为常量,这个常量的值一旦被初始化后就不能再被改变。声明一个常量的方法是在变量声明的类型前加上一个关键字 final 即可,举例如下。

(1) 声明同时初始化。

```
final int MAX_SPEED = 200;
final double PI=3.1415926;
```

(2) 先声明,随后初始化。

```
final int MAX_SPEED;
…
MAX_SPEED=200;
```

无论哪种声明方法,一旦常量被初始化后,它的值就不可以再改变,试图改变,会引起错误。

常量名通常使用大写字母表示,这是一种良好的编码习惯。在 Java 中,如果希望某个常量可以在一个类的多个方法中使用,通常将这些常量称为类常量,可以使用关键字 static final 来设置一个类常量,详见第 5 章。

2.2.7 枚举类型

有些时候,变量的取值只在一个有限的集合内。例如,星期的取值只有周一到周日 7 个取值。虽然,可以将星期值分别编码为 1、2、3、4、5、6、7。但这种设置很容易出错。针对这种情况,可以自定义枚举类型。枚举类型包括有限个命名的值。例如:

```
enum Day{Monday, Tuesday, Wednesday, Thursday, Friday, Saturday, Sunday};
```

这样,就可以声明这种类型的变量:

```
Day d=Day.Monday;
```

Day 类型的变量只能存储这个类型声明中给定的某个枚举值,或者特殊值 null,null 表示这个变量没有设置任何值。枚举类型详细介绍见第 5 章。

2.3 运算符和表达式

表达式就是由变量、对象、运算符和方法调用构成的算式，表达式应该按照 Java 语法来构造，才可以被编译系统理解、执行，每个表达式都有一个某种类型的结果。

2.3.1 运算符

Java 运算符在风格和功能上都与 C 和 C++ 极为相似。表 2-5 按优先顺序列出了各种运算符(L to R 表示左到右结合，R to L 表示右到左结合)。

表 2-5 运算符的结合方向和优先级

<table>
<tr><th>优先级</th><th>结合方向</th><th>说明</th><th>运 算 符</th></tr>
<tr><td>高</td><td></td><td></td><td>Separator、[]、()、;、,</td></tr>
<tr><td></td><td>R to L</td><td>单元运算符</td><td>++、--、+、-、~ 、!(data type)</td></tr>
<tr><td></td><td>L to R</td><td>算术运算符</td><td>*、/、%</td></tr>
<tr><td></td><td>L to R</td><td>算术运算符</td><td>+、-</td></tr>
<tr><td></td><td>L to R</td><td>移位运算符</td><td><<、>>、>>></td></tr>
<tr><td></td><td>L to R</td><td>关系运算符</td><td><>、<=、>=、instanceof</td></tr>
<tr><td></td><td>L to R</td><td>等价运算符</td><td>==、!=</td></tr>
<tr><td></td><td>L to R</td><td>位与运算符</td><td>&</td></tr>
<tr><td></td><td>L to R</td><td>异或运算符</td><td>^</td></tr>
<tr><td></td><td>L to R</td><td>位或运算符</td><td>|</td></tr>
<tr><td></td><td>L to R</td><td>逻辑与运算符</td><td>&&</td></tr>
<tr><td></td><td>L to R</td><td>逻辑或运算符</td><td>||</td></tr>
<tr><td></td><td>R to L</td><td>条件运算符</td><td>?:</td></tr>
<tr><td>低</td><td>R to L</td><td>赋值运算符</td><td>=、*=、/=、%=、+=、-=、<<=、>>=、>>>=、&=、^=、|=</td></tr>
</table>

每种运算符和 1～3 个操作数一起完成某个运算。通常把需要一个操作数的运算符称为一元运算符，诸如此类，还有二元运算符和三元运算符。

(1) 一元运算符既支持前缀形式，也支持后缀形式。格式如下：

```
operator op                                    //前缀形式
op operator                                    //后缀形式
```

(2) 所有的二元运算符都采用中缀表示，运算符在两个操作数中间。格式如下：

```
op1 operator op2                               //中缀表示
```

(3) Java 中只有一个三元运算符，也采用中缀表示。格式如下：

```
op1? op2:op3                                   //中缀表示
```

Java 规定了运算符的优先级与结合性。优先级是指同一表达式中多个运算符被执行的次序，在表达式求值时，先按运算符的优先级别由高到低的次序执行，例如，算术运算符中采用“先乘除后加减”。如果在一个运算对象两侧的优先级别相同，则按规定的“结合方向”处理，称为运算符的“结合性”。Java 规定了各种运算符的结合性，例如算术运算符的结合方向为“自左至右”，即先左后右。Java 中也有一些运算符的结合性是“自右至左”的，最典型的就是赋值运算符了。有时，这种优先级和结合顺序过于复杂，所以应该使用括号明确计算顺序。例如，a＝y＞z 相当于 a＝(y＞z)，而后者由于应用了括号，则计算顺序更明显。

2.3.2 算术表达式

在 Java 中有不同的运算符支持各种浮点数和整数运算，如表 2-6 所示。

表 2-6 算术运算符

运算符	运算	用　法	示　例
＋	加法	op1＋op2	5＋6
－	减法	op1－op2	7－2
*	乘法	op1 * op2	3 * 6
/	除法	op1/op2	7/2
%	求余	op1%op2	7%2
＋＋	自增	＋＋op 或 op＋＋	a＝a＋＋或 a＝＋＋a；
－－	自减	－－op 或 op－－	a＝a－－或 a＝－－a；
－	取反	－op	a＝－a

下面的程序 ArithmeticDemo.java，定义了两个整数和两个双精度的浮点数，并且使用了 8 个运算符演示了不同的算术运算。

```
//程序 2-4:一个算术运算的程序
public class ArithmeticDemo {
    public static void main(String[] args) {
        //a few numbers
        int i=37;
        int j=42;
        double x = 27.475;
        double y = 7.22;
        System.out.println("Variable values...");
        System.out.println("    i="+i);
        System.out.println("    j="+j);
        System.out.println("    x="+x);
        System.out.println("    y="+y);

        //adding numbers
        System.out.println("Adding...");
        System.out.println("    i+j= "+(i+j));
        System.out.println("    x+y= "+(x+y));
```

```
        //subtracting numbers
        System.out.println("Subtracting...");
        System.out.println("    i-j="+(i-j));
        System.out.println("    x-y="+(x-y));

        //multiplying numbers
        System.out.println("Multiplying...");
        System.out.println("    i*j="+(i*j));
        System.out.println("    x*y="+(x*y));

        //dividing numbers
        System.out.println("Dividing...");
        System.out.println("    i/j="+(i/j));
        System.out.println("    x/y="+(x/y));

        //computing the remainder resulting
        //from dividing numbers
        System.out.println("Computing the remainder...");
        System.out.println("    i%j="+(i%j));
        System.out.println("    x%y="+(x%y));

        //mixing types
        System.out.println("Mixing types...");
        System.out.println("    j+y="+(j+y));
        System.out.println("    i*x="+(i*x));

        //increment operation
        System.out.println("increment...");
        System.out.println("    i++="+(i++));
                                            //先输出 i 的值,再执行加 1 的操作
        System.out.println("    ++j="+(++j));
                                            //先执行加 1 的操作,再输出 j 的值
        //decrement operation
        System.out.println("decrement...");
        System.out.println("    i--="+(i--));
                                            //先输出 i 的值,再执行减 1 的操作
        System.out.println("    --j="+(--j));
                                            //先执行减 1 的操作,再输出 j 的值
    }
}
```

程序 2-4 运行结果如下：

```
D:\demo>javac ArithmeticDemo.java
D:\demo>java ArithmeticDemo
Variable values...
    i=37
    j=42
    x=27.475
y=7.22
Adding...
i+j=79
    x+y=34.695
```

```
Subtracting...
i-j=-5
    x-y=20.255000000000003
Multiplying...
i*j=1554
    x*y=198.36950000000002
Dividing...
i/j=0
    x/y=3.805401662049862
Computing the remainder...
i%j=37
    x%y=5.815000000000002
    j+y=49.22
    i*x=1016.575
increment...
i++=37
    ++j=43
decrement...
    i--=38
    --j=42

D:\demo>
```

根据 Java 规范，在进行算术运算中需要注意以下几个问题。

(1) 两个整数做除法运算时，结果是截取商数的整数部分，小数部分被丢弃。如果需要保留，应该对算术表达式进行强制类型转换。例如，1/2 的结果是 0，((float)1/2)的结果是 0.5，而(float)(1/2)的结果是 0，请读者考虑为什么。

(2) 只有整数类型的数据才可以进行取余运算，浮点数取余无法得出准确的结果。例如，10.1%3.3 的结果可能为 0.20000052，另外，取余运算的结果符号与被除数一致。例如，5%2=1，-5%2=-1，5%-2=1。

(3) System.out.println("i = " + i)中，"+"并不是算术加法，而是字符串连接的意思，这里就是将前面的字符串和后面的变量值连接在一起构成一个新的字符串输出。

2.3.3 关系和逻辑表达式

关系和逻辑表达式的结果总是 true 或 false 的逻辑值，它们计算的是操作数之间的关系。

1. 关系表达式

关系运算是表达两个操作数之间的大小关系的运算，如表 2-7 所示。表达式结果是一个布尔类型的逻辑值。关系表达式通常用在控制程序流向的位置，例如分支语句。

表 2-7 关系运算符

运算符	运算	用法	功能
>	大于	op1>op2	假如 op1 大于 op2，返回结果是 true
>=	大于或等于	op1>=op2	假如 op1 大于或等于 op2，返回结果是 true
<	小于	op1<op2	假如 op1 小于 op2，返回结果是 true

续表

运算符	运算	用法	功　能
<=	小于或等于	op1<=op2	假如 op1 小于或等于 op2,返回结果是 true
==	等于	op1==op2	假如 op1 和 op2 数值相等,返回结果是 true
!=	不等于	op1!= op2	假如 op1 和 op2 数值不相等,返回结果是 true

程序 2-5,即 RelationalDemo.java 定义了 3 个整数,用各种关系运算符比较它们。

```
//程序 2-5:关系运算符的演示程序
public class RelationalDemo {
    public static void main(String[] args) {

        //a few numbers
        int i=37;
        int j=42;
        int k=42;
        System.out.println("Variable values...");
        System.out.println("    i="+i);
        System.out.println("    j="+j);
        System.out.println("    k="+k);

        //greater than
        System.out.println("Greater than...");
        System.out.println("    i>j="+(i>j));                   //false
        System.out.println("    j>i="+(j>i));                   //true
        System.out.println("    k>j="+(k>j));                   //false
        System.out.println("    j+i>k="+(j+i>k));               //true

        //greater than or equal to
        System.out.println("Greater than or equal to...");
        System.out.println("    i>=j=" + (i>=j));               //false
        System.out.println("    j>=i="+(j>=i));                 //true
        System.out.println("    k>=j="+(k>=j));                 //true

        //less than
        System.out.println("Less than...");
        System.out.println("    i<j="+(i<j));                   //true
        System.out.println("    j<i="+(j<i));                   //false
        System.out.println("    k<j="+(k<j));                   //false

        //less than or equal to
        System.out.println("Less than or equal to...");
        System.out.println("    i<=j="+(i<=j));                 //true
        System.out.println("    j<=i="+(j<=i));                 //false
        System.out.println("    k<=j="+(k<=j));                 //true

        //equal to
        System.out.println("Equal to...");
        System.out.println("    i==j="+(i==j));                 //false
        System.out.println("    k==j="+(k==j));                 //true
```

```
        //not equal to
        System.out.println("Not equal to...");
        System.out.println("  i !=j="+(i !=j));              //true
        System.out.println("  k !=j="+(k !=j));              //false
    }
}
```

程序 2-5 的运行输出结果如下：

```
D:\demo>java  RelationalDemo
Variable values...
i=37
j=42
k=42
Greater than...
i>j=false
j>i=true
k>j=false
j+i>k=true
Greater than or equal to...
i>=j=false
j>=i=true
k>=j=true
Less than...
i<j=true
j<i=false
k<j=false
Less than or equal to...
i<=j=true
j<=i=false
k<=j=true
Equal to...
i==j=false
k==j=true
Not equal to...
i!=j=true
k!=j=false
```

通过程序 2-5 可以得出以下结论。

(1) 关系表达式的结果总是一个逻辑值。

(2) 算术运算符的优先级高于关系运算符，例如 j + i> k 表达式的结果是 true，相当于(j + i)> k。

关系表达式也经常用于条件表达式中用于构造更复杂的逻辑控制。

2. 逻辑表达式

表 2-8 列出了逻辑运算符，它们的操作数只能是 true 或 false。

表 2-8　逻辑运算符

运算符	运算	用法	功　能
&&	逻辑与	op1 && op2	若 op1 和 op2 都为 true，则返回的结果为 true；若 op1 为 false，则不执行 op2

续表

运算符	运算	用法	功能
||	逻辑或	op1 || op2	若 op1 和 op2 中的一个为 true,则返回的结果为 true;若 op1 为 true,则不执行 op2
!	逻辑非	! op	若 op 为 false,则返回的结果为 true
&	逻辑与	op1 & op2	若 op1 和 op2 同时为 true,则返回的结果为 true
|	逻辑或	op1 | op2	若 op1 和 op2 中的一个为 true,则返回的结果为 true
^	逻辑异或	op1 ^ op2	若 op1 和 op2 同时为 false 或 true,则返回的结果为 false

“&”和“|”对应于“&&”和“||”,二者的主要区别在于执行“&”和“|”运算时,两个操作数必须都要执行相应的运算,而“&&”和“||”则根据第一个操作数的结果决定是否对第二个操作数进行计算。例如:

```
int a=5;
...
if ( true || ( ++a > 0 ) ){
    System.out.println("a="+a);
}
```

运算结果如下:

```
a=5
```

这是因为第一个操作数结果为 true,根据||的运算规则,第二个操作数不再计算造成的。如果将“||”换为“|”,则

```
int a=5;
...
if ( true | ( ++a>0 ) ){
    System.out.println("a="+a)  ;
}
```

运算结果则变为

```
a=6
```

2.3.4 移位和位操作运算

因为所有的整型变量值在机器内均以二进制数来表示。一个 int 型数值由 32 个二进制数字位组成,每一位称为 bit。例如,整数 30 的二进制表示就是 00000000000000000000000000011110。

1. 移位运算符

移位就是将第一个操作数按照指定的方向左移或右移第二个操作数表明的距离,表 2-9 列出了移位运算符。

表 2-9　移位运算符

运算符	运算	用　法	功　能
＜＜	左移	op1 ＜＜ op2	向左移位，从右边补 0
＞＞	右移	op1 ＞＞ op2	向右移位，从左边传递符号位(最高位)
＞＞＞	右移	op1 ＞＞＞ op2	向右移位，从左边补 0

运算符“＞＞”进行算术或符号右移位。移位的结果是第一个操作数除以 2 的幂，而指数的值是由第二个操作数给出的。例如：

128 ＞＞ 1 等价于 $128/2^{1}=64$；

256 ＞＞ 4 等价于 $256/2^{4}=16$；

-256 ＞＞ 4 等价于 $-256/2^{4}=-16$。

非符号右移位运算符“＞＞＞”主要作用于位图，而不是一个值的算术意义；它总是将 0 置于最重要的位上。例如：

1010 … ＞＞ 2 的结果是 111010 …(在上面移位的过程中，“＞＞”运算符使符号位被复制)；

1010 … ＞＞＞ 2 的结果是 001010 …。

运算符“＜＜”执行一个左移位。移位的结果是，第一个操作数乘以 2 的幂，指数的值是由第二个操作数给出的。例如：

128＜＜ 1 等价于 $128\times2^{1}=256$；

16＜＜ 2 等价于 $16\times2^{2}=64$。

在移位运算时，byte、short 和 char 类型移位后的结果会变成 int 类型，对于 byte、short、char 和 int 进行移位时，规定实际移动的次数是移动次数模 32 后的余数，也就是移位 33 次和移位 1 次得到的结果相同，移动 long 型的数值时，规定实际移动的次数是移动次数模 64 后的余数，也就是移动 66 次和移动 2 次得到的结果相同。

另外，运算符“＞＞＞”仅被允许用在整数类型，并且仅对 int 和 long 值有效，如果用在 short 或 byte 值上，则在应用“＞＞＞”之前，该值将通过带符号的向上类型转换被升级为一个 int。

2. 位运算符

表 2-10 列出了位运算符。

表 2-10　位运算符

运算符	运算	用　法	功　能
&	位与	op1 & op2	按对应位 AND
|	位或	op1 | op2	按对应位 OR
^	位异或	op1 ^ op2	按对应位 XOR
～	求补	～op	求对应位的补码

表 2-11 列出了位运算规则。

表 2-11　位运算规则

位值 1	位值 2	运　算	结　果
0	0	&	0
0	1		0
1	0		0
1	1		1
0	0	|	0
0	1		1
1	0		1
1	1		1
0	0	^	0
0	1		1
1	0		1
1	1		0
1		~	0
0			1

在某些系统中，经常使用“&”和“|”处理一些变量，这些变量中的各个二进制位用作某些种类对象的状态指示器，例如一个颜色值包含了红、绿、蓝 3 个分量，每个分量范围为 0～256，可以定义一个 int 类型的变量 color，利用它其中的 3B 内容分别表示 3 个分量的值，例如一个真彩色的值是 15838471，表示成二进制是 111100011010110100000111，用一个 int 类型变量存储时格式如图 2-2 所示。

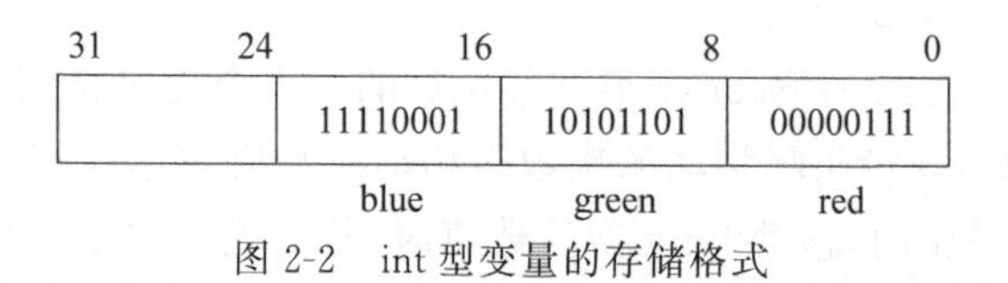

图 2-2　int 型变量的存储格式

可以通过如下语句分别获得 3 个颜色分量的值。

```
int color=0x00F1AD07,red=0,green=0,blue=0;
…
red=color & 0x000000FF;             //只保留最低位,前面的 3B 内容清"0",结果为 00000111
green=(color & 0x0000FF00)>>8;        //移走 1B 内容,结果为 10101101
blue=(color & 0x00FF0000)>>16;        //移走 2B 内容,结果为 11110001
```

如果不移位，则 green 和 blue 的值将是一个很大的值，移位之后，则值保证为 0～255。

通过这种在特定位设 1 或 0，其他位 0 或 1 的方法可以对某个操作数特定位进行操作，以达到特殊目的，例如获得单独位上的值。这个特定的操作数，称为屏蔽码(Mask)。

这些位操作不常用于企业应用系统，但在图像、自动控制、科学计算等环境中应用较为广泛，直接进行二进制的操作可以节省大量的内存、高效地运行某些运算。

2.3.5　赋值运算符

可以使用运算符“＝”将一个值赋予一个变量。格式如下：

```
<变量>=<表达式>
```

对于基本数据类型的赋值是很简单的,就是直接将一个值复制了一份给左侧的变量,例如 a=2,就是将 2 直接复制给了变量 a,如果是表达是 a=b,则将 b 的值复制一份给 a,如果赋值以后,a 或 b 再发生变化,则另外一个变量并不受这种影响。

除此之外,Java 还提供了一些快捷赋值运算符(+=、-=、*=、/=、%=、&=、|=、^=、<<=、>>=、>>>=)允许执行某些算术、移位等功能,格式如下:

```
<变量>op=<表达式>
```

等价于

```
<变量>=<变量>op<表达式>
```

例如:a+=2 等价于 a=a+2。

注意:快捷运算符的右端操作数是作为一个整体参与运算的。例如,a*=b+3 等价于 a=a*(b+3)。

2.3.6 其他运算符

Java 还支持在表 2-12 中列出的其他运算符。

表 2-12 其他运算符

运算符	运算	用　法	功　能
?:	条件	op1 ? op2 : op3	如果 op1 为真,则返回 op2 的值。否则返回 op3 的值
.	成员	p1.name	参见面向对象部分的成员访问
[ ]	数组	int[] a;	声明、创建数组以及访问数组元素
( )	括号	(1+2)*3	改变表达式先后运算顺序, 强制类型转换, 定界一个用逗号隔开的参数列表
new	创建	Person p1=new Person()	创建对象或者数组
instanceof	实例	op1 instanceof op2	如果 op1 是 op2 的实例,返回 true

2.3.7 数学函数

在算术表达式中,利用数学函数进行计算是一个必要的功能,例如求平方差、三角函数等,JDK 提供的 API 中也包含了这一部分的功能。java.lang 这个包的 Math 类中包含了丰富的数学函数,这些主要函数如表 2-13 所示。

例如,计算-5.5 的绝对值可以这样写:

```
float a=-5.5f;
a=Math.abs(a);
```

其中,Math 是类名,abs 是 Math 提供的类方法,其他方法可以照此使用。

表 2-13　主要数学函数

三角函数	sin()、cos()、tan()、asin()、acos()、atan()、atan2()
数值函数	abs()、max()、min()、ceil()、floor()、round()、rint()、sqrt()、pow()、exp log()、random()、toRadians()

在 Java 中没有幂运算符，需要借助 Math 类中的 pow 方法，例如求 x 的 a 次幂可以用以下语句：

```
double d=Math.pow(x,a);
```

Math 类，通过 Math.PI 和 Math.E 可以表示数学中常量 π 和 e 的近似值。

2.3.8　字符运算

因为字符是用一个占用 2B 空间的整数表示的，因此 char 类型的变量可以参与算术运算。例如，若

```
char ch='a';                          //字符 a 的 ASCII 码值是 97
```

则语句

```
System.out.println(" ch="+(++ch));
```

的输出结果是“ch＝b”，这是因为＋＋ch 后的值是 98，而 98 对应的是字符 b。

```
System.out.println(" ch="+(int)(++ch));
```

的输出结果是 ch＝99，因为(int)(＋＋ch)强制将一个字符按照整数输出。

2.3.9　类型转换

Java 是一种强类型的语言，这类语言有这样几个特点。

(1) 所有的变量都必须先声明后使用。

(2) 向变量赋值时，“＝”两端的类型必须一致。

(3) 参与运算的数据类型必须一致才能运算。

在实践中，与第(2)和第(3)条不一致的情况经常遇到，例如整数和实数在一起进行混合运算等，为了能够处理这种情况，Java 提供了类型转换机制。

1. 隐式类型转换

自动类型转换，也称隐式类型转换，是指不需要书写代码，由系统自动完成的类型转换。按照存储范围的大小，Java 存在一个自动转换的规则如下：

byte→short(char)→int→long→float→double

也就是说，当一个 int 类型的值赋给一个 float 类型的变量时，JVM 会自动接收。例如：

```
byte x=10;
short y=x;                                    //这是合法的
int z=y;                                      //这是合法的
short a=x+y;                                  //这是不合法的,x+y 的结果类型是 int
int a=99L;                                    //这是不合法的
```

具体应用时需要注意以下几点。

(1) 自动类型数据转换总是从低级到高级进行，byte、char、short 的级别最低，double 的级别最高。

(2) 在整数之间进行类型转换时，数值没有发生改变，只是将整数类型(特别是比较大的整数类型)转换成小数类型，由于存储方式不同，所以数据精度可能会损失。

(3) byte、char、short 型数据要参与运算，就必须先转为 int 类型，所以即使是 short 类型数据之间进行运算，结果也是 int 类型。

2. 强制类型转换

在语法上，一个 long 型的值直接向一个 int 型的变量赋值是不允许的，例如：

```
int x=99L;
```

是一条错误的赋值语句，编译器会给出错误提示"Type mismatch: cannot convert from long to int"，因为编译器无法确保将一个 8B 的值赋值给一个 4B 的变量是否正确，因此给出了错误的提示。

因此在赋值的信息可能丢失的地方，编译器需要程序员用类型转换的方法确认赋值的正确性。例如，它可以"挤压"一个 long 值到一个 int 变量中。强制转换类型方法如下：

```
long bigValue=99L;
int x=(int)(bigValue);
```

上述程序中，表达式 bigValue 期待的目标类型被放置在"( )"中，并作为该表达式的前缀，该表达式的结果类型将被强制更改为 int 类型。一般来讲，建议用"( )"将需要转型的全部表达式封闭。否则，转型操作的优先级可能引起问题。

注意：当数值从一种类型强制转换为另一种类型，但又超出目标类型的表示范围时，结果会被截断为一个完全不同的值，例如(byte)200 的实际值为−56。

3. 算术表达式的结果类型

当一个算术表达式中有整数和浮点数时，则表达式结果是浮点数，整数会被隐性地转换为浮点数参加运算。表 2-14 总结了不同类型的数值参与表达式运算后的结果。

表 2-14　算术表达式的结果类型

结果类型	操作数的类型
long	操作数必须是整数类型，而且至少一个操作数类型是 long
int	操作数必须是整数类型
double	至少一个操作数类型是 double
float	至少一个操作数类型是 float，操作数不能有类型 double

当没有信息丢失时，变量可被自动升级为一个较长的类型，例如 int 类型升级为 long 类型。

```
long bigval=6;                    //6 是一个 int 类型,允许
int smallval=99L;                 //99L 是 long 类型,不合法
double z=12.414F;                 //12.414F 是 float 类型,允许
float z1=12.414;                  //12.414 是 double 类型,不合法
```

一般情况下,如果变量类型至少和表达式类型宽度一样(位数相同),则可认为表达式是赋值兼容的。

当“+”运算符的两个操作数是基本数据类型时,其结果至少是一个 int,当表达式中存在通过提升操作数到结果类型或通过提升结果至一个较宽类型操作数而计算的值时,则可能导致溢出或精度丢失。例如:

```
short a,b,c;
a=1;
b=2;
c=a+b;
```

会因为在进行加法操作之前提升 short 型变量 a 和 b 至 int 型而出错。然而,如果 c 被声明为一个 int 型或按如下操作进行类型转换:

```
c=(short)(a+b);
```

则会成功通过。

2.4 字 符 串

字符串是开发中经常使用的,它的应用几乎无处不在。在 Java 中,字符串并不是一个基本类型,而是作为一个 String 类型的对象出现的,String 类是 JDK 提供的一个标准类,位于 java.lang 包下,专门用于字符串处理。

2.4.1 字符串常量

字符串常量是一个用“" "”括起来的字符序列。例如:

```
"This is a string literal"
```

编译器会为每一个字符串常量创建对象。这些字符串常量中可以包含一些不能从键盘上输入的转义字符。例如:

```
"This is a \u03c0" 实际上就是 "This is a π"
```

注意:由于字符串中的所有字符都是 Unicode 字符,所以每个字符均占 2B。

2.4.2 字符串变量

字符串常量和字符串变量是两个不同的概念。字符串常量在内存中由编译器分配到特定的区域,保存有字符序列,而字符串变量只是一个引用,不能通过字符串变量对常量进行修改。例如:

```
String str="This is a string literal";
str="This is other string literal";
```

第 2 条语句并不是修改了字符串变量 str 的值,而是修改了 str 的引用,使它指向了一个新的字符串常量。

由于声明一个字符串变量和声明其他类型的变量没有任何本质区别，所以下面的声明形式都是允许的。

```
String str;                              //声明了一个未初始化的变量
String str=null;                         //初始化为空值
String str="hello";                      //声明时同时进行初始化
String str=new String("hello");
```

2.4.3 字符串运算

字符串可以进行很多运算，例如字符串之间的连接、比较、分割、子串的查询等。

1. 字符串的连接

Java 语言提供对字符串连按“+”以及将其他对象转换为字符串的特殊支持。使用“+”将两个 String 对象组成一个字符串的例子如下：

```
"hello "+name
"hello"+"张华"
```

除了字符串之间的连接外，字符串对象还可以和其他类型(原始类型和对象)之间进行连接操作，这其中还有一些有意思的现象，例如：

```
"string is "+5+5
```

等价于

```
"string is 55";
5+5+" is a string"
```

等价于

```
"10 is a string"
```

出现这样的现象主要由于运算符的结合方向造成的。第一个表达式的第一个“+”左端是字符串，按照从左到右的结合方向，首先是字符串“string is ”和一个已经从数值 5 转化为字符串“5”进行连接变成“string is 5”，而第二个表达式“5+5”则是一个被编译器认为是加法运算的表达式，结果为 10，然后进行字符串连接。

2. 字符串的比较

字符串之间的比较主要有两种情况，值比较和对象比较。值比较主要比较两个字符串的字符序列。Java 中提供了几种方法。

(1) equals()。对于字符串来说，比较的是字符序列，只要字符序列相同，结果为 true。相似的方法还有 equalsIgnoreCase(String anotherString)，此法忽略大小写。

(2) compareTo()。按字典顺序比较两个字符串。该比较基于字符串中各个字符的 Unicode 值。将此 String 对象表示的字符序列与参数字符串所表示的字符序列进行比较。如果按字典顺序，此 String 对象在参数字符串之前，则比较结果为一个负整数；否则，比较结果为一个正整数。如果这两个字符串相等，则结果为 0；compareTo 方法只有在 equals (Object)返回 true 时才返回 0。类似的方法还有忽略大小写情况的 compareToIgnoreCase (String anotherString)。

程序 2-6 描述了如何使用字符串的比较方法。

```
        //程序 2-6:字符串的比较
        public class StringDemo {
            public static void main(String[] args) {
(01)            String s1="Morning!";
(02)            String s2="morning!";
(03)            boolean eq=s1.equals(s2);
(04)            System.out.println("\"Morning\".equals(\"morning\")结果是"+eq);
(05)            int res=s1.compareTo(s2);
(06)            System.out.println("\"Morning\".compareTo(\"morning\")结果是"+res);
            }
        }
```

程序的 1、2 行分别定义了两个字符串对象，它们的差别在第一个字母的大小写上。

程序的第 3 行将 s1 和 s2 代表的字符串进行了相等性比较，由于 equals 方法区分字母的大小写，由于字母 M 的 ASCII 码值是 77，而字母 m 的 ASCII 码值是 109，所以两个字符串不相等，故返回逻辑值 false。

第 4 行用“+”将字符串和一个布尔值连接到了一起，注意其中用了转义字符。

第 5 行用 compareTo 方法比较了 s1 和 s2 代表的字符串的大小，s1 小于 s2，所以方法返回了一个小于 0 的负值。

整个程序的运行结果如下：

```
"Morning".equals("morning")结果是 false
"Morning".compareTo("morning")结果是-32
```

3. 空串与 null

空串指长度为 0 的字符串。可以使用以下两种方式来判断一个字符串是否为空串：

```
if(str.length()==0)
if(str.equals(""))
```

字符串变量的取值也可以为 null，表示该变量还没有与任何对象关联。可以使用以下语言来判别变量的值是否为 null：

```
if(str==null)
```

当字符串变量的值是 null 时，不能通过该变量调用字符串类的方法，否则会出现 NullPointerException 空指针错误。

字符串类 String 有五十几个方法，大部分方法在开发过程中使用频率非常高，可以在线访问 JDK API 文档，学习这些方法的具体说明，如图 2-3 所示。

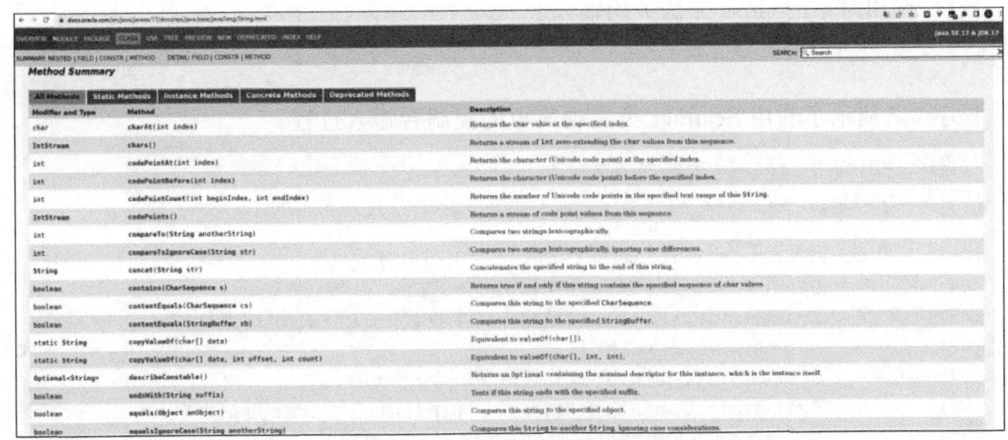

Method Summary

All Methods | Static Methods | Instance Methods | Concrete Methods | Deprecated Methods

Modifier and Type	Method	Description
char	charAt(int index)	Returns the char value at the specified index.
IntStream	chars()	Returns a stream of int zero-extending the char values from this sequence.
int	codePointAt(int index)	Returns the character (Unicode code point) at the specified index.
int	codePointBefore(int index)	Returns the character (Unicode code point) before the specified index.
int	codePointCount(int beginIndex, int endIndex)	Returns the number of Unicode code points in the specified text range of this String.
IntStream	codePoints()	Returns a stream of code point values from this sequence.
int	compareTo(String anotherString)	Compares two strings lexicographically.
int	compareToIgnoreCase(String str)	Compares two strings lexicographically, ignoring case differences.
String	concat(String str)	Concatenates the specified string to the end of this string.
boolean	contains(CharSequence s)	Returns true if and only if this string contains the specified sequence of char values.
boolean	contentEquals(CharSequence cs)	Compares this string to the specified CharSequence.
boolean	contentEquals(StringBuffer sb)	Compares this string to the specified StringBuffer.
static String	copyValueOf(char[] data)	Equivalent to valueOf(char[]).
static String	copyValueOf(char[] data, int offset, int count)	Equivalent to valueOf(char[], int, int).
Optional<String>	describeConstable()	Returns an Optional containing the nominal descriptor for this instance, which is the instance itself.
boolean	endsWith(String suffix)	Tests if this string ends with the specified suffix.
boolean	equals(Object anObject)	Compares this string to the specified object.
boolean	equalsIgnoreCase(String anotherString)	Compares this String to another String, ignoring case considerations.

图 2-3　JDK API 在线文档

2.5　基于文本的输入输出

2.5.1　控制台的输入

在 Windows 系统中，控制台的输入就是指从命令行窗口下通过键盘向程序输入数据。在“开始”菜单中选中“运行”选项，在弹出的对话框中输入 cmd，即可进入。

1. 利用 Scanner 类实现键盘输入

Scanner 是 JDK 5.0 新增的一个类，一个可以使用正则表达式来解析基本类型和字符串的简单文本扫描器。表 2-15 列出了 Scanner 的主要方法。

表 2-15　Scanner 类

方　　法	作　　用
byte nextByte()	将输入信息的下一个标记扫描为一个 byte
double nextDouble()	将输入信息的下一个标记扫描为一个 double
float nextFloat()	将输入信息的下一个标记扫描为一个 float
int nextInt()	将输入信息的下一个标记扫描为一个 int
String next()	此扫描器执行当前行，并返回跳过的输入信息
long nextLong()	将输入信息的下一个标记扫描为一个 long
short nextShort()	将输入信息的下一个标记扫描为一个 short

使用该类实现从键盘输入数据的具体步骤如下。

首先，创建 Scanner 类的一个对象，扫描数据来自键盘输入。

```
Scanner sc=new Scanner(System.in);
```

其次，通过调用扫描对象的方法实现输入，以下语句可使用户从键盘输入一个整数。

```
int num=sc.nextInt();
```

最后，调用对象的 close 方法关闭输入。

```
sc.close();
```

程序 2-7 演示了利用 Scanner 类实现简单的控制台输入过程。

```
//程序 2-7:利用 Scanner 类实现键盘输入
(01)  import java.util.Scanner;
(02)  public class ScannerDemo {
(03)      public static void main(String[] args) {
(04)          Scanner sc=new Scanner(System.in);
(05)          System.out.println("请输入一个整数,按 Enter 键结束");
(06)          int num=sc.nextInt();
(07)          System.out.println("你输入了一个:"+num);
(08)          System.out.println("请输入一个字符串,按 Enter 键结束");
(09)          String s=sc.next();
(10)          System.out.println("你输入了字符串:"+s);
(11)          sc.close();
(12)      }
(13)  }
```

因为程序中使用了 JDK 提供的 Scanner 类并不是一个基础类(java.lang 包下的类)，所以在程序的第 1 行使用 import 语句将其在运行时加载到内存。

第 4 行程序中 System.in 默认情况下表示通过键盘输入，new Scanner(System.in)用 new 运算符创建了一个 Scanner 类的对象 sc，对来自键盘的输入进行扫描。

第 6 行利用 Scanner 类的方法 nextInt 方法从用户来自键盘的输入中获取一个整数，并赋值到变量 num，如果获取到的不是整数，则程序就会出现错误，导致终止运行，当输入完所需的内容时，按 Enter 键表示结束本次输入。

第 9 行利用 Scanner 类的方法 next 方法从用户来自键盘的输入中获取一行信息，并用变量 s 引用。

第 11 行调用对象 sc 的 close 方法关闭输入。

2. 利用 Console 类实现键盘输入

从 JDK 6 开始，JDK 提供了 Console 类，利用 Console 类的对象可访问与当前 Java 虚拟机关联的基于字符的控制台设备，主要提供了基于控制台的格式化读取及密码读取功能，表 2-16 列出了 Console 类的主要方法。

表 2-16　Console 类的主要方法

方　　法	作　　用
String readLine()	从控制台读取单行文本
String readLine(String fmt, Object… args)	提供一个格式化提示，然后从控制台读取单行文本
char[] readPassword()	从控制台读取密码，禁用回显
char[] readPassword(String fmt, Object… args)	提供一个格式化提示，然后从控制台读取密码，禁用回显
format(String fmt, Object… args)	使用指定格式的字符串和参数将格式化字符串写入指定控制台的输出流中

续表

方　法	作　用
printf(String format, Object… args)	使用指定格式的字符串和参数将格式化字符串写入指定控制台输出流的便捷方法

程序 2-8 描述了如何利用 Console 类提供控制台的输入。

```
(01)  //程序 2-8:利用 Console 类实现键盘输入
(02)  import java.io.Console;
(03)  public class ConsoleDemo {
(04)      public static void main(String[] args) {
(05)          Console cons =System.console();
(06)          String account=cons.readLine("请输入账号");
(07)          char[] pwd=cons.readPassword("请输入密码");
(08)      }
(09)  }
```

相比较而言,在格式化输入方面 Console 类要比 Scanner 类更灵活一些。例如 Console 类的 readLine 方法不仅提供了读入输入信息的能力,还提供了显示输入提示信息的功能,便于进行基于文本的控制台编程。

2.5.2 字符界面的输出

输出信息是一个程序的最基本功能,前面的程序中多次用 System.out.println()之类的语句完成这一基本要求,out 对象的类型是 java.io.PrintStream,out 对象能够方便地输出各种数据值表示形式,这里介绍 out 的几个主要输出方法。

1. print 方法

print 是 PrintStream 类提供的一种输出方法,支持 boolean、char、char[]、double、float、int、long、short、String、Object 等类型数据的直接输出,例如:

```
int i=100;
boolean status=true;
String str="Welcome";
…
System.out.print(i);
System.out.print(status);
System.out.print(str);
```

利用 print 方法输出需要注意的是,每次输出均紧接在上一次输出的位置,中间没有分隔符。

2. println 方法

println 方法不同于 print 的主要之处在于将输出信息打印完之后,还会输出行终止符,默认情况下,这个行终止符是换行符“\n”,即输出一个换行。例如:

```
int i=100;
boolean status=true;
String str="Welcome";
…
```

```
System.out.println(i);
System.out.println(status);
System.out.println(str);
```

print 和 println 方法对接收的参数均转换成字符串输出，因此类似于下面的输出：

```
System.out.println("i="+i);
```

表示字符串“i=”再连接上变量 i 的值转换成的字符串输出。

3. printf 方法

printf 方法是一种格式化输出，类似于 C 语言的 printf()函数，实现了对布局对齐和排列的支持，以及对数值、字符串和日期/时间数据的常规格式和特定语言环境的输出的支持，表 2-17 列出了主要的对应格式，具体内容可以参考 java.util.Formatter 的相关解释。

```
public PrintStreamprintf(String format,Object… args)
```

利用 printf 实现格式化输出的关键是定义格式化字符串，即该方法的第一个参数 format。

表 2-17 主要的对应格式

转换	参数类别	说 明
'b'和'B'	常规	如果参数 arg 为 null，则结果为 "false"。如果 arg 是一个 boolean 值或 Boolean，则结果为 String.valueOf()返回的字符串。否则结果为 "true"
'h'和'H'	常规	如果参数 arg 为 null，则结果为 "null"。否则，结果为调用 Integer.toHexString(arg.hashCode()) 得到的结果
's'和'S'	常规	如果参数 arg 为 null，则结果为 "null"。如果 arg 实现 Formattable，则调用 arg.formatTo。否则，结果为调用 arg.toString() 得到的结果
'c'和'C'	字符	结果是一个 Unicode 字符
'd'	整数	结果被格式化为十进制整数
'o'	整数	结果被格式化为八进制整数
'x'和'X'	整数	结果被格式化为十六进制整数
'e'和'E'	浮点	结果被格式化为用计算机科学记数法表示的十进制数
'f'	浮点	结果被格式化为十进制数
'g'和'G'	浮点	根据精度和舍入运算后的值，使用计算机科学记数形式或十进制格式对结果进行格式化
'a'和'A'	浮点	结果被格式化为带有效位数和指数的十六进制浮点数
't'和'T'	日期/时间	日期和时间转换字符的前缀。请参阅日期/时间转换
'%'	百分比	结果为字面值 '%' ('\u0025')
'n'	行分隔符	结果为特定于平台的行分隔符

常规类型、字符类型和数值类型的格式说明符的语法如下：

```
%[argument_index$][flags][width][.precision]conversion
```

(1) 可选的 argument_index 是一个十进制整数,用于表明参数在参数列表中的位置。第一个参数由“1$”引用,第二个参数由“2$”引用,以此类推。

(2) 可选的 flags 是修改输出格式的字符集。有效标志的集合取决于转换类型,例如“+”表示无论数值正负,均显示符号,而“-”表示输出的数值左对齐,“,”代表本地化的分组分隔符。

(3) 可选 width 是一个非负十进制整数,表明要向输出中写入的最少字符数。

(4) 可选 precision 是一个非负十进制整数,通常用来限制字符数。特定行为取决于转换类型。

(5) 所需的 conversion 是一个表明应该如何格式化参数的字符。给定参数的有效转换集合取决于参数的数据类型。

程序 2-9 利用了上述的格式输出控制,输出了 3 种不同类型的数据。

```
//程序 2-9:一个格式化输出程序
(01)  public class TestPrintf {
(02)      public static void main(String[] args) {
(03)          int i = 12345;
(04)          double  d = 1234.567;
(05)          String str = "Welcome";
(06)          System.out.printf("%,6d %+10.2f %s",i,d,str);
(07)      }
(08)  }
```

printf 方法中的格式化字符串“%,6d %+10.2f %s”分别表示对应输出的是十进制整数、一个实数和一个字符串,分别对应后面的 3 个值 i、d 和 str,“%,6d”中的“,”表示对应输出的数值按照本地化方式进行分组,6 则表示输出的宽度;“%+10.2f”表示对应输出的数值宽度至少 10 个字符,小数点后保留 2 位,“+”则表示在数值前显示正负号,“%s”表示对应输出的是字符串。程序 2-9 对应的输出结果如下。

```
12,345   +1234.57 Welcome
```

本章小结

本章主要介绍了 Java 中用到的大量的标识符、关键字、变量和常量的表达方式,知识点比较多,特别是有关类型转换的部分需要特别注意。在本章中,学习了以下内容。

1. 数据和变量声明

标识符是赋予变量、类或方法的名称,它的命名应当遵循一定的规则。

关键字可标识数据类型名或程序构造。

Java 的基本数据类型有 8 种,分别为逻辑型、字符型、字节型、短整型、整型、长整型、单精度、双精度。

变量是一种用名字表示具体值,从而可以重复应用的名称表示。在程序中,变量可以保存运行的中间结果,变量的命名遵循标识符的规定。

每个变量都有自己的类型,而类型决定了一个变量可以表示的数值范围以及在内存中需要的空间(字节数)。

整数的字面量类型是 int，如果想表示一个 long 型的字面量，可以在数值后加上 l 或 L 即可。

实数的字面量类型是 double，如果想表示一个 float 型的字面量，可以在数值后加上 f 或 F 即可。

局部变量（方法内声明的变量）必须首先初始化，然后才能在程序中使用。

一个字符型变量只能表示一个字符的值，一个字符占 2B，字符型的字面量都必须包含在“' '”中，也就是说“' '”中必须而且只能有一个字符。

转义字符是一种用“\”开始，后跟特殊字符或者 4 位 Unicode 编码用来表示特殊字符的字符表示方法，可以定义任何一个 Unicode 字符。

2. 运算符和表达式

表达式就是由变量、常量、对象、运算符和方法调用构成的式子，每个表达式最终都有确定的结果类型。

表达式中运算符的优先顺序由它们的优先级来确定，尽量使用“（ ）”简洁表示这种运算的先后关系，因为“（ ）”运算是优先的。

算术表达式的结果是算术类型，其类型包括 int、long、float 和 double，整数表达式中如果包括 long 型，则结果一定是 long 型，否则就是 int 型，对于其中包含 float 或 double 的表达式，其结果类型向存储范围最大的类型转换。

关系和逻辑表达式的结果是一个布尔类型的逻辑值。通常用在控制程序流向的位置，例如分支语句。

移位和位操作运算是对整型变量值以二进制位进行的一种非特殊运算。

在利用赋值运算符进行赋值时，要保证运算符两端的类型必须是同样的或者可以由 JVM 自动转化的，否则就需要明确进行合法的强制类型转换。

字符型变量和常量在运算时可以作为整数看待。

3. 字符串

字符串并不属于 Java 的基本类型，而是引用类型，其类型为 String。

字符串变量是对字符串常量的一种引用，不能通过变量名去修改引用的常量。

可以利用字符串串联符号“＋”将不同类型的变量值、字面量和字符串连接起来，构成新的字符串。

只有当两个字符串字符序列长度一致、大小写完全相同时，equals 方法比较结果才是 true。

如果利用字符串对象的 compareTo 方法，则比较的是两个字符串的大小，它是按照每个字符的 Unicode 码值进行比较的。

4. 基于文本的输入输出

JDK 提供了 Scanner 和 Console 两个类用来简化文本输入，Scanner 类主要提供了对输入进行基于正则表达式的简单文本扫描，而 Console 类则提供了基于控制台的文本输入和输出功能。System.out 对象提供了 print、printf 和 println 方法输出各种类型的数据值。

习 题 2

1. 简述 Java 标识符的规定。

2. 下面选项中，合法的标识符是(　　)。

A. $persons　　B. TwoUsers　　C. *point　　D. this　　E. endline

3. 下面选项中，可以用以表示八进制值 8 的是(　　)。

A. 010　　B. 0x10　　C. 08　　D. 0x8

4. Java 有哪些基本数值类型？写出 int 型的宽度以及所能表示的最大值和最小值，参考 JDK 的 API 文档，查看 java.lang 包下的 Integer 类，尝试编写程序，输出 Integer 的最大值和最小值，分析结果。

5. 下面的表达式分别是哪种类型。

(1) 1*2*3

(2) a=1234.2

(3) 30+5>40

(4) a>b

6. 如果有两个整型变量 a 和 b，比较 a 和 b 的大小，并将结果保存到变量 c 中，根据要求写出表达式。

7. 模仿程序 2-1，编写一个程序计算长方形的面积和周长，长和宽分别用整型变量 h 和 w 表示。

8. 编写程序，通过键盘输入两个整数，计算它们的平均值，保留两位精度输出结果。

9. 编写程序，通过键盘输入两个整数，输出两个数之间的最大值。

10. 我国人口约有 14.13 亿，2021 年全国的 GDP 是 114.37 万亿元，请计算人均 GDP (单位：元/人)是多少并输出，要求保留小数点后两位。

11. 什么是强制类型转换？在什么情况下需要进行强制类型转换。

12. 尝试使用 Math 类提供的随机数生成方法，产生一个 1～100 的随机整数并输出。

13. 改写程序 2-8，使用 Console 类的 format()方法实现格式化输出。

14. 下面几种定义方式中，错误的选项是(　　)。

A. short s=28;　　B. char c='1';

C. double d=2.3　　D. float f=2.3

15. 下面选项中，能正确定义 float 型变量是(　　)。

A. float foo=-1;　　B. float foo=1.0;

C. float foo=42e1;　　D. float foo=2.02f;

E. float foo=3.03d;

第3章　流程控制

程序的基本结构包括顺序、分支和循环。本章介绍如何利用 Java 将人的思维用计算机程序来体现，从而解决现实问题。

学习目标：

- 认识语句，理解不同类型语句的作用。
- 理解程序控制的概念。
- 掌握条件语句，能够使用 if、switch 语句控制程序的不同执行路径。
- 掌握 for、while 和 do 语句控制程序的循环执行。
- 理解分支和循环的影响语句范围。
- 理解并能应用 break 和 continue 语句调整程序中的流程控制结构。
- 理解变量的作用域。
- 理解并使用 assert 语句对程序进行调试。
- 能够编写具有一定功能的程序。

3.1　语句、语句块和空白

构成 Java 程序的最小单位是类，而类则是由属性和方法构成。方法就是为完成某个功能的若干条语句的集合，例如 System.out.println()中的 println()就是 JDK 提供的一个输出信息的方法。

3.1.1　语句

和自然语言一样，语句是告诉计算机要做什么。在 Java 中，语句是一条由"；"终止的代码，它是一个完整的可执行单元。例如，下面是一条赋值语句，将"＝"右边算术表达式的结果赋给左边的变量 total 的格式如下：

```
total=a+b+c+d+e+f;
```

有时候，由于编辑区宽度的限制以及为了提高程序的可阅读性，一条语句可能会分行书写，这并不影响语句的完整性，例如下面的语句和上述语句的功能完全相同：

```
total=a+b+c+
d+e+f;
```

具体来说，在 Java 中，主要有以下的语句类型。

1. 声明语句

将第 2 章中介绍的有关变量的声明附加上一个表示结束的"；"之后，就成了声明语句，例如：

```
int a=0;
```

变量声明加了一个";"就构成了一条声明语句，程序执行到此时，将会在内存中分配 4B 空间用于存储赋给变量 a 的值。

```
Student stu;
```

这是声明了一个引用类型的变量，其引用的对象类型是 Student。

2. 表达式语句

赋值表达式、自增表达式、方法调用、对象创建都可以和";"一起构成"表达式语句"，例如：

```
System.out.println("Welcome");
```

这是调用了 out 对象的方法 println()，这是一种方法调用的形式，通常用于没有返回值的方法调用。

```
a=Math.abs(-3.1);
```

这是调用了 Math 类的求绝对值方法 abs()，这也是一种方法调用的形式，通常用于有返回值的方法调用，以便能够得到方法执行后的结果。

```
value=100;
```

赋值表达式加上";"，就构成了赋值语句。

```
a++;
```

自增表达式加上";"，就构成了自增语句。

3. 空语句

空语句就是仅包含一个";"的语句，没有任何实际作用，但它是一条可执行语句。

4. 控制语句

控制语句主要负责语句的执行顺序和方向，例如循环、分支、跳转等，在随后的流程控制中将详细介绍。

3.1.2 语句块

一个语句块(block)是以"{"和"："为边界的 0 到多条语句集合，有时也称为复合语句。复合语句的执行可以被视为一条语句。

语句块可被嵌套。HelloWorldApp 类包含了一个 main 方法，这个方法就是一个语句块，它是一个独立单元。其他一些语句块的例子如下：

```
//a block 语句
{
    x=y+1;
    y=x+1;
}
//类声明所包含的语句块
public class MyDate {
    int day;
    int month;
    int year;
```

```
}
//一个嵌套语句块的例子
while (i<large) {                                    //循环语句块开始,用"{"表示
    a=a+i;
    if (a==max) {                                    //判断语句块开始,用"{"表示
        b=b+a;
        a=0;
    }                                                //判断语句块结束,用"}"表示
}                                                    //循环语句块结束,用"}"表示
```

注意:不能在嵌套的两个语句块中声明同名的变量,否则会出现编译错误。

3.1.3 空白

在源代码元素之间允许空白,空白的数量不限。空白(包括空格、tabs 和新行)可以改善阅读源代码时的视觉感受,特别是利用空白明确显示出不同的嵌套结构(即常说的"缩进"风格),便于阅读和理解。如下面的程序片段所示。

```
public class ComputeArea {
    public static void main(String[] args) {
        int r=10;
        …
    }
}
```

程序中方法声明、方法中的语句等都和包含它们的上层结构向后退了几个空格,以保证这种逻辑上的嵌套关系呈现更好的视觉效果,便于理解。

注意:语句必须有一个存在范围。例如,循环语句必须由循环控制语句完全控制,一个方法中的语句必须放置在方法体的"( )"内,而不能出现在"( )"外。

3.2 顺序结构

一个程序(方法)最基本的执行过程就是从前到后顺序进行。Java 程序由类构成,而类的最小功能单元是方法,方法是由一条或多条语句构成的,这些语句之间最简单的结构关系就是顺序结构,即语句是按照它们在方法中出现的先后顺序逐一执行的。例如,程序 3-1 描述了用程序实现交换两个变量值的过程。

由变量的定义可知,在任何一个时刻,每个变量只能保存一个值,当把一个新的值赋给变量时,变量原来表示的值就被覆盖了,因此两个变量无法做到直接相互交换数值,需要借助一个临时的中间变量帮助实现交换,具体步骤如图 3-1 所示。

```
      /**
       * 程序 3-1:交换两个变量的值
       */
(01)  public class Swap {
(02)      public static void main(String[] args) {
(03)          int a=10,b=20;
(04)          int t=0;
(05)          t=a;
```

```
(06)          a=b;
(07)          b=t;
(08)          System.out.println("a="+a);
(09)          System.out.println("b="+b);
(10)      }
(11)  }
```

第 3 行：程序用声明语句定义了两个变量 a 和 b。

第 4 行：声明了一个变量 t，用作临时保存。

第 5 行：先直接把 b 的值赋给 a，则 a 的值就会被覆盖，所以在将 b 的值赋给 a 之前，先将 a 的值临时保存到变量 t 中。

第 6 行：因为在执行第 5 行语句时，已将 a 的值保存到 t 中，所以可以将 b 的值赋给 a，在执行后，a 和 b 代表相同的值。

第 7 行：因为在执行第 6 行语句时，b 的值已经赋给 a，所以将 t 中保存的 a 的原来值再赋给 b，执行后，b 就获得了 a 原来的值，这样就实现了两个变量的值相互交换。

通过图 3-1 可以看出，这个交换程序按照语句出现的先后顺序逐一执行，自然地完成了两个变量的交互。

注意：图 3-1 中的图被称为程序流程图，其中的方框代表一条或一组语句；带箭头的直线表示程序的执行流向，流线的标准流向是从左到右和从上到下，沿标准流向的流线可不用箭头指示流向，但沿非标准流向的流线应用箭头指示流向；最后的椭圆形表示程序执行的结束。

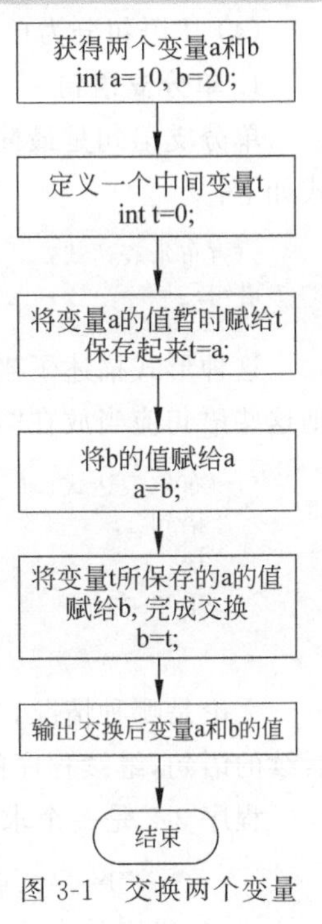

图 3-1　交换两个变量

3.3　选择结构

对程序中语句的执行顺序进行规定就是程序控制。程序的执行并不总是顺序进行的，人们会在早上出门前根据是否下雨来决定带不带雨伞，与之类似，Java 也提供了使用分支语句，在两种或更多的情况中做出选择，然后执行不同的程序语句。

3.3.1　if…else 语句

if… else 语句的基本句法如下：

```
if(布尔表达式){
    语句或块;
}
else{
    语句或块;
}
```

(1) 在 Java 中，if 后面是一个布尔表达式，而不是数字值，这一点与 C 和 C++ 不同。当布尔表达式为真时，执行其后的语句或语句块；为假时，会根据是否有匹配的 else 决定如何执行。

(2) 分支中的 else 部分是选择性的。当测试条件为假时，如果不需要做任何操作，则

else 部分可被省略。注意，else 部分不能独立存在，必须和 if 匹配。

(3) if 语句和 else 控制的语句可以是一条语句或多条语句，如果是多条语句，则这些语句必须放在随后紧跟的“{ }”中定义的复合语句内。

(4) if 语句分为单分支、双分支和多分支选择语句 3 种。

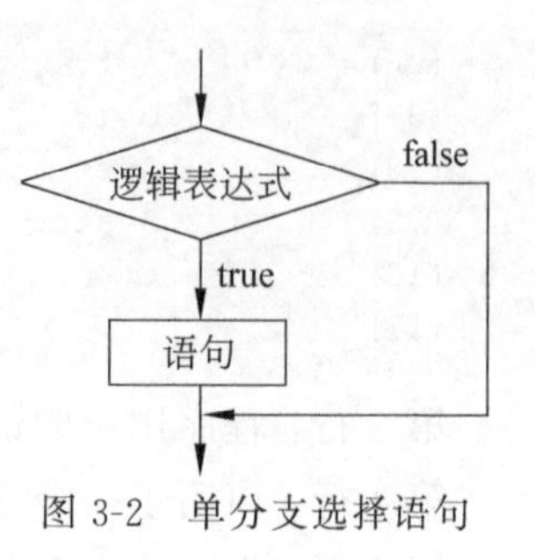

图 3-2 单分支选择语句

1. 单分支语句

单分支语句是最简单的一种情况，如图 3-2 所示，其一般形式如下：

```
if (布尔表达式)
语句;
```

这种形式描述了当表达式成立时，执行随后的一条语句，如果需要执行的是多条语句，则这些语句应当放在“{ }”中，构成复合语句，类似下面的形式：

```
if (布尔表达式) {
    语句 1;
    ...
    语句 n;
}
```

无论是哪种情况，当表达式不成立时，都不再执行分支控制的语句，而是执行分支语句后续的语句，继续程序的执行。

程序 3-2 是一个求绝对值的例子。

```
        //程序 3-2:单分支结构
        public class Abs {
            public static void main(String[] args) {
(01)            int a=-10;
(02)            if(a<0)
(03)                a=-a;
(04)            System.out.println("a="+a);
            }
        }
```

由于变量 a 的值是负值，程序 3-2 的执行过程是(01)→(02)→(03)→(04)，其中 a=-a 是 if 语句的控制范围，假如 a 的值是大于 0 的，则 if 的逻辑表达式为 false，条件不满足则不会执行这条语句，则程序 3-2 的执行过程是(01)→(02)→(04)。

注意：为了更好地表现分支语句的影响范围，即使只影响一条语句，最好的编码风格是也要用“{ }”把它们括起来，不仅改善了程序的可阅读性，而且会避免程序出现修改上的错误。

2. 双分支语句

双分支语句体现了非此即彼的情况，如图 3-3 所示，如果逻辑表达式为真，则执行语句块 1，否则执行语句块 2(注：语句块可以只有一条语句)。

双分支语句的一般形式如下：

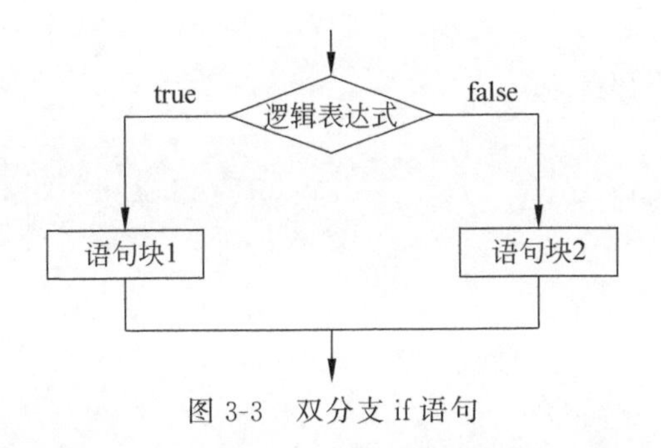

图 3-3　双分支 if 语句

```
if (逻辑表达式)
    语句 1;
else
    语句 2;
```

这种形式的分支，如果表达式结果为真，则执行语句 1，否则执行语句 2，随后执行分支后面的其他语句。

如果分支需要影响的语句有多条，需要将多条语句用“{ }”括起来，构成复合语句，如下所示：

```
if (逻辑表达式) {
    语句块 1;
} else {
    语句块 2;
}
```

程序 3-3 描述了求两个整数之间最大值的算法。

```
//程序 3-3:双分支结构
      public class Max {
          public static void main(String[] args) {
(01)              int a=10, b=20;                    //准备两个变量,进行比较大小
(02)              int max=0;                         //定义一个变量,保存两个变量的最大值
(03)              if (a>b) {
(04)                  max=a;
                  }else {
(05)                  max=b;
                  }
(06)          System.out.println("max =" + max);
          }
      }
```

由于程序 3-3 中 a 小于 b，所以其执行路径是(01)→(02)→(03)→(05)→(06)，如果修改成 a 大于 b，则程序执行路径是(01)→(02)→(03)→(04)→(06)。

3. 多分支语句

采用 if … else if 形式以实现在多种情况下选择一种情况执行，它的执行逻辑如图 3-4 所示。一般的语法形式如下：

```
if (逻辑表达式 1) {
    语句块 1;
```

```
}
else if (逻辑表达式 2){
    语句块 2;
}
else if (逻辑表达式 3){
    语句块 3;
}
    …
else{
    语句块 n;
}
```

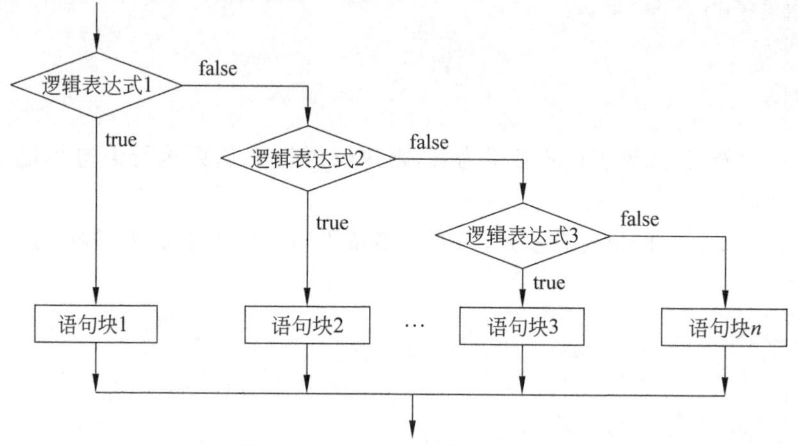

图 3-4 if …else if 多分支语句

在执行多分支语句时,会依次执行判断,如果第一个表达式为真,则执行对应的语句,然后跳至整个多分支语句之外继续执行后续程序;如果所有表达式都不为真,而存在 else 分支,则执行此分支对应的语句,否则什么都不执行,直接跳至多分支语句后继续执行。

程序 3-4 描述一个应用多分支语句将百分制成绩转换为五级制的算法。

```
//程序 3-4:多分支结构
      public class Score {
          public static void main(String[] args) {
(01)          int score=85;
(02)          String level=null;
(03)          if (score >=80 && score<90) {
(04)              level="良好";
(05)          } else if (score >=70&&score < 80) {
(06)              level="中";
(07)          } else if (score>=90) {
(08)              level="优秀";
(09)          } else if (score>=60&&score<70){
(10)              level="及格";
(11)          }else{
(12)              level="不及格";
(13)          }
(14)          System.out.println(score+"转换后的成绩是"+level);
          }
      }
```

在 score 等于 85 分的情况下，程序的执行流程是(01)→(02)→(03)→(04)→(14)，如果是 90 分，则程序执行流程是(01)→(03)→(05)→(07)→(08)→(14)。

使用这种多分支语句时需要注意，每个 else if 分支都是在前面判断不满足的情况下再次判断的。

3.3.2 switch 语句

另外一种多分支选择语句是 switch 语句，它用于实现在更多情况下选择并执行不同的程序逻辑，switch 语句的语法如下：

```
switch (expr){
    case value1:
    statements;
    break;
    case value2:
    statements;
    break;
    default:
    statements;
    break;
}
```

(1) 一般情况下，switch (expr) 语句中的 expr 与 int 类型赋值兼容，允许的类型包括 byte、short、char、int 以及枚举类型；不允许使用结果类型为浮点或 long 等表达式，而且表达式必须放在“( )”中。从 JDK 7 版本开始，expr 也可以是 String，即 switch 支持 String 类型的匹配。

(2) switch 的判断语句必须放在“{ }”中。

(3) case 后的 value 的类型必须和 expr 的类型应保持一致或兼容，例如都是字符型，而且所有 case 子句中的值应互不相等。

(4) switch 语句在执行时，从第一个 case 开始匹配是否相等，如果相等，则执行 case 语句后的语句；如果没有一个匹配成功或没有 default 子句，则什么也不做，直接跳出 switch 语句，转而执行 switch 语句后的第一条语句。

(5) expr 的值如不能与任何 case 值相匹配时，可选默认符(default)指出了应该执行的程序代码。default 也是一种情况，作用和其他 case 是一样的。default 并不是必须存在的，可以省略，位置也可以放在 switch 结构中的任何顺序上，但默认位置放在最后。

(6) break 的作用是中止一个 case 语句的执行，转而执行 switch 语句后的第一条语句。如果没有用 break 语句明确结束，并且还有其他 case 语句未执行，则程序将继续执行下一个 case，且不检查 case 后的值是否和 switch 的表达式结果是否匹配。也就是说，当一个粗心的程序员忘了用 break 语句结束一种 case 下的语句执行时，程序就不由自主地顺序执行下一个紧接的 case，直到整个 switch 结束或碰到一个 break 语句。

程序 3-5 用 switch 语句改写了程序 3-4，可以看出，利用 switch 可以使得程序在描述多分支条件下的决策时显得逻辑更清晰。

```
    //程序 3-5:switch 多分支结构
    public class Switch {
```

```
        public static void main(String[] args) {
(01)        int score=80;
(02)        String level=null;
(03)        char c=score>=80&&score<90 ? 'B': score>=70 && score<80 ? 'C':
            score>=90 ? 'A': score >=60 && score<70? 'D':'E';
(04)        switch (c) {
(05)            case 'B':
(06)                level="良好";
(07)                break;
(08)            case 'C':
(09)                level="中等";
(10)                break;
(11)            case 'A':
(12)                level="优秀";
(13)                break;
(14)            case 'D':
(15)                level="合格";
(16)                break;
(17)            case 'E':
(18)                level="不合格";
(19)                break;
            }
(20)        System.out.println(score+"转换后的成绩是" + level);
        }
    }
```

由于 switch 表达式类型的限制，程序 3-5 只能利用条件表达式将成绩所在的区间转换为字符才能利用 switch 语句，例如第 3 行语句。

当成绩 score 为 80 分时，其 switch 语句执行路径为(04)→(05)→(06)→(07)→(20)，当执行到第 7 行，程序碰到了 break 语句，则退出 switch 语句，执行其后的第 20 行语句。当成绩 score 为 90 分时，其执行路径为(04)→(05)→(08)→(11)→(12)→(13)→(20)。

可以安排不同的 case 执行相同的语句，当然这需要这几个 case 顺序排在一起，而且程序员要故意忘记写每个 case 所需的 break 语句，例如下面代码：

```
     char answer='N';
(01) switch (answer) {
(02)     case 'Y':
(03)     case 'y':
(04)         System.out.println("Yes is selected");
(05)         break;
(06)     case 'N':
(07)     case 'n':
(08)         System.out.println("No is selected");
(09)         break;
     }
```

当 answer 变量的值为'N'时，执行路径(01)→(02)→(03)→(06)→(08)→(09)，此时忽略了程序第 7 条语句的判断，直接执行了第 8 条语句。

注意：当在 switch 语句中使用枚举常量时，不必在每个标签中指明枚举名，可以由 switch 的表达式值推导得出。例如：

```
(01)  Day d;                                    //第 2 章定义的枚举类型
(02)  switch (d) {
(03)      case Monday:                          //无须写 Day.Monday
(04)          ...
(05)      case Tuesday:
(06)          ...
      }
```

3.4 循环结构

循环语句使语句或块的执行得以重复进行，例如，将一批学生的成绩从百分制转换为五分制，或者找出 100～200 的整数中所有能被 3 整除的数等等。循环中要重复执行的语句成为循环体。每循环一次也称为一次迭代。正因为循环具有这样的特点，因此，在设计循环程序时，必须保证循环能够在有限次的循环后结束，避免出现死循环的情况。

Java 编程语言支持 3 种循环构造类型：for、while 和 do 循环。for 和 while 循环是在执行循环体之前测试循环条件是否满足，而 do 循环是在执行完循环体之后测试循环条件。这就意味着 for 和 while 循环可能连一次循环体都未执行，而 do 循环将至少执行一次循环体。

3.4.1 for 循环

for 循环的语法如下：

```
for (init_expr;booleantestexpr; alter_expr)}
    loop body;
}
```

例如下面的代码段循环输出了 0～9 的数值。

```
for (int i = 0; i< 10; i++) {
    System.out.println("i="+i);
}
```

for 循环的执行流程如图 3-5 所示。

(1) for 循环语句的控制出现在 for 之后的"( )"中，包含了 3 个用";"隔开的部分。

(2) 第 1 部分为 init_expr(初始化表达式)。在开始循环之前执行，只有这一次被执行的机会，通常用作循环变量的初始化。

(3) 第 2 部分为 booleantestexpr(循环条件检查)。在每次循环之前，都要执行这个检查，若表达式为 true，则进行本次循环，否则结束循环并转到循环后的第一条语句继续执行程序。

(4) 第 3 部分为 alter_expr(修改表达式)。在每次循环过程执行之后，都要执行这个修改，然后再执行第 2 部分的循环条件检查，判断是否要进行下次循环。

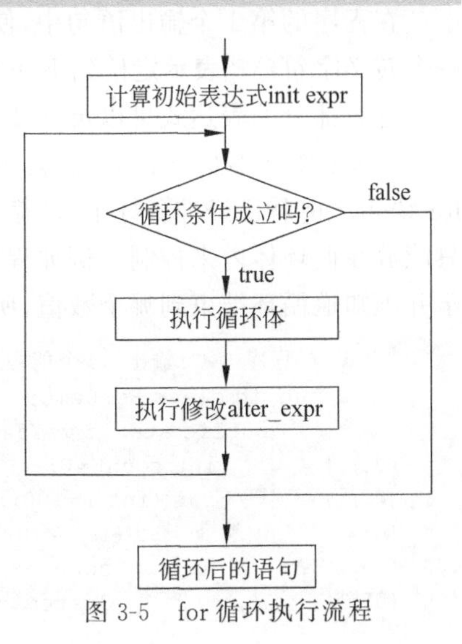

图 3-5 for 循环执行流程

下面的程序 3-6 就是一个最普通的 3 部分都有的 for 循环的应用，程序输出了 100～200 的整数中所有能被 3 整除的数。

```
        //程序 3-6:一个简单的循环应用
        public class ForDemo {
            public static void main(String[] args) {
(01)            for(int i=100;i<200;i++){
(02)                if(i%3==0){
(03)                    System.out.print(i+ "\t");
(04)                }
(05)            }
(06)            System.out.println("程序结束!");
(07)        }
(08)    }
```

由于问题要求输出 100～200 的数中能被 3 整除的数，用循环是最简单的方法，第 1 行使用了 for 语句，初始表达式定义了一个循环变量 i，初值为 100，实现问题从 100 开始的要求，循环的条件是 i 不能超过 200，每次循环后，利用 i++ 对变量 i 实现加 1 操作，开始下一轮循环。

判断一个数是否能被 3 整除，程序采用了求余运算，第 2 行中使用了 i%3==0 表达式，i%3 表示用循环变量 i 对 3 求余，如果余数为 0，则表示变量 i 可以被 3 整除。

这个程序使用了循环语句嵌套分支语句的结构来实现问题的要求，分支语句在这里充当了循环语句的循环体。

下面描述了部分循环的过程。

第 1 次循环：i 等于 100，i%3!= 0，不输出，i++，i 的值变为 101；

第 2 次循环：i 等于 101，i%3!= 0，不输出，i++，i 的值变为 102；

第 3 次循环：i 等于 102，i%3==0，输出 i，i++，i 的值变为 103；

…

第 100 次循环：i 等于 199，i%3!= 0，不输出，i++，i 的值变为 200；

第 101 次循环：i 等于 200，i>=200，不满足循环条件，循环结束，执行循环后的输出语句。

在程序的第 1 个输出语句中，使用了 i+ "\t"这样的表达式，主要是为了输出的美观，一个转义字符"\t"表示定位到下一个制表位，这样可以使每个输出定位到固定的位置。

这 3 部分的表达式可以灵活使用，例如 3 部分可以全不要，即 for(;;)，但是控制循环的 3 部分的工作并不是没有了，而是可以安排在程序的其他部分，例如初始化的部分也许在 for 语句之前就已经准备好了，而循环条件的变化也可以放在循环体内，第 3 部分的工作也只能放在循环体内来控制。例如程序 3-7 描述了输出 50 个从 100 开始能被 3 整除的数，由于并不知道循环结束到哪个数值，所以程序修改如下：

```
        //程序 3-7:输出 50 个能被 3 整除的数
        public class ForDemo50 {
            public static void main(String[] args) {
(01)            int count=0;
(02)            for (int i=100;;i++) {
(03)                if (i%3==0) {
(04)                    count++;
(05)                    System.out.print(i+"\t");
```

```
(06)             }
(07)             if (count==50) {
(08)                 break;                              //退出循环
(09)             }
(10)         }
(11)         System.out.println("程序结束!");
(12)     }
(13) }
```

程序 3-7 没有明确的循环条件,但是在循环体中,利用了另一个计数变量 count,每判断出一个被 3 整除的数,count 就加 1,程序利用分支语句判断 count 是否达到 50,如果达到,就执行 break 语句退出循环。

注意:JDK 5.0 新增了 foreach 循环,用来遍历集合、数组,也称为增强 for 循环。

3.4.2 while 循环

while 循环在循环条件成立时才执行循环体。while 循环的语法如下:

```
while(布尔表达式){
    循环体;
}
```

布尔表达式是循环的条件,每次循环开始时均要检查此布尔表达式是否为 true,若为 true,则执行循环体内的语句;若为 false,则结束循环,继续执行 while 循环后的语句。其执行过程如图 3-6 所示。

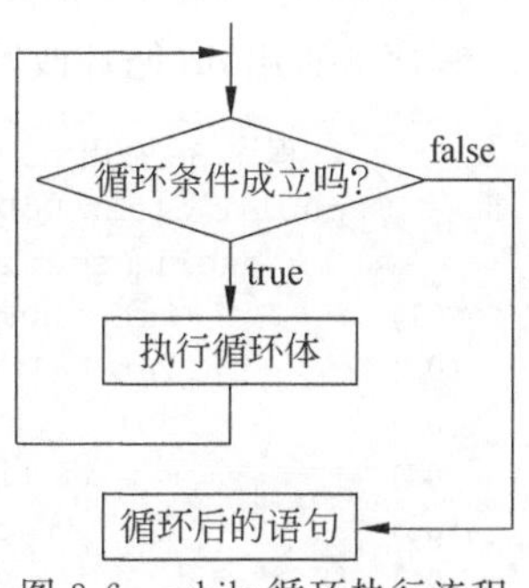

图 3-6 while 循环执行流程

与 for 循环相比,控制循环次数的布尔表达式的改变需要在循环体中进行处理,以保证循环能够在有限次循环内结束。

程序 3-8 用 while 语句改写了程序 3-7。

```
     //程序 3-8:用 while 输出 50 个能被 3 整除的数
     public class WhileDemo {
         public static void main(String[] args) {
(01)         int count=0;
(02)         int i=100;
(03)         while (count<50) {
(04)             if (i%3==0) {
(05)                 count++;
(06)                 System.out.print(i+"\t");
(07)             }
(08)             i++;                                //设置每次循环变量 i 增加 1
(09)         }
(10)         System.out.println("程序结束!");
(11)     }
(12) }
```

程序 3-8 中 while 语句的循环条件是变量 count 的值小于 50,while 语句没有 for 语句那样的对循环变量进行修改的固定地方,所以需要在循环体内处理,在 if 分支语句块内,第 5 行语句 count++实现了循环变量的修改,每获得一个能被 3 整除的数,则变量 count 加 1,同时每循环一次,变量 i 的值加 1,以达到下一次对新的数值进行判定的目的。

3.4.3 do 循环

do 循环有时也被称为“直到型循环”,这种循环是先执行循环体,然后再判断循环条件是否成立,它的执行流程如图 3-7 所示。语法形式如下:

```
do {
    循环体;
}while (布尔表达式);
```

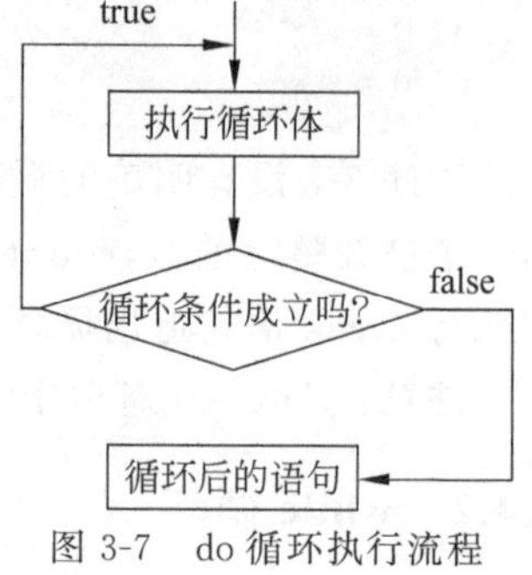

图 3-7 do 循环执行流程

do 循环的循环条件在循环体之后,这意味着循环体至少要执行一次,这是和其他两种循环最大的差别。

do 循环每次执行完循环体后,判定循环条件的结果是否为 true,为 true 时继续执行循环,否则退出循环。

循环条件 while(布尔表达式)后跟语句结束符号。

程序 3-9 用 do 循环改写了程序 3-8。

```
        //程序 3-9:用 do 语句输出 50 个能被 3 整除的数
        public class DoDemo {
            public static void main(String[] args) {
(01)            int count=0;
(02)            int i=100;
(03)            do{
(04)                if (i%3==0) {
(05)                    count++;
(06)                    System.out.print(i+"\t");
(07)                }
(08)                i++;                                //设置每次循环变量 i 增加 1
(09)            }while (count<50);
(10)            System.out.println("程序结束!");
(11)        }
(12)    }
```

由于该问题需要找出 50 个目标数值,因此可以采用 do 循环解决,将循环条件放在了循环体之后。当然,为了保证程序的正常运行,循环变量需要在循环体中加以控制。

从本质上说,3 种类型的循环并没有差别,可以相互替换。作为一种编程惯例,for 循环一般用于对一个值域(如集合或数组等)进行迭代访问,而 while 和 do 循环则用于满足某种特殊循环条件的情况。

3.4.4 跳转

1. break

break 语句被用来从 switch、for、while、do while 等语句的块中退出,执行后续的语句。

程序 3-7 中已经演示了利用 break 语句在已输出 50 个数值时不再循环,利用 break 语句强制退出当前循环,执行当前循环体之后的语句。

注意:Java 提供了一种带标签的 break 语句,用于跳出多重嵌套的循环语句。有时候,在嵌套很深的循环语句中会发生一些不可预料的事情。此时可能更加希望完全跳出所有嵌套循环之外。如果只是为各层循环检测添加一些额外的条件，这会很不方便。这里有一个示例说明了 break 语句的工作状态。请注意，标签必须放在希望跳出的最外层循环之前，并且必须紧跟一个“:”。例如：

```
    //程序 3-10:带标签的 break 语句
    public class BreakDemo {
        public static void main(String[] args) {
(01)        a:
(02)        for (int i=0; i<5; i++)
(03)            for (int j=1; j<=5; j++) {
(04)                System.out.println("i:"+i+",j:"+j);
(05)                if (j==2)
(06)                    break a;
(07)            }
(08)    }
(09) }
```

程序输出结果如下：

```
i:0,j:1
i:0,j:2
```

2. continue

continue 语句用于略过循环体后续的所有语句，回到循环开始的地方，开始下一次循环。

程序 3-11 是一个随机生成字母的程序，程序忽略非元音字母 A、E、I、O、U，只显示生成的每一个元音字母，当碰到生成的字母为 Q 时或者出现的元音字母个数达到 10 时，结束程序。程序综合利用 break 和 continue 对程序的执行进行控制。

```
    //程序 3-11:break 和 continue 语句实例
    public class VowelCharGenerate {
        public static void main(String[] args) {
(01)        char ch='\0';
(02)        int count=0;                        //记录生成的元音字母个数
(03)        do{
(04)            double x=Math.random() * 100000;
(05)            int y=(int)x;
(06)            char z=(char)(y%26+65);         //确保生成的字符 ASCII 码的范围为 65~90
(07)            if(z=='Q'){                     //如果产生到字母是 Q,则直接结束循环
(08)                break;                      //退出当前层的循环
(09)            }
(10)            if(z!='A'&&z!='E'&&z!='I'&&z!='O'&&z!='U'){
(11)                //如果产生的字母不是元音字母,则结束本次循环,重新开始下一次的循环
(12)                continue;
(13)            }
(14)            System.out.printf(z+"\t");
(15)            count++;
(16)        }while(count<10);
        }
    }
```

理解这个程序首先需要了解如何随机产生字母，程序中第 4～6 行语句用来产生字母。

第 4 行语句中的 Math.random()调用了 Math 类的产生随机数的 random 方法，random 方法随机产生一个 0.0～1.0(不含)的随机数，为了保证获得一个较大的随机数，这里将生成的随机数放大了 100000 倍。

第 5 行做了取整处理，转换为一个整数，主要为了满足第 6 行的求余计算的需要。

第 6 行中 y%26 得到的是 0～25 的整数，加上 65，则保证得到的是 65～90 的整数，而 65 是字母 A 的 ASCII 码值，90 是字母 Z 的 ASCII 码值。因为 int 和 char 类型之间可以相互转换。至此，程序就实现了随机生成大写字母的功能。

第 7～9 行程序利用分支语句判断生成的字母是否是 Q，如果是，则用 break 语句直接退出所在的循环，执行循环语句后的第一条语句。

第 10～12 行程序利用分支语句判断生成的字母是否不是元音字母，如果不是则利用 continue 语句直接省略循环体后续的语句，进行下次循环条件的判定。

在排除了字母 Q 和非元音字母两种情况外，剩余的字母一定是元音字母了，所以循环体的第 14 行语句将该字母输出，第 15 行用变量 count 记录了生成的元音字母个数。

3.5 嵌套的结构

顺序结构、分支结构和循环结构构成了程序的基础，有时候，单一使用一种结构远远解决不了所有的问题，3 种结构往往是混在一起使用。例如，循环体内有分支结构，例如程序 3-11 中的分支语句也可以互相嵌套，分支语句内也可以嵌入循环，循环语句也可以嵌套循环语句等，从而实现复杂的程序结构。这种在一种结构中包含了另一种完整的结构，称为结构的嵌套。

程序 3-12 利用双重循环的嵌套结构实现了九九乘法表的输出。

```
//程序 3-12:双重循环结构
public class DoubleLoop {
    public static void main(String[] args) {
        for(int row =1;row<=9;row++){          //row 控制输出行数
            for(int col=1;col<=row;col++){   //每行输出的个数等于所在的行数
                System.out.print(row+"*"+col+"="+row*col+"\t");
            }
            System.out.println();
        }
    }
}
```

双重循环的执行过程是外循环每执行一次，内循环要完全执行一遍。例如当 row 为 1 时，内循环执行 1 次，当 row 为 2 时，内循环共执行 2 次，以此类推，当 row 为 9 时，内循环共执行 9 次。

程序 3-12 的外循环利用循环变量 row 控制了乘法表的输出行数，内循环利用循环变量 col 控制每行的列数，分析乘法表可以看出第 1 行 1 列、第 2 行 2 列、第 9 行 9 列，因为有这样的规律，所以内循环的循环次数就是所在的行数，所以内循环的循环条件设为 col＜＝row。

程序的执行结果如图 3-8 所示。

```
1*1=1
2*1=2 2*2=4
3*1=3 3*2=6   3*3=9
4*1=4 4*2=8   4*3=12  4*4=16
5*1=5 5*2=10  5*3=15  5*4=20  5*5=25
6*1=6 6*2=12  6*3=18  6*4=24  6*5=30  6*6=36
7*1=7 7*2=14  7*3=21  7*4=28  7*5=35  7*6=42  7*7=49
8*1=8 8*2=16  8*3=24  8*4=32  8*5=40  8*6=48  8*7=56  8*8=64
9*1=9 9*2=18  9*3=27  9*4=36  9*5=45  9*6=54  9*7=63  9*8=72  9*9=81
```

图 3-8　利用双重循环实现九九乘法表的输出

3.6　变量的作用域

变量的作用域是指可以使用此变量的名称来引用它的有效程序区域。根据变量声明的位置不同,可以分为类变量、实例变量、方法参数、方法局部变量、异常参数等。到目前为止,程序涉及的变量都是方法内声明的局部变量,其作用域范围局限于方法的方法体内。更准确地讲,变量的作用域从它被声明时开始直到遇到声明变量的代码段的结束符"}"为止。只能在变量的作用域内访问它。如果在作用域之外访问变量,编译器将产生一个错误。

例如,程序 3-13 就是一个错误的程序。

```
        //程序 3-13:变量的作用域范围
        public class VariableScope {
            public static void main(String[] args) {
(01)            int i=10;
(02)            {
(03)                int k=10;
(04)                System.out.println("i="+i);
(05)                System.out.println("k="+k);
(06)            }
(07)            System.out.println("i="+i);
(08)            System.out.println("k="+k);
(09)        }
        }
```

按照作用域的规则,第 1 行语句声明的变量 i 其作用域范围从第 1 行开始,因为 i 所在的代码段是整个方法体,故其作用域终止于第一个与代码段开始的"{"的"}"匹配,即第 9 行。

同样的道理,变量 k 存在于第 2～6 行的复合语句块内,所以它的作用域从第 3 行声明语句开始,到第 6 行就结束了。因此在程序的第 8 行用输出语句输出变量 k 的值时,k 这个变量已经不存在了,因此,编译器将会报告"找不到符号"错误,如图 3-9 所示。

```
C:\java\project\mytext\src\chap3>javac VariableScope.java
VariableScope.java:12: 找不到符号
符号: 变量 k
位置: 类 chap3.VariableScope
              System.out.println("k="+k);
                                      ^
1 错误
```

图 3-9　变量作用域错误

当方法体内的程序结构出现嵌套现象时,如果在外层结构中声明一个变量后,内层结构内不能再声明同名的变量,代码如下:

```
{
    int i=10;
    {
        int i=0;                                  //错误,因为重复声明变量 i
        int k=10;
        System.out.println("i="+i);
        System.out.println("k="+k);
    }
    System.out.println("i="+i);
}
```

3.7 程序设计应用

3.7.1 求解素数

素数是这样的整数,它除了能表示为它自己和 1 的乘积以外,不能表示为任何其他两个整数的乘积,验证一个正整数 $n(n \geqslant 2)$ 是否为素数,一个最直观的方法是看在 $2 \sim n/2$ 中能否找到一个整数 m 能将 n 整除。若 m 存在,则 n 不是素数;若找不到 m,则 n 为素数。这是一个循环验证算法。这个循环结构用下列表达式控制。

初值:$m=2$;

循环条件:$m<=n/2$;

修正:$m++$;

这是一个 for 结构。它的作用是穷举 $2 \sim n/2$ 中的各 m 值。循环体是判断 n 是否可以被 m 整除。

根据上述分析,程序 3-14 描述了求解 50 以内素数的过程。

```
     //程序 3-14 求解 50 以内的全部素数
     public class PrimeApp {
         public static void main(String[] args) {
(01)         int m, n;                    //变量 n 为要判断的数字
(02)         System.out.println("50 以内的素数有:");
(03)         boolean prime=true;
(04)         for (n=2; n<=50; n++) {
(05)             prime=true;     //用 prime 判断当前的 n 是否为素数,每次循环默认为是
(06)             for (m=2; m<=n/2; m++) {
(07)                 if (n%m==0) {
(08)                     prime=false;   //修改 prime 的值,用 flase 表示不是素数,
(09)                     break;      //如果能被整除则变量 n 肯定不是素数,跳出内层循环
(10)                 }
(11)             }
(12)             if (prime) {              //根据 prime 的真假,决定是否输出当前的 n
(13)                 System.out.print(n + " " + "\t");  //输出素数
(14)             }
(15)         }
(16)     }
(17) }
```

在程序 3-14 中,外层 for 语句的循环变量 n 代表要判断的数字,因为素数不包括数字 1,所

以变量 n 的取值为 2～50 的数字，内层 for 语句用来判断变量 n 中的数值是否为素数。

内层循环变量 m 由 2 开始，每次增加 1，直到 n/2 为止，外层循环变量 n 依次除以内层循环变量 m，一旦出现余数为 0 时，表示 n 可以被一个大于 1 小于它本身的数字整除，因此，该数字一定不是素数，不需要再继续进行判断，执行 break 语句跳出内循环，或者内循环从 2 到 n/2 没有发现能被 n 整除的数字，则内循环自然结束运行。

内循环运行结束后，外循环后续的语句利用 prime 这个逻辑型变量的真假决定是否输出当前的变量 n，所以每次外循环开始新的循环时，将 prime 置为 true 非常重要。如果执行完内层循环，变量 n 没有被 2～n/2 的某个数整除，也就是说，变量 n 是素数，则 prime 的值一直保持为 true，执行外层循环中的条件语句输出变量 n 的值。程序 3-14 的运行输出结果如下：

```
50 以内的素数有:
2  3  5  7  11  13  17  19  23  29  31  37  41  43  47
```

3.7.2 递归

递归是一种算法设计方法，也是计算机程序设计问题中可利用的最有效的解题方法之一。在程序设计中，递归的使用相当普遍，递归的解决方法比非递归的解决方法更精妙、更简洁。有些问题看起来很复杂，但是使用递归的方法来解决却非常简单。下面用两个程序实例，说明递归的概念。

程序 3-15 给出求给定整数 *n* 的阶乘(*n*>0)的方法。首先，编写一个方法 static int fac(int *n*)，其功能是返回参数 *n* 的阶乘。当求 *n* 的阶乘时，通常是从 1 开始，由 1！求 2!，由 2！求 3!，直至求出 *n*!。

```
        //程序 3-15:不用递归法求解阶乘
        public class Recurrence {
(01)        static int fac(int n) {
(02)            int i=1, mult=1;
(03)            while (i<=n) {
(04)                mult=mult * i;
(05)                i++;
(06)            }
(07)            return mult;
(08)        }
(09)        public static void main(String[] args){
(10)            int f=fac(5);
(11)            System.out.println("5!="+f);
(12)        }
        }
```

上述程序的基本思想是不断由已知值推出新值，直至求得解，这就是递推的方法。

再从另一个方面考虑：如果已经求得了(*n*－1)!，则 *n*！可以由(*n*－1)！乘 *n* 求得，而(*n*－1)！可以由(*n*－2)！乘以(*n*－1)求得，以此类推，直至 1！无须计算即可直接得到，按这种考虑可写成如下的程序代码：

```
        //程序 3-16:用递归法求解阶乘
        public class Recursion{
```

```
(01)    static int fac(int n) {
(02)        if (n==1)
(03)            return 1;
(04)        else
(05)            return n * fac(n-1);
(06)    }
(07)    public static void main(String[] args){
(08)        int f=fac(5);
(09)        System.out.println("5!="+f);
(10)    }
    }
```

上述程序的基本思想是不断把问题分解成规模较小的同类问题,直至问题足够小能直接求得解为止,这就是递归的方法。

在数学及程序设计方法学中为递归下的定义是,若一个对象部分地包含它自己或用它自己给自己定义,则称这个对象是递归的。对于一个方法来说,若直接或间接地调用它自己,则该方法为递归方法。递归过程的特点是结构清晰、程序简练易读、正确性容易证明,因此是程序设计的有力工具。

从上述程序设计实例可以看出,递归算法适合求解这样一类问题:在对这一类问题求解的过程中得到的是和原问题性质相同的子问题,这一类问题自然可以用一个递归方法进行描述。为这一类问题设计递归算法时,通常可以先写出问题求解的递归定义。递归定义由基本项和归纳项两部分组成。基本项描述递归过程的终结状态。所谓终结状态,是指不需要继续递归而可直接求解的状态。归纳项描述了如何实现从当前状态到终结状态的转化。

3.8 程序调试和排错

3.8.1 利用 assert 语句调试程序

assert(断言)语句为程序的调试提供了强有力的支持。断言验证可以在任何时候启用和禁用,因此可以在测试时启用断言而在部署时禁用断言(具体参数参见 JDK API 文档)。同样,程序投入运行后,最终用户在遇到问题时可以重新启用断言。

assert 语句有两种形式。

形式 1:

```
assert expression ;
```

这是一种简单的形式,其中的 expression 是一个布尔类型的表达式,当程序运行到 assert 语句时,计算该表达式,假如结果为 false,那么抛出一个没有详细信息说明的错误 AssertError。

形式 2:

```
assert expression1 : expression2;
```

其中,expression1 也是一个布尔类型的表达式,但当错误发生时,expression2 将被送往

AssertionError 的构造函数，这样将会获得更详细的错误信息。程序 3-17 就是第二种形式的例子。

```
        //程序 3-17:一个简单的断言应用
        import java.util.Scanner;
        public class AssertDemo {
            public static void main(String[] args) {
(01)            Scanner sc=new Scanner(System.in);
(02)            int score=0;
(03)                for(int i=1;i<=5;i++){
(04)                    System.out.print("请输入一个 0-100 以内的整数:");
(05)                    score=sc.nextInt();
(06)                    assert score>=0&&score<=100:"输入了错误的成绩";
(07)                }
(08)        }
        }
```

由于程序的正确运行依赖于正确的输入。图 3-10 演示了程序 3-17 不用 assert 语句的运行过程。

```
C:\java\project\mytext\bin>java chap3.AssertDemo
请输入一个0-100以内的整数: 80
请输入一个0-100以内的整数: 90
请输入一个0-100以内的整数: 110
请输入一个0-100以内的整数: 85
请输入一个0-100以内的整数: 70
```

图 3-10　没有启用断言支持的运行过程

由于没有启用断言支持，因此当输入成绩为 110 时，断言并没有起到任何作用。下面，再重新运行一次，只不过这次在命令行中添加了支持断言的参数：-ea。

下面的过程描述了当程序 3-17 启用断言后，用命令 java -eaAssertDemo，运行时输出结果如图 3-11 所示。

```
C:\java\project\mytext\bin>java -ea chap3.AssertDemo
请输入一个0-100以内的整数: 80
请输入一个0-100以内的整数: 90
请输入一个0-100以内的整数: 110
Exception in thread "main" java.lang.AssertionError: 输入了错误的成绩
        at chap3.AssertDemo.main(AssertDemo.java:12)
```

图 3-11　启用断言支持的运行过程

当运行命令参数添加了“-ea”后，当输入成绩 110 后，assert 语句发挥作用，进行了一个条件表达式的判断，当发现结果为 false 时，抛出了一个异常，然后程序中止。

3.8.2　常见排错方法

第 1 章介绍了一些初学者容易犯的小错误和排除规则。Java 程序的错误类型通常包括编译错误、运行时错误和逻辑错误。

源程序中的语法错误比较容易纠正，只需要程序员牢记各类语法规则。例如，方法内的变量在使用前必须要先声明并且正确地进行初始化才可以使用，如果发现编译程序时报告“xxx cannot be resolved”，那么，首先就要检查对应的变量名是否是写错、根本没有声明或者声明位置错误。

程序中隐藏的错误被称为Bug，查找和改正错误的过程被称为调试(Debug)。相对于语法和运行错误，查找逻辑错误的过程绝对是一个富有挑战性的工作，需要有一定的经验积累，因为错误的症状有时和真正的错误相差很远。一个错误可能来源于不正确的输入数据，也可能和某个特殊时间点有关，还有可能是误差引起的。

当发现程序出现了不符合预期的结果时，首先要思考可能的原因，以及可能的错误来源，缩小排查范围，具体可以采取如下策略。

1. 正向追踪

最简单的办法就是从头到尾追踪可疑变量的执行过程，在可疑变量的修改前后，插入输出变量结果的语句来进行分析。当然，可以采用一些专门调试工具提供的调试方法，例如：设置断点，逐步执行、表达式监视或者查看堆栈等方法，在Eclispe等IDE工具中都提供类似的调试功能。

2. 回溯法

该方法适合于小规模程序的排错。一旦发现了错误，先分析错误征兆，确定最先发现"症状"的位置，然后从发现"症状"的地方开始，沿程序的控制流程，逆向跟踪源程序代码，直到找到错误根源或确定错误产生的范围。

3. 对分查找法

正向追踪和回溯调试方法都面临效率较低的问题，实践中可以采取对分查找方法提高调试效率。如果已经知道每个变量在程序内若干关键点的正确值，则可以用赋值语句或输入语句在程序中点附近"注入"这些变量的正确值，然后检查程序的输出，如果输出结果正确，故障在程序的前半部分；反之在程序的后半部分，重复使用直到定位或范围小到容易诊断。

4. 归纳法

从个别推断一般，从线索出发，通过分析线索关系找出故障。一般经历4个步骤。

(1) 收集有关的数据：列出已经知道的关于程序哪些事做得对哪些事做得不对的一切数据。

(2) 组织数据：整理数据，发现规律，发现矛盾，即在什么条件下出现错误，什么条件下不出现错误。

(3) 导出假设：分析线索之间的关系，提出故障的假设。

(4) 证明假设：解释所有原始的测试结果。

5. 演绎法

从一般原理和前提出发，经过推导得出结论，一般经历4个步骤。

(1) 设想可能的原因。

(2) 用已有的数据排除不正确的假设。

(3) 精化余下的假设：具体化和定位。

(4) 证明余下的假设。

本章小结

本章主要介绍了编写程序时的流程控制和调试技术，通过学习读者应该了解到以下主要内容。

(1) 程序的基本结构。程序的基本结构包括顺序、分支和循环。由这些基本结构经过组合、嵌套等方法可以构成更复杂的结构，从而完成程序的功能。

(2) Java 的语句类型。Java 的语句类型包括声明语句、表达式语句、空语句和控制语句，语句的结尾必须以“;”结束。

(3) 顺序结构。顺序结构就是指一个程序(方法)的执行过程就是从前到后进行的。

(4) 分支语句。分支语句包括单分支、双分支、多分支 3 种情况。

if 语句、if…else 语句和 if…else if 可以完成单分支、双分支和多分支情况的表达，根据逻辑表达式的真假来决定程序的流向。

switch 语句允许程序员在更多情况下选择不同的程序逻辑，其判断表达式的类型包括 byte、char、short、int、String 和枚举类型。

(5) 循环语句。循环语句用于需要重复执行一段代码的情况。循环语句包括 for、while 和 do 这 3 种类型的循环，其中 for 循环一般用于循环次数确定的场合，while 和 do 循环则一般用于满足特定循环条件的情况。

循环结构的设计关键除了要解决问题的算法外，最重要的莫过于循环的退出条件，通过合理地设置循环的条件，保证循环是有限的，而不会出现死循环(无限次)的情况。

当一个变量需要在循环中重复使用的时候，该变量的声明要放在循环外，以避免不必要的重复定义。

(6) 嵌套。顺序、分支和循环构成了程序的基础。单独使用一种结构解决不了所有的问题，因此 3 种分支结构常混在一起使用。例如，循环体内有分支结构，分支语句也可以互相嵌套，分支语句内也可以嵌入循环，循环语句也可以嵌套循环语句等，从而实现复杂的程序结构。这种在一种结构中包含了另一种完整的结构，称为结构的嵌套。

(7) 跳转。break 语句被用来从 switch 语句、循环语句块中退出，继续执行后续的语句。

continue 语句被用来略过循环内的后续语句并跳到循环体的结尾，开始下一轮的循环。

(8) 变量的作用域。变量的作用域是指可以使用此变量的简单名称来引用它的有效程序区域。每个变量均从它声明的位置开始，到包含它的结构结束为止。

同一方法体内，内层结构的局部变量声明不能和外层结构中的变量声明重复。

(9) 断言。断言验证可以在任何时候都启用和禁用，因此可以在测试时启用断言而在部署时禁用断言。同样，程序投入运行后，最终用户在遇到问题时可以重新启用断言。

通过灵活使用正向追踪、回溯、二分法、归纳和演绎等方法，可以有效地提高程序调试的效率。

习 题 3

1. 写出下面程序的输出结果。

```
class Foo{
    public static void main(String args[]){
        int x=4,j=0;
        switch(x){
```

```
            case 1:j++;
            case 2:j++;
            case 3:j++;
            case 4:j++;
            case 5:j++;
            break;
            default:j++;
        }
        System.out.println(j);
    }
}
```

2. 写出下面程序的输出结果。

```
public class Test {
    public static void main(String args[]) {
        int m=2;
        int p=1;
        int t=0;
        for (; p<5; p++) {
            if (t++>m) {
                m=p+t;
            }
        }
        System.out.println("t equals " + t);
    }
}
```

3. 编写程序生成不含元音字母的大写字母的随机序列。

4. 分析 break、continue 和 return 在循环体内应用的区别。

5. 判断下列程序能否正常执行,如果能写出结果,如果不能说明原因。

```
class  TestScope{
    public static void main(String[] args){
        for(int i=0;i<5;i++)
            System.out.print(i+1);
            System.out.println(i);
    }
}
```

6. 编写程序求出 $1+1/3+1/5+\cdots+1/n$ 的前 10 项和。

7. 编程打印出如下图案:

```
      *
    * * *
  * * * * * *
* * * * * * * *
  * * * * * *
    * * *
      *
```

8. 用程序实现获取控制台输入的 n 个整数($n>1$),并比较这 n 个数的大小,获取最大的数并在控制台输出。

9. 分别使用递推法和递归法编写程序求斐波那契(Fibonacci)数列。它的规则是数列中的每个数都是其前面两个数之和,第 1 个和第 2 个数字为 1,例如:

```
1 1 2 3 5 8 13 21 …
```

10. 使用 Math.random(),连续随机生成 13 张扑克牌(每张牌用字符表示,从'A'~'K'),依次显示生成的牌。

第4章　数　　组

作为一种特殊的数据类型,数组主要用于保存一组同类型的数据。本章首先介绍一维数组和多维数组的声明、创建及应用,然后进一步讲解不同程序结构在实际问题中的应用。

学习目标:

- 理解数组的作用。
- 掌握数组声明和初始化的特点。
- 通过下标访问数组中的单个元素。
- 掌握JDK提供的数组操作方法。
- 理解程序接收参数的过程,灵活运用main方法声明的参数实现和程序交互。
- 掌握多维数组的声明和应用。
- 熟悉数组的应用方法。

4.1　数组的声明、初始化和访问

在将某班50名学生的数学成绩排序后输出时,若在程序中声明50个变量,则效率必定低下。现实中像需要同时处理数量不等的同类型数据的应用很多,此时就需要使用Java提供的数组类型。

数组主要用于保存整数、实数、字符等一组同类型的数据,当然也可以保存字符串等对象类型的变量。程序可以通过数组名和下标访问数组内的元素,可极大地提高编程效率和程序性能。

4.1.1　数组型变量的声明

与基本数据类型的变量一样,在Java应用中使用数组时,也同样需要事先进行变量声明。下面的语句声明了一个整型数组变量score。

```
int[] score;
```

其中,int[ ]表示这是一个整型数组,可用来存放若干个整数。类似地,如果需要声明一个能够保存double类型的数组,可以参照下面的声明:

```
double[] score;
```

Java还支持另外一种格式的数组声明,即将“[ ]”放在变量名的后边,例如:

```
int score[];
```

上述两种方式是完全等价的。大多数人更倾向于前一种格式,这是因为它可以更清楚地表明变量score的类型是整型数组。

除了 8 种基本类型的数组之外，Java 还可以声明引用类型的数组。例如，下面是声明一个包含字符串引用的数组：

```
String[] names;
```

4.1.2 为数组分配空间

数组在声明后，程序获得了访问它的权限，但需要为其分配存储空间才能存储数据。创建数组的方法很多，最基本的方法是使用关键字 new 进行创建。例如，下面的声明语句创建了一个能够包容 50 个整型数值的数组：

```
int[] score=new int[50];
```

像变量在不同时刻可以代表不同的值一样，数组变量和数组本身是分离的。图 4-1 反映了数组声明和分配内存前后的内存变化情况。当程序运行到一条数组声明语句时，虚拟机会在方法所在的栈中分配一个位置，此时还没有数组的信息，只有当使用 new 运算符或其他合适的方法在堆中分配了足够的空间用于保存数组元素的值时，变量 score 才获得数组空间的首地址。因为数组存放的元素类型是固定的，其占用内存的大小也是一定的，因此可以根据数组的下标算出每个元素在数组空间的存放位置。

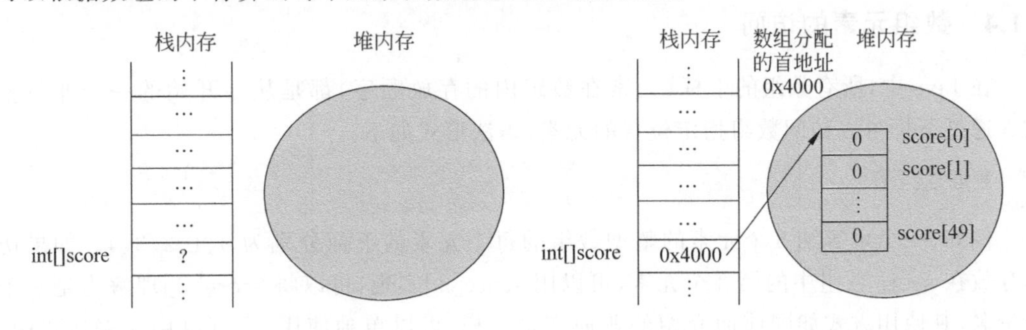

图 4-1 数组声明和分配内存后的内存使用情况变化

数组一旦创建后，其大小不可调整，但可使用相同的数组型变量引用一个全新的同类型数组：

```
int[] myArray=new int[6];
myArray=new int[10];
```

经过第二次赋值，变量 myArray 获得了对第二个数组的使用权，第一个数组就被放弃了，除非还有其他变量使用它，否则在合适的时候，虚拟机启动垃圾回收将其占有的内存收回。

4.1.3 初始化数组

1. 默认初始化

在创建数组时，每个元素都会被初始化。通过图 4-1 可以清楚地看出，int 型数组 score 的每个元素值都被初始化为 0。在为数组分配空间时，运动环境会根据数组元素类型的不同，自动为数组的每个元素设置默认值，具体如下。

（1）char 型数组，每个值都被初始化为 0(\u0000-null)字符。

（2）数值类型的数组元素默认值为 0。

（3）boolean 型数组，元素默认值为 false。

（4）对象类型的数组元素默认值为 null。

2. 赋值初始化

除了用默认的方法使数组中的每个元素获得初始值，也可以在声明或创建时指定元素的初始值。Java 允许使用下列任何一种形式快速创建数组并进行初始化：

```
int[] score={80,90,90,100,80};
int[] score=new int[]{80,90,90,100,80};
```

在声明时进行初始化，不必给定数组的大小，系统会自动按照给定的初值个数计算数组的长度并分配相应的空间保存初值。

此外，也可以先定义数组并分配空间，在需要的时候再给数组的元素赋值，例如：

```
int[] score=new int[50];                    //分配了可容纳 50 个整型数值的数组空间
score[0]=80;                                //仅将下标为 0 的元素赋值为 80
score[10]=90;                               //仅将下标为 10 的元素赋值为 90
```

4.1.4 数组元素的访问

在 Java 中，所有数组的下标(元素在数组内的存放顺序)都是从 0 开始的一个非负整数。通过下标可以访问数组指定位置的元素，语法形式如下：

```
数组名[下标]
```

例如，一个可容纳 5 个元素的整型数组的每个元素的下标分别为 0、1、2、3、4。如果访问存放在 score 数组中的第 3 个元素，可以用 score[2]实现，可以将 score[2]理解为是一个变量名，其使用方式如同前面介绍的普通变量一样，可以单独使用，也可以用在表达式中。程序 4-1 是一个将输入的整型数据存放入数组的应用。

```
        //程序 4-1:访问数组元素
        import java.util.Scanner;
        public class ArrayDemo {
            public static void main(String[] args) {
(01)            Scanner sc=new Scanner(System.in);
(02)            int[] score=new int[5];
(03)            for (int i=0; i<5; i++) {
(04)                System.out.printf("请输入第%d/5 个整数:", i + 1);
                                                //这是格式化输出
(05)                score[i]=sc.nextInt();      //将输入的数值按顺序存放在数组中
(06)            }
(07)            sc.close();                     //关闭输入流
(08)            System.out.print("你输入的整数是:");
(09)            for (int i=0; i<score.length; i++) {
(10)                System.out.print(score[i]+",");
(11)            }
            }
        }
```

程序 4-1 的第 1 行是一个读取键盘输入的对象 sc 的实例。

第 2 行定义了一个可以容纳 5 个整型数值的数组，可用变量 score 引用。因为第 3～6 行的循环要将输入的整数放入这个数组，因此需要在循环语句执行之前把能保存输入值的数组准备好，即不但要声明，而且要事先分配好存储空间。

第 5 行实现了将每次输入的值存放在下标 i 索引的数组空间中，i 是一个循环变量，每次循环均会加 1，所以每一次循环 score[i]都是代表一个新的数组存放位置，而不会将新的输入值覆盖原来的值。

第 9 行用了 score.length 的形式，length 是数组型变量的一个整型属性，其值表示数组可以容纳的元素个数（不是已赋值的元素个数，在创建数组时确定），循环条件 i<score.length 表示当前访问数组的下标不能超过数组的长度。这里的 length 非常重要，它告诉了一个数组的最大访问界限，一旦数组元素的引用超出了这个界限，就会引发 array index out of bounds 异常，引起运行中断。

4.1.5 使用增强型循环访问数组元素

从 JDK 5.0 开始，Java 就可以更简洁地对于数组、集合中元素进行访问，语法形式如下：

```
for(元素的类型变量名:集合表达式)
{
    …
}
```

上述语句定义一个变量用于暂存集合表达式中的每一个元素，并执行相应的语句，这一集合表达式必须是一个数组或者是一个实现了 Iterable 接口的类对象（例如 LinkedList）。

利用上述方法改写程序 4-1 的第 9、10 行代码段如下：

```
for (int x : score) {
    System.out.print(x+",");
}
```

由于 score 数组存放的是整型数值，因此声明了一个整型变量 x，用它来访问数组 score，使用这种方法的关键是声明的变量类型一定要和访问的数组元素的类型一致。

通过这种方法声明的变量在每次循环时均按循环顺序指向一个新的数组元素，循环时会自动地从下标 0 开始，直到最后一个元素结束。

这种循环方法适合需要从第一个元素到最后一个元素顺序访问数组的情况，减少了因下标越界而出错的概率，使程序更加简洁。

4.2 命令行参数

在 Java 应用程序中，main 方法声明的参数类型是一个字符串数组，用于运行时存放接收的命令行参数。和 C 程序不同，Java 程序将接收的第一个参数存放在下标为 0 的位置，第二个参数存放在下标为 1 的位置，以此类推。程序 4-2 说明了参数的应用。

```
//程序 4-2:运行时参数的应用
public class CommandParameters {
    public static void main(String[] args) {
        for(int i=0;i<args.length;i++){
            System.out.printf("第%d个输入的参数是%s\n", i,args[i]);
        }
    }
}
```

在编写此程序时,并不知道实际运行程序的人会输入几个参数,所以循环的条件是循环变量i小于数组args的元素个数(args.length),这个名为args的字符串数组是由虚拟机在执行该程序时创建的,用来保存用户提供的参数。例如,下面的命令:

```
D:\demo>java CommandParameters 1 2 you me
```

其中,CommandParameters是要执行的类,命令行参数是指后面跟的用空格分隔开的4个字符串:"1""2""you""me"。要注意的是参数中的"1"也是作为字符串保存到数组中的,而不是作为数值保存的。程序4-2的输出结果如下。

```
第0个输入的参数是1
第1个输入的参数是2
第2个输入的参数是you
第3个输入的参数是me
```

这个输出结果也说明,"1"被存放在args[0],"2"存放在args[1],"you"存放在args[2],而第4个参数"me"被存放在下标为3的位置args[3]中。

注意:这种将字符串存在了数组中的说法只是一种形象说明,实际上并不是把字符串本身存在了args数组,而是把每个字符串在内存中的起始地址存储在args数组的每个元素中,通过地址再寻找到实际的字符串,当然这一切对程序员而言都是透明的。

4.3 多维数组

1. 多维数组的定义

与其他语言不同,Java没有提供专门的多维数组数据结构,但通过将数组的元素类型定义为数组实现类似多维数组的功能,即可以创建数组的数组。例如,下面是一个二维数组:

```
int score[][]=new int [4][];
score[0]=new int[5];
score[1]=new int[5];
score[2]=new int[5];
score[3]=new int[5];
```

首次用new创建的对象是一个数组,它包含4个元素,每个元素的类型又是一个一维数组,其在内存中的空间分配形式如图4-2所示,通过图4-2可以看出,因为score数组存储的是每一个一维数组的起始地址,因此在创建二维数组时,每个一维数组的长度不确定并没有影响。

如果二维数组的列是确定和相同的,与上面代码段一样,上述数组的声明也可以修改为

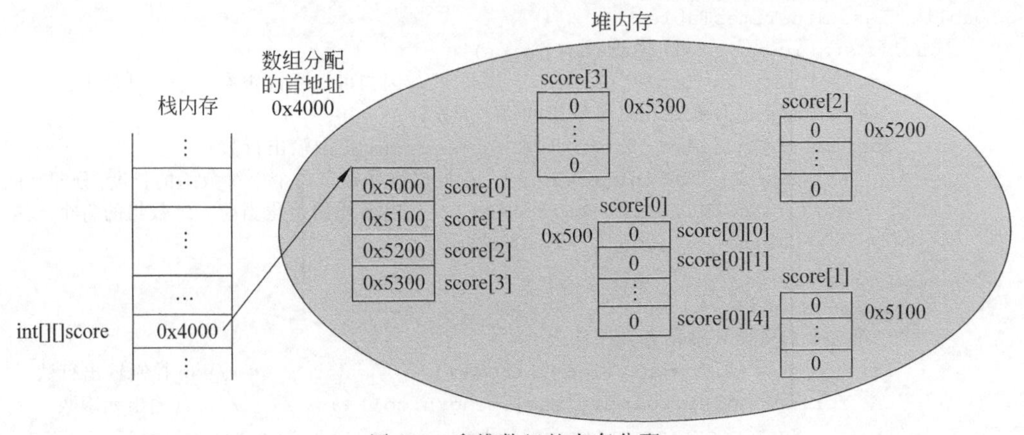

图 4-2　多维数组的内存分配

```
int[][]score=new int[4][5];
```

这种数组类型的声明是一种很规则的声明，score 是一个整型数组，包含 4 个一维数组元素，每个一维数组又都包含有 5 个整型数值。

2. 不规则的多维数组

在 Java 中，除了上述这种规则的数组声明外，还可以根据需要声明不规则数组，例如：

```
int[][] score=new int[4][];
score[0]=new int[2];
score[1]=new int[4];
score[2]=new int[6];
score[3]=new int[8];
```

因为这种对每个元素分别进行初始化，所以可以创建非矩形数组。上例中的声明就创建了一个包含了元素类型为一维数组的数组，但是每一个元素的具体类型互不相同，例如，下标为 0 的元素类型是一个包含两个整型值的数组，而下标为 1 的元素类型是一个包含 4 个整型值的数组。

3. 一种非法的声明

另外，尽管多维数组的声明格式，允许"[]"在变量名左边或者右边，但此种灵活性不适用于数组语法的其他方面。例如，new int[][4]是非法的，因为这样的声明会使编译器无法预先为之分配空间。

4. 多维数组的初始化

类似一维数组的初始化，多维数组的初始化既可以在声明时直接进行，也可以在创建后单独进行。下面的语句可在声明时直接对数组进行初始化。

```
int [][] factors={{2},{3},{2,4},{5},{2,3,6},{7}};
```

5. 访问多维数组

访问二维数组和访问一维数组的方法在本质上是一样的，这是因为二维数组实际上是一个包含元素类型为一维数组的一维数组。程序 4-3 是一个保存九九乘法表的例子。

```
//程序 4-3:访问多维数组
```

```
public class NineTimesTable {
    public static void main(String[] args) {
        int[][] ntt=new int[9][];                    //因为可以先确定有 9 个一维数组
        //第一个双重循环初始化二维数组的每个元素
        for(int row =1;row<=9;row++){            //row 控制输出行数
            ntt[row-1]=new int[row];        //根据行号确定每个一维数组的长度,分配空间
            for(int col=1;col<=row;col++){   //内循环初始化当前一维数组的每个元素
                ntt[row-1][col-1]=row * col;
            }
        }
        //第二个双重循环输出九九乘法表
        for(int row =0;row<ntt.length;row++){                //row 控制输出行数
            for(int col=0;col<ntt[row].length;col++){       //每行输出元素数
                System.out.print((row+1)+"*"+(col+1)+"="+ntt[row][col]+"\t");
            }
            System.out.println();
        }
    }
}
```

通过程序可以看到,ntt.length 可以得到这个二维数组包含的元素个数,即有几个一维数组,ntt[row].length 依赖于外层循环变量 row 从 0 到 8 不断变化,分别获得对应一维数组所可容纳的元素数。

4.4 数组的操作

前面的内容介绍了对于数组元素的操作,在实际的应用中,还有一些操作是针对数组本身的,例如,在数组内查找一个具体的值,或者将一个数组复制到另一个数组等,JDK 提供了一些工具类来帮助完成这些要求。

1. System 类提供的方法

System 类提供了一个特殊方法 arraycopy,用于数组的复制。在程序 4-4 中,描述了方法 arraycopy 的用法。

```
//程序 4-4:数组复制
public class ArrayCopy {
    public static void main(String[] args) {
        //原始数组
        int myArray[]={1,2,3,4,5,6};
        //一个更大的数组
        int hold[]={10,9,8,7,6,5,4,3,2,1};
        //复制 myArray 数组的所有元素到 hold 数组,放在 hold 数组下标 0 开始的位置
        System.arraycopy(myArray,0,hold,0,myArray.length);
    }
}
```

复制后,数组 hold 包含的元素是 1、2、3、4、5、6、4、3、2、1。应用 arraycopy 方法要注意数组的容量,不能越界。

2. Arrays 类提供的方法

Arrays 类作为一个工具类，主要是对数组本身进行操作，类中实现了操作数组(比如排序和搜索)的各种方法，Arrays 类包含在 java.util 中，所包含的方法都是类方法，可以直接通过类名引用。表 4-1 给出了 Arrays 类的主要方法。

表 4-1 Arrays 的主要方法

方　　法	描　　述
binarySearch(…)	使用折半搜索算法来搜索指定类型的有序数组
compare(…)	比较两个数组
copyOf(…)	复制一个数组
copyOfRange(…)	根据指定范围复制数组元素
equals(…)	判断两个数组是否相等
fill(…)	用指定类型的值填充同类型的数组
sort(…)	升序排列
toString(…)	获得一个数组的字符串表示

下面的程序 4-5 简单演示了 Arrays 类的用法。

```
//程序 4-5:Arrays 类的应用程序
import java.util.Arrays;
public class ArrayDemo {
    public static void main(String[] args) {
        int[] a={10,7,9,2,4,5,1,3,6,8};
        Arrays.sort(a);                              //对数组 a 升序排列
        for(int element:a){                          //依次输出排序后的数组每个元素
            System.out.println(element);
        }
        int loc=Arrays.binarySearch(a,5);
        System.out.println("数值 5 在下标"+loc+"的位置");
    }
}
```

通过上面的程序可以看到，sort 方法将一个给定数组的数组元素按照升序的方法进行排序，binarySearch 方法只能对一个有序的数组发生作用。

4.5 数组的应用

为了加深对数组的理解，本节结合一些常用算法的编程来更加深入地学习和使用数组。

4.5.1 查找

查找是根据给定的某个值，在查找表(例如数组)中确定一个关键字等于给定值的记录或数据元素，是对数据进行处理时经常使用的操作。常用的查找算法包括针对无序表的顺序查找，针对有序表的折半查找、分块查找等。

下面介绍一种效率较高的查找方法——折半查找法，用折半查找法的前提是，数据已按一定的规则(升序或降序)排列好。其基本思路是，先检索居中的一个数据，看它是否为所需的数据；如果不是，则判断要找的数据是在居中数的哪一边，下次就在这个范围内查找，如图4-3所示。图4-3中有15个数，设按升序排列好，如果想找的是第3个数，由于它小于居中的那个数，因此必然在a～c区间，这样就把b～c区间排除在下次查找范围之外。第2次就在a～c范围内按上法查找……每次将查找范围缩小一半。

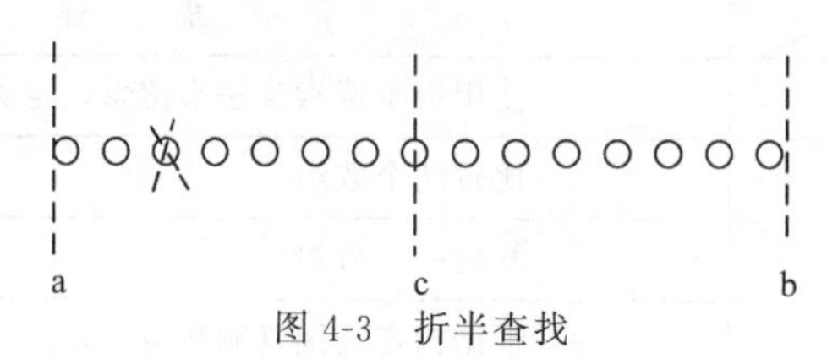

图4-3　折半查找

假如有一组数为8,13,21,28,35,41,52,63,71,76,81,95,101,150,164。

要查找21这个数，为了直观，把这15个数画成如图4-4所示的树。图4-4中，根在上面，分支和叶在下面，每个数据称为一个节点。根是15个数中居中的数(63)，它有两个孩子，左边的比它小，右边的比它大，以下逐级都是按这个规律。可按以下步骤查找。

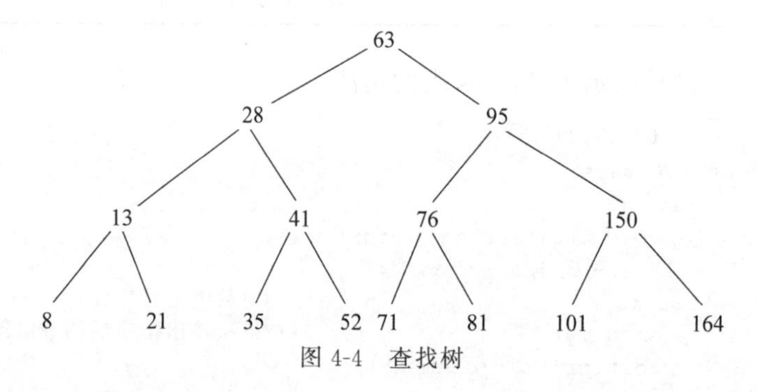

图4-4　查找树

(1) 先将要找的数21与数列中根比较，由于21＜63，因此，21显然在63左面的范围内，而且是第1～7个数中的一个数(由于21＜63，所以已知道不可能是第8个数)。

(2) 再找1～7个数中居中位置的一个数(第4个数)，即28，将21与28相比，由于21＜28，因此所找的数必然在第1～3个数范围内。

(3) 再找第1～3个数的居中位置的一个数13(即第2个数)，将21与13相比，由于21＞13，因此，21必然在13的右面。

(4) 由于21下面不再分支，因此下一次就直接找到21。

(5) 以上一共查找了4次(即树的深度或树的层次)，就找到所需的数。可以证明，如果有n个数，在其中找任何一个数所需查找次数不超过$\lfloor \log_2 n \rfloor+1$，本例中$\lfloor \log_2 15 \rfloor+1=4$，故查找次数不超过4次。

解题的方法如下：设3个变量low、mid、high分别指向数列的开头、中间和末尾。如果用a作为数组名，则low、mid、high的值分别是a[0]、a[n/2]、a[n]的下标；折半查找的过程如图4-5所示。

(1) 开始时令low＝0，high＝14，mid＝7，如图4-5中的①，由于x＜a[mid]，因此确定x应在a[0]～a[6]范围内。

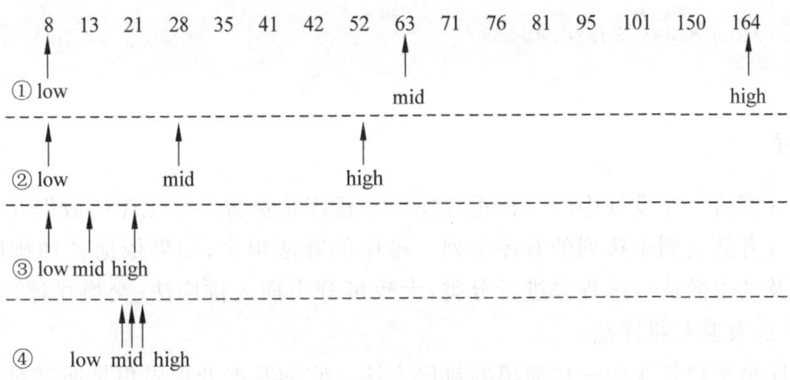

图 4-5 折半查找过程图

(2) 令新的 high＝mid－1＝6,算出新的 mid＝3,如图 4-5 中的②。

(3) 由于 x＜a[mid],令新的 high＝mid－1＝2,即 x 应在 a[0]～a[2],算出 mid＝1,如图 4-5 中的③。

(4) 由于 x＞a[mid],故令 low＝mid＋1,x 的范围应为 a[low]～a[high],令 low＝high＝mid,判断 x＝a[mid],查找成功,如图 4-5 中的④。

如果要找的数 x 不是数列中的数,例如 x＝23,当第 4 次作判断时,x＞a[mid],按以上的规律,令 low＝mid＋1,即 low＝3,出现 low＞high 的情况,也就是 low 跳到 high 右面去了,而 x 应该在 low 与 high 位置之间,由于 low＞high,所以 x 不可能出现。程序 4-6 给出折半查找示例。

```
//程序 4-6:折半查找
public class BinarySearchApp {
    public static void main(String[] args) {
        int mid, low, high;
        int[] arr={8,13,21,28,35,41,52,63,71,76,81,95,101,150,164};
        low=0;                                  //下界
        high=arr.length - 1;                    //上界
        int x=Integer.parseInt(args[0]);        //x 为要查找的元素
        do {
            mid= (low + high) /2;
            if (x==arr[mid]) {
                System.out.println(x+"查找成功,在"+mid+"号位置");
                return;
            } else if (x<arr[mid])              //如果 x 小于中间值则在左半段查找
                high=mid-1;
            else if (x >arr[mid])               //如果 x 大于中间值则在右半段查找
                low=mid+1;
        } while (low<=high);
        System.out.println(x+"查找失败");
    }
}
```

在程序 4-6 中,Integer.parseInt(args[0])一句的作用是将输入的字符串参数转化为整数。程序 4-6 的运行结果如下:

```
D:\demo\ java BinarySearchApp21
  21 查找成功,在 2 号位置
```

```
D:\demo\ java BinarySearchApp23
  23查找失败
```

4.5.2 排序

排序是计算机程序设计中的一种重要操作。排序是指将一组无序的数据元素调整为一个从小到大或者从大到小排列的有序序列。排序的算法很多,如果依据各种排序算法的基本处理思想及基本的执行过程来进行分类,大致可分为插入排序法、交换排序法、选择排序法、归并排序法及基数排序法。

冒泡排序是交换排序中一种简单的排序方法。它的基本处理思想是通过对相邻两个数据的比较及其交换来达到排序的目的。

其处理过程是,首先将第 1 个数据与第 2 个数据进行比较,如果是逆序(即 arr[j]>arr[$j+1$])则交换之,然后比较第 2 个数据和第 3 个数据,以此类推,直到第 $n-1$ 个数据和第 n 个数据进行过比较为止。上述过程称为冒泡排序的第 1 趟处理,第 1 趟处理的结果使得最大的数据被安置在最后一个元素的位置上。然后进行第 2 趟处理,即对前 $n-1$ 个数据进行上述的处理,第 2 趟处理的结果是使次大的数据被安置在倒数第 2 个数据位置上。一般地,冒泡排序的第 i 趟是从 arr[0]到 arr[$n-i$]依次比较相邻两个元素的关键字,并在逆序时交换相邻的数据,其结果是将这 $n-i+1$ 个数据中最大的交换到 $n-i$ 的位置上。整个排序过程需要进行 $n-1$ 趟处理,第 $n-1$ 趟处理使倒数第 2 个数据安置在第 2 个数据位置上,这时整个排序过程就已完成。

例如,假设待排序的数据序列为

{51,38,49,27,62,5,16}

则其每一趟处理后所形成的序列及其所安置的数据如图 4-6 所示。

初始序列	第1趟处理后	第2趟处理后	第3趟处理后	第4趟处理后	第5趟处理后	第6趟处理后
51	38	38	27	27	5	5
38	49	27	38	5	16	16
49	27	49	5	16	27	
27	51	5	16	38		
62	5	16	49			
5	16	51				
16	62					

图 4-6　冒泡排序处理过程示例

从上例的执行过程可以看到,在冒泡排序的过程中,较小的数据好比水中的起泡逐渐向上飘浮,而较大的数据好比石头在水中下沉,每一趟都有一块“最大的石头”沉到水底。冒泡算法的示例程序如程序 4-7 所示。

```
//程序 4-7:冒泡排序
public class BubbleSortApp {
    public static void main(String[] args) {
        int[] arr={51,38,49,27,62,5,16};
        int i,j,temp,len;
        len=arr.length;
        for (i=len-1; i>0; i--) {
            for (j=0; j<i; j++) {
                if (arr[j]>arr[j+1]) {
                    //进行数据交换
                    temp=arr[j];
                    arr[j]=arr[j+1];
                    arr[j+1]=temp;
                }
            }
        }
        System.out.println("冒泡排序的结果是");
        for (i=0; i<len; i++) {
            System.out.print(arr[i]+"  ");
        }
    }
}
```

在程序 4-7 中,用数组 arr 保存需要排序的一组数据,然后用双重循环语句实现数据排序。内层 for 循环每次都从第一个元素开始进行两两比较,一次完整的内循环将当前未排序的数中最大数放置在最后,外层 for 语句控制内循环的排序范围,不对已排序的数重复操作,所以外循环的循环初值是数组的最大下标开始,一直到下标 1 为止,内循环将外循环的循环变量 i 的值作为排序的边界。程序 4-7 的运行结果如下。

```
D:\demo\ java BubbleSortApp
冒泡排序的结果是
5  16  27  38  49  51  62
```

本章小结

本章主要介绍了应用数组解决批量数据处理的问题。

数组是一个具有固定长度的包容多个相同类型数据的数据结构,它可以包含基本数据类型的数据,也可以包含引用类型的对象,甚至是数组类型。

创建数组的方法,一般使用关键字 new,也可以和初始化一起快速创建数组。

数组一旦分配完存储空间,其大小不可调整。

元素在数组内的存放顺序是顺序的,可以通过下标来访问,用来指示单个数组元素的下标必须总是从 0 开始。

可以用数组对象的 length 属性来获得该数组可以容纳的元素个数。

多维数组可以为不规则的多维数组,就是每一维的元素个数不一定相同。

System 类提供了数组复制、Arrays 类提供了数组排序和元素查找等方法。

习　题　4

1. 一个字符型数组，其有 5 个元素，初始值分别为'a'、'b'、'c'、'd'、'e'，写出正确的声明及初始化语句。

2. 获得一个数组可以容纳的元素个数的方法是什么？

3. 一个整型数组可以容纳的元素类型有哪些。

4. 若有一个声明为 int[] a=new int[10]的整型数组，可以引用的最小下标和最大下标是多少？

5. 若有一个声明为 int[] a=new int[10]的整型数组，其每个元素的初始值是多少？

6. 以下能对二维数组进行正确初始化的语句是(　　)。

A. int[][] a=new int[2][]{{1,2},{3,4}};

B. int[][] a=new int[][]{{1,2},{3,4}};

C. int[][] a={{1,2},{3,4}};

D. int[2][2] a={{1,2},{3,4}};

7. 写出下面程序的运行结果。

```
class Happy {
    public static void main(String args[]) {
        int index=1;
        int a[]=new int[3];
        int bas=a[index];
        int baz=bas+index System.out.println(a[baz]);
    }
}
```

8. 解释下列程序的运行过程及结果。

```
class TestArr{
    public static void main(String args[])  {
        int[] arr={11,12,13,15};
        arr[1]=(arr[1]>10)?arr[3]:0 ;
        System.out.println(arr[1]);
    }
}
```

9. 编程输出杨辉三角的前 10 行。

```
1
1 1
1 2 1
1 3 3 1
1 4 6 4 1
…
```

10. 找出一个二维数组的鞍点，即该位置上的元素在该行上最大，在该列上最小(注：一个二维数组也可能没有这样的鞍点)。

11. 生成一副牌(52 张，去掉王牌)，放在数组中，输出这副牌，对这副牌进行洗牌操作，洗牌后再次输出这副牌。

12. 编写一个叫牌程序，模拟 21 点游戏。程序开始运行时，给玩家和程序各随机发一张牌，在每轮发牌时，玩家通过控制台输入交互指令（Y/ N）决定是否要下一张牌，玩家输入“Y”，继续给他发一张牌，输入“N”，不再给玩家发牌，程序依据特定策略决定是否要牌，如果双方都不再要牌，则计算双方的牌面，决定输赢，并显示两者手中持有的牌。

第5章 类和对象

面向对象程序设计思想的三大特征是封装、继承和多态，本章介绍如何构造类、实例化对象以及灵活使用对象编程的方法。

学习目标：

- 理解类和对象的概念及两者间的区别。
- 掌握类的定义以及类之间的关系描述，认识对应的UML基本图示。
- 理解构造方法的作用，能够使用new运算符实例化一个对象。
- 理解对象的引用，掌握通过变量名访问引用对象的成员变量和方法。
- 理解并掌握变量的作用域。
- 理解关键字this的用法。
- 掌握static的作用。
- 理解并掌握方法的声明和调用。
- 理解包的概念并掌握包的作用。

5.1 面向对象技术的基础

在面向对象方法中，"对象"是现实世界的实体或概念在计算机逻辑中的抽象表示。面向对象就是现实世界模型的自然延伸，现实世界是由一个个处于特定状态的对象组成。对象的状态由该对象当前的各种属性值确定。例如，描述一个在校大学生通常需要使用姓名、年龄、籍贯、专业、入学日期等信息，可以用课程代号、课程名称、课程简介等属性来表示一门具体课程，而描述银行的一笔存款业务需要账户、存款金额、存款日期等属性。

除了用属性描述对象的状态外，一些具有主动性的对象还具有行为特征。例如，一个学生可以选择某一门课程作为自己在某个学期的选修课，另外一些被动的对象，如上述的课程和银行业务，虽然本身没有操作，但是从维护的角度考虑，可将围绕对象状态管理而提供的特定方法视为对象本身拥有的操作，对将来因为修改代码而产生的影响最小。例如，一个银行账户对象可以通过关闭操作修改自己的可用状态，也可以通过取款的方法维护自己的余额。

数据和施加于数据之上的操作构成了对象的整体，二者不可分割。数据项不能自我改变，除非一个操作应用于该数据项。把对象的两个方面集中在一起进行建模的方法，被称为封装(Encapsulation)，它是面向对象的一个最重要的特性。封装的目的是增强安全性、简化编程，可提高代码的可维护性。使用者不必了解具体的实现细节，只通过外部接口，就可以特定的访问权限访问对象。这和生活中的很多现象是一致的，就像通过电源开关打开或关闭电视机，却不必对电视的开关电路有深入了解。

在现实世界里，有许多属于同一类的个体，例如商场里有各种各样的电视机，这里使用了"电视机"这样一个名词来描述，这种概念化的描述实际上就是抽象化的过程，所谓抽象化,就是过滤每一个对象的个体信息,提炼这些对象具有的共同特征。在面向对象术语中,使用“类”来表示这种抽象化的数据类型,它是创建对象的蓝图,对象就是类的实例。

有时需要对某一类的对象进行进一步区分,除了强调它们的共性之外,还要考察它们各自的特性,例如按照显示技术电视机又可分为CRT、等离子和液晶等种类,但它们共同具有电视机的基本特征,这种现象被称为“继承”,继承是面向对象语言的另外一个重要特征。借助继承,为父类定义的属性和操作可以在子类中复用,而且子类可以扩展原有的代码,应用到其他程序中,它是实现软件复用的重要机制。

对象从来都不是孤立的。每个对象都与其他对象有着直接或间接联系,这种联系或强或弱,正是这种对象以及对象之间的联系构成了一个完整的系统。例如,一个家庭是由几位家庭成员组成的,这是一种典型意义上的“整体和部分”的联系;另一种联系,例如书架和书之间的联系,就不如家庭和成员之间的联系紧密,没有书,书架仍然是书架,这是一种典型的关联关系。除了这种结构上的关系,通过对象之间的相互交互是构成更复杂功能的基础,进行面向对象程序设计时,把一个对象向目标对象发出消息请求,目标对象接收并执行消息的过程称为“消息传递”。

面向对象技术的抽象、封装、继承、消息传递、多态等重要特性,能够为开发带来更好的复用性,改善了软件的质量。因此,面向对象开发方法是目前最重要的程序设计方法之一。

5.2 使用JDK的类

掌握Java开发的基础,首先要了解JDK提供了哪些可以让开发人员使用的API。JDK提供了丰富的类,被分别存放在不同的包中,如表5-1所示。

表5-1 JDK的一些包

包	作　用
java.lang	包含Java的基础类,无须用import加载
java.lang.reflect	提供类和接口,以获取关于类和对象的反射信息
java.io	通过数据流、序列化和文件系统提供系统的输入和输出
java.text	可通过类或接口,以与自然语言无关的方式处理文本、日期、数字和消息
java.util	包含集合框架、遗留的collection类、事件模型、日期和时间设施、国际化和各种实用工具类(字符串标记生成器、随机数生成器和位数组)
java.util.concurrent	在并发编程中很常用的实用工具类
java.net	提供网络编程的类和接口
javax.swing	提供支持Swing GUI组件的类
java.sql	提供有关数据库访问的接口和类

Java的每个类都有特殊的作用。例如,java.lang包下的Math类提供了一些基本的数学运算。程序5-1显示了如何利用Math类中random方法连续产生10个随机数并输出到控制台。

```
        //程序 5-1:一个利用 Math 类产生随机数的程序
        publicclassRandomDemo {
            publicstaticvoid main(String[] args) {
(12)            for(inti=0;i<10;i++){
(13)                //利用 random 方法产生一个取值范围是 0.0~1.0 的随机数
(14)                double r=Math.random();
(15)                System.out.println("本次产生的随机数是:"+r);
                }
            }
        }
```

可以在程序中直接使用java.lang 包下的类,但是对于非 java.lang 包下的类就必须使用 import 关键字引入程序中,以便在运行时能够将它们加载到运行时空间中使用,例如程序 5-2 利用 javax.swing 包下的 JFrame 类就构建一个具有窗口特征的程序。

```
        //程序 5-2:一个窗口程序
        import javax.swing.JFrame;
        public class FrameDemo {
            public static void main(String[] args) {
(01)            JFramefrm=new JFrame("我的窗口程序");
(02)            frm.setSize(400, 300);
(03)            frm.setVisible(true);
            }
        }
```

程序 5-2 的第 1 行首先使用 import 关键字将一个 javax.swing.JFrame 类加载进来,否则后面的程序在用到此类时,将会提示 JFrame cannot be resolved to a type 错误。

将对象实例化的主要目的是利用它所提供的方法来达到某种目的。例如 Math 类的 random 方法可以返回给程序一个取值范围是 0.0~1.0 的随机数,程序 5-3 的第 3 行使用一个变量 r 保存它的值,供后续的语句使用。

有的类纯粹是为了提供某些功能。例如,Math 类中的方法是一些特殊的类方法,无须创建 Math 类的对象就可以直接使用,而使用 JFrame 类则必须先创建一个该类的实例对象,程序 5-2 的第 1 行用变量 frm 引用这个对象,第 2 行通过 frm 调用 setSize 方法可以调整窗口的显示尺寸,第 3 行调用 setVisible 方法则可以使窗口对象显示出来。

通过变量引用一个实例化的对象是 Java 程序设计时使用对象的常态。一个程序在运行时碰到用 new 运算符实例化一个对象时,就在程序所管理的一块特殊内存(堆)中分配足够的空间存储此对象,然后在栈中增加一个变量,这个变量指向了对象,如图 5-1 所示。

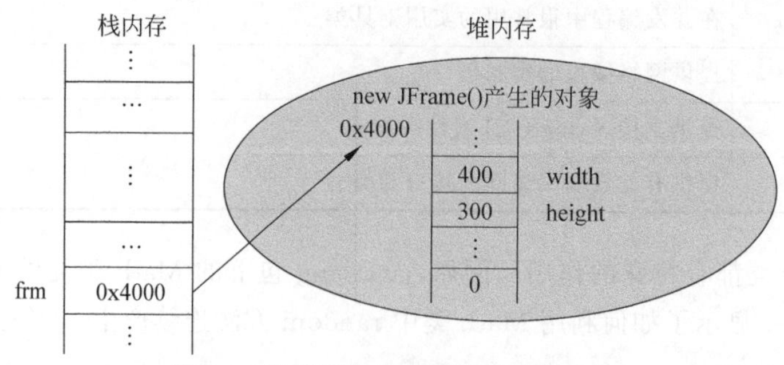

图 5-1　变量声明和变量所引用的对象

如图 5-1 所示，变量并不是对象，它只是通过变量名调用的方法将引用的对象执行，并把结果返回。

5.3 创建自己的类

虽然 JDK 提供了很多功能各异的类供编程使用，但它无法提供学生、课程、账户、交易等和某种应用场景密切相关的类，因此面向对象软件的开发者需要自行为应用创建合适的类。

5.3.1 类的结构

一个完整的类定义包括 3 个基本组成部分：类名、类的属性、类的方法。为了更好地理解 Java 中类的定义，先看一下如下的银行账户类的定义。

```
import java.util.Date;                              //加载所需的外部类
public class Account {                              //开始 Account 类的声明
    //首先定义该类对象的属性
    private String id;                              //账号
    private String name;                            //姓名
    privatedouble balance;                          //余额
    private Date openDay;                           //开户日期
    //定义构造方法，一个类可以有多种构造对象的方法
    public Account()    {                           //一个不需要参数的构造方法
    }
    //另一个需要参数的构造方法
    public Account(String id, String name, double balance) {
        this.id=id;
        this.name=name;
        this.balance=balance;
        this.openDay=new Date();
    }
    //以下开始定义该类对象的方法
    public String getName() {
        returnthis.name;
    }
    publicvoiddeposit(double amount) {
        this.balance = this.balance + amount;
    }
}
```

上面的 Account 类可以用来描述银行中的账户信息，每个账户都有自己的账号、姓名、余额，并提供了获得账户人姓名和存款的方法等。根据上面类的定义，表 5-2 总结了定义一个类时，类的各部分的详细说明。

表 5-2 类所包含的主要信息

元　　素	必选	作　　用
加载部分		在当前类定义中引用了其他的类，例如上例中用到的 Date 就属于 java.util 包内的类，需要在此声明加载

续表

元　　素	必选	作　　用
类名	√	其他地方可以通过这种类型声明该类型的变量,例如 Account act
类变量		供所有该类对象共享的属性,该属性值随类而存在,只有一份,对象和类均可以通过类名访问,例如 System.out,out 就是 System 类的一个类属性。此类属性声明时,必须在变量名字前加上 static 属性修饰符
类初始化块		当类加载时执行的代码块
实例变量		用于描述每个对象的状态,每个对象各自存储自己的状态信息,例如,每创建一个 Account 对象,该对象中的账号 id 都是唯一的
构造方法		构造方法的名字与类名相同,其作用是控制该类对象的初始化,一个类可以有若干种构造方法
类方法		属于类所有,但该类所有对象均可使用。由于执行类方法无须通过该类的任何一个对象,所以在类方法中不能使用从属于对象的对象属性和对象方法。声明时,只需在方法名字前加上 static 属性修饰符
实例方法		只能通过变量名调用对象的方法来使用
注释		良好的注释,有助于开发人员更好地使用或维护类,编译器在编译时忽略注释信息

对照上面的例子,可以看到构成一个类的主要部分,下面是一个类的基本定义语法。

```
[类的修饰符] class 类名 [extends 父类名] implements[接口列表] {
    [修饰符] 类型 成员变量 1;
    [修饰符] 类型 成员变量 2;
    构造方法 1([参数 1,[参数 2,…]]){
        方法体;
    }
    构造方法 2([参数 1,[参数 2,…]]){
        方法体;
    }
    …
    [修饰符]  类型  成员方法 1(参数 1,[参数 2,…]) [throws 异常列表 ]{
        方法体;
    }
    [修饰符] 类型  成员方法 2(参数 1,[参数 2,…]) [throws 异常列表 ]{
        方法体;
    }
    …
}
```

注意:在声明一个类时,类的规模也是一个需要考虑的因素,应避免一个类中包含的内容过多,从而变得无所不能。一般来说,类的属性和方法数量要进行适当控制。例如,每个类只包含少量的几个方法。如果规模过大,就要考虑构建的模型是否合理,是否需要重新规划。

5.3.2 声明自定义类

使用 class 关键字可以声明一个自定义的类,如前面出现的账户类 Account。

```
class 类名{
    类体;
}
```

其中,class 是关键字,表示声明的是一个 Java 类,类名可以是任何符合标识符规定的名称,通常情况下,类名的第一个字母要大写,如果类名是由多个单词组成的,则每个单词的第一个字母均要大写。这种简单的声明,并不能完全体现出一个类声明的全部特征。

一个完整的类声明语法如下:

```
[类的修饰符]class 类名 [<类型列表>] [extends 父类名] [implements 接口名] {
    类体;
}
```

表 5-3 对类声明部分的内容给予了基本的解释。一个类可以在 class 关键字之前加上可选的访问范围修饰符,来限定此类对其他类的可见范围,也可以使用 extends 关键字表明此类继承于一个已存在的超类,从而获得超类已有的定义。

表 5-3 类的声明元素表

元　　素	必选	作　　用
public		该修饰符限定了类的可见范围。public 表示该类可被其他任意一类使用,如果没有 public,则该类只能被定义在同一个包内的其他类使用
abstract		不能和 final 修饰符同时使用。声明当前类为抽象类。Java 不允许直接用 new 运算符创建类型为抽象类的对象
final		不能和 abstract 修饰符同时使用。声明当前类为 final(最终类),表示不能再定义该类的子类
class 类名	√	关键字 class 告诉编译器这是一个类
<类型列表>		用“,”分开的类型列表,表示该类是一个范型类(generic class),一般用于构造一个具有通用目标性质的容器类,也可以简单理解为类的参数
extends 父类名		Java 具有良好的继承体系,每个类只可以继承一个父类,所有类的根类都是 Java 核心包的 java.lang.Object
implements 接口列表		用“,”分开的接口列表。每个类可以实现一到多个接口定义的方法集

下面是一些使用不同修饰符组合进行类定义的例子,更多的类的声明在后续章节中会陆续提到。

1. 没有访问范围修饰符的简单类

```
class Account{
    …
}
```

(1) 在一个 Java 源程序文件中,可以同时存在多个并列的 class 声明。

(2) class 前没有访问范围修饰符的类,只能被同一个包内的其他类所见。

2. 为类添加访问范围修饰符 public

```
public class Account {
    …
}
```

(1) 一个类如果添加了 public 访问范围修饰符，则此类可以被任何类(包内和包外)所见并使用。

(2) 一个 Java 源程序如果包含了用 public 修饰的类，则文件名必须和这个类名保持完全的一致(包括大小写)。

(3) 一个 Java 源程序中只能包含一个 public 声明的类。

作为一个良好的命名习惯，类名一般用一个有特定含义的名词(望文生义)来表示，可以用几个单词连在一起，每个单词的第一个字母要大写，例如 Account、CashAccount 等。

5.3.3 为类添加成员变量

由 2.2.1 节可知，一个类有两种类型的成员变量：类变量和实例变量。每个对象的状态都是由成员变量的值综合体现的，成员变量有时也被称为字段(field)。下面是成员变量声明的几种形式：

```
[修饰符] 类型变量名;
[修饰符] 类型变量名[=初值];
[修饰符] 类型变量名[=初值] [,变量名[=初值]…];
```

常用的是第一种声明形式。成员变量的声明主要包括 3 部分。

(1) 零个至多个修饰符。访问范围修饰符 public 或 private 等都是常用的修饰符。

(2) 变量的类型。这是不可或缺的部分，变量的类型可以是原始数据类型，也可以是引用类型，需要根据变量所要表示的内容来确定。

(3) 变量名的命名遵循标识符的规定。例如，为了描述一个账户 Account，需要知道这个账户的所有者姓名、账户的余额，以及为了区别同名的情况而特别使用的唯一的账户编号。下面就是关于 Account 的成员变量的声明。

```
public class Account{
private String id;                              //一个 String 类型的账户的唯一编号
    private String name;                        //账户所有人的姓名
    private double balance;                     //用整数表示的该账户的当前余额
}
```

因为姓名通常是连续的字符，所以可以使用 Java 的 String 类型作为变量的类型，账户的余额，可以根据余额可能的精度范围用 double、float 或 int 等表示，银行账户虽然多数用一个很长的数值表示，但它几乎不会用于数学运算。此外，某些账户编号也可能会以 0 开头，所以用 String 类型来表示账户编号的类型比较合适。

每个成员变量前，可以根据需要添加一定的修饰符，用来达到特殊的目的，表 5-4 列出了关于成员变量声明的一些说明。

表 5-4 类的成员变量声明元素

元　素	必选	作　用
public|private| protected|default		访问控制范围修饰符加上默认没有任何访问控制范围修饰符的 4 种情况，规定了成员变量的可见范围，具体如表 5-5 所示
static		声明该变量为类变量

续表

元　素	必选	作　用
final		声明该变量为最终变量，一旦赋值则不可修改
transient		标记该变量不被串行化，即变量值不能用于基于 socket 的网络访问
volatile		一个变量被声明为 volatile，表明它可以被异步修改，编程时需要注意
type	√	每个变量必须规定它的类型，可以是基本类型(int、float、double 等)，也可以是引用类型(某种类或接口，例如 Account、List 等)
name	√	变量的名称，要符合标识符的规定，在同一个作用域范围内名称不能重复

1. 成员变量的初始化

每个成员变量在没有明确初始化的情况下，编译器将会给成员变量赋予变量所属类型的默认值，例如数值型的变量默认值为 0，引用类型的变量默认值是 null。

2. 访问控制范围修饰符

访问控制范围修饰符限定了外界对对象内部的可见程度，Java 提供了几个修饰符，用来对成员属性、方法和类的访问，表 5-5 列出了不同访问范围修饰符的可见区域。

表 5-5　访问控制范围修饰符可见区域

名称	修饰符	类	子类	包	所有类
公共	public	√	√	√	√
默认	—	√		√	
保护	protected	√	√	√	
私有	private	√			

例如，如果一个 Account 类的属性 name 访问控制修饰符是 private，在类以外的代码中，就不能通过"引用对象变量名.成员变量名"的形式访问，例如下面的语句就是错误的。

```
oneAccount.name="张华";                    //因为 name 是私有的，无法通过对象引用来访问
```

使用 private 修饰的属性，其可见范围只能在本类的方法，其他类的方法无法访问。

3. 提供 get 和 set 方法访问隐藏的成员变量

作为一种规范，成员变量的访问控制范围建议用 private 修饰，这样成员变量对外就不可见。如果外界需要获得对应变量的信息，类应提供一个 getXxxx 方法返回对应变量的值，类也可以提供 setXxxx 方法让外界传递参数为对应的变量赋值，通过这样的方式保证所有对属性值的存取操作均通过唯一的途径进行，这也是一种信息隐藏的表现，代码如下：

```
class Account {
    private String id;                      //每个账户的账号，注意 private 修饰符
    public  String getId() {
        return this.id;                     //返回当前账户的账号
    }
```

```
    public void setId(String id) {         //用接收的 id 作为当前账户对象的新 id
        this.id=id;
    }
}
```

通过这种信息隐藏,外部使用者无法直接访问一个被隐藏起来的成员变量值,只能通过提供的 get 和 set 方法,这样一来,就可以对使用者提供的值进行检查和加工。

4. 变量作用域

在类中定义的各种类型的变量,都存在各自的作用区域,一旦超出了起作用的区域,变量就不能发挥作用,程序如果引用了不在控制范围的变量将会引起错误。表 5-6 中列出了每个位置上定义的变量起作用的范围。

表 5-6 变量作用域

位置	类方法	类初始化块	所有对象	成员方法	代码块	备　　注
类变量	√	√	√	√	√	该类的所有实例
成员变量				√	√	所有成员方法
方法参数				√	√	同一方法内
局部变量					√	同一代码块
异常捕获参数					√	异常处理块内

另外,在一个小范围内定义的变量名称可能会和包含它的域范围内的另外一个变量同名,在这种情况下会出现同名变量覆盖的情况,也就是默认情况下,该变量代表小范围内定义的变量。

实例变量和类变量用来描述对象的属性,类中的所有方法都可以访问这些变量,所以它们被称为全局变量(Global Variable)。在方法中说明的变量称为局部变量(Local Variable),因为它们只能在方法内部使用。下面是一些关于变量声明的很好的实践经验总结。

(1) 只在需要使用时,才去声明变量,不要提前声明。

(2) 声明变量时,需要合理地进行初始化。

(3) 不要在循环体内部声明变量,这样会影响效率。

程序 5-3 演示了关于变量作用域的影响。

```
//程序 5-3:变量的作用域
public class TestScope {
    int x;
    public static void main(String[] args)    {
        int x=12;
        {
            int q=96;                      //x 和 q 都可用
            int x=3;                       //错误的定义,Java 中不允许有这种嵌套定义
            System.out.println("x is "+x);
            System.out.println("q is "+q);
        }
        q=x;                               //错误的行,只有 x 可用, q 超出了作用域范围
```

```
        System.out.println("x is "+x);
    }
    public int getX(){
        return x;                           //返回的是实例的成员变量 x 的值
    }
}
```

在 main 方法中首先声明了一个局部变量 x,并赋给了 12 的初值,随后在复合语句中,又定义了一个变量 x,这是不允许的,因为在复合语句外已经有一个局部变量 x 被声明了;当程序运行完复合语句后,将 x 的值赋给变量 q 时,q 已经是非法变量了,因为它是在复合语句内声明的,退出了复合语句,此变量就是无效了;在方法 getX()中的 x 和 main 方法中的 x 也是无关的,因为它使用的是实例成员变量 x。因此对于变量的作用域需要注意以下几点。

(1) 在一个作用域范围内(方法、对象、类),一个名称只能使用一次。

(2) 不同作用域内可以使用同样的名称进行变量声明,在变量声明的作用域,按照就近的原则,判断使用的是哪一个变量。例如,在判断一个方法内的变量时,首先看方法是否声明了此变量,如果没有,再看类是否声明过;如果都没有,则报出××× cannot be resolved 这样的错误。

5.3.4 为类添加方法

方法是自包含的有名代码块,能够完成一定的功能,并且具有可重用的特性。方法是由对象通过调用方法名执行的,一些方法有某种类型的返回值,而一些则没有。有返回值的方法通常在表达式中被调用,作为表达式的一部分参与运算;而没有返回值的方法通常在调用语句中被调用,用于完成某种功能。

1. 方法声明

下面是有关成员方法的定义:

```
[修饰符] 方法返回类型方法名 ([类型参数1, [类型参数 2,…]]) [throws 异常列表] {
    方法体;
}
```

一个最简单的常见方法定义如图 5-2 所示。一个方法声明包括最基本的几部分:调用时使用的方法名、方法执行后的返回值的类型声明以及如果需要调用者提供一些输入值以便完成功能的接收参数声明。表 5-7 中列出了方法声明时各部分元素的解释。

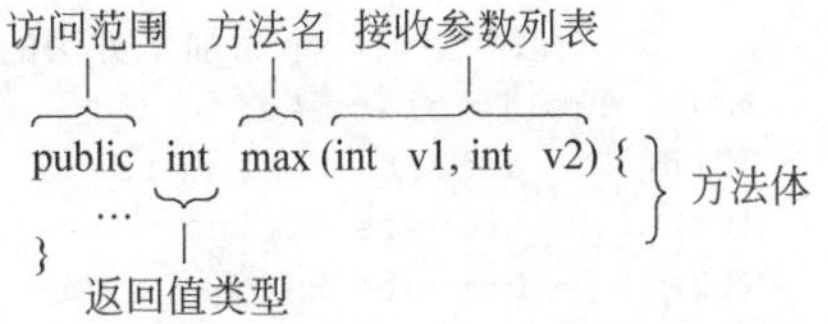

图 5-2 一个简单的方法定义

```
public int max(int v1,int v2){
    return v1>v2 ? v1:v2;
}
```

(1) 这个方法定义声明访问范围 public,表示通过对象均可执行。

(2) int 表示方法执行后返回给调用者一个整型数值。一个方法,可以在执行后没有返回值,这种情况需要在方法名前用关键字 void 表示,否则基于返回值的类型声明方法的返回类型。

(3) max 是方法的名字,通过名字可以调用,方法名后必须有“( )”。

(4) “( )”内的 int v1 , int v2 称为形式参数(简称“形参”),用来接收调用者调用时传递的实际要比较的两个值。一个方法,可以没有形式参数,也就是方法名后的“(”和“)”之间是空的,也可以有一个或多个参数。

(5) “{”和“}”分别表示方法体的开始和结束。

表 5-7 方法声明元素

元　素	必选	作　用
public｜private｜protected｜default		访问控制范围修饰符加上默认没有任何访问控制范围修饰符的 4 种情况,规定了成员方法的可见范围
static		声明该方法为类方法
final		声明该方法为不可被子类所重写(overridden)的最终方法
abstract		声明该方法为抽象类中的抽象方法,必须在非抽象的子类中实现具体操作
native		该方法被其他语言所实现
synchronized		保证该方法被互斥访问,参见多线程部分
return type	√	该方法的返回值类型,可以是基本数值型,也可以任意一种引用类型,当没有返回值时,类型声明为 void
name	√	方法的名称
(参数列表)	√	用于接收方法调用时,外界传来的参数,可以没有参数,但“( )”不能省略,参数之间用“,”隔开,每个参数都必须独立有自己的类型声明
throws 异常列表		用“,”隔开的异常列表,参见异常部分。

2. 向类中添加方法

一个类具有什么样的方法需要经过仔细的设计,避免把和一个类无关的方法堆砌在一起。前面使用 Account 类来描述一个账户对象,对一个账户而言,通过存款、取款等方法修改自己的余额是一个很自然的动作,因此可以在 Account 类定义能够完成存款和取款操作的方法。

```
     //程序 5-4:一个添加了方法的类
     public class Account {
(01)    private String id;
(02)    private String name;
(03)    private int balance;
(04)    public Account(String id, String name, int balance) {
(05)       super();
(06)       this.id=id;
(07)       this.name=name;
(08)       this.balance=balance;
(09)    }
(10)    //一个存款方法,将存款额增加到余额上
(11)    public void deposit(int amount){
(12)       this.balance+=amount;
(13)       saveToDB();
```

```
(14)            return;
(15)        }
(16)        //一个取款方法,将存款额从余额减去
(17)        public void withdraw(int amount){
(18)            this.balance-=amount;
(19)            saveToDB();
(20)        }
(21)        //返回一个账户的当前余额
(22)        public int getBalance(){
(23)            return this.balance;
(24)        }
(25)        private void saveToDB(){
(26)            //省略保存操作到数据库的代码
(27)        }
(28)        public static void main(String[] args)    {
(29)            Account a=new Account("001","鲁宁",1000);
(30)            a.withdraw(100);
(31)            a.deposit(150);
(32)            System.out.println(a.getBalance());
            }
    }
```

在定义一个方法时,关键要确定以下问题。

(1)方法要完成什么样的功能。完成何种功能需要对应的数据结构和算法可以实现它,例如上面的取款方法 withdraw(),它的功能是将账户的余额减少指定的金额,因此修改代表账户对象余额的成员变量 balance。

(2)方法运行是否需要参数。一些方法运行需要调用者传递参数,这个参数被称为实参。在方法声明时,为了接收这些实参,就需要事先声明一些形参对应它们。

(3)方法是否有返回值,返回什么类型的值,这决定了方法的返回值类型。

3. 方法调用

调用对象方法的过程很简单,方法的使用主要有两种形式,类内部的方法间相互调用,不同类之间的方法的相互访问。

(1)类内部的方法间相互调用。上例程序 5-4 中,withdraw 和 deposit 这两个方法均调用了 saveToDB 方法,因为它们都属于同一类的方法,而且又都是对象成员方法,所以可以直接通过方法名称调用。关于使用 static 修饰的类方法中不能直接调用属于对象的成员方法,参见 5.5.3 节。

(2)外部访问。通过外部访问一个对象的成员方法,必须首先获得该对象的引用才可以。通常是通过对象名用成员运算符来访问。例如,下面是程序 5-4 中 main 方法的部分语句。

```
Account a=new Account("001","鲁宁",1000);
a.withdraw(100);
a.deposit(150);
System.out.println(a.getBalance());
```

调用这些方法都有一个共性,都是通过一个引用类型的变量调用的。

4. 形参和实参

Account(账户)类的取款和存款两个方法都需要一个参数,用于增加和减少账户余额。

在编码时，并不知调用者将会传来具体大小的值，可以确定的仅是要求传过来的值是一个整型，因此用一个整型变量来表示运行时得到的值。这个用来代表实际运行时的值的变量就被称为形参，实际运行时传递给它的值被称为实参，如图5-2所示的定义。

位于方法名后“( )”中的形式参数指定了执行方法需要的值的个数和类型，那么在实际执行时，就需要按照形式参数声明的要求(类型、顺序、个数)提供确定的值。

5. 值传递和引用传递

形式参数用于接收方法调用时传递过来的值，但是对于基本类型和引用类型两类不同的传递，处理上有本质的区别。例如取款方法withdraw(100)将一个值传递到了形式参数amount，这种传递方式称为值传递。例如下面形式的传递：

```
int x=100;
a.withdraw(x);
```

虽然利用变量x将值传递给了形式参数amount，但两个变量并没有联系，只是将值进行了传递，传递后两个变量如果发生变化，各自互不影响。

另外一种传递方式被称为引用传递(相当于地址传递)，传递的参数类型是对象的引用。例如，程序5-5利用程序5-4的Account类实现了账户之间的转账功能。

```
        //程序 5-5:一个能够对账户进行转账的程序
        public class BankService {
            //转账业务,从 src 向 dest 对象转 amount
(01)        public void transfer(Account src,Accountdest,int amount){
(02)            src.withdraw(amount);
(03)            dest.deposit(amount);
(04)        }
(05)        public static void main(String[] args) {
(06)            Account a1=new Account("001","鲁宁",1000);
(07)            Account a2=new Account("002","梁丽",800);
(08)            BankService bs=new BankService();
(09)            bs.transfer(a1,a2,100);
(10)            System.out.println("鲁宁还有"+a1.getBalance());
(11)            System.out.println("梁丽还有"+a2.getBalance());
            }
        }
```

每个创建的对象在被使用时都通过一个唯一的标识符引用，即使是没有变量名的对象，在内存当也有一个唯一的标识符，因此在进行参数值传递时，引用类型的参数变量在接收实参的值时，接收的实际是一个对象的引用值，而并非原样创建了一个一模一样的对象。

在程序5-5的第6、7行中，变量a1和a2分别指向两个不同的实例，第9行在调用transfer方法时，用a1和a2作为实参名传递到了形参src和dest两个变量，从图5-3可以看出，此时a1和src分别都指向一个对象，a2和dest也同时指向一个对象，每个对象都有两个变量引用。虽然传递结束后，变量a1将自己的引用值传给了形参src后，两个变量就没有关系了，但是在transfer方法中，通过src和dest变量分别对两个对象进行转账操作，造成两个对象的余额发生了变化，当该方法执行完毕后，程序返回main方法继续执行，输出变量a1和a2所引用的对象的余额时，得到的是变化后的余额。

这时，虽然有实参和形参两个不同名称的变量名，但是两个变量指向的却是一个共同的对象。因此，如果在被调用方法中对形参指向的对象进行了修改，则在调用方法中用实参表示的对象引用自然也可以自动获得这种变化，它们仅仅是一个对象两个名字而已。

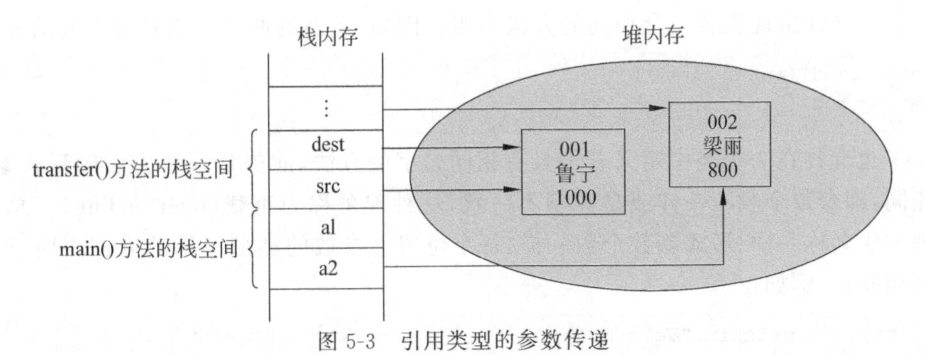

图 5-3　引用类型的参数传递

6. 返回值及方法类型

前面所提方法的返回值有两种类型：一种有返回值，一种没有返回值。没有返回值的可以直接构成调用语句，例如 System.out.println()，而有返回值的则可以构成表达式的一部分，参与运算。例如下面一个简单的计算账户利息的公式：

```
int interest=a.getBalance()*0.008;            //每日存款利息=当日账户余额*利率
```

方法可以用 return 语句返回某种类型的值，程序执行时，如果遇到 return 语句，则无条件退出当前的执行过程，返回上级调用点，或者该程序运行结束。return 有以下两种用法。

(1) return 表达式。当一个方法需要向调用它的方法返回某种类型的值时，必须在声明它的方法名前加上特定的类型。返回值的类型既可以是 int、double 等基本类型，也可以是返回某种类型的对象。例如程序 5-4 中的返回账户余额的方法：

```
//返回一个账户的当前余额
public int getBalance(){
    return this.balance;
}
```

在使用 return 语句返回一个值时，必须保证返回值的数据类型与方法声明中的返回值类型一致。例如，getBalance 方法的 return this.balance 语句返回的是一个整型值，所以该方法的返回值类型声明为 int。

不但如此，该方法返回的是一个整数类型的值，在程序中调用该方法时，可以将它作为表达式的一部分进行数学运算。

(2) return。对于一个没有返回值的方法，在声明时，可以用 void 表示该方法不返回任何类型的值，同时在方法体的最后可以用不带任何值的 return 语句表示，例如程序 5-4 中的取款和存款方法。

return 用于返回类型为 void 的方法中，通过使用该语句可以结束方法并返回调用处。实际上，当一个方法不返回任何值时，除了用 return 语句返回外，当执行到最后一条语句后，碰到“}”时，方法的执行也自然而然地结束。但是，作为一种良好的编程风格，当方法执行需要结束时，用 return 可以更清楚地表明执行的结束。

5.3.5 方法重载

方法的名称，以及形式参数的类型、次序和个数形成了方法的签名特征。一般情况下，一个类中不允许出现签名完全相同的方法声明。例如，下面的两个方法具有不同的签名：

```
int method1(int a, float b)
int method2(float a, int b)
```

Java 也允许在一个类中定义若干具有相同名字的方法，前提是这些方法的形式参数不完全相同，即参数个数不一样或是类型不一致，这种现象称为重载(overloading)。总之，不能出现方法名称一样、形式参数个数一样、每个位置上参数的类型一样的方法声明(但允许参数名相同)。例如：

```
System.out.println("Welcome!");          //输出一个字符串
System.out.println(10);                  //输出一个整数
System.out.println(10.6);                //输出一个单精度实数
System.out.println(account);             //输出一个 account 引用的对象
```

println 方法中的参数可以是字符串、整数、实数甚至是对象等各种类型，这就是方法重载的表现。

5.3.6 为类添加构造方法

当通过定义好的类创建对象时，要调用一个称为构造方法的特殊方法。构造方法的主要作用是在创建对象时，做一些对象初始化工作。

1. 构造方法

程序 5-4 类 Account 中，有一个没有返回值类型声明，而且名称和类名一致的方法，例如下面的程序片段。

```
public class Account {
    //构造方法 1
    public Account(String id, String name, int balance) {
        super();
        this.id=id;
        this.name=name;
        this.balance=balance;
    }
}
```

这个特殊的方法就是类的构造方法，与一般的方法相比，构造方法有以下主要特征。

(1) 构造方法无返回值，不可以为其指定任何类型的返回值，包括 void。

(2) 构造方法的名称总是和类名保持完全一致。

(3) 方法调用形式特殊，只能使用 new 创建对象时，由编译器自动调用。

(4) 构造方法的访问属性默认和类的访问属性保持一致。

(5) 构造方法的作用通常是完成对象成员变量的初始化。例如，上述的构造方法就通过调用时接收的实参值实现对象成员变量的一一赋值初始化操作的。

2. 调用构造方法

在定义好一个类后，就可以基于它创建所需的对象(实例化)了。在程序 5-4 的 main 方法中，就使用 new 运算符创建了一个对象，其具体语句如下所示：

```
Account a=new Account("001","鲁宁",1000);
```

new 运算符后面的 Account("001","鲁宁",1000)实际上对应的是该类的构造方法，参数传递和方法的调用规则完全一致。

3. 重载构造方法

一个类也可以有多个构造方法，用于不同的初始化操作。例如字符串类 java.lang.String 的构造方法就有多种，下面是 String 类的两种构造方法的源代码：

```
//构造方法 1
public String(){
    this.offset=0;
    this.count=0;
    this.value=new char[0];
}
//构造方法 2
public String(String original) {
    int size=original.count;
    char[] originalValue=original.value;
    char[] v;
    if (originalValue.length>size) {
        int off=original.offset;
        v=Arrays.copyOfRange(originalValue,off,off+size);
    } else {
        v=originalValue;
    }
    this.offset=0;
    this.count=size;
    this.value=v;
}
```

构造方法 1 不要求任何形参，方法体中的代码设置了当前字符串对象的字符个数等基本信息，而构造方法 2 中形参要求的是一个字符串，根据这个传递来的字符串的信息设置自己的各个属性。基于这两种构造方法，实例化一个字符串对象就可以灵活地采用下面的方式之一。

```
String s=new String();                  //构造一个不含初始字符串信息的字符串对象
String s=new String("Hello,World!");    //构造一个包含初始字符串信息的字符串对象
```

再比如下面的 Account 类修改了程序 5-4 中的 Account 类，包含了两个构造方法：

```
public class Account {
    private String id;
    private String name;
    private int balance;
    //构造方法 1
    public Account(String id, String name, int balance) {
        this();
        this.id=id;
        this.name=name;
        this.balance=balance;
```

```
    }
    //构造方法 2
    private Account() {
        super();
    }
    //其他省略
}
```

基于上面的定义,可以用两种方式创建银行账号对象,分别对应于两种构造方法,例如下面的语句用第二种构造方法创建了一个对象,并用变量 a1 来引用它。

```
Account a1=new Account();            //这是用第 2 种构造方法
```

这个用变量 a1 引用的对象虽然被创建了,但是没有任何属性被赋值(因为对应的构造方法的函数体是空的)。当然,为了在创建时能够做一些初始化的工作,第 1 种构造方法就要求在具体创建一个对象时用一些具体的值表示一个账户信息,例如:

```
Account a2=new Account("001","鲁宁",1000);
```

当然,这样的创建过程会执行相应的构造方法的函数体,使对象在开始时就把接收到的值一一赋值到对应的成员变量上。

4. 默认的构造方法

若开发人员没有为某个类定义任何构造方法,编译器就会自动将一个没有任何参数的构造方法作为一个默认的构造方法使用。例如,如果类 Account 没有显式地定义任何构造方法,可以这样创建对象:

```
Account a1=new Account();
```

如果开发人员已经定义了构造方法,编译器就不再提供默认构造方法。例如程序 5-4 的 Account 类中只有一个构造方法,其声明为

```
public Account(String id,String name, int balance)
```

因此只能这样创建对象:

```
Account a2=new Account("001","鲁宁",1000);
```

而不能采用下述语句创建:

```
Account a2l=new Account();
```

这是因为此时类中并没有这样的构造方法。

5. 在构造方法中访问本类其他的构造方法

在构造方法的函数体的第一条语句时,用 this()语句可以调用同类中的另一个构造方法或者用 super()调用父类的某个构造方法。

5.4 对　　象

对象是类的客观存在,对象是有生命的。在 Java 中,类就是一种与 int、double 一样的类型,对象就是用属于某个类的一个实例,声明一个对象变量,就如同用 int a 这种方式定义

的变量 a 一样。通常把基于类来创建对象的过程称之为实例化(instantiation)。

与原始类型的变量不同,对象本身包含了很多信息,可以通过对象的属性和方法来体现,而原始类型的变量则只包含一个值而已。因此,表现一个对象需要 3 个要素:对象的名称(标识符)、表现对象状态的属性集和展示对象能力的行为集。在实际的系统建模过程中,通常采用 UML 的标识符号表现对象,图 5-4 所示为一个学生对象的几种不同的 UML 表示。

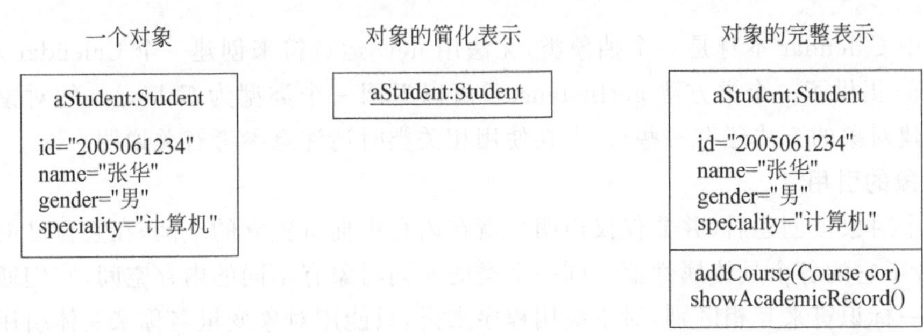

图 5-4　一个对象的 UML 图示

在图 5-4 所示的学生对象完整表示中,第 1 行的 aStudent 表示对象的名称,":"后的 Student 是该对象所属类,第 2 行显示的内容是 aStudent 在此时刻的状态;也可以认为是此时此刻该对象各个属性拥有的具体值,第 3 行列出了该对象拥有的一些方法,这 3 种图示可以根据需要选用,本书在不同的地方选用了第 1 种和第 2 种符号。

5.4.1 创建对象

创建对象的过程就是类的实例化的过程。

1. 声明一个对象变量

很显然,一个被创建的对象如果不能被利用,则毫无价值,因此必须通过一个引用,也就是对象名称来控制,正如前面在介绍变量的声明一样,对象引用也必须事先声明,格式如下:

```
[修饰符] 类型 变量名 [=初值][,变量名[=初值] …];
```

例如,下面的语句就是一个简单的引用类型的变量声明:

```
Account account;          //声明一个能够引用 Account 类型的变量,但并不分配空间
```

2. 利用构造方法创建对象实例

假如一个类有多个构造方法,那么在实例化时,需要考虑选择一个合适的构造方法,如果一个类没有显式的构造方法,则可以调用默认的构造方法,例如下面的语句:

```
Account a2=new Account("001","鲁宁",1000);
```

3. 某些特殊类的创建对象方法

虽然原则上都可以像以前介绍的那样用 new 运算符来创建属于该类的对象,但是也有某些例外。例如,当一个类是抽象类时,就无法用 new 运算符直接创建属于该类的对象。此外,某些类基于某种特别原因提供了自己的实例化(创建对象)的方法。程序 5-6 演示了一个特别创建对象的方法。

```
        //程序 5-6:Calendar 对象的创建方法
        import java.util.Calendar;                              //引入 Calendar 这个类
        public class CalendarSample {
            public static void main(String[] args){
(01)            Calendar today=Calendar.getInstance();
(02)            System.out.println(today);
(03)        }
        }
```

本例中 Calendar 本身是一个抽象类,无法用 new 运算符来创建一个 Calendar 对象,但是 Calendar 提供了一个类方法 getInstance()可以返回一个类型为 Calendar 的对象。这种特殊的创建对象的方法还有一些,读者在使用相关类时请注意参考有关说明。

4. 对象的引用

当一个对象被创建后(并非仅仅声明),就在内存中拥有独立的空间,在它自己的内存空间中,包含了它的各个具体属性值。同一个类的不同对象有不同的内存空间,它们通过一个内部的唯一标识符来互相区别,对于应用程序来讲,只能用对象变量名称来具体引用一个对象,一旦这种引用丢失了,就不可能再找回来,例如:

```
Account account=new Account("001","鲁宁",1000);
account=new Account("002","梁丽",800);
```

上述程序中,account 这个变量在经过两次赋值后,最后引用的是账号为 002 的对象,而 001 账户对象被丢弃,无法再寻回继续使用,除非再次创建。

注意:对象引用变量的声明和一般变量的声明没有任何区别,可能出现的位置都是一样的。而且和变量一样,一个对象引用在一个时刻最多引用一个对象实例。

5.4.2 访问对象

访问一个对象的前提是必须获得一个对象的引用,最简单的是通过声明一个指定类型的变量通过赋值等方法引用目标对象。

(1) 通过引用名访问那些访问修饰符为非 private 的成员。对于那些访问修饰符不是 private 的成员,可以直接通过成员访问运算符"."访问,例如 objectReference. variableName 或者 objectReference. methodName()。例如,在下面的输出语句中,out 是 System 类中的一个类成员变量(类成员变量可以通过类名直接引用),而 println 则是 out 对象的一个方法。

```
System.out.println("Welcome!");
```

除了使用 Java 提供的类,还可以使用自己定义的类,例如程序 5-4 的 Account 类,也可以通过一个该类型的变量引用。

```
account.withdraw(100);
```

这句代码意思是告诉变量 account 引用的对象,执行 withdraw()。

(2) 利用临时对象对修饰符为非 private 的成员进行访问。一般而言,访问对象的属性和方法都需要该对象有一个明确的名称才可以利用成员运算符来访问,但也有例外,例如只是获取某个对象一个方法的返回值,并不需要保留该对象以后再用,那么就可以简化这种访问，例如：

```
int areaOfRectangle=new Rectangle(100,50).area();
```

按照顺序，应该先执行 new Rectangle(100, 50)，虚拟机会生成一个临时对象引用，此时这个临时对象并没有被赋给某个声明的变量，这种方法创建的临时对象是不可能再次被使用的，然后调用该临时对象的 area()方法计算面积，最终将 area 的值赋值给整型变量 areaOfRectangle，areaOfRectangle 只是一个整数而不是一个对象。

(3) 对于那些访问修饰符为 private 的成员，不能直接访问。不管是成员变量还是成员方法，如果其访问范围修饰符是 private，则该成员只能被该对象内部使用，即无法从外面看见它们，也就是被“隐藏”了。

(4) 通过名称引用对象的某个方法时，无论该方法是否需要传递参数，都要在调用方法名时在后面加上“( )”，表示方法调用。

```
System.out.println();                     //仅仅输出一个空白行
System.out.println("Welcome");            //传递一个字符串常量,向标准输出设备输出
```

通常在开发规范中，都会建议将可存取访问的对象成员变量标记为 private，为的就是避免其他对象由于能够直接访问，而对未来可能对该属性的某些处理逻辑的修改造成问题，假如一个对象的属性可以被多个对象同时读写(即并发操作)，就很可能出现典型的“丢失更新、读脏数据、错误求和以及不可重读”的问题。

(5) 释放对象。程序中定义的对象被创建及使用后，一旦脱离了它们的作用范围(例如方法执行完毕)就会被抛弃，但空间并不会立即被回收，一切都由 Java 运行环境中的垃圾回收机制来确定。建议开发人员在不需要一个对象时，明确地写上如下语句。

```
objectReference=null;
```

某些集合和一些特殊类型的对象可能具有自己独特的消亡方法，那么程序员就需要使用这些对象提供的方法。

Java 也为每个对象提供了一个特别的方法 finalize()，当一个对象被最终撤销并释放其所占内存时，会由虚拟机自动调用。该方法可以在声明类时，作为类的一个方法进行重新定义，其方法体中的语句在该类的对象被虚拟机真正销毁时会自动执行。

注意：*在 Java 9 之后，finalize 方法已经被废弃(Deprecated)。*

若对象使用了文件或数据库等内存之外的其他资源，则当资源不再需要时，需要进行回收和再利用。如果一个资源需要在使用完就立即关闭，则应当提供一个 close 方法来完成必要的清理工作。常见做法是在异常处理的 finally 子句中加入资源清理的语句，详见异常处理章节。

5.4.3 this

类在被编译时，每个实例方法都会被添加了一个名为 this 的局部变量，在实例方法运行时，该变量引用当前的对象，可以通过 this 获得当前对象的属性值，也可以调用自身对象的其他方法，正因为如此，this 变量绝对不能出现在类方法中。

1. 在方法中使用 this 访问当前实例的成员变量和方法

典型的如构造方法，下面是一个简化后的 Account 类，请注意构造方法。

```
    //程序 5-7:演示 this 作用的实例
    public class Account {
(01)    private String id;
(02)    private String name;
(03)    //定义构造方法
(04)    public Account(String id,String name) {
(05)        this.id=id;
(06)        this.name=name;
(07)    }
(08)    //返回对象的姓名
(09)    public String getName() {
(10)        return this.name;
(11)    }
(12)    public static void main(String[] args) {
(13)        Account act=new Account("0701101","张华");
(14)        System.out.println(act.getName());
(15)    }
    }
```

在构造方法中,this.id 指的是当前对象的 id,也就是成员变量 id,其作用于在整个对象内有效,而"="后面的 id,则是用于接收实际参数值的形式变量 id,其作用域仅在此构造方法内部有效。两者在语义上是完全不一样的。

在 getName 方法中,return this.name 返回了当前账户对象的姓名,因为此方法并无其他 name 变量的声明,因此可以直接使用 return name 返回当前实例的 name,且不会引起歧义。

2. 在构造方法的第一行用 this 调用该类的其他构造方法

一个类中可能有多个构造方法,而其中某些代码可能是重复的,利用 this 就可以有效地解决此问题。例如,下面的 Account 类中就有两个构造方法。

```
public class Account {
    private String id;                          //用户唯一的 id
    private String name;                        //用户名称
    private int balance;                        //当前余额
    public Account(String id, String name, int balance) {
        this(id,name);                          //调用下面的构造方法
        this.balance=balance;
    }
    public Account(String id,String name) {
        this.id=id;
        this.name=name;
        this.balance=0;
    }
}
```

在第一个构造方法的第一行语句中,用 this(id,name)调用了第二个构造方法,将自己接收的参数值传给了所调用的构造方法,由于利用了它的程序,所以避免了重复代码,也提高了程序的可维护性。

因为在运行一个方法时,方法指令所处的空间和对象存在的空间并不一致,而且一个类可能同时存在很多实例,因此在通过一个变量执行所引用的对象的一个方法时,运行时环境

会自动地将表示该对象的引用值传入方法中的 this,所以在方法执行时,当需要使用所引用对象的属性或其他方法时,就可以通过 this 找到对象。

5.4.4 实例运算符的作用

对象都是有类型的,实例运算符 instanceof 提供了用于测定一个对象是否属于某个指定类或其子类的功能,其返回值为逻辑类型。例如程序 5-8 用实例运算符 instanceof 对变量 account 的类型进行了判定。

```
        //程序 5-8:实例运算符 instanceof 使用方法的实例
        public class TestInstanceof {
            public static void main(String[] args) {
(01)            Account account=new Account("001","鲁宁",1000);
(02)            //判断 account 是否是 Account 的实例
(03)            boolean res=account instanceofAccount;
(04)            if(res){
(05)                System.out.println("That is true");  //如果是 Account 类型
(06)            }else{
(07)                System.out.println("That is false"); //如果不是 Account 类型
(08)            }
(09)        }
        }
```

5.4.5 对象特性及对象之间的关系

对象并不是孤立的,所有的对象都与其他对象有着直接和间接的联系。在 Java 世界中,“一切皆是对象”,软件是由若干对象以及对象之间的关系构成的。对象之间包括继承、关联以及聚合(组合)等关系。

1. 对象之间的关联

关联是对象之间最普遍的一种联系。关联关系提供了给定类的对象之间的连接,供需要相互通信的对象使用,对象之间的消息一般是沿着关联关系发送的。

图 5-5 展示了学生和课程两个对象之间的关联关系。这个关系允许每个学生填写自己的选课计划,每个选课计划包含对学生以及包含它所选择课程类引用。

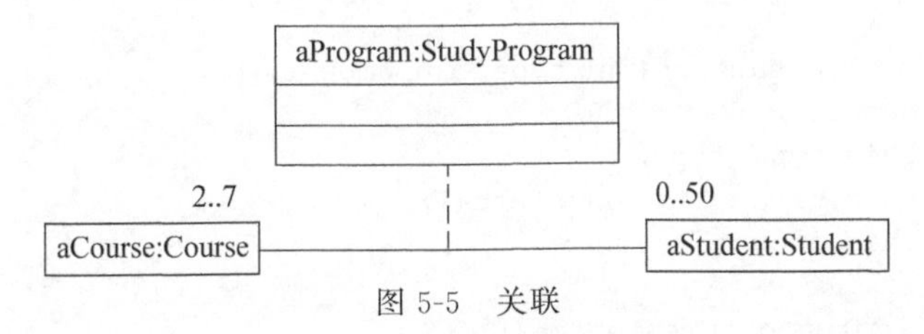

图 5-5 关联

这种关联关系对象之间的关联数称为关联的多重性,反映了多少个目标对象可以与一个源对象关联。

关联是有方向性的,既可以是单向的,也可以是双向的。图 5-5 中无箭头指向表示这种关联关系是双向的。程序 5-5 中,对象 bs 通过 transfer ()操纵对象 a1 和 a2,这种关联是单向的。

2. 聚合和组合

除了关联,对象之间另外一个重要的构成关系就是聚合。关联是一种较弱的联系,而聚合则表示把对象组合在一起,变成一个更大的对象,这种包含关系是整体和部分关系。这种包含关系可以是强的(值聚合)或弱的(引用聚合),在 UML 中,值聚合称为组合,而引用聚合则称为聚合。判断对象之间是组合还是聚合非常简单,即观察:如果一个整体对象被删除,那么其部分对象是否也同时不再存在。

例如,一本书由多个章节组成,如果图书对象被删除,则章节也就不存在了,这种关系就是组合;但是书架和书之间的关系则是另外一种情况,图书对象并不依赖于某个书架而存在。图 5-6 显示了两者的 UML 图示。

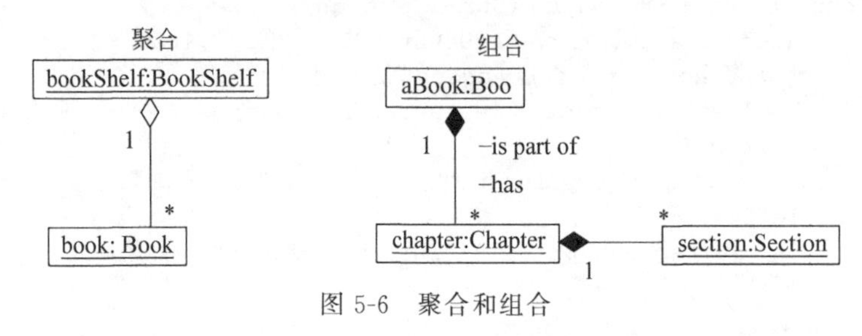

图 5-6　聚合和组合

例如,在银行存取款系统中,围绕每一个账户都会发生很多存取款的业务,如果银行提供客户能够查询一个账户业务明细的功能,可以这样设计。首先,定义一个能够保存每次交易细节的 Transaction 类:

```
        //程序 5-9:记录每次交易细节的事务类
        import java.util.Date;
        public class Transaction {
(01)        public static final String[] types={"存款","取款","查询","转账"};
(02)        public static final int TYPE_DEPOSIT=0;
(03)        public static final int TYPE_WITHDRAW=1;
(04)        public static final int TYPE_QUERY=2;
(05)        public static final int TYPE_TRANSFER=3;
(06)        private int type;                              //业务类型
(07)        private Date createTime;                       //业务发生时间
(08)        private int amount;                            //业务涉及的金额
(09)
(10)        public Transaction(int type, int amount) {
(11)            super();
(12)            this.type=type;
(13)            this.createTime=new Date();
(14)            this.amount=amount;
(15)        }
(16)        public Date getCreateTime() {
(17)            return createTime;
(18)        }
(19)        public void setCreateTime(Date createTime) {
(20)            this.createTime=createTime;
(21)        }
(22)        public int getAmount() {
(23)            return amount;
```

```
(24)        }
(25)        public void setAmount(int amount) {
(26)            this.amount=amount;
(27)        }
(28)        @Override
(29)        public String toString() {
(30)            return "Transaction [时间:"+createTime+",业务类型:"+types[type]+",
(31)  金额"+amount+"]";
(32)        }
        }
```

其次,可以在 Account 类中添加一个集合 trans,用来保存每次业务的信息,修改的 Account 类见程序 5-9。这样一来,Account 类和 Transaction 类之间就有了对应的联系,可以把它们之间这种联系视为组合,Accout 类是一个整体类,Transaction 是一个部分类。

```
        //程序 5-9:修改后能够保存业务信息的 Accout 类
        import java.util.ArrayList;
        import java.util.List;
        public class Account {
(01)        private String id;
(02)        private String name;
(03)        private int balance;
(04)        //关于集合类 List 及 ArrayList 参考第 8 章
(05)        private List<Transaction> trans=new ArrayList<Transaction>();
(06)        public Account(String id, String name, int balance) {
(07)            super();
(08)            this.id=id;
(09)            this.name=name;
(10)            this.balance=balance;
(11)        }
(12)
(13)        private Account() {
(14)            super();
(15)        }
(16)        //一个存款方法,将存款额增加到余额上
(17)        public void deposit(int amount){
(18)            this.balance+=amount;
(19)            //创建一个业务对象保存到集合中
(20)            trans.add(new Transaction(Transaction.TYPE_DEPOSIT,amount));
(21)        }
(22)        //一个取款方法,将存款额从余额减去
(23)        public void withdraw(int amount){
(24)            this.balance-=amount;
(25)            trans.add(new Transaction(Transaction.TYPE_WITHDRAW,amount));
(26)        }
(27)        //返回一个账户的当前余额
(28)        public int getBalance(){
(29)            return this.balance;
(30)        }
(31)        //显示集合中保存的当前账户的所有业务记录
(32)        public void showHistory(){
(33)            System.out.println("账户:"+this.name);
(34)            for(int i=0;i<trans.size();i++){
```

```
(35)                System.out.println(trans.get(i));
(36)            }
(37)        }
(38)        public static void main(String[] args) {
(39)            Account a=new Account("001","鲁宁",1000);
(40)            a.withdraw(100);
(41)            a.deposit(150);
(42)            a.showHistory();
(43)        }
    }
```

运行结果类似下面的格式：

```
账户:鲁宁
Transaction[时间:Tue Jun 15 11:26:12 CST 2010,业务类型:存款,金额 100]
Transaction[时间:Tue Jun 15 11:26:12 CST 2010,业务类型:存款,金额 150]
```

5.5 static

前面介绍了在类中定义成员变量和成员方法，并且指出定义的变量和方法只能在该类的对象中使用，换句话说，这些在类中定义的属性和方法每个对象各自拥有一份，对象之间互不影响。但是还有一些情况和这个特性不太吻合。例如，计算各种三角函数或是历法中12个月的天数。三角函数的计算方法，不依赖于某个对象，每个月的天数同样是历法规定的，因此如果把这些不依赖某个对象而变化的信息在所有该类的对象中复制一份，不但浪费了存储空间，而且为了执行这些方法，还必须在计算前先创建对象，这样就浪费了时间。

为了解决问题，Java 通常把对象共享需要使用的所有属性和方法定义为类所有，并可以让类的所有对象共享。Java 中用 static 作为定义类属性和类方法时的一个修饰符，来实现上述目的。

5.5.1 static 代码块(类的初始化)

在构造对象时，会执行某些初始化工作，在类被初次加载到内存时，如果也希望执行一些初始化的工作，就应该把类加载时执行的代码放在“初始化块”中。在 Java 中，初始化块是类中一段置于“{ }”中的独立代码。

```
static{
    …
}
```

(1) 它在类体当中存在的位置是独立的，可以放在任何合适的位置。

(2) 这个初始化块和构造方法不一样的地方是它没有方法名，也没有访问控制修饰符，只有一个 static 来表明它的作用。

(3) 该初始化块仅在类初次加载时只被执行一次。其代码执行优先于对象创建。

例如，当一个作用为连接数据库的类被加载时，希望它在加载时先建立与数据库的访问连接，并判断数据库连接环境是否正常，则实现这种要求的代码就可以放在类初始化代码块中。

5.5.2 static 成员变量(共享数据)

根据成员变量前是否有 static 修饰符,Java 中的变量分为类变量和对象变量(也称为实例变量)。类变量不依赖于该类的任何对象而独立存在,每个对象不会重复分配空间保存该变量的值。类变量只需要通过类名即可访问,例如 System.out 等。虽然通过变量名也可访问,但一般不这样使用。

1. 声明类成员变量

在声明成员变量时,如果在变量类型前添加 static 修饰符,则表示该变量属于类变量,例如下面的程序 5-10 中的 Circle 类。

```
     //程序 5-10:static 成员变量的应用
     public class Circle {
(01)     public static final double PI=3.1415926;     //类成员变量
(02)     private double r;                            //圆的半径,实例成员变量
(03)     //构造方法
(04)     public Circle(double r) {
(05)         super();
(06)         this.r=r;
(07)     }
(08)     public double getArea(){
(09)         return PI*r*r;
(10)     }
(11)     public static void main(String[] args) {
(12)         Circle c1=new Circle(10);
(13)         System.out.println("c1 的面积是"+c1.getArea());
(14)         Circle c2=new Circle(8);
(15)         System.out.println("c2 的面积是"+c2.getArea());
(16)     }
     }
```

Circle 类的 PI,在计算圆的周长、面积时都需要用到,而且这个值也是固定的,所以 Circle 类将其作为类成员进行定义。

在程序 5-9 的 Transaction 类中,为了将固定的全局信息提供给其他类使用,就定义了几个用 static 修饰的成员。例如,在程序 5-9 的 Account 类中的存款方法,就使用了 Transaction.TYPE_DEPOSIT 这样的形式引用了在 Transaction 中定义的常量值,这样的引用避免了因 deposit 方法误用了不合适的值而导致程序出现失误。

2. 使用类成员变量

一个用 static 修饰的可访问成员变量,可以通过"类名.类成员变量名"的方式从外部直接访问。前面的程序中多次出现的 System.out 就是一个极好的例子。out 是 System 的类成员变量,所以在访问时直接通过类名就可以直接引用。在类的内部可以直接使用名称,例如程序 5-10 中 getArea 方法直接使用类变量 PI。

注意: 如果类成员变量是一个可修改的值,且类变量被该类所有对象共享,则任何一个实例对它的更新后,其他实例在访问时得到的都是更新后的值。因此,全局变量的修改应该非常慎重。

5.5.3 static 方法(共享操作)

在程序 5-1 中,通过 Math 类获得随机值的语句是 Math.random(),Math 类中的其他方法也是通过类名来直接调用的。这些方法都在方法声明时利用了 static 修饰符。

static 修饰的方法称为静态方法或类方法,可以通过

```
类名.方法名()
```

的方式直接调用。

一般情况下,类方法的执行不因对象而改变。例如,只要给定一个角度,其正弦值必定是固定的。而调用一个账户对象的显示账户余额的方法,其输出的余额会因账户不同而变化,所以在定义方法时,一些和对象无关的通用方法通常被定义为类方法。由于类方法属于整个类,并不属于类的具体某个对象,所以类方法的方法体中不能存在与类的某个对象有关的内容。类方法体有以下限制,如果违反,就会导致程序编译错误。

(1) 类方法中不能出现使用本类中定义的对象成员变量的语句。

(2) 类方法中不能调用本类中定义的对象方法。

(3) 在类方法中不能使用 super、this 这些用于实例的关键字。

在类中定义属于对象的成员变量和方法前,必须先创建对象实例,然后通过变量名引用,例如程序 5-10 中的 getArea()方法是依赖于对象的,因为每个圆都有自己的半径,因此面积会各有不同,所以程序中要使用 c1.getArea()和 c2.getArea()这样的方法分别获得每个对象的面积。

程序 5-11 对程序 5-10 进行了修改,将 getArea 方法变更为 static 类型,那么原来方法中半径来自每一个对象,这不符合关于类方法不能使用对象的成员变量的规则,因此程序 5-11 将半径作为一个形参进行声明,有调用者需要计算一个圆的面积时,将值作为实参传递。

```
      //程序 5-11:static 成员方法的应用
      public class Circle {
(01)      public static final double PI=3.1415926;      //类成员变量
(02)
(03)      //构造方法,之所以定义为私有,是因为不希望用 new 运算符创建实例
(04)      private Circle() {
(05)          super();
(06)      }
(07)      public static double getArea(double r){
(08)          return PI*r*r;
(09)      }
(10)      public static void main(String[] args) {
(11)          System.out.println("半径为 10 的圆面积是"+Circle.getArea(10));
(12)          System.out.println("半径为 8 的圆面积是"+Circle.getArea(8));
(13)      }
      }
```

和类方法相比,对象方法则几乎没有什么限制。

(1) 对象方法中可以引用对象变量,也可以引用类变量。

(2) 对象方法中可以调用类方法。

(3) 对象方法中可以使用 super、this 关键字。

5.5.4 static 加载

import static 机制是从 Java 5.0 开始引入的,可以在使用静态成员时省略所在的类或接口名,这样可以简化代码的书写。虽然编译器会来判断并自动为加上相应的类名,但是应注意名称冲突问题。

```
        //程序 5-12:一个使用 import static 的程序
        import static java.lang.Math.random;
        public class RandomDemo {
(01)        public static void main(String[] args) {
(02)            for(int i=0;i<10;i++){
(03)                //利用 random 方法产生一个 0.0~1.0 的随机数
(04)                double r=random();
(05)                System.out.println("本次产生的随机数是:"+r);
(06)            }
(07)        }
        }
```

如果类中有同名的成员变量或方法名称,则优先选用类中成员变量或方法;如果方法中有同名的变量名或参数名,则优先选择局部变量或参数。在程序 5-12 中通过 import static java.lang.Math.random 的引用方式,在类 RandomDemo 中对 random 方法的可以直接通过 random()引用,而无须 Math.random()。

5.5.5 工厂方法

static 工厂方法可用于构造对象,例如:

```
        //程序 5-13:一个使用工厂方法的示例程序
        import java.text.NumberFormat;
        import java.util.Locale;
        public class FactoryDemo {
(01)        public static void main(String[] args) {
(02)            NumberFormat cF=NumberFormat.getCurrencyInstance(Locale.US);
(03)            NumberFormat pF=NumberFormat.getPercentInstance();
(04)            double x=0.35;
(05)            System.out.println(cF.format(x));
(06)            System.out.println(pF.format(x));
(07)        }
        }
```

在程序 5-13 中,第 2 行 cF 指向国家(Locale.US 表示美国)的数值货币格式的实例对象,第 3 行 pF 指向百分数格式的实例对象,程序 5-13 运行结果类似下面的格式:

```
$0.35
35%
```

在程序 5-13 中,NumberFormat 的 getCurrencyInstance 方法和 getPercentInstance 就可以看作工厂方法返回实例对象。之所以没有利用 NumberFormat 类的构造方法完成上述操作,有以下两个主要原因。

(1) 无法命名构造方法。虽然构造方法的名字必须与类名相同,但是建议用两个不同的名字得到货币实例和百分比实例。

(2) 使用构造方法时,无法改变构造对象的类型。利用工厂方法实际返回的是DecimalFormat类的对象,这是NumberFomat的一个子类(有关继承的更多详细内容请参见第6章)。

5.6 内 部 类

到目前为止,书中介绍的每个类的定义都是声明在一个单独的类文件中,在一些特殊的情况下,也可以在一个类的内部定义另外一个类,这种嵌套在一个类内部的类被称为内部类(Inner Class)。

5.6.1 内部类的声明和应用

1. 声明一个内部类

内部类的使用通常出现在一个类只为另一个类提供单独的服务的时候。程序5-14中在OuterClass内声明了一个内部类InnerClass。

```
      //程序 5-14:一个内部类的定义
      public class OuterClass {
(01)      private String name;
(02)      private String state;
(03)      public OuterClass(String name, String state) {
(04)          super();
(05)          this.name=name;
(06)          this.state=state;
(07)      }
(08)      private void say() {
(09)          System.out.println("外部:"+name+"的状态是"+state);
(10)      }
(11)      public class InnerClass {
(12)          public void alarm() {
(13)              System.out.println("内部:"+name+"的状态是"+state);
(14)              say();
(15)          }
(16)      }
(17)      public static void main(String[] args) {
(18)          OuterClass outer=new OuterClass("冰箱", "完好");
(19)          OuterClass.InnerClass inner=outer.newInnerClass();
(20)          inner.alarm();
(21)      }
      }
```

由于内部类存在于外部类内,因此了解外部类的一切构成细节,从而可以根据需要使用外部类的属性、方法,尽管它们可能是用private修饰的。上述代码中,在InnerClass的alarm方法中直接使用了OuterClass类定义的属性和方法。

内部类的访问范围修饰符的作用和一般属性(方法)的访问修饰符的作用是一样的。如果把 5-14 中的 InnerClass 类的 public 更换成 private，则无法从 OuterClass 实例外访问 InnerClass，包括创建它的实例。

对于 InnerClass 这样的内部类，Java 编译器也会产生一个独立的字节码文件，其字节码的名称为 OuterClass $ InnerClass.class，其命名方式为“外部类名 $ 内部类名”。

2. 创建一个内部类的实例

内部类在作用上同一个类定义的属性一样，但差异在于内部类同样可以在外部类中直接作为类型出现，用于声明外部类的属性类型，方法的参数或返回值类型。下面的语句实例化了一个 InnerClass 的对象：

```
OuterClass.InnerClass inner=outer.new InnerClass();
```

由于 InnerClass 是 OuterClass 的内部类，因此在创建 InnerClass 的实例时，需要通过一个 OuterClass 的实例来创建，例如上面的语句中在 new 运算符前添加了 outer 实例名，当然如果在 OuterClass 内的方法中创建 InnerClass 的实例时，是不需要这个前缀的。

有了一个内部类实例，通过使用变量名可以引用可用的方法和属性，例如程序 5-14 中的 main 方法中，通过变量名 inner 引用内部类定义的 alarm()。这种对内部类的实例应用，如同前面对一个对象的引用完全一样。

5.6.2 具有 static 修饰的内部类

一个具有 static 修饰符的内部类，其作用如同前面讲授的 static 修饰的属性和方法，不同的是，它具有进一步的结构。如把上述程序 5-15 的 InnerClass 声明为 static。

```
      public class OuterClass {
(01)      private String name;
(02)      private String state;
(03)      public OuterClass(String name,String state) {
(04)          super();
(05)          this.name=name;
(06)          this.state=state;
(07)      }
(08)      private void say() {
(09)          System.out.println("外部:"+name+"的状态是"+state);
(10)      }
(11)      static class InnerClass {
(12)          public void alarm() {
(13)              System.out.println("static 内部类无法使用 OuterClass" +
(14)                  "的非 static 修饰的属性和方法");
(15)          }
(16)      }
      }
```

在 static 内部类中的方法不能引用外部类中定义的非 static 修饰的属性和方法。由于 InnerClass 具有 static 的属性，因此可以直接实例化一个对象，而无须事先创建一个外部类的对象，例如：

```
OuterClass.InnerClass inner=new OuterClass.InnerClass();
```

5.6.3 局部内部类

一个内部类可以被声明在一个方法内部，这样的类被称为局部内部类。局部内部类不能被声明为 public、protected 和 private，只能被 abstract 和 final 修饰，它可以引用外部类的属性和方法，也能引用包含它的方法中那些 final 类型的局部变量。

5.6.4 匿名内部类

顾名思义，匿名内部类就是没有名字的类。例如 Arrays.sort 方法，其参数为比较器类型的对象，如果程序仅为此方法创建对应的比较器，并不需要在其他程序使用，则不必定义一个比较器类来实现此接口。程序 5-16 演示了如何创建一个匿名类，实现对一个数组进行排序。

```
     //程序 5-16:利用匿名内部类实现排序
     import java.util.Arrays;
     import java.util.Comparator;
     public class Account {
(01)     private String id;
(02)     private String name;
(03)     private int balance;
(04)     public Account(String id, String name, int balance) {
(05)         super();
(06)         this.id=id;
(07)         this.name=name;
(08)         this.balance=balance;
(09)     }
(10)     public int getBalance() {
(11)         return balance;
(12)     }
(13)     @Override
(14)     public String toString() {
(15)         return "Account[id:"+id+",name:"+name+",balance:"+balance+"]";
(16)     }
(17)     public static void main(String[] args) {
(18)         Account[] accounts=new Account[5];
(19)         accounts[0]=new Account("001","王峰",1000);
(20)         accounts[1]=new Account("002","张静",1500);
(21)         accounts[2]=new Account("003","鲁宁",800);
(22)         accounts[3]=new Account("004","翟宇",660);
(23)         accounts[4]=new Account("005","刘新",1700);
(24)         //下面利用 Arrays 的 sort 方法进行排序,需要一个比较器对象
(25)         Arrays.sort(accounts,
(26)             new Comparator<Account>() {
(27)                 @Override
(28)                 public int compare(Account o1, Account o2) {
(29)                     int result=0;
(30)                     if(o1.getBalance()>o2.getBalance()){
(31)                         result=1;
(32)                     }else if(o1.getBalance()==o2.getBalance()){
(33)                         result=0;
(34)                     }else{
```

```
(35)                    result=-1;
(36)                }
(37)                    return result;
(38)            }
(39)            });
(40)        for(int i=0;i<accounts.length;i++){
(41)            System.out.println(accounts[i]);
(42)        }
(43)    }
    }
```

程序 5-16 的第 26 行使用了这样的形式传递参数：

```
Arrays.sort(accounts,new Comparator<Account>(){
                        //这里是接口 Comparator 中每一个方法的具体实现
    }
);
```

这里用 new 运算符实现了一个 Comparator 接口，并没有实现创建一个类。这是一种特殊的对象创建方法，它的含义是创建了一个实现了 Comparator 接口的类的对象。其接口规定的方法在随后的"{ }"中有具体的实现。

当然，利用这种方法也可以创建一个抽象类的实例，同上述接口的实例创建过程一样，在后面的"{ }"中将所有的抽象方法给予具体实现，如果构造方法需要参数，则需要在类名后的"( )"中定义对应的实参。

5.7 枚　举

枚举类型的思路在第 2 章已经介绍过，下面从类的角度给出进一步说明。

1. 声明枚举类

声明枚举类的格式如下：

```
public enum Grade {
    A,B,C,D,E
}
```

其中包括一个关键字 enum、一个新枚举类型的名字 Grade 以及为 Grade 定义的一组值，这里的值既不是整型，也不是字符型。

(1) 枚举类是一个类，它的隐含父类是 java.lang.Enum。

(2) 枚举值并不是整数或其他类型，是被声明的枚举类的自身实例，例如 A 是 Grade 的一个实例。

(3) 枚举类不能有 public 修饰的构造方法，构造方法都是隐含 private，编译器自动处理。

(4) 每个枚举值隐含都是由 public、static、final 修饰的，无须自己添加这些修饰符。

(5) 枚举值可以用"=="或 equals( )进行彼此相等比较。

上例中，在定义 Grade 枚举类的每个枚举值时，相当于直接创建了一个 Enum 的实例，因为枚举类的父类 Enum 的部分声明如下。

```
public abstract class Enum <E extends Enum<E>>{
    /**
     * 构造方法
     * @para name 此枚举常量的名称,它是用来声明该常量的标识符。
     * @para ordinal 枚举常量的序数(它在枚举声明中的位置,其中初始常量序数为 0)
     */
    protected Enum(String name, int ordinal){
        …
    }
}
```

所以,Grade 的定义相当于执行了下面的代码:

```
new Enum<Grade>("A",0);
new Enum<Grade>("B",1);
new Enum<Grade>("C",2);
new Enum<Grade>("D",3);
new Enum<Grade>("E",4);
```

2. 用枚举类声明变量

声明一个枚举型的变量和声明其他类型的变量是不一样的,这是因为枚举型值的范围是限定的。下面代码声明了两个具有不同值的枚举型变量:

```
Grade score1=Grade.A;
Grade score2=Grade.B;
```

3. 用于 switch 判断一个枚举型变量的值

switch 语句支持 Enum 类型的格式如下:

```
switch (score1) {
    case A:
        …
        break;
    case B:
        …
        break;
    case C:
        …
        break;
    case D:
        …
        break;
    case E:
        …
        break;
}
```

4. 为枚举类增加构造方法

枚举类也可以定义构造方法,只不过这个方法的访问范围只能是 private,外界无法利用它来构造实例。下面的枚举类的声明添加了自己的构造方法:

```
public enum Grade2 {
    A(90,100),
```

```
    B(80,89),
    C(70,79),
    D(60,69),
    E(0,59);
    private int lower;                                //成绩的下界
    private int upper;                                //成绩的上界
    private Grade2(int lower,int upper){
        this.lower=lower;
        this.upper=upper;
    }
    public String getBounds(){
        return "bounds["+this.lower+"-"+this.upper+"]";
    }
}
```

枚举类内的语句必须是枚举值的声明，然后才能添加其他内容，最后一个枚举值和其他语句之间用";"隔开。

5.8 包

包(Package)对于Java非常重要，它存在于标准类的体系结构、第三方软件包和开发人员自己的程序中。实际上，包是有着唯一命名的类的集合，它将开发者认为相关的类分组管理，实际上Java中所有的类都在一个具体的包中，可以简单地认为包类似于文件系统的目录。

在实际应用中，合理地规划包的结构是一个很重要的开发前准备工作，因为它涉及将什么样的类放到什么样的位置，合理地归类对以后的维护有着很大好处。例如，一个开发团队通常会把有关公共类都归入com.common的包下，或者所有的工具类都放到com.util包下，同样在JDK提供的类库中，前面介绍的日期类、格式化类等很多工具类都在java.util包下，而基本语言类都在java.lang下，输入输出类都在java.io下。

本节介绍的内容以及操作均适用于命令环境，有关IDE下的操作请参考相应文档。本节开发环境假定。

(1) 操作系统为Windows系列。

(2) 源程序所在位置为D:\javademo\src[①]。

(3) class文件所在根位置为D:\javademo\classes。

这些源程序和字节码文件的根路径设定很重要，因为在Java的源程序的包结构都是假定以此作为起点的。

1. 将类放入包

包的声明语句在每个类的第一行(非注释和空行)。例如，可以把本章所有源程序均放在chap5这样的包下(相当于D:\javademo\src\chap5)。那么本章涉及所有类均要在第一行添加如下语句：

```
package chap5;
```

① 此目录将被称为源程序根目录"\"。

这个语句表示当前类所在的包，即类源程序文件相对于根目录的位置。chap5 是源程序根目录下的第一层子包，可以继续定义第二层子包和更深层次的子包，只需要在两个包名中间用“.”分隔，例如：

```
package chap5.section2;
```

通过这种 package 的声明以及和实际文件目录的一一对应，开发者可以将类进行分类管理。有了包的概念后，那么处于不同包下的同名类就可以依靠包名进行区别了。

2. 访问其他包内的类

由 5.2 节中可知，使用非 java.lang 包下的类需要使用 import 关键字将其加载，例如，程序 5-2 中对于 JFrame 类的使用如下：

```
import javax.swing.JFrame;
```

上述加载语句表示只加载单独的一个类，而下面的加载语句则可以用“*”表示将 java.util 包下（不包含可能有的子包）的所有类加载进来，当然一个类中使用同处一个包下的其他类则无须加载。

```
import java.util.*;
```

3. 编译包

编译的方法有两种，可以选用一种来完成包的编译：

```
D:\javademo\src>javac -d d:\javademo\classes chap5 /BankService.java
D:\javademo\src>javac -d d:\javademo\classes chap5/*.java
```

其中，参数-d d:\javademo\classes 表示将编译后的字节码文件按照包的目录放在\javademo\classes 目录下。

命令中的 chap5/BankService.java 表示编译指定的文件，由于 BankService.java 文件中引用了其他的同一包内的类，所以编译器将关联类也直接进行了编译，没有任何引用关系的其他类，则不会被编译。

第二种命令中的 chap5/*.java 表示编译该包下的所有类。

在编译的时候需要注意的是某些类中可能引用了不在同一个包中的其他类，那么就需要告诉编译器到哪里去找这些类，这涉及 Java 的环境设置的问题，需要进行事前的配置或者在编译时指定。

4. 打包为 jar 类库的形式

一般而言，第三方类库通常以压缩包的形式提供，其扩展名为 jar。扩展包一般放在运行时环境下，例如在 jre\lib\ext 目录下。在该路径下，压缩包里的类和包将由系统自动识别，不需要特别配置。

假如本章所有的类的字节码文件被都被输出到 D:\javademo\classes\chap5 目录下，则可以利用 jar 这个 JDK 提供的打包实用程序进行打包操作。

由于前面已经假定 D:\javademo\classes 是 class 文件存放的起始位置，所以在命令行环境下，将 D:\javademo\classes 作为当前目录，然后执行下面代码：

```
jar cvf chap5.jar chap5
```

(1) jar：是 JDK 所提供的一个可执行程序，用于对文件进行打包。

(2) c：用于创建新的存档。

(3) v：用于生成详细输出到标准输出上。

(4) f：用于指定存档文件名。

(5) chap5.jar：针对 f 参数，为产生的压缩文件起的文件名。

上述代码中，chap5 表示压缩包内的目录结构，以当前目录为根目录，把 chap5 目录下的文件和子目录下的文件(递归处理)打包到指定文件 chap5.jar 中。

上面的命令如果正常执行就会产生一个压缩包形式的类库，名称为 chap5.jar。

5.9 模 块

模块化是软件工程非常重要的一个概念。把独立的功能封装成模块，并提供接口供外部使用是软件开发中努力实现的目标。模块化能够实现。

(1) 代码内聚，容易维护。

(2) 能够有效降低复杂度。

(3) 能提供更好的伸缩性和扩展性。

由于 Java 一直坚持向后兼容，每更新一个版本，平台变得更大更复杂。在过去的 JDK 版本中，没有强制要求模块化，使得 Java 平台和 JDK 越来越让人担心。即便只是一个小小的"Hello World"，也需要加载几乎所有的 API。Java 9 带来了平台级的模块化系统，致力于把 Java 平台和 JDK 分解成更小更有组织的模块。用户可以使用模块来构建软件，并且不需要包含所有的 API。

从 Java 9 及之后的版本开始，模块都在 $JAVA_HOME/jmods 目录下。每个模块都具有暴露给其他模块的接口。这些模块互相依赖，并通过导出的包进行交互。开发人员可以编译、打包、部署和执行仅由所选模块组成的应用程序，而不需要其他任何操作。

图 5-7 给出了引入模块前后的 Java 应用程序的对比情况。模块可看作是包的集合，模块中的包名不需要彼此相关。与包的命名不同，模块之间没有任何层次关系。例如，有一个模块是 com.huel，另一个模块是 com.huel.cs，就模块系统而言，它们是无关的。一个模块就是一个 jar 文件，相比于传统的 jar 文件，模块的根目录下多了一个 module-info.class 文件，该文件给出模块以下信息。

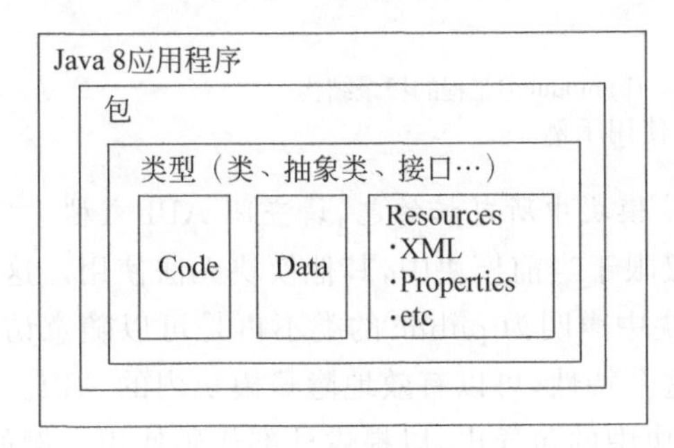

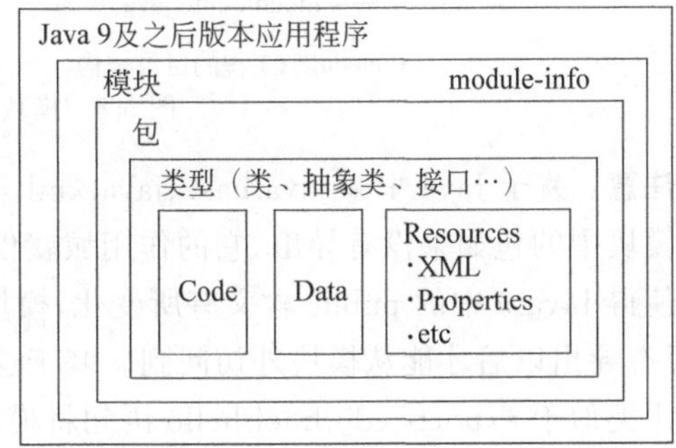

图 5-7 引入模块前后 Java 应用程序的对比

(1) 模块名称。

(2) 依赖哪些模块。

(3) 导出模块内的哪些包(允许直接 import 使用)。

也就是说,项目的根目录有一个 module-info.java 文件,该项目就会成为一个模块化的项目,反之如果没有该文件,项目仍然以 Java 8 及之前版本的非模块方式组织运行,即实现了版本的兼容性。

下面以具体的例子来说明应该如何编写模块。创建模块与之前创建 Java 项目是完全一样的。例如,在 moduleA 工程中,它的目录结构如图 5-8(a)所示。其中,bin 目录存放编译后的 class 文件,src 目录存放源码,按包名的目录结构存放,仅仅在 src 目录下多了一个 module-info.java 这个文件,这就是模块的描述文件。moduleA 工程的 module-info.java 文件如下:

```
module com.moduleA{
    requires java.base;          //可不写,任何模块都会自动引入 java.base 模块
    requires java.xml;
    exports edu.huel.hello;      //指定将 edu.huel.hello 包导出,使外部代码能够访问
}
```

其中,module 是关键字,后面的 com.moduleA 是模块的名称,它的命名规范与包一致。"{ }"中的"requires xxx;"表示这个模块需要引用的其他模块名。除了 java.base 可以被自动引入外,还引入了一个 java.xml 模块。当声明了依赖关系后,才能使用引入的模块。如果把

```
requires java.xml;
```

从 module-info.java 中去掉,工程 moduleA 中 Main.java 文件在使用 import java.xml.xpath 等导入包操作时,编译将报错。可见,模块的重要作用就是声明依赖关系。

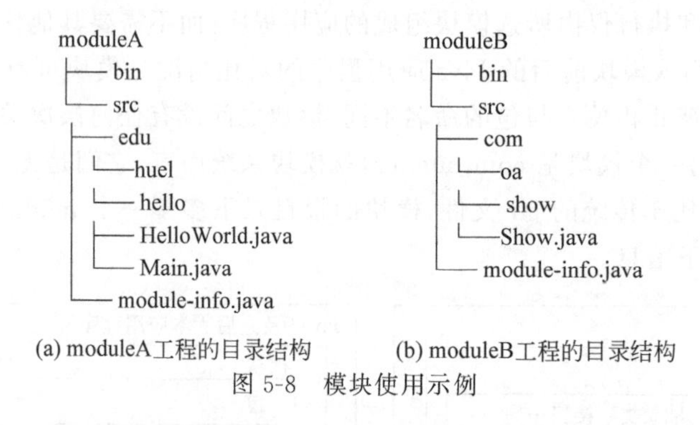

(a) moduleA工程的目录结构　　(b) moduleB工程的目录结构

图 5-8　模块使用示例

注意:关于 Java 中如 java.base、java.xml 等模块中所包括的包,请查阅 API 文档。

模块中的包如果没有导出,它的作用域就仅限于当前模块中,其他模块无法使用。这一特性使得 Java 9 中的 public 含义有所变化,模块中声明为 public 的类不再是可以随意访问的,只有导出以后才能从模块外访问到。基于这个特性,可以有效地隐藏模块内的 API。可以使用类似于 exports edu.huel.hello 语句将模块中的包导出,以提供外部代码使用。例如,图 5-8(b)所示的moduelB 工程中 module-info.java 通过 requires com.moduleA 的依赖声明,就可以使 moduelB 工程访问到 edu.huel.hello 包中的内容。

```
module com.moduleB{
    requirescom.moduleA;                    //引入 edu.huel.hello 包
}
```

本章小结

本章介绍了定义类及应用的重要内容。类对应于人类头脑中的分类知识,描述了一批特征相似的实体,在Java中类是一种数据类型,是一种计算机实现。

1. 类的定义

类是对一批特征相似的实体的分类定义。类的定义包含类名、成员变量、方法3部分。

每个对象都是一个类的实例。一个类的不同对象具有相同的属性,但是这些属性的值和具体对象相关。不同对象的相同行为(执行方法)可能引起不同的后果。

Java用static声明隶属于类的成员变量和方法,此类属性和方法由该类创建的所有对象共享,而没有static来修饰的属性和方法则具体属于某个基于该类创建的对象所有。类成员可以通过类名直接访问而无须通过实例化一个对象才能访问。

2. 对象

对象是一个类的实例,一般使用new运算符调用类所定义的构造方法创建。对象具备生命周期,在内存中占有一定的空间。

每个对象具有它所属的类所声明的所有成员,具体如下。

(1) 标识:包括内部标识和对象外部引用(对象变量名)。

(2) 状态:特定时刻对象所有属性值的集合。

(3) 行为:对象可以为其他对象提供的服务(一组方法)。

引用一个对象需要通过一个具有对应类型的变量,通过这个名称才能访问对象的成员变量和方法。

对象之间的关系包括继承、组合和聚合以及关联。

3. 包

对众多类的一种管理机制类似于目录。

必须在类文件的开头每个类所在包的声明,且使用package声明所在的包。

包内类的可见性,取决于类声明时访问控制范围的属性,如果一个类用public声明,则表示可以从包外部访问它。

4. 模块

模块可视为包的集合,模块的引入使得包可以有选择地获取,可以很方便地剔除不必要的模块,将应用部署到小型设备中。

module-info.java定义了模块信息,也标识了当前项目是模块化项目,使Java 9及之后的版本如果不使用该文件,仍能以传统的非模块方式组织运行。

模块可以根据需要引入所需的外部模块,也可以将当前模块的包导出。

习　题　5

1. 在 Java 中声明一个类为 public 是什么意思？有何特别之处？

2. 声明一个类的成员变量的访问范围是 private 后，外部使用者便不能使用，如果需要提供给外部使用者获取或更新该成员的机会应如何实现？这样做有何优点？

3. 什么是封装？封装有什么优势？

4. 简述 static 修饰符的作用。

5. 试述各种访问控制符的作用。

6. 解释 this 的作用。

7. 默认的构造方法的修饰符是什么？

8. 什么是重载？构造方法可以重载吗？

9. 定义一个学生类，要求包含以下内容。

(1) 学号、姓名、年龄 3 个成员变量(均为私有)。

(2) 两个构造方法，参数分别为(学号，姓名)和(学号，姓名，年龄)，要使用 this 关键字，将接收的实参的值为每一个对应的成员变量赋值。

10. 定义一个超市关于商品信息的类。

11. 定义一个描述超市购物单的类，能将表述商品的类在这个类中使用吗？

12. 假设有下面的代码：

```
(1)   public void create() {
(2)       Vector myVect;
(3)       myVect=new Vector();
(4)   }
```

下面的哪些陈述为真。

A. 第 2 行的声明不会为变量 myVect 分配内存空间

B. 第 2 行的声明分配一个到 Vector 对象的引用的内存空间

C. 第 2 行语句创建一个 Vector 类对象

D. 第 3 行语句创建一个 Vector 类对象

E. 第 3 行语句为一个 Vector 类对象分配内存空间

13. 下面的代码为什么不能编译？

```
public class Test{
    static int sn;
    int n;
    final static int fsn;
    final int fn;
}
```

14. 解释下面的程序运行后，输出结果为什么是 null?

```
public class My {
    String s;
    public void My(){
        s="Constructor";
```

```
    }
    public void go() {
        System.out.println(s);
    }
    public static void main(String args[]) {
        My m=new My();
        m.go();
    }
}
```

15. 程序 5-4 和程序 5-5 中,对账户存款、取款和转账的声明分散到不同的类中,分析能否将这些关于账户的操作封装到一个类(例如全部放到 BankService)中? 如果这样做,需要如何修改程序? 请写出修改后的程序。

16. 使用 java.awt.Toolkit 类的 getScreenResolution 方法返回的 int 值可以获得显示器的分辨率,使用 beep 方法可以驱动嗡鸣器发声。利用这些方法检测自己的设备。

注:获得 Toolkit 实例的方法是直接访问 Toolkit 的类方法 getDefaultToolkit。

17. 一个扑克牌游戏可以包括表示单张牌的 Card 和一副牌的 Deck。Deck 负责洗牌和发牌,玩家 Player 可以叫牌、封牌和摊牌,GameApp 类负责控制游戏的开始和结束。请依据提示设计相关类,并重新实现习题 4 的第 12 题。

第 6 章　继承和接口

继承可以使代码的重用性提高，也可以清晰地描述事物之间的层次分类体系。Java 提供了单继承机制。通过继承，子类可以获得父类所拥有的方法和属性，并添加新的属性和方法来满足新的需求。通过实现一个或多个接口所规定的方法，不同的类可以表现出相似的行为。通过继承和接口，对象的表现形式会发生变化，这种多态性会使 Java 的对象类型变得复杂。

学习目标：

- 理解继承的含义，能够合理地使用继承机制实现一个类对另一个类的继承。
- 理解信息隐藏，能通过访问范围修饰符合理地限定对类的属性和方法的访问。
- 掌握方法覆盖和重载的区别。
- 理解 Object 类是每一个类的根类，每个类都具有 Object 所定义的方法的含义，能够合理地使用相关方法满足实际的需要。
- 理解抽象类、final 类的区别。
- 掌握接口声明及接口实现的方法。
- 理解多态性的表现，掌握类型转换的基本规则。

6.1　类的层次结构

层次结构是一种生活中很常见的结构。例如，一个企业通常有着明晰的组织结构。除了这种组织结构外，另外一种典型的层次结构就是分类结构，图 6-1 所示的银行账户类型的分类结构就是层次结构。在 UML 中，用带实线的三角形箭头表示类之间的继承关系。

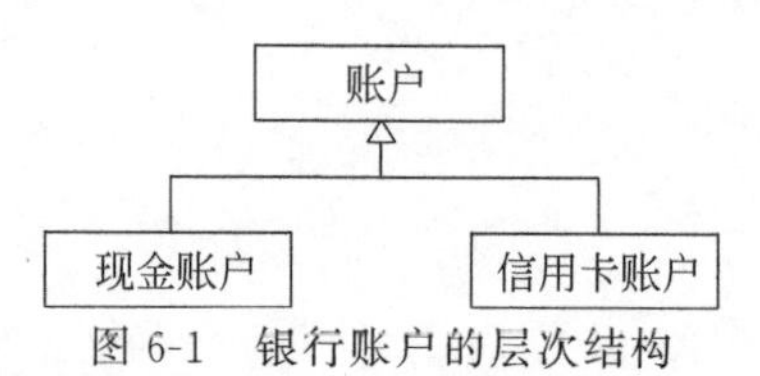

图 6-1　银行账户的层次结构

正是因为有了继承，自然界的一切生物才能保持物种的延续，在经过亿万年的进化后，出现丰富多彩的变化。正是因为掌握了归纳的方法，人类才能够化繁为简，对世间万物之间的关系进行清晰的理解。在面向对象语言中，正是因为有了继承，才使得代码重用、软件质量有了更稳定的提高。

在 Java 中，所有的类都有着严格的层次体系，除了根类外，每个类都有着唯一的超类，如图 6-2 所示。在自然界中，一个子类同时继承多个超类是很十分常见的，多重继承可以更真实地表达现实。由于它比较复杂，很容易出现属性冲突、重复继承的情况，从而使得开发变得困难，因此 Java 只使用单继承，即每个类只能有一个超类。

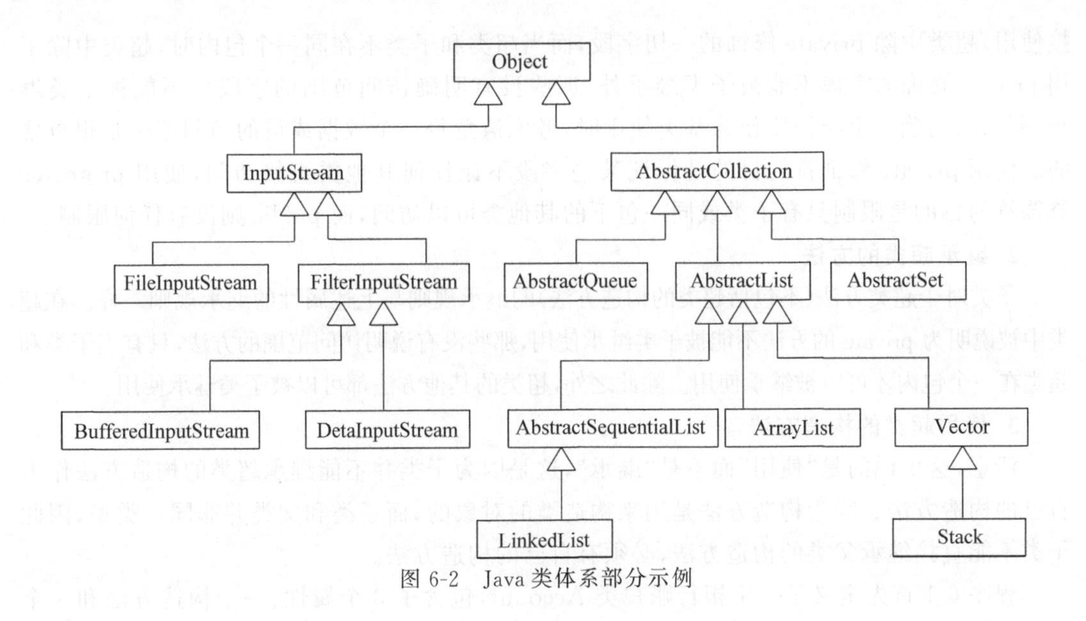

图 6-2　Java 类体系部分示例

6.2　创建现有类的子类

6.2.1　继承

继承发生在一个超类(Superclass)或者基类与一个子类(Subclass)之间,用 extends 关键字来实现,例如:

```
class ChildClass extends SuperClass{
    …
}
```

其中,子类 ChildClass 派生于超类 SuperClass,子类相对于超类是一种"is a"的关系,更准确地说,继承创建了属于 SuperClass 类的一个新的子类型。在发生继承关系时,一个子类对于超类的继承表现在以下几个方面。

1. 继承超类的字段

一个子类在继承超类的字段之后能否使用,取决于超类字段的访问属性以及子类和超类所属包的位置关系,图 6-3 说明了这个问题。

图 6-3　父类字段的访问控制修饰符对子类的影响

注意,图 6-3 中子类中那些带有下画线的字段是从超类中继承过来,但由于超类对该字段的访问范围的定义导致它们不能被子类使用。

根据如图 6-3 所示的继承规则,当超类和子类在同一包中时,子类可以继承(即可以直接使用)超类中除 private 修饰的一切字段,而当超类和子类不在同一个包内时,超类中除了用 private 修饰的字段不能被子类继承外,那些没有明确访问范围的字段也不能被子类继承,所以当明确一个类需要作为基类使用时,考虑清楚每一个数据成员的访问范围是很重要的。使用 private 修饰符的目的是保证某些字段不让任何其他类直接访问,使用 protected 修饰符的目的是限制只有子类或同一包下的其他类可以访问,而 public 则没有任何限制。

2. 继承超类的方法

子类对于超类方法(不包括超类的构造方法)的继承规则与上述属性的继承规则一样。在超类中被说明为 private 的方法不能被子类继承使用,那些没有说明访问范围的方法,只有当子类和超类在一个包内才可以被继承使用。除此之外,超类的其他方法都可以被子类继承使用。

3. 使用超类的构造方法

注意,这里说的是"使用"而不是"继承",这是因为子类并不能继承超类的构造方法作为自己的构造方法。因为构造方法是用来构造类的对象的,而子类和父类并非同一类型,因此子类不能直接继承父类的构造方法,必须有自己的构造方法。

程序 6-1 首先定义了一个银行账户类 Account,包含了 3 个属性、一个构造方法和一个取款的方法。

```
      //程序 6-1:一个账户类,用作超类
      public class Account {
(01)      private String id;                              //账户 id,唯一性的标识
(02)      private String name;                            //账户拥有人的姓名
(03)      private int balance;                            //余额
(04)      public Account(String id,String name,int balance) {
(05)          this.id=id;
(06)          this.name=name;
(07)          this.balance=balance;
(08)      }
(09)      public Account(String id,String name) {
(10)          this.id=id;
(11)          this.name=name;
(12)          this.balance=1000;                          //给账户一个默认的初始余额
(13)      }
(14)      //取款的方法,返回本次取出的金额,如果为 0,表示余额不足
(15)      public int withdraw(int amount){
(16)          int result=0;
(17)          if (this.balance>=amount){
(18)              this.balance=this.balance-amount;
(19)              result=amount;
(20)          }
(21)          return result;
(22)      }
(23)      public int getBalance(){
(24)          return this.balance;
(25)      }
(26)      public void setBalance(int balance){
(27)          this.balance=balance;
(28)      }
          //以下可以自行添加关于属性访问的 getter 和 setter 方法及其他方法
      }
```

下面通过继承关系,创建了 Account 的一个新的子类型:信用卡用户 CreditAccount。

```
    //程序 6-1序:通过继承创建的一个新的子类型 CreditAccount
    public class CreditAccount extends Account{
(01)     private int limit;                                  //信用卡限额
(02)     public CreditAccount(String id,String name,int balance,int limit) {
(03)         super(id,name,balance);
(04)         this.limit=limit;
(05)     }
(06)     //调整信用卡用户的限额
(07)     public void adjustLimit(int limit){
(08)         this.limit=limit;
(09)     }
(10)     public static void main(String[] args){
(11)         //创建一个信用额度为 5000 元的信用卡账户对象
(12)         CreditAccount ca=new CreditAccount("001","鲁宁",10000,5000);
(13)         ca.withdraw(1000);
(14)         System.out.println("当前余额:"+ca.getBalance());
(15)     }
    }
```

运行上面的程序后可以看出,虽然创建了一个 CreditAccount 类型的对象,但是可以照常使用 withdraw 方法和 getBalance 方法,因为 CreditAccount 从超类 Account 继承这些 public 修饰的方法,由于 Account 类 3 个属性的访问范围是私有的,因此无法在子类中直接使用。例如,当需要获得一个信用卡用户的当前余额时,不能直接获得其从 Account 继承的属性 balance,因为它的访问范围是 private,而只能通过 getBalance 方法来间接使用。

子类也可以添加属于自己的新属性和新的方法,这也符合抽象的特点,越高层的类,其属性越少。因为它可能并不描述具体的对象,越低层的类,其属性越多,因为它描述的对象是具体的,需要更丰富的信息进行描述。

6.2.2 使用 super 访问超类的构造方法

虽然不能继承超类的构造方法,但是子类可以通过 super 关键字调用父类已定义的构造方法。例如程序 6-1 中的 CreditAccount 类定义的构造方法:

```
public CreditAccount(String id,String name,int balance,int limit) {
    super(id, name, balance);
    this.limit=limit;
}
```

在这个构造方法的第一行,使用 super(id,name,balance)调用超类的构造方法来对继承于超类的 3 个属性赋值。

Java 的语法规定,子类构造方法的第一条语句应当使用 super()语句调用超类的某个构造方法(用参数区别)。如果在子类的构造方法中没有显式地调用超类的某个构造方法,则编译器会在编译产生的字节码中为此构造方法自动添加一个没有参数的 super()语句表示调用超类的一个无参数构造方法。如果超类没有定义无参数的构造方法,却定义了有参数的其他构造方法,则编译器会报错。其编译错误信息如下:

```
Implicit super constructor Account() is undefined. Must explicitly invoke
    another constructor
```

这句话翻译过来就是,隐含的超类构造方法 Account()并没有定义,程序必须明确地调用另一个构造方法。错误的原因是子类构造方法中并没有包括一行调用超类构造方法的语句,从而导致无法创建属于超类的对象。

6.2.3 覆盖和隐藏

1. 覆盖超类的方法

创建子类时添加新的字段和方法非常自然,因为它反映了新的需求,但有时继承于超类的某些方法并不适合子类,由于希望保持和超类一致,所以需要修改继承于超类的方法,保持方法的签名不变,重写方法的实现代码。这种现象被称为覆盖(override)。

例如,程序 6-1 的 Account 类中定义的取款方法 withdraw 就不满足子类 CreditAccount 的需要,因为一般账户取款不允许透支,但信用卡用户可以在信用限度内透支,为了保持取款操作的一致性,需要在子类中重写该方法。例如,下面修改后的 CreditAccount 类中的 withdraw 方法考虑了信用额度的因素,允许用户透支:

```
@Override
public int withdraw(int amount) {
    int result=0;
    if(this.getBalance()+this.limit>=amount){
        this.setBalance(this.getBalance()-amount);
        result=amount;
    }
    return result;
}
```

其中,方法前的@Override 是一个注解符号,表示下面的方法覆盖了超类中的同名方法,如果超类中并没有此方法,则在编译时会报错。具体实现子类方法对超类方法的覆盖时必须做到以下两点。

(1) 保持方法的返回值类型、方法名称、参数的个数、顺序和类型不变。

(2) 新方法的访问范围可以保持不变、扩大,但不可缩小。例如某个超类的方法的访问控制修饰符是 protected,而子类中可以为 public,但不可为 private。

2. 隐藏数据成员

除了在子类中重写继承自超类的方法外,也可以在子类中定义和超类同名的字段。这种情况很少出现,可能的原因是开发人员不希望继承自超类的字段被访问,或者不希望修改继承于超类的代码,而重新定义字段的新用途。如果改变了超类字段的含义及用途,最好的办法是定义新的字段,以避免出现误解。

当子类中定义了和超类同名的成员变量时,子类引用的该变量名,使用的总是子类的定义,而来自超类的成员变量会被直接隐藏。

3. 使用 super 访问被覆盖的方法或隐藏数据成员

如果被覆盖的方法需要被子类访问,可以通过 super.方法名()的形式得到执行。

6.3 Object 类、抽象类、final 类

6.3.1 Object 类

在图 6-2 中的 Java 类层次体系中，最顶端的一个是名为 Object 的类。它是所有 Java 类(JDK 提供的、第三方类库、用户自定义的)的根类，下面是它的基本定义：

```
public class Object{
    public Object(){…}
    public final Class<? extends Object>getClass(){…}
    public int hashCode(){…}
    public booleanequals(Object obj) {…}
    protected Object clone() throws CloneNotSupportedException{…}
    public String toString(){…}
    public final void notify(){…}
    public final void notifyAll(){…}
    public final void wait(…) throws InterruptedException{…}
    protected void finalize() throws Throwable{…}
}
```

如果一个类在声明时没有明确使用 extends 标记会自己派生于某个类，则编译器将自动将 Object 类作为该类的超类，因此所有的类最终都来自 Object。按照继承的特性，所有的类都继承了 Object 类中的所有方法。前面的例程中，很多类都定义了 toString 方法，实际上就是对继承于超类中的 toString()的重新实现(override)。

Object 提供了一个对象基本的行为定义。例如，由两个对象的相同比较的 equals()，用于对象的字符串表示的 toString()，用于对象的复制的 clone()等。这些没有用 final 修饰的方法，其行为一般都需要在子类中重新定义。

1. 对象的哈希码表示——hashCode()

每个对象都有自己的哈希码，利用这个哈希码可以表示一个对象。在 Object 提供的 hashCode 方法的默认实现是通过将对象的内存地址转换为一个整数值来生成。由于在某些架构上，地址空间大于 int 值的范围，两个不同的对象有相同的 hashCode 是可能的。

使用对象的哈希码有以下原因：对象的比较和基于哈希的集合类(Hashtable、HashMap 和 HashSet)的性能。

Object 类有两种方法来推断对象的标识：equals() 和 hashCode()。一般来说，如果程序忽略了其中一种，则必须同时忽略这两种，因为两者之间有必须维持的至关重要的关系。根据 equals 方法，如果两个对象是相等的，则它们必须有相同的 hashCode 值。

2. 对象的字符串表示——toString()

标准的 toString 方法返回的是“对象类型@哈希码”的字符串组合。例如，如果 Account 类 toString 方法，则 System.out.println(account)的输出就如下面一样：

```
CreditAccount@a90653
```

其中，“@”之前的部分是对象的类型(包括包路径)，之后的部分是一个用十六进制表示的该对象在内存中分配到的哈希码(对象的内标识)。

3. 对象间的相等性比较——euqals()

两个对象之间的相等性比较有两种不同的含义，一种是比较两个变量引用的是否是同一个对象，另一种是比较两个变量引用的对象是否在某种比较条件下相等。

第一种比较通常使用逻辑运算符"=="来比较两个变量是否引用的是一个对象实例，例如，程序 6-2 针对程序 6-1 定义的 Account 类的两个账户对象进行比较。

```
        //程序 6-2:比较两个变量是否引用了同一个对象
        public class Test {
            public static void main(String[] args) {
(01)            Account a1=new Account("001","鲁宁",1000);
(02)            Account a2=new Account("001","鲁宁",1000);
(03)            boolean result=(a1==a2);
(04)            System.out.println("a1==a2 is "+result);
(05)            result=a1.equals(a2);
(06)            System.out.println("a1.equals(a2)="+result);
            }
        }
```

运行结果如下：

```
a1==a2 is false
a1.equals(a2)=false
```

因为变量 a1 和 a2 分别引用了一个对象，虽然这两个对象用同样的参数进行构造，但它们并不是同一个对象，它们在内存中各有各的存储空间，所以用"=="比较时，结果是 false。在使用 equals 方法进行两个变量间的比较时，需要考虑变量引用的对象是否重写了继承于 Object 类的 equals 方法，如果没有，则其比较结果和"=="是一样的。

在逻辑上，符合某种比较条件的两个对象被认为是相等的，例如，当两个账户的 id 是一致的时候，为了达到这一目的，就需要重写这个 equals 方法。下面是针对程序 6-1 中的 Account 类添加了新的比较相等的方法。

```
        //程序 6-3:Account 类覆盖了超类的 equals 方法和 hashCode 方法
        public class Account {
(01)        private String id;                    //账户 id,唯一性的标识
(02)        private String name;                  //账户拥有人的姓名
(03)        private int balance;                  //余额
(04)        public Account(String id,String name,int balance) {
(05)            this.id=id;
(06)            this.name=name;
(07)            this.balance=balance;
(08)        }
(09)        //取款的方法,返回本次取出的金额,如果为 0,表示余额不足
(10)        public int withdraw(int amount){
(11)            int result=0;
(12)            if(this.balance>=amount){
(13)                this.balance=this.balance-amount;
(14)                result=amount;
(15)            }
(16)            return result;
(17)        }
(18)        public int getBalance(){
```

```
(19)            return this.balance;
(20)        }
(21)        public void setBalance(int balance){
(22)            this.balance=balance;
(23)        }
(24)        public String getId()   {
(25)            return id;
(26)        }
(27)        public void setId(String id)
(28)        {
(29)            this.id=id;
(30)        }
(31)
(32)        @Override
(33)        public int hashCode() {
(34)            final int prime=31;
(35)            int result=1;
(36)            result=prime * result+((id==null) ? 0:id.hashCode());
(37)            return result;
(38)        }
(39)        @Override
(40)        public boolean equals(Object obj) {
(41)            if (this==obj)                    //如果两个变量引用的是一个对象,则相等
(42)                return true;
(43)            if (obj==null)                    //如果比较对象不存在,则不相等
(44)                return false;
(45)            if (!(obj instanceof Account))//如果比较对象类型不匹配,则不相等
(46)                return false;
(47)            final Account other=(Account) obj;  //转换比较对象类型为 Account
(48)            if (id==null) {
                            //如果当前对象 id 尚未赋值,而比较对象 id 已赋值,则不相等
(49)                if (other.getId()!=null)
(50)                    return false;
(51)            } else if (!id.equals(other.getId()))
                                              //如果两个对象的 id 不等,则不相等
(52)                return false;
(53)            return true;              //排除以上不相等的情况,两个对象逻辑上是相等的
(54)        }
(55)        public static void main(String[] args) {
(56)            Account a1=new Account("001","鲁宁",1000);
(57)            Account a2=new Account("001","鲁宁",1000);
(58)            boolean result=(a1==a2);
(59)            System.out.println("a1==a2="+result);
(60)            result=a1.equals(a2);
(61)            System.out.println("a1.equals(a2)="+result);
(62)        }
    }
```

从运行结果可以看出,此时两个变量 a1 和 a2 用 equals 方法进行比较,结果已经变为相等。在实际开发中,在实际开发中,对于希望进行逻辑相等性比较的类来讲,需要覆盖 equals 方法,添加自己的针对性实现,而且需要注意的是对应的 hashCode 方法也需要作对应的实现。

6.3.2 抽象类

1. 声明一个抽象类

如果用 abstract 关键字来修饰一个类就表示该类是一个抽象类。抽象类不能用 new 运算符实例化为一个对象。

抽象类描述的并非实际存在的对象,所以无法创建抽象类的实例。正如一个人在买水果时,会告诉营业员要买什么水果,因为水果是抽象的,而他要的是具体的,所以在实际中,抽象类通常用来对某些具有相似性但又有一定区别的类型做更高的抽象,抽象机制有助于从更高的角度来研究对象之间的普遍性。例如 java.lang 包中的 Number 类就是一个抽象类。

```
public abstract class Numberextends Object implements Serializable
```

它的子类包括 Integer、Float、Double 等数值类。因为在数学上只有具体的不同类型的具体数值,而不存在一个抽象的数的概念,但为了表达各类数值的共性,所以就提炼出了 Number 类型。

2. 用抽象类声明变量的类型

尽管抽象类不能实例化,但并不影响用抽象类作为一个变量的类型,这是对象具有多态性的表现。下面的定义就用一个 Number 类型的变量引用了一个 Integer 类型的对象。

```
Number num=new Integer(10);
```

3. 声明抽象方法

细心观察 Number 类的方法定义可以发现,一些方法前面也有 abstract 这样的修饰符存在。例如 Number 类定义的 intValue 方法。

```
public abstract int intValue();
```

这种用 abstract 修饰的方法被称为抽象方法。一个抽象方法只需声明,无须实现。没有规定一个抽象类必须有抽象方法,但一个有着抽象方法的类必定是抽象类。

由于抽象方法是尚未实现的方法,需要留给继承它的非抽象子类实现,因此抽象方法不能用 private 修饰符作为访问范围限制。

4. 继承一个抽象类

因为无法对抽象类实例化,所以抽象类总是需要被继承,否则就失去了存在的意义。在继承抽象类时,会面临如何处理抽象类里可能存在的抽象方法的问题。如果子类也是抽象类,则对于继承于超类的抽象方法可以不用实现;相反,如果子类是非抽象的,则必须对继承的抽象方法给予对应的具体实现。

例如,下面的程序将程序 6-1 中的 Account 类声明为抽象类,并添加了一个抽象方法 getType()。

```
     public abstract class Account {
(01)     private String id;                            //账户 id,唯一性的标识
(02)     private String name;                          //账户拥有人的姓名
(03)     private int balance;                          //余额
(04)     public Account(String id,String name,int balance) {
```

```
(05)            this.id=id;
(06)            this.name=name;
(07)            this.balance=balance;
(08)        }
(09)        //取款的方法,返回本次取出的金额,如果为 0,表示余额不足
(10)        public int withdraw(int amount){
(11)            int result=0;
(12)            if(this.balance>=amount){
(13)                this.balance=this.balance-amount;
(14)                result=amount;
(15)            }
(16)            return result;
(17)        }
(18)        //返回银行账户的类型,这是一个抽象方法,所以没有具体的实现代码
(19)        abstract String getType();
            //以下可以自行添加关于属性访问的 getter 和 setter 方法及其他方法
     }
```

6.3.3 final 类

一个 final 类表示一种继承体系的终止,也就是说不能再通过继承 final 类创建新的子类。

1. final 类

可以使用关键字 final 声明一个不可再作为超类的类(即最终类),例如:

```
public final class FinalClass{
    …
}
```

如果这时定义一个子类 SubClass 继承 FinalClass,将会报出下面的错误:

```
The typeSubClass cannot subclass the final class FinalClass
```

该错误的含义翻译过来就是 SubClass 不能派生于 final 类 FinalClass。

2. final 方法

同样,也可以用关键词 final 修饰一个方法,表示该方法不可被子类重写,例如:

```
public final void finalMethod(…){
    …
}
```

把方法声明为 final,一则限制了子类中对其改写,二则提高了执行的效率,因为这种情况属于静态绑定。

3. final 修饰的数据成员

对于成员变量和变量,也可以用关键词 final 进行修饰,表示它是一个不可被修改的常量,例如:

```
final int MAX_SPEED=200;
```

最后需要注意的是,一个方法如果需要被构造方法调用,那么方法最好声明为 final;否则,如果子类重写了这个方法,就存在可能引起意外的风险,即避免多态性的发生。

6.4 接　　口

在 Java 中，接口就是一组没有具体实现的方法的集合。任何一个类都可以实现一个或多个接口定义的方法。在项目实践中，不同的开发小组通常会遵守各自的接口协议，通过使用接口，可以将功能说明从实现中分离出来，向访问者隐蔽类或子系统的具体实现。

和类不同，虽然接口也是 Java 的引用类型，但是只能包含常量声明，没有具体实现的方法签名。一个类可以同时实现多个接口，也可以用接口类型表示实现了接口的类实例，这是因为接口本身不能使用 new 运算符创建实例。

6.4.1　定义接口

下面是声明接口的语法：

```
[public] interface InterfaceName [extends SuperInterface1 [,…]]{
    常量声明部分;
    type methodName1(…);
    type methodName2(…);
}
```

若声明一个接口的访问范围为 public，则意味着可以被任何类实现，若采用默认方式，则只有被与接口在同一个包内的类实现。

每个类只可以有一个超类，但是一个接口却可以有多个父接口(用“,”分隔)，当然也可以没有。

一个接口内部可以包括多个常量供实现接口的类使用，常量的类型默认为 public static final，因此无须再显式定义。由于是常量，所以需要在定义的时候直接进行初始化。

接口中的方法不能包含具体实现代码，哪怕是空方法体，因此接口中的方法声明没有“{…}”，而且方法的默认访问属性就是 public abstract。例如，在 java.lang 包中有一个关于对象之间比较大小的接口 Comparable，它的主要声明内容如下：

```
public interface Comparable<T>{
    int compareTo(T o);
}
```

注：接口声明中的 T 是一种泛型参数的用法，可以参考第 8 章的有关内容。

下面是一个关于银行服务的自定义接口，列出了银行柜台的主要服务要求。

```
        public interface BankService {
(01)        //为一个账户提供取款服务,返回最后取款额
(02)        int withdraw(Account account,int amount);
(03)        //为一个账户提供取款服务,返回最后存款额
(04)        int deposit(Account account,int amount);
(05)        //根据账户 id查询账户余额
(06)        int findBalance(String id);
        }
```

不同于 Java 的单继承，一个接口可以使用 extends 关键字继承一个或多个父接口，例如 JDK 关于 BlockingDeque 接口的声明：

```
public interface BlockingDeque<E>extends BlockingQueue<E>, Deque<E>
```

6.4.2 实现接口

接口只能通过类来实现，一个类可以通过使用 implements 关键字实现接口。

```
[public] class ClassName extends SuperClass implements Interfaces{
    …
}
```

(1) 一个类可以实现多个接口。

(2) 由于接口中的方法都是抽象的，因此除非实现接口的类本身是抽象的，否则在接口中定义的抽象方法在非抽象类中都必须一一实现。

(3) 可以使用实现的接口类型作为该类实例的类型。

程序 6-4 针对程序 6-1 中的 Account 类添加了对 Comparable 接口的实现(如图 6-4 所示)，按照账户的 id 进行了两个账户对象的大小比较。

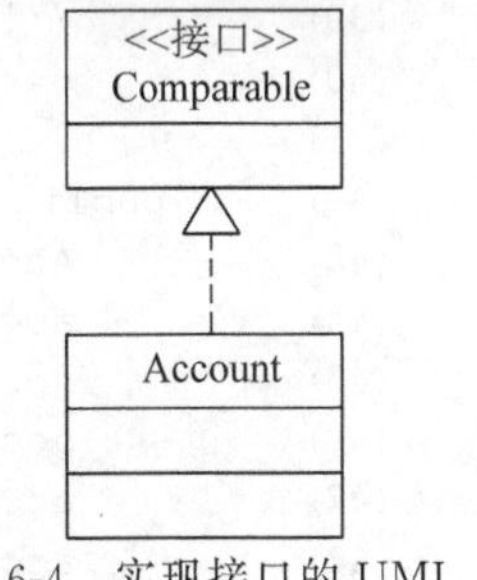

图 6-4 实现接口的 UML

```
     //程序 6-4:一个实现了 Comparable 接口的 Account 类
     import java.util.Arrays;
     public class Account implements Comparable{
(01)     private String id;                          //账户 id,唯一性的标识
(02)     private String name;                        //账户拥有人的姓名
(03)     private int balance;                        //余额
(04)     public Account(String id,String name,int balance) {
(05)         this.id=id;
(06)         this.name=name;
(07)         this.balance=balance;
(08)     }
(09)     //取款的方法,返回本次取出的金额,如果为 0,表示余额不足
(10)     public int withdraw(int amount){
(11)         int result=0;
(12)         if(this.balance>=amount){
(13)             this.balance=this.balance-amount;
(14)             result=amount;
(15)         }
(16)         return result;
(17)     }
(18)     public int getBalance(){
(19)         return this.balance;
(20)     }
(21)     public void setBalance(int balance){
(22)         this.balance=balance;
(23)     }
(24)
(25)     public String getId() {
(26)         return id;
(27)     }
(28)     //toString 方法覆盖了来自根类 Object 的方法
```

```
(29)        @Override
(30)        public String toString() {
(31)            return "Account[id:"+id+",name:"+name+",balance:"+balance+"]";
(32)        }
(33)        //compareTo 方法覆盖了来自接口的方法
(34)        @Override
(35)        public int compareTo(Object o) {
(36)            int result=0;
(37)            //这里忽略了 o 的类型不是 Account 的情况
(38)            Account t=(Account)o;
(39)            //利用字符串对象自身的 compareTo 方法作为账户大小的比较
(40)            return this.id.compareTo(t.getId());
(41)        }
(42)        public static void main(String[] args) {
(43)            Account[] accounts=new Account[5];
(44)            accounts[0]=new Account("001","王峰",1000);
(45)            accounts[1]=new Account("002","张静",1500);
(46)            accounts[2]=new Account("004","翟宇",660);
(47)            accounts[3]=new Account("003","鲁宁",800);
(48)            accounts[4]=new Account("005","刘新",1700);
(49)            Arrays.sort(accounts);
(50)            for(int i=0;i<accounts.length;i++){
(51)                System.out.println(accounts[i]);
(52)            }
(53)        }
    }
```

Account 类实现了 Comparable 接口,在类中实现了接口中规定的 compareTo 方法,要求 Account 对象按照 id 的大小进行排序,而 id 的类型是字符串,字符串也实现了此比较接口,所以程序就利用了字符串比较方法的返回值作为账户对象比较大小的返回值。在当前对象小于比较对象时,返回小于 0 的值;在相等时返回 0;在大于比较对象时,返回大于 0 的值。

6.4.3 用接口定义变量

虽然不能创建接口的实例,但是可以用接口作为变量的类型声明。例如,下面的语句利用 java.util 包中的 List 接口声明了一个集合类型的变量。

```
List accounts=null;
```

注意:在程序中使用 List 接口需要用 import 语句将其引入,有关集合的内容可以参考第 8 章的有关内容。

当一个变量的类型是接口类型时,其引用的对象类型只要是实现了这个接口的类的对象,就都是允许的。例如,java.lang.util 包中的 ArrayList 和 LinkedList 两个类都实现了 List 接口所定义的方法,因此下面的两条创建集合对象的语句都是正确的,这是多态性的一种表现:

```
accounts=new ArrayList();
accounts=new LinkedList ();
```

ArrayList 和 LinkedList 两个类具有不同的特征,在 LinkedList 类中提供了 poll 和

peek 方法获得队头的元素，但 ArrayList 类中可以获取指定位置的元素。在实际应用中可以根据需要选择合适的类型来创建。

注意：当用接口作为变量的类型时，通过变量只能访问到接口定义的方法，如果变量引用的对象有更多的实现方法时，也无法使用。例如，LinkedList 类中提供了 poll 和 peek 方法用于获得队头的元素，但 List 接口中没有关于这些方法的定义，因此通过 accounts 变量不能使用 peek 方法。

6.5 抽象类和接口

虽然抽象类和接口都可以允许定义子类必须实现的方法，但是两者在语义和用途上有着很大的差别。

从语法规定角度看，它们的区别很明显。Java 支持的类只能继承一个超类，但支持的类可实现多个接口，一个接口也可以继承多个接口；另外，接口中的方法仅是抽象方法的声明，而抽象类中可以包含方法的具体实现。

最重要的，抽象类本身是一类型系统中的超类，而接口仅是抽象方法的集合，因此抽象类更多地用于描述类的层次结构，而接口更多地用于描述系统(或组件)所提供的公共服务。

既然抽象类不可以创建实例，为什么要做这种规定呢？抽象类实质上是对某一特定类型系统的高度抽象，只是一种概念表示，无法用具体的行为改变自己。例如，几何中的圆形、方形、三角形等形状都有各自的特征和行为，例如圆形和方形的面积计算公式是不一样的，而且它们的属性特征也是不一样的，而它们都属于平面几何图形，因此从这个意义上讲，就出现了一个新类型，它必须是抽象的，这是因为无法用这个高度抽象的类的实例做任何事情。例如，在创建了一个平面几何图形对象后，却不知道是三角形还是圆形，此时该如何计算这个几何形状的面积呢？因此，抽象只是用于实现类型定义。在 Java 中，用抽象机制创建类型，而继承只是用于从抽象到具体。一般情况下，在实践中不要过度地使用继承，尤其是在没有明显类属关系的情况下，不要随便地利用继承机制。每当使用继承时，都要明确该类是否为其超类的一个子类型。

例如，一个 Door 有 open 和 close 的行为，而 Alarm 有 alarm 方法，当需要创建一个有报警功能的 AlarmDoor 时，是用继承，还是用实现接口的方式完成比较好呢？具体来说，可以有如下 3 种定义方法。

方法 1：利用抽象类。

代码如下：

```
class abstract Door{
    void open();
    void close();
}
class AlarmDoor extends Door{
    void alarm() {…}
}
```

方法 2：使用聚合。

代码如下：

```
class abstract Door{
    void open();
    void close();
}
class AlarmDoor extends Door{
    private Alarmalarm=new Alarm();
    …
    void alarm(){
        alarm.alarm();
    }
}
```

方法3：使用接口。

代码如下：

```
class abstract Door{
    void open();
    void close();
}
Interface Alarm{
    void alarm();
}
class AlarmDoor extends Door implements Alarm{
    void open(){…};
    void close(){…};
    void alarm(){…};
}
```

方法1显然混淆了一个问题，那就是报警器和门是两个独立的对象，使用继承的方法显然违反了接口应该分离的原则；否则，带报警器的冰箱是否应该和带报警器的门拥有一个 Alarm 的超类（如图6-5所示），那么根据抽象的原则，AlarmRefrigerator 的类型应该是 Alarm，很显然这不符合人们的认知。

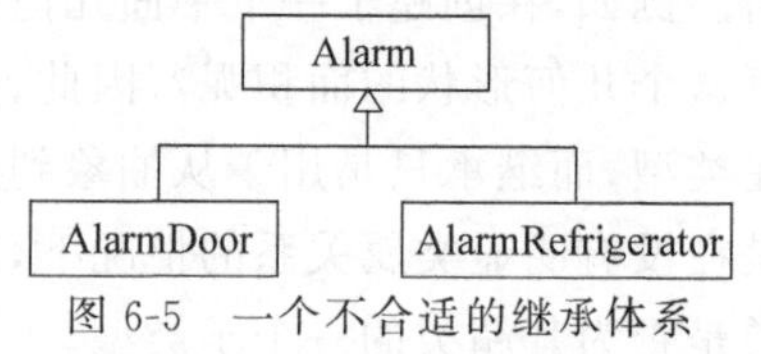

图 6-5　一个不合适的继承体系

下面用一个简单的实例说明，在继承关系上，一定存在一种"is a"的关系，而不是仅为了重用代码而使用继承，继承现象的本质在于抽象。

方法2是实现代理模式的一种典型表现。它的缺点在于当仅需要对门拥有的报警器进行访问时，却可能暴露了其他和报警器无关的内容，这样做是危险的。

方法3中，接口的存在只是体现了某些类之间具有相似的功能（协议），就像计算机主机板上的插槽一样，通过公共的接口定义，各种各样的设备子系统可以连接在一起。

因此，完成这个任务的最佳方式就是定义新的接口。新接口可以在不影响任何其他类的情况下，实现功能的扩充。

例如，一个DVD制造行业协会，可以仅仅规定具备什么样功能（系统服务）的产品可以称为DVD，至于它的内部实现则交由各厂商自行定义。通过这种标准的公共接口定义，消费者无论购买哪个厂家的产品都不会担心自己DVD碟片的兼容性问题。

因此，接口通常用在系统（组件）的边界设计上，实现可容易替换的目标，而抽象类则主要用于描述层次型的类型结构上。

6.6 类型系统

类型系统本身十分简单，在强类型语言中都有规定，任何变量都必须遵循先定义后使用的原则，从而保证程序运行的安全。

6.6.1 动态和静态类型

类型系统可以是静态的，也可以是动态的。静态的类型在编译时进行检查，禁止出现编译期间的误用，例如把一个字符串赋给了一个整型变量；而动态类型则在运行时检查。

Java 的类中的 private、static 或 final 采用的是静态绑定，其他则采用动态绑定。动态绑定意味着某个具体的方法调用只有在运行时才能和具体的对象方法进行关联，在静态编译时，无法确定具体的实现。

这方面的例子如同 6.4.3 节中的关于 List 类型的变量声明，这个 account 变量具体引用的是什么具体类型的对象，在编译期甚至是无法确定的，只有在运行时方可确定下来。

6.6.2 多态性

多态性(Polymorphism)源于希腊语许多(Poly)和形状(Morph)，所以多态直接的解释就是多种形态。在面向对象语言中，多态的意思就是在不同时刻某个具有类型的变量可以引用不同类型的对象，向该变量发出的消息(通过对象名调用方法)取决于该变量此时引用对象的实际类型。继承和接口机制使得 Java 具有如此的能力。

这里用大自然中与多态有关的现象来帮助读者理解它的准确含义。如果把会开花的植物作为一个超类 Flower，例如程序 6-5 中的 Flower 类，就定义了一个抽象方法，它规定了所有会开花的植物都应该具有 bloom 的功能。

```
//程序 6-5a:超类 Flower
public abstract class Flower {
    public abstract void bloom();
}
```

通过 Flower 可以派生很多具体的子类，例如 Rose(玫瑰花)、Lily(百合花)等，每一种花都从超类继承了会开花的功能，但是它们开出的花却彼此都不一样，甚至同一种类的每一株花开得都不会绝对一样，这就是大自然中的多样性，也是这里所说的多态性。

```
//程序 6-5b:子类 Rose,实现了 bloom 方法
public class Rose extends Flower{
    @Override
    public void bloom() {
        System.out.println("玫瑰花开了");
    }
}
```

```
//程序 6-5c:子类 Lily,也实现了 bloom 方法
public class Lily  extends Flower{
    @Override
```

```java
    public void bloom() {
        System.out.println("百合花开了");
    }
}
```

假如把花作为一个变量类型，它指向哪一种花，开花功能就表现得不一样。代码如下：

```java
//程序 6-5d:多态性的程序
public class FlowerDemo {
    public static void main(String[] args) {
        Flower f=new Rose();
        f.bloom();
        f=new Lily();
        f.bloom();
    }
}
```

通过程序可以看出，虽然变量 f 的定义类型一直是 Flower，但在创建对象时，却是由子类创建的，也就是说，创建的是一个 Rose 或者 Lily 类型的对象，但是其表示类型却是 Flower，当 f 引用的是一个 Rose 的对象时，通过变量 f 执行 bloom 方法时，执行的是 Rose 类定义的 bloom 方法，当 f 引用的是一个 Lily 的对象时，通过变量 f 执行 bloom 方法时，执行的是 Lily 类定义的 bloom 方法，虚拟机会根据实际对象的类型来执行相应的代码。

正如上述程序所表现出的那样，多态就是把用超类或接口声明的变量去引用不同子类或实现类的对象。

6.6.3 类型转换

把值从一种类型转换为另一种类型的过程称为类型转换(Casting)，将一个变量引用的对象类型从子类沿着继承结构向上转换为超类的类型表示的过程，称为向上造型(Upcast)。而用向下造型(Downcast)表示相反方向的转换。在进行向下造型的时候，需要进行强制类型转换。

例如，程序 6-5 中 FlowerDemo 创建实例的过程中用 Flower 类型表示一个具体的 Rose 对象或 Lily 对象。

```java
Flower f=new Rose();
```

这里 f 引用的具体对象的类型是 Rose，而 f 的声明类型是 Rose 的超类 Flower，可以通过 downcast 转换 f 的类型为 Rose，例如下面的转换语句。

```java
Rose f1=(Rose) f;
```

这个强制转换的前提是 f 所引用的对象类型确实可以用 Rose 表示，在进行向下造型的时候，只能到实际对象的真正类型为止。同样地，沿着变量 f1 的类型 Rose 的继承结构(Rose→Flower→Object)，可以将 f1 的类型转换为 Flower，甚至是 Object，例如下面的转换语句。

```java
Flower f2=(Flower) f1;
```

注意：无论一个变量引用的实际对象类型是什么，程序通过变量来访问对象只能限制于变量的声明类型而不是其实际类型。

本章小结

本章介绍了构造复杂类型系统的方法，通过学习读者应该了解到以下主要内容。

1. 继承

继承体现了类之间的一种结构，反映了在一个基类的基础上构建一个新类的能力。派生的新类是子类，而基类称为超类，超类本身也可以是另一个超类的子类。Java 只提供了单继承的机制。

子类继承了超类的属性和方法，但是超类中一些用 private 修饰的成员子类无法正常访问，以及超类中无访问范围定义的成员，当子类不在同一个包下，也不能正常访问。同时，子类不使用超类的构造方法作为自己的构造方法。

构造子类时，第一条语句必须调用超类的一个构造方法，如果没有，则超类必须有默认的无参数的构造方法。

子类在继承超类时，可以重新实现继承于超类的某些方法，这称为覆盖；同时，子类可以定义和超类同名的变量，这称为隐藏。

总之，继承是面向对象编程的一个主要优点之一，它对如何设计 Java 类有着直接的影响。继承有如下几点好处。

(1) 可以利用已有的类来创建自己的类，只需要指出自己的类和已有的其他的类有什么不同即可，而且还可以动态访问其他有关的类中的信息。

(2) 通过继承，可以利用 Java 类库所提供的丰富而有用的类，这些类都已被很好地实现。

(3) 当设计很大的程序时，继承可以使程序组织得更加层次清晰，有利于程序设计和减少错误的发生。

2. 抽象类

抽象类是一个可包含零个至多个抽象方法的类。抽象方法是未定义具体实现的方法，用 abstract 来修饰。

一个抽象类不能被实例化。

继承了抽象类的子类，如果其本身不是抽象类，那么子类必须实现所有从抽象超类中继承来的抽象方法。

3. 根类

Object 是所有类的根类。

toString 方法返回一个表示当前对象的 String 类型的对象。默认表示一个对象的 toString()返回的格式如下：

```
类名@对象在内部标识符
```

可以在自定义类中覆盖这一方法，以便返回对该类对象的描述。

一个需要进行相等性判断的类，需要覆盖 hashCode()和 equal()两个方法来实现。用 equal 方法判断相等的两个对象，其 hashCode()必须也是相等的。

4. final 类、final 方法

用 final 修饰符修饰的类不能被继承。

用 final 修饰符修饰的方法不能被子类覆盖。

5. 接口

接口在 Java 中就是一组没有具体实现的方法的集合。接口内部包含常量、抽象方法。

一个接口可以继承多个接口，一个类可以实现一个或多个接口所定义的方法。通过接口可以将功能说明从实现中分离来，从而隐蔽类或子系统的具体实现。

一个类实现接口，除非其本身是抽象类，否则它所实现接口中的所有方法必须一一具体实现，不能遗漏任何一个。

接口更多的用于描述系统（或组件）所提供的公共服务。

6. 类型系统

一个强类型系统可以要求先声明变量的类型，然后使用。静态类型系统在编译时会检查类型的误用，而动态类型系统则在运行期间进行检查。

多态性允许一个类型的变量在不同时刻引用不同类型的值，也允许把一个消息关联到多个方法上，可以使用的值的类型以及具体方法只有在运行期才能确定。

在进行对象类型之间的转换时，在隐式转换中，编译器可以允许合法类型之间进行自动转换；而在显式转换中，则必须明确指定从一种类型转换为另一种类型。

习 题 6

1. 除了聚合和关联外，类之间的关系还有继承，用 UML 符号描述下述类之间的关系。

(1) 账户和存款账户。

(2) 学生和人。

(3) 水果和橙子。

(4) 教师和课程。

(5) 班级和学生。

2. 简述 Object 的意义，以及在判断相等时，子类需要如何重写超类的方法。

3. 超类的构造方法是否可以被子类覆盖(重写)？

4. 试述 super 的作用和使用规则。

5. 什么是多态？简述 Java 中多态的实现机制。

6. 简述继承和实现接口的区别。

7. 假定银行的一个存取款系统有两类客户，一类是现金用户，一类是信用卡用户，每种客户都可以实现存款、取款、查询余额和查询交易记录(信用卡用户还可以查询透支情况和信用情况)功能。对于现金用户，每次取款操作只能在账户实际额度内操作，而信用卡用户则根据其信用级别有一定的透支限额。请根据自己的理解，运用所学的抽象、接口、继承等面向对象的概念建立模型。

8. 在一个源程序中，定义以下 4 个类。

(1) 第 1 个类是 Shape(图形)类，含有一个成员变量 color(字符串类型)，一个没有参数的构造方法，以及一个含有字符串类型参数的构造方法来初始化颜色变量，还有一个输出颜色变量值的成员方法 show。

(2) 第 2 个类是 Circle(圆形)类，继承了图形类，自己又含有一个变量半径 r，有一个有两个参数的构造方法，来初始化颜色和半径，还有一个输出两个成员变量值的成员方法 show。

(3) 第 3 个类是 Rectangle(矩形)类，继承了图形类，自己又含有两个变量长 a 和宽 b，有一个有 3 个参数的构造方法，来初始化颜色、长和宽，还有一个输出 3 个成员变量值的成员方法 show。

(4) 第 4 个类是 TestShape(测试)类，分别定义圆形类和矩形类的实例对象，并用 show 方法来测试自己的定义。

9. 如果有两个类 A、B(注意不是接口)，想使 C 类同时拥用这两个类的功能，则该如何编写 C 类呢?

10. 有一个抽象父类 Car，内有属性 int maxSpeed，构造方法为 Car(int maxSpeed)，抽象方法为 void stop()，有两个子类 Ford、QQ 继承父类 Car。

(1) 请调用父类构造方法初始化赋值 maxSpeed。

(2) 重写 stop 方法，要求：

当 maxSpeed≥300 时，Ford 打印语句“停车”。

当 maxSpeed≥120 时，QQ 打印语句“停车”。

11. 下面程序运行后的输出是什么?

```
class ThisClass{
    public static void main(String[] args){
        Object o=(Object)new ThisClass();
        Object s=new Object();
        if(o.equals(s))
            System.out.println("true");
    }
}
```

12. 指出下面程序运行后的结果。

```
class C1{
    static int j=0;
    public void method(int a){
        j++;
    }
}
class Test extends C1{
    public int method(){
        return j++;
    }
    public void result(){
        method(j);
        System.out.println(j+method());
    }
    public static void main(String[] args){
        new Test().result();
    }
}
```

13. 下面程序编译运行的结果是什么?

```
interface Action{
```

```
    int i=10;
}
class Happy implements Action {
    public static void main(String[] args) {
        Happy h=new Happy();
        int j;
        j=Action.i;
        j=Happy.i;
        j=h.i;
    }
}
```

14. 在 java.util 包中有一接口 Comparator，提供了比较器的功能。根据此接口定义的比较方法，针对 Account 中的 id 和余额两个字段，完成两个比较器类的定义，并改写程序 6-4，验证自己的设计是否正确。

15. JButton 是 javax.swing 中的类，表示一个可见按钮，可参考本书第 14 章的内容，设计一个上下两排的 21 点扑克游戏界面，上方用背面显示对方的扑克牌，下方用正面显示自己得到的扑克牌。

提示：可以通过 Card 继承 JButton 类，来表示一张牌，通过修改 JButton 实例的背景图片显示扑克牌的背景或牌面。

第7章 异常控制

最好在程序运行以前的编译阶段就捕获错误，然而并非所有错误都能在编译期间检查到，有些问题必须在运行期间才能解决。本章讲述了Java编程语言中错误处理程序的设计原则。

学习目标：

- 理解异常的概念，清楚错误和异常的区别以及运行时异常和受检异常的差异。
- 了解程序中发生异常的根源，能够利用try、catch和finally语句块处理异常。
- 掌握自定义异常类。
- 掌握方法定义中的异常声明及方法执行中抛出异常对象。
- 掌握异常处理中资源对象的应用。
- 掌握异常处理的基本规则。

7.1 异　　常

异常就是导致正常程序流程中断的不正常现象。例如，在程序执行过程中发生下列情况时，就会出现异常。

(1) 想打开的文件不存在。

(2) 网络连接中断。

(3) 接收了不符合逻辑的操作数。

(4) 系统资源不足。

(5) 对空栈执行弹出操作。

(6) 对数组中不存在的位置进行操作。

(7) 向整型变量赋予超出范围的数值。

上述现象在开发时都是经常遇到的，在有些情况出现时还会导致程序崩溃或停止运行，有时虽然不影响程序继续运行，却会使程序处于错误的运行状态，使后继的工作毫无意义。据统计，一个高质量的软件有一半以上的代码都是在处理各种各样可能出现的错误，保证程序的正确运行。

对于没有错误处理机制的语言，需要程序员手动对每个操作的结果进行正确性判断，决定是否继续执行，因此程序中充斥了大量的判断语句，从而影响对程序的正常理解。表7-1对传统的和Java的错误处理机制进行了比较。

在Java编程语言中，针对错误处理，定义了一种特别的错误处理机制——异常处理。Java不仅自己定义了访问数组下标越界等各种各样的异常类来描述一些基本的异常现象，而且提供了扩展机制，允许程序员自定义异常类，应用于实际问题处理。Java的异常处理机制可以捕获对应的异常，并进行主动处理，如表7-1所示。此外，Java还可以捕获所有未预测到的异常，尽管没有对应的异常处理。

表 7-1　传统的错误处理程序和 Java 的错误处理机制比较

<table>
<tr><th>传统的错误处理程序</th><th>Java 的错误处理机制</th></tr>
<tr><td><pre>int fileProcessor(String fileName) {
    if (theFileOpen){
        get the length of the file;
        if (getTheFileLength) {
            allocate that much memory;
            if (getEnoughMemory) {
                read the file into memory;
                if (readFailed) errorCode
                    =-1;
                else
                    errorCode = -2;
            }else
                errorCode=-3;
        }else
            errorCode=-4 ;
    }else
    errorCode=-5;
    return errorCode;
}</pre></td><td><pre>try {
    openTheFile;
    determine its size;
    allocate that much memory;
    readTheFile;
    closeTheFile;
}catch(FileOpenFailed e) {
    dosomething;
}catch(SizeDetermineFailed e) {
    dosomething;
}catch(MemoryAllocateFailed e) {
    dosomething;
}catch(ReadFailed e) {
    dosomething;
}catch(FileCloseFailed e) {
    dosomething;
}finally{
    dosomething;
}</pre></td></tr>
</table>

使用异常的最大优势就是将问题处理代码和正常执行流程做了区分,使得程序的执行逻辑更加清晰,不再使错误处理代码和正常业务逻辑代码混在一起。此外,传统的程序没有更好的表达机制,一个方法返回值既有正常执行的结果,也有错误的返回代码,在返回复杂类型情况下,很难给予较好的执行结果表示,Java 的异常机制则避免了这一弊端。

7.1.1　异常类型

按照在编译时是否被检测,异常可以分为受检异常和非受检异常两类。受检异常在编译时能被编译器检测到;而非受检异常在编译时不能被检测到。非受检异常包括运行时异常(RuntimeException)和错误(Error)。运行时异常只能在程序运行时被检测到,错误异常是不能在编译时被检测到的。一旦发生错误,则很难或不能由程序来恢复或处理。

在 Java 中,java.lang.Throwable 类充当所有异常对象的父类,可以使用异常处理机制将这些对象抛出并捕获。在 Throwable 类中定义方法来检测与异常相关的错误信息,并打印显示异常发生的栈跟踪信息。它有 Error 和 Exception 两个直接子类,如图 7-1 所示。

Throwable 类是 Java 中所有异常的超类。当程序已经发生了某种问题,由 Java 虚拟机感知到而创建一个 Throwable 类或其子类的一个对象抛出,或者在应用程序执行时感知,而由应用程序创建一个异常对象通过执行 throw 语句抛出。生成异常对象并把它提交给运行时系统的过程称为抛出(throw)一个异常。

Throwable 类包含了导致其发生的执行过程(可以理解为方法调用顺序)的快照,通过此信息可以追根求源到问题出现的原始位置。它还包含了给出有关错误更多信息的消息字符串。表 7-2 列出了 Throwable 类的主要方法。

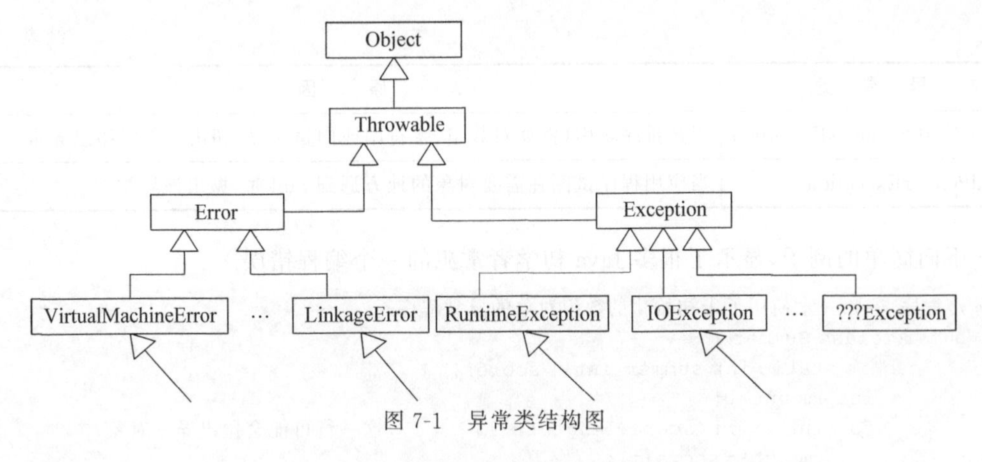

图 7-1　异常类结构图

表 7-2　Throwable 类的主要方法

方　法	作　用
String getMessage()	返回异常的详细消息
void printStackTrace()	显示异常发生地方的堆栈跟踪信息并输出至标准错误流
String toString()	返回异常的简短描述

在 Java 中,异常是以类的形式进行封装的,按照处理方法异常可以分为 3 类。

(1) Error 类的异常。Error 类的子类有后缀 Error。Error 类的子类基本用于指示异常系统条件。例如 OutOfMemoryError 表示内存溢出,StackOverflowError 表示堆栈溢出。一般情况下,这些异常是不可修复、难以处理的。

(2) RuntimeException 类的异常。RuntimeException 类继承于 Exception 类。RuntimeException 类及其子类表示一种设计或实现问题。例如 ArrayIndexOutOfBoundsException 表示数组越界异常,NullPointerException 表示空指针异常,ArithmeticException 表示算术异常。如果程序运行正常,这些异常从不会发生。

(3) Exception 类的其他子类。Exception 类的子类有后缀 Exception。Exception 类的子类表示由运行环境引起的异常。例如 FileNotFoundException 表示要打开的文件不存在异常,这些异常一般是可以修复的,可以用 try…catch 语句块处理。

7.1.2　Java 程序中的常见异常

Java 本身定义了一些异常应对编程中出现的一些基本问题,表 7-3 包括了几个派生于 RuntimeException 类的异常子类。

表 7-3　Java 的一些异常类

异　常　类	原　　因
ArithmeticException	出现异常的运算条件时,抛出该异常。例如,一个整数"除以零"时,抛出此类的一个实例
ArrayStoreException	当试图将错误类型的对象存储到一个对象数组时,抛出该异常
ClassCastException	当试图将对象强制转换为不是实例的子类时,抛出该异常

续表

异常类	原因
IndexOutOfBoundsException	当某排序索引(例如对数组、字符串或向量排序)超出范围时抛出异常
NullPointerException	当应用程序试图在需要对象的地方遇到 null 时,抛出该异常

下面简单的例子,显示了很多 Java 初学者常犯的一个编程错误。

```
//程序 7-1:一个使用了未初始化的数组对象的异常程序
public class Summer {
    public static int summer(int[] score){
        int amount=0;
        for(int i=0;i<score.length;i++){     //这一行可能会抛出异常对象
            amount+=score[i];
        }
        return amount;
    }
    public static void main(String[] args) {
        int[] score=null;
        int result=summer(score);
    }
}
```

运行结果如下:

```
Exception in thread "main" java.lang.NullPointerException
    at Summer.summer(Summer.java:4)
    at Summer.main(Summer.java:11)
```

异常信息显示,程序运行到第(4)行时,应用程序抛出了一个 NullPointerException,然后停止运行。这种错误发生在一个应用程序试图通过一个变量名引用一个对象的属性和方法时,但该对象本身尚未被初始化,也就是并不存在这样的对象,从而造成访问异常。通常这种情况发生在下面几种场景中。

(1) 调用 null 对象的实例方法,例如 score.length()。

(2) 访问或修改 null 对象的字段。

(3) 将 null 作为一个数组,获得其长度。

(4) 将 null 作为一个数组,访问或修改其数据元素。

(5) 将 null 作为 Throwable 值抛出。

虽然这个例子很简单,但是很多初学者经常犯类似的错误,没有对一个方法的返回值进行是否为 null 的检查而直接引用,当然这种错误很多都会在内部测试中排除。

7.2 异常处理

如果程序运行时抛出的不是 Error 或者 RuntimeException 类型的异常(包含它们的子类),则开发者必须对该异常进行处理,处理方法一般有两种。

(1) 将可能发生异常的语句包含在一个 try 或 catch 语句块中进行捕获处理。

(2) 在方法声明时,声明该方法抛出异常,由调用该方法的上一层方法处理异常。

注意：当异常被逐层抛到最初启动程序的 main 方法中，而也得不到处理时，程序被非正常终止。

7.2.1 异常处理的结构

运行时系统在方法的调用栈中进行查找，从发生异常的方法开始回溯，直到找到包含相应异常处理的方法为止，这一过程称为捕获(catch)异常。程序 7-1 运行时显示的异常堆栈信息列出了其错误发生的调用轨迹，最后的异常抛出位置在 Summer 类的第 4 行，是由该类的第 11 行调用的。

要处理可能发生的异常，可以将能够抛出异常的代码放入 try 语句块中，然后针对希望捕获的某种异常创建相应的 catch 语句块的列表，如果程序运行中生成的异常与 catch 语句块中提到的异常相匹配，那么 catch 语句块就被执行。在 try 语句块之后，可能有多个 catch 语句块，每一个都处理一种或多种异常，完整的异常捕获机制代码如下：

```
try {
    //将可能抛出异常的语句放在此处
} catch (MyExceptionType1|MyExceptionType2e) {
    //处理 try 代码块中抛出的 MyExceptionType1 或 MyExceptionType2 类型的异常实例 e
} catch (MyExceptionType3 e) {
    //处理 try 代码块中抛出的 MyExceptionType3 类型的异常实例 e
}finally{
    //无论是否有异常抛出,此部分代码总是被最后执行
}
```

(1) 在一个异常捕获机制中，try 语句块总是存在的，而 catch 语句块和 finally 语句块两者既可以同时出现，也可以只出现其中之一。

(2) 在运行过程中，try 语句块中的语句既可能出现异常，也可能运行正常没有异常出现。当执行到代码块中的某一条语句抛出异常时，try 语句块中的剩余代码停止执行，程序转而寻找匹配的 catch 语句块。

(3) catch 语句块紧跟在 try 语句块之后，中间不能出现其他代码。catch 语句块定义匹配 try 语句块中可能抛出的异常类型，例如 FileNotFoundException 异常，e 是引用型变量，在捕获到对应的异常对象时，用变量 e 引用，catch 语句块是针对异常进行的错误处理代码。例如，在网络传输中，接收的传输错误数据可以根据某种恢复策略进行恢复；若数据库连接超时，可以继续连接，直到达到规定失败次数等。如果对不同类型的异常所做的处理方式是相同的，可以放在同一个 catch 语句块中。例如，在上述代码中，MyExceptionType1 和 MyExceptionType2 的处理方式相同，可以放置在同一个 catch 语句块中。MyExceptionType3 的处理方式不同，单独放置在一个 catch 语句块中。在针对同一个 try 块的 catch 语句块中，声明捕获的异常类不能出现重复的类型，也不允许其中的某个异常是另外一个异常的子类，否则会出现编译错误。例如，上述代码中的 MyExceptionType1、MyExceptionType2、MyExceptionType3 是 3 种不同类型的异常。如果在同一个 catch 语句块中声明了多个异常类，则异常参数的具体类型是所有这些异常类型的最小上界。

(4) finally 语句块总是在 try 语句块或者 catch 语句块执行完之后执行。若无异常抛出，try 语句块中的语句执行到最后一条后，接着执行 finally 语句块中的语句，如果有异常抛出，在执行完对应的 catch 语句块之后，也接着执行 finally 语句块中的语句。所以此部分

代码通常是一些正常处理流程或异常处理流程结束后总要执行的代码。finally 语句块在 try…catch…finally 结构中是一个可选的部分。finally 定义一个总是执行的语句块，而不考虑异常是否被捕获。无论 try 语句块是否正常执行，finally 语句块都将执行。try 语句块可以不执行 finally 语句块就退出的唯一方法是通过调用 System.exit 方法来实现，否则总要执行 finally 语句块。

程序 7-2 使用 try…catch 机制对可能抛出的 NullPointerException 异常进行了捕获处理。

```
      //程序 7-2:利用异常捕获机制捕获可能的 NullPointerException 异常
      public class Summer2 {
(01)      public static int summer2(int[] score){
(02)          int amount=0;
(03)          try{
(04)              for(int i=0;i<score.length;i++){
(05)                  amount+=score[i];
(06)              }
(07)          }catch(NullPointerException e){
(08)              System.out.println("不能给我一个 null 的参数!");
(09)          }
(10)          return amount;
(11)      }
(12)      public static void main(String[] args) {
(13)          int[] score=null;
(14)          int result=summer2(score);
(15)      }
      }
```

运行结果如下：

```
不能给我一个 null 的参数!
```

在这个例子中，使用了 try…catch 机制来控制可能发生的异常。

(1) 程序正常执行到 try 语句块中的第一行语句时，由于 score 引用的数组实际并不存在，因此获得其长度的要求将导致程序出现错误，此时运行时环境会创建一个异常对象，其类型为 NullPointerException，程序将不再执行后续的循环语句，但由于此语句被放置在 try 语句块中，当异常出现时，此机制发挥捕获作用，捕获这个异常。

(2) 当异常出现时，运行时环境首先是检查该异常对象和该 try 语句块后的第一个 catch 语句块要捕获的异常类型是否一致，如果一致，则进入此 catch 语句块进行处理，否则匹配后续的每一个 catch 语句块，如果没有匹配成功，则将该异常传播给方法的调用者处理。

(3) 如果匹配到对应的 catch 语句块，程序正常执行其 catch 语句块中的异常处理代码。

7.2.2 捕获多种异常

一个方法在执行时可能会出现不同类型的异常（虽然在同一时刻只能有一个异常出现），如何处理这些可能的多个异常呢？在 try 语句块之后，按照异常的包容性（子类在前，父类在后），把需要捕获后处理的异常对应的 catch 语句块逐次排列即可，举例如下。

```
//程序 7-3:捕获多种异常
public class Summber3 {
(01)    public static int sum(String op1, String op2) {
(02)        int sum=0,x=0,y=0;
(03)        try {
(04)            op1.trim();
(05)            op2.trim();
(06)            x=Integer.parseInt(op1);
(07)            y=Integer.parseInt(op2);
(08)            sum=x+y;
(09)        } catch (NullPointerException e) {
(10)            System.out.println("不能给我一个 null 的参数!");
(11)        } catch (NumberFormatException e) {
(12)            System.out.println("也不能给我一个不是数值型的字符串参数!");
(13)        } catch (Exception e) {
(14)            System.out.println("呵呵,再也没有异常会被放跑了!");
(15)        }
(16)        return sum;
(17)    }
(18)    public static void main(String[] args) {
(19)        int result=sum("1","2a");
(20)        System.out.println("sum="+result);
(21)    }
}
```

为了对这个程序进行测试,可以修改 main 方法中传递给 sum 方法的实参,例如可以分别调整为下面两组之一。

```
int result=sum("1","2a");                    //引发 NumberFormatException
int result=sum("1",null);                    //引发 NullPointerException
```

本例中定义了两个需要处理的异常,由于前两个异常类型在继承层次上是平行的,都属于 RuntimeException 的子类,所以先后顺序没有影响,但是最后一个 Exception 是前两个异常类的超类,如果把这个 catch 语句块和第一个 catch 语句块互换,则再也无法捕获 NullPointerException 和 ArithmeticException 两种类型的异常,这是因为 Exception 可以匹配任何运行时异常或其他异常,此外,异常一旦被一个 catch 语句块捕获到,其他 catch 语句块就不会再获得机会,这样的程序在逻辑上是违反语法规定的,将会被编译器作为错误检查。

7.2.3 异常与资源管理

对于资源管理,编程的基本原则是谁申请,谁释放。这些资源涉及操作系统中的内存、磁盘文件、网络连接和数据库连接等。凡是数量有限的、需要申请和释放的资源,都应该纳入资源管理的范围。在使用资源时,可能会抛出各种异常,例如读取磁盘文件和访问数据库时都可能出现各种不同的异常。资源管理的要求是不管操作是否成功,所申请的资源都要被正确地释放。

Java 7 之后,Java 提供了 try…with…resources 语句(带资源的 try 语句),支持对资源进行管理,保证资源总是被正确释放。程序 7-4 给出了一个读取磁盘文件的示例。

```
    //程序 7-4:读取磁盘文件
    import java.io.BufferedReader;
    import java.io.FileReader;
    import java.io.IOException;
    public class ResourceUse{
(01)    public String readFile(String path)throws IOException {
(02)        try(BufferedReader reader=new BufferedReader(new FileReader
                (path))){
(03)            StringBuilder builder=new StringBuilder();
(04)            String str=null;
(05)            while((str=reader.readLine())!=null){
(06)                builder.append(str);
(07)                builder.append(String.format("%n"));
(08)            }
(09)            return builder.toString();
(10)        }
(11)    }
    }
```

上述代码中,资源的申请是在 try 语句块中进行的,而资源的释放是自动完成的。在使用 try…with…resources 语句块时,异常可能发生在 try 语句块中,也可能发生在释放资源时。如果资源初始化时或 try 语句块出现异常,而释放资源的操作正常执行,try 语句块中的异常会被抛出;如果 try 语句块和释放资源都出现了异常,则最终抛出的异常是 try 语句块中出现的异常,在释放资源时出现的异常会被抑制住,从而无法正常抛出,可以通过 addSuppressed 方法记录下来。被抑制的异常会出现在抛出异常的堆栈信息中,可以通过 getSuppressed 方法获取这些异常,从而保证不丢失任何异常。

能够被 try 语句块所管理的资源需要满足一个条件,即其 Java 类要实现 java.lang.AutoCloseable 或 java.io.Closeable 接口,否则会出现编译错误。当需要释放资源时,该接口的方法会被自动调用。Java 类库中已有不少接口或者类继承或实现了这个接口,使得它们可以用在 try 语句块中。例如,与 I/O 相关的 java.io.BufferedReader、java.io.BufferedWriter 等,与数据库相关的 java.sql.Connection、java.sql.ResultSet 和 java.sql.Statement 等都实现了 AutoCloseable 接口。如果希望自己开发的类也能利用 try 语句块进行自动化资源管理,只需要实现 AutoCloseable 接口。

除了对单个资源进行管理外,try…with…resources 语句块还可以对多个资源进行管理。当对多个资源进行管理的时候,在释放每个资源时都可能会产生异常。所有这些异常都会被加到资源初始化异常或 try 语句块中抛出异常的被抑制异常列表中。在 try…with…resources 语句块中也可以使用 catch 语句块和 finally 语句块,在 catch 语句块中可以捕获 try 语句块以及释放资源时可能发生的各种异常。

从 Java 9 版本开始,Java 中可在 try 后面的"( )"中放入已经实例化过的对象。但是需要注意的是,这里所说的实例化对象默认被 final 修饰,所以在 try 中不能再对其进行修改,否则会报错;再者,try 后面的"( )"可以放入多个实例化对象,对象之间用";"隔开。举例如下。

```
    //程序 7-5:Java 9 中 try…with…resources 用法
    import java.io.BufferedReader;
    import java.io.IOException;
```

```
import java.io.Reader;
import java.io.StringReader;

public class TryWithRes {
(01)    public static void main(String[] args) throws IOException {
(02)        System.out.println(readData("test"));
(03)    }
(04)    static String readData(String message) throws IOException {
(05)        Reader inputString=new StringReader(message);
(06)        BufferedReaderbr=new BufferedReader(inputString);
(07)        try (br) {
(08)            return br.readLine();
(09)        }
(10)    }
}
```

7.3 自定义异常

虽然 JDK 已经提供了数量众多的异常类，但大多和语言细节相关，在进行应用程序开发时，通常需要自定义一些和业务相关的异常类。

7.3.1 定义一个受检异常

受检异常就是在编译时必须按照异常处理机制进行控制的异常。自定义一个受检异常是通过扩展 Exception 类或子类（非 RuntimeException 类及其子类）来创建。下面创建了一个取款余额不足的异常，在用户取款时使用。

```
public class InsufficientFundsException extends Exception{
    public InsufficientFundsException(int balance) {
        super("当前余额是"+balance);
    }
}
```

异常类就是一个具有特殊用途的类，它和正常的类一样有着自己的构造方法、属性和方法。上面的 InsufficientFundsException 类继承于 Exception 类，表明自己是一个异常类，其中构造方法的参数 balance 被传递给父类的构造方法，用于保存异常创建时的详细信息，可以利用异常实例的 getMessage 方法获得。例如，下面的语句创建了一个该异常类的实例。

```
InsufficientFundsException ex=new InsufficientFundsException(100);
```

7.3.2 定义一个非受检异常

非受检异常继承于 RuntimeException 类及其子类，程序对一个可能出现的非受检异常可以不必控制，一旦出现，可能会导致程序出现问题。下面将 InsufficientFundsException 类的父类改为 RuntimeException 类。

```
public class InsufficientFundsException extends RuntimeException{
    public InsufficientFundsException(int balance) {
```

```
        super("当前余额是"+balance);
    }
}
```

在实际应用中,一个自定义异常类究竟是作为哪一类异常要根据实际情况决定。一般情况下,如果希望应用程序主动检测异常并有可能恢复时,最好使用受检异常,当遇到即使检测到的异常,也无力恢复时,大多定义为非受检异常。例如,上述取款余额不足异常,一旦此种异常出现,则无法用有效的手段进行恢复,只能根据异常传播机制,将该类异常按照程序的调用关系传播至一个应当处理异常的地方(例如最初提交取款请求的程序,它主动检测到这个异常,然后提示用户重新输入一个符合要求的取款额),否则程序将会被中断。

7.4 方法声明抛出异常

一种异常是由运行时环境检测到并抛出的,另外一种则是在程序执行时主动抛出的。一个方法内的执行过程如果没有按照预计正确的流程运行,则调用它的另外一个方法就有理由获知这种异常,那么如何让调用者知道一个被调用者可能会发生异常呢?Java 规定了当一个方法需要让调用者知道自己在执行时可能发生异常,就需要在方法声明处添加 throws 关键字及异常类型列表。

7.4.1 方法声明中的异常

下面是声明一个方法可能会抛出异常的语法。

```
[访问属性] type methodName([type para1[,…]]) throws Exception1[,Exception2…]{
    …
}
```

其中,throws 关键字用于声明一个方法抛出异常,这种包含了抛出异常的方法声明告诉了这个方法的调用者,该方法在运行时可能会抛出异常,因此需要对执行该方法可能产生的异常进行控制。

JDK 提供的很多方法都有类似的声明,例如一个从二进制文件读入内容的 FileInputStream 类提供的读方法:

```
public int read() throws IOException
```

也可以在自己定义的方法上添加异常抛出声明,例如下面的代码为一个 Account 类定义的 withDraw 方法添加了自定义 InsufficientFundsException 异常。

```
public void withDraw(int amount) throws InsufficientFundsException
```

同时,一个方法可以声明抛出多种类型的异常,相邻两个异常之间用“,”隔开。例如下面为 withDraw 方法又添加了 LossException 异常表示账号由于挂失产生的异常。

```
public void withDraw(intamount) throws InsufficientFundsException, LossException
```

如果事先预知方法执行中某些语句可能抛出某些异常,但又希望使用者获得异常通知,则要在方法声明处加上这种“警告”，每个使用该方法的代码就必须用 try…catch 机制加以捕获，或者在自己的方法上也加上类似的“警告”，继续向上抛出异常，而让更高一层的方法调用代码来处理。

当方法抛出的异常属于 RuntimeException 类及其子类时，无须在方法声明中显式定义，这是因为此种异常通常不属于应用型的异常，它的抛出对于程序的正确运行有着严重的影响，通常需要在设计和开发过程中解决这类问题。

7.4.2 运行时环境抛出异常

当程序在运行过程中碰到了空值引用、数组越界、类型转换错误等问题时，都会认为是严重错误，继续运行下去可能会引发不可预知的问题，因此无论导致该异常出现的代码所在的方法是否声明了这种异常，系统都会抛出这个异常给方法的调用者，例如程序 7-1 中 main 方法调用 summer 方法时碰到的 NullPointerException 异常。

前面已经提到，包含这些可能产生异常的代码的方法无须在方法定义时添加 throws 关键字来表示某种风险。因为这些异常通常都会在设计、开发和测试阶段考虑到而在正式运行前予以排除。例如，对于程序 7-1 中的 summer 方法有理由认为接收的实参不应该是一个不存在的数组对象，所以调用者 main 方法应当保证传递给 summer 方法的实参是存在的，否则就不应该调用，所以程序 7-1 中的 main 方法可以改写成如下代码：

```
        //程序 7-7:改写的 main 方法,添加了必要的参数正确性验证
        public static void main(String[] args) {
(01)        int[] score=null;
(02)        if(score!=null&&score.length>0){
(03)            int result=summer(score);
(04)        }else{
(05)            System.out.println("数组不存在或者长度为 0");
(06)        }
        }
```

当然在使用这些方法时，可以将它们放在 try 语句块内，从而避免复杂的判断，再次改写后的 main 方法如下：

```
        //程序 7-8:改写的 main 方法,使用 try…catch 机制捕获异常
        public static void main(String[] args) {
(01)        int[] score=null;
(02)        try{
(03)            int result=summer(score);
(04)        }catch(NullPointerException e){
(05)            System.out.println("调用 summer 发生错误,原因:"+e.getMessage());
(06)        }
        }
```

在应用开发时大多会采用第一种方法，即程序应当保证执行的正确性，而不要完全依赖异常捕获机制，频繁的异常会导致系统性能下降，而且也会降低用户对于系统的信赖。

7.4.3 开发人员编码在程序中抛出异常

开发人员根据设计要求，可以在程序中主动地创建异常对象，通过抛出这个异常告诉调

用者碰到了麻烦。具体而言，就是在程序中用 throw 语句抛出一个异常，例如程序 7-9 所示。Account 类中的一个取款方法 withDraw，它使用的异常类见程序 7-5 定义的受检异常。

```
     //程序 7-9:一个增加了取款异常的 Account 类
     public class Account {
(01)     private String id;                    //用户唯一的 id
(02)     private String name;                  //用户名称
(03)     private int balance;                  //当前余额
(04)     private String state;                 //账户的状态,例如当为 loss 时表示挂失
(05)     public Account(String id, String name, int balance) {
(06)         super();
(07)         this.id=id;
(08)         this.name=name;
(09)         this.balance=balance;
(10)     }
(11)     public void withDraw(int amount) throws InsufficientFundsException{
(12)         if(amount>this.balance) {
(13)             throw new InsufficientFundsException(this.balance);
(14)         }else{
(15)             this.balance-=amount;
(16)         }
(17)     }
(18)     public static void main(String[] args) {
(19)         Account acc=new Account("001","徐嘉怡",100);
(20)         try {
(21)             acc.withDraw(150);
(22)         } catch (InsufficientFundsException e) {
(23)             System.out.println("账户余额不足,只剩下:"+acc.getBalance());
(24)         }
(25)     }
         //其他有关方法,例如属性的 getter 和 setter 方法请自行添加
     }
```

在 withDraw 方法中，首先对要取的金额和余额进行比较，如果不足，按照业务逻辑是不能提供取款业务的，所以需要告知调用者这种情况，因此，程序使用了 throw 语句抛出了一个 InsufficientFundsException 类型的异常对象，这条语句也可以分成两条语句实现：

```
if(amount>this.balance) {
    InsufficientFundsExceptionex=new InsufficientFundsException(balance);
    throw ex;
}else{
    this.balance-=amount;
}
```

由于 withDraw 方法在声明时注明可能会抛出一个余额不足的异常，且此异常是一个必须处理的受检异常，因此在 main 方法中必须将 acc.withDraw(150)语句用 try…catch 语句块包围起来，如果缺少了 try…catch 机制，这个程序是不会被编译器检查通过的。

7.4.4 多异常抛出

在 7.4.1 节中提到可以声明一个方法抛出多个异常，但任何时候一次调用最多只可能出现一个异常，例如下面修改后的取款方法。

```java
public void withDraw(int amount)
throws InsufficientFundsException, LossException{
    if(amount>this.balance){
        throw new InsufficientFundsException(this.balance);
    }
    if(state.equals("loss")){
        throw new LossException();
    }
    this.balance-=amount;
}
```

程序在运行时,会依次判断每一种情况。当不符合正常业务逻辑时,会根据错误的原因分别抛出不同的异常,一旦抛出异常,后续的语句就不再执行,程序流程转回至调用者。如果方法执行时,多种抛出异常的条件同时存在,则最先匹配的会被执行,创建异常对象抛出,后续的判断没有被执行的机会。

如果没有不符合取款条件的情况出现,则程序会顺利地执行账户余额更新的语句,当然调用者也不会得到任何异常。

7.4.5 覆盖继承自父类的方法时常见的异常问题

对类继承的方法进行覆盖时,可以减少或者不抛出任何异常,可以将抛出的异常替换为该异常的子类,也可以在声明子类方法时,增加被覆盖方法抛出异常的子类。

对类继承的方法进行覆盖时,应避免以下情况。

(1) 增加新的异常,而此异常并非父类方法声明中任何一个异常的子类。

(2) 抛出被覆盖方法所抛异常的父类异常。

7.5 异常处理的基本规则

异常处理的最基本原则,就是要对捕获到的异常进行针对性处理,如果没有针对性的处理机制,则不必捕获,继续抛出异常并交由更上层的调用者处理。

7.5.1 捕获及声明异常

一般情况下,程序对捕获的异常有以下 3 种处理机制。

1. 捕获处理

在程序代码中需要调用的任何方法,都要了解是否定义了抛出异常,如果有,则要对该异常进行针对性处理,即把可能抛出异常的方法调用语句放在 try…catch 语句块中。

2. 捕获不处理

当调用者对被调用方法可能抛出的异常没有办法处理或不需要处理,则可以交由更上层的调用者处理时,只需要在调用者的方法声明中添加对应的异常声明。例如,如果程序 7-9 中的 main 方法不想直接处理 withDraw 方法抛出的异常,可以将 main 方法的声明改写如下:

```java
public static void main(String[] args) throws InsufficientFundsException,
    LossException{
```

```
        Account acc=new Account("001","徐嘉怡",100);
        acc.withDraw(150);
    }
```

因为 main 方法也声明了对应异常的抛出，因此在执行 acc.withDraw(150)方法语句时，就可以不必使用 try…catch 机制，如果 withDraw 方法确实抛出异常，则 main 方法会将这个异常继续抛出去，当然 main 方法是由运行时环境调用执行的，运行时环境检测到这样的错误，会中止程序的运行。

3. 捕获再抛出

在另外一些场合，虽然代码中用 try…catch 机制捕获到了某些异常，但是在处理的同时仍希望以异常的形式通知更上层的调用者发生了异常，就可以采取再次抛出异常的形式实现。一般情况下，再次抛出的异常通常都会以一种新的异常形式出现(当然也可以用原来的异常使用 throw 语句继续原样抛出)。例如，若在调用取款方法时不希望告诉用户如此详细的异常类型，只是告诉用户账户被锁定就可以了，则可以创建一个新的异常抛出，例如 LockedException 是 LossException 的父类，当捕获到 LossException 异常时，可以换成 LockedException 异常抛出，例如：

```
    public static void main(String[] args) throws InsufficientFundsException,
        LockedException {
        Account acc=new Account("001","徐嘉怡",100);
        try {
            acc.withDraw(150);
        } catch (LossException e) {
            throw new LockedException();
        }
    }
```

这个 main 方法捕获了 LossException，然后又以 LockedException 的形式抛出。这种情况通常用在某些方法在收到一些比较低层的异常信息时加以包装，以更接近可理解的方式提供给高层调用者。

7.5.2 finally 和 return 的关系

finally 和 return 并没有直接的关系，不能混为一谈。把 return 语句放在 finally 语句块中或者 try 语句块的最后一行都是不好习惯。

finally 语句块提供了一种不管有无异常都需执行的机制，不恰当地将 return 语句放在此部分，在 try…catch 语句块中抛出的异常就不能正常地传递给上层调用者。

实际上，造成这种结果的原因是 Java 在执行 finally 语句块时，将 finally 语句块独立出来，再另外单独调用时产生的。

7.5.3 需要注意的其他问题

作为一种流程控制机制，Java 的异常机制在实际编程中改变了很多早期 C 程序的处理机制，早期的程序由于没有捕获机制，只是通过不同的返回值来确定发生什么样的情况。

没有经验的程序员在面对出现的异常时，常常不知道如何处理。下面是几条异常处理的经验。

(1) 将程序正常执行中可能发生的例外定义为异常,例如登录账号不存在、密码不匹配等。

(2) 对捕获到的异常要有针对性处理,例如错误恢复机制。

(3) 分析可能出现异常的代码,不将无关的代码放入 try 语句块中,否则会使得 try 语句块变得过于庞大,从而导致出现无法确定异常的具体位置,有可能多个地方发生同样的异常。

(4) 在一个代码块中,try…catch 或 finally 既可以嵌套也可以并行使用。

(5) 不要试图使用 Exception 捕获所有的异常,不同的异常要有针对性处理,不要把所有的异常放在一起处理。

(6) 利用异常而不是返回值来显示程序执行的状态,不用异常代替简单的测试和逻辑判断。

(7) 避免滥用异常。虽然异常处理可以将错误处理代码从正常的程序编制工作中分离,使程序容易修改和维护,但要防止在应用中滥用异常,这是因为异常处理需要初始化新的异常对象,并重新返回调用堆栈,向调用方法传递异常,所以异常处理需要更多的时间和资源。

(8) 可以将异常保留给方法的调用者。

(9) 为了简化编程或将异常留给合适的处理者,可以将自定义异常声明为 RuntimeException 及其子类的异常。

(10) 异常就是处理正常情况以外的事情,即当程序运行中遇到了没有遵守事先规定好的规则时,异常就开始起作用,异常不用于报告程序的正常执行状况。

本章小结

本章系统介绍了异常产生的原因以及如何使用 Java 的异常处理机制处理调用方法可能抛出的异常。在学习本章时应当掌握以下内容。

1. 异常

异常就是标识程序中出现的错误。

异常都是 Throwable 类及其子类的对象。

3 类异常的区别如下。

(1) Error 类及其子类异常无法处理。

(2) RuntimeException 类及其子类异常可以不用处理,也可以选择性处理, 这种异常也被称为非受检异常(Unchecked Exception)。

(3) 其他类型的异常必须得到处理,这种异常也被称为受检异常(Checked Exception)。

2. 异常捕获处理

将可能发生异常的语句放在 try 语句块中,以确保异常发生时能够得到捕获。

catch 语句块可对捕获到的异常进行处理,也可继续抛出异常,交由调用者处理。

finally 是一个在执行 try…catch 后执行统一的语句块。

当一个 try 语句块能抛出多个异常,则 catch 语句块可以并列。

try…with…resources 语句可以声明 1 个或多个资源,对于 Java 9 及之后版本,可在 try

后面的"( )"中放入已经实例化过的对象。一个实现了 java.lang.AutoCloseable 或 java.io.Closeable 接口的对象就是资源，try…with…resources 语句可以确保在语句执行后关闭资源。

3. 自定义异常

开发人员可以通过派生 Exception 类及其子类来定义自己的异常类，用于对象业务环境中的某种错误类型。

为了简化编程或将异常留给合适的处理者，可以将自定义异常声明为 RuntimeException 类及其子类的异常。

4. 定义方法时声明可能抛出异常

如果一个方法执行时抛出的异常不是 Error 类、RuntimeException 类和其它们的子类，则必须在方法定义时用 throws 子句说明可能抛出的异常。

可以使用 throw 语句在程序执行中任意需要的地方抛出异常，控制程序的流向。

习 题 7

1. 当发生异常后，Java 运行系统如何处理？
2. 在 7.4.4 节中改写了 withDraw 方法，请修改程序 7-9，写出修改后的程序。
3. 设计一个例子，以验证 7.4.5 节中不被允许的情况。
4. 下面的程序运行结果是什么？

```
class ThisClass{
    static void foo() throws Exception{
        throw new Exception();
    }
    public static void main(String[] args){
        try{
            foo();
        }catch(Exception e){
            System.exit(0);
        }
        finally{
            System.out.println("In finally");
        }
    }
}
```

5. 下面程序中 catch 后的空白处，应该放什么内容？

```
class Excep{
    static void method() throws Exception{
        throw new EOFException();
    }
    public static void main(String[] args){
        try{
            method();
        }catch(                    ){
        }
```

```
    }
}
```

6. 编写程序实现在创建 Student 对象时，如果性别属性不是 M(男)或者 F(女)时，则抛出一个性别非法异常。

7. 编写一个可以产生 NullPointerException、IndexOutOfBoundsException 异常类型的程序，并能显示堆栈跟踪记录。

8. 在一个类中编写一个方法，用于搜索一个字符数组中是否存在某个字符，如果存在，则返回这个字符在字符数组中第一次出现的位置(序号从 0 开始计算)；否则，返回 −1。要搜索的字符数组和字符都以参数形式传递给该方法，如果传入的数组为 null，应抛出 IllegalArgumentException 异常。在类的 main 方法中以各种可能出现的情况验证该方法编写得是否正确，例如，字符不存在，字符存在，传入的数组为 null 等。

9. 运行程序，分析结果并说明原因。

```
Class Utils {
    int getInt(String arg){
        return 42;
    }
}
Class Parser extends Utils {
    public static void main(String [] args) throws Exception{
        System.out.print(new Parser( ).getInt("30"));
    }
    int getInt(String arg) throws Exception  {
        return Integer.parseInt(arg);
    }
}
```

第8章 泛型和集合

集合是应用编程中经常使用的数据结构,提供了许多构造和管理同类数据的方法。数组具有固定的元素数量,而集合的容量是可以动态增长的。Java 的集合框架提供了丰富多样的集合接口及实现类。掌握集合应用的关键在于熟悉不同类型集合接口及实现的特性并根据应用的需要进行灵活应用。另外,本章也对泛型和集合的接口应用进行了讲述。

学习目标:

- 理解集合的框架。
- 理解什么是 Set(集)、List(列表)和 Map(映射),掌握它们之间的差异。
- 掌握利用迭代顺序访问集合中元素的方法。
- 掌握通过泛型机制限制集合元素类型的方法。
- 理解基于接口编程的概念。
- 掌握如何构建自定义有序集合的方法。
- 了解并发访问集合可能的风险。
- 了解 Lambda 表达式及集合中 Stream 的操作。

8.1 集合框架

与数组相似,集合也能容纳一定数量的对象,二者的区别是,数组一旦创建,其大小不可修改,而集合则可随元素的增加而不断增长,Java 的集合类还提供了更多的方法用于元素的处理;数组可以容纳基本类型在内的多种数据类型的数据,而集合只能容纳引用类型的对象。

8.1.1 集合类

java.util 中的集合类包含了多种特性不同的集合,这使用户不但能够存储和管理内存中的各种对象,而且可以利用灵活的访问机制对存储在集合中的对象进行操纵。图 8-1 显示了 Java 部分集合类的继承体系,通过继承层次,可以看到每个集合类的来源。

图 8-1 只是反映了 Java 集合框架的局部。集合框架就是一套能够表现和操纵集合的统一架构,Java 集合框架全面支持泛型,通过在编译期的类型安全检查,提高软件质量。整个集合框架包含下面 3 部分。

(1) 接口。接口是一些抽象的数据类型,通过定义抽象接口,可操纵集合独立于它的具体实现。图 8-2 所示为集合框架的接口体系。

(2) 实现。实现是满足各种各样要求的集合类,是这些接口定义的具体实现,本质上讲,这些类定义了满足不同要求的数据结构。

(3) 算法。算法满足了检索、排序、插入、获取等各种计算要求,为适应不同目的的集合应用提供了同名的不同算法实现(多态性)。

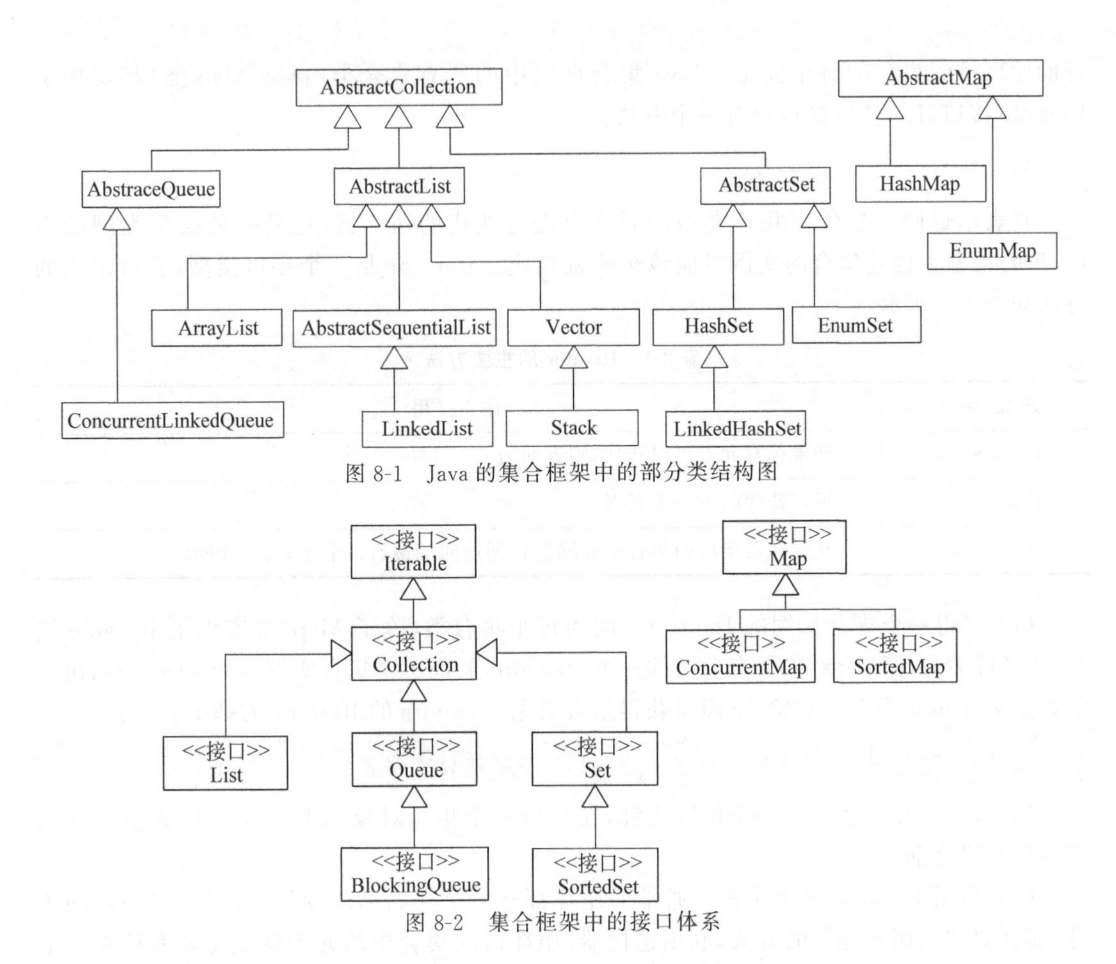

图 8-1 Java 的集合框架中的部分类结构图

图 8-2 集合框架中的接口体系

在 Java 中有 4 种主要的集合类型：Set(集)、Sequence(序列)、Map(映射)和 Queue(队列)。它们是集合的几种典型应用。

(1) Set(集)中的对象通常不按任何特定的方式排列，而且集中不允许有重复的元素。

(2) Sequence(序列)或者 List(列表)的主要特性是其元素以线性方式排列，与 Set 不同，List 通常允许有重复的元素。实现此接口的用户可以对列表中每个元素的插入位置进行精确控制。用户可以根据元素的整数索引(在 List 中的位置)访问元素，并搜索 List 中的元素。

(3) Map(映射)与 Set 和 Sequence 有显著区别，因为映射中的每项都是以＜key,value＞形式出现的，所以这种方式也被称为字典。一个映射不能包含重复的键，每个键最多只能映射一个值。

(4) Queue(队列)是一个先入先出(FIFO)的数据结构。

作为抽象的数据类型，接口概括了某些类型应具备的共同行为，集合框架充分展示了利用接口展示和操纵集合的有效性。面对丰富的集合实现类，只需要掌握 List、Queue、Set、Map 等几个简单的接口就可表示不同类型的集合实例，在学习和应用方面有着重要的意义。

8.1.2 集合的接口

1. Iterator

在前面讲述循环控制时，已经提到了 Iterator(迭代器)的概念。简单地说，Iterator 用于帮助循环访问集合的每个元素。Java 集合框架中的所有集合类(排除 Map 类)都实现了 Iterable 接口,Iterable 接口只有一个方法:

```
Iterator<E> iterator();
```

它表示返回一个在一组 E 类型的元素上进行迭代的迭代器,这是一种泛型类型的声明,E 的类型在创建集合的实例时应该被明确指定。Iterator 是一个接口类型,它所定义的方法如表 8-1 所示。

表 8-1 Iterator 的主要方法

方法名称	作用
hasNext()	如果仍有元素可以迭代,则返回 true
E next()	返回迭代的下一个元素
remove()	从迭代器指向的集合中移除迭代器返回的最后一个元素(可选操作)

(1) 获得一个集合实例的 Iterator。因为每个集合类(除了 Map)都实现了 Iterable 接口,也意味着每个集合对象都有自己的一个 Iterator,假如一个集合实例名为 accounts,包含的都是 Account 类型的对象,下面是获得集合对象 accounts 的 Iterator 的基本方法:

```
Iterator<Account> iterator=accounts.iterator();
```

Iterator 的作用相当于一个位置指针,在获得一个集合对象的 Iterator 时,该指针指向第一个元素之前。

(2) 利用 Iterator 访问元素。通常的循环都有一个初始循环变量,需要设置循环的条件,而且要定义循环变化的方式,利用迭代器,循环访问集合中的元素就变得非常简单。下面的程序片段显示了利用 Iterator 循环访问集合中每个对象的方法:

```
Iterator<Account> iterator=accounts.iterator();
Account account=null;
while(iterator.hasNext()){
    account=iterator.next();
}
```

上面的程序首先从一个名为 accounts 的集合实例中获得该集合的迭代器,该 Iterator 指向的元素类型是 Account 类型,随后利用一个 while 循环逐个访问集合中的每个元素。这里循环的条件是 iterator.hasNext(),当该方法返回值为 true 时,表示集合中仍有对象可以迭代,如果没有元素了,则循环结束。

当获得一个集合实例的 Iterator 时,Iterator 指向的位置在第一个元素之前,因此如果集合里存在元素,则每次的 next 方法表示移动位置到下一个元素,并返回该元素。next 方法相当于循环变量的步长增加一个,当 next 方法到最后一个元素之后时,hasNext 方法返回 false,即没有元素可迭代。

2. Collection

Collection(集合)是集合层次结构中的根接口。Collection 表示一组对象,这些对象也称为 Collection 的元素。有些 Collection 实例允许有重复的元素,而另外一些则不允许;一些 Collection 实例中的元素排放是有序的,而另一些则是无序的。Java 不提供此接口的任何直接实现，而是提供了 Set、Queue 和 List 等更具体的子接口进行实现。此接口通常用来传递 Collection 实例，并在需要最大普遍性的地方操作这些实例。

结合接口的概念，也就是说，当程序对一个集合进行操作的时候，如果仅仅是增加、删除、顺序访问这样的操作，就无须关心用什么样具体的集合类来实现数据的存储和访问。例如 Map 接口的 values 方法返回的是一个 Collection 类型的集合，调用该方法的程序无须关心 Map 内部具体使用了什么样的集合来保存每一个元素。这样一来，当方法提供者决定修改代码，选用另外更有效率的集合类实现时，使用者也不必担心会对自己产生影响，这样通过接口就可实现应用和实现无关的要求。表 8-2 所示为 Collection 的主要方法。

表 8-2　Collection 的主要方法

方　法	作　用
add(E *o*)	确保此 Collection 包含指定的元素(可选操作)
addAll(Collection<? extends E> *c*)	将指定 Collection 中的所有元素都添加到此 Collection 中
clear()	移除此 Collection 中的所有元素
contains(Object *o*)	如果此 Collection 包含指定的元素，则返回 true
isEmpty()	如果此 Collection 不包含元素，则返回 true
iterator()	返回在此 Collection 的元素上进行迭代的迭代器
remove(Object *o*)	若集合存在对象 *o*，则从此 Collection 中移除
size()	返回此 Collection 中的元素数
toArray()	返回包含此 Collection 中所有元素的数组

Collection 是集合框架的根接口，在它之下的 List、Queue、Set 和独立的 Map 分别对应于具有不同用途的集合，实际开发中，常使用这些接口类型来代替一个通用性接口 Collection。

8.2　List

List(列表)是有序的集合，使用此接口程序可以对 List 中每个元素的插入位置进行精确控制。程序可以根据元素的整数索引(在 List 中的位置)访问元素，并搜索 List 中的元素。它的主要特性如下。

(1) List 是有序的，可以通过整数索引(从 0 开始)访问 List 中的元素。

(2) List 通常允许重复的元素。

(3) List 接口提供的特殊迭代器称为 ListIterator，除了允许 Iterator 接口提供的正常操作外，该迭代器还允许元素插入和替换，以及双向访问。

(4) 某些实现 List 接口的列表类，对是否允许 null 在列表中的存在有不同的规定。

Java 提供了许多 List 接口的实现类，主要包括 AbstractList、ArrayList、Stack、Vector、LinkedList、AbstractSequentialList 和 CopyOnWriteArrayList。

8.2.1　List 的主要方法

List 是继承了 Collection 和 Iterable 两个接口的子接口，除了继承的方法之外，还添加自己特有的方法,如表 8-3 所示。

表 8-3 List 的主要方法

方法	作用
add(int index, E element)	在列表的指定位置插入指定元素
addAll(int index,Collection<? extends E> *c*)	将变量 *c* 所引用的集合中的所有元素从指定位置开始插入
E get(int index)	返回列表中指定位置的元素
intindexOf(Object *o*)	返回列表中首次出现指定元素的索引,如果列表不包含此元素,则返回−1
lastIndexOf(Object *o*)	返回列表中最后出现指定元素的索引,如果列表不包含此元素,则返回−1
Iterator<E> iterator()	返回按适当顺序在列表的元素上进行迭代的迭代器
ListIterator<E> listIterator()	返回以正确顺序在列表的元素上进行迭代的列表迭代器
ListIterator<E>listIterator(int index)	返回列表中元素的列表迭代器(以正确的顺序),从列表的指定位置开始
Eremove(int index)	移除列表中指定位置的元素
Eset(int index, E element)	用指定元素替换列表中指定位置的元素
List<E> subList(int fromIndex, int toIndex)	返回列表中指定的 fromIndex(包括)和 toIndex(不包括)之间的部分视图

8.2.2 ListIterator

ListIterator(列表迭代器)是一个继承了 Iterator 接口的接口。和 Iterator 相比,ListIterator 允许按任意方向遍历列表,迭代期间修改 List 并获得 Iterator 在 List 中的当前位置,具体方法参见表 8-4。ListIterator 没有当前元素,它的光标位置始终位于调用 previous 方法所返回的元素和调用 next 方法所返回的元素之间。在长度为 n 的列表中,有 $n+1$ 个有效的索引值,从 0 到 n(包含)。

```
Element(0)  Element(1)  Element(2)  ... Element(n)
^           ^           ^           ^              ^
Index: 0          1           2     ...      3             n
```

表 8-4 ListIterator 的主要方法

方法	作用
add(E o)	将指定的元素插入列表
hasNext()	继承自 Iterator
hasPrevious()	反向遍历列表,列表迭代器有多个元素,则返回 true
next()	继承自 Iterator
nextIndex()	返回对 next 的后续调用所返回元素的索引

续表

方　法	作　用
previous()	返回列表中的前一个元素
previousIndex()	返回对 previous 的后续调用所返回元素的索引
set(E o)	用指定元素替换 next 或 previous 返回的最后一个元素

从表 8-4 可以看出,ListIterator 可以利用 hasPrevious 和 previous 等方法实现向后方向的迭代,hasNext 和 next 方法实现了向前迭代的目的。

8.2.3 ArrayList

List 是一种接口,而 ArrayList(数组列表)是一个实现 List 接口的大小可变的数组,它实现了所有可选的 List 操作,允许包括 null 在内的所有元素。

每个 ArrayList 实例都有一个容量。该容量是指用来存储列表元素的数组大小。它大于或等于 List 的大小。随着 ArrayList 中添加的元素不断增多,其容量也会自动增加。在添加了大量元素前,应用程序可以使用 ensureCapacity 操作增加 ArrayList 实例的容量,从而减少递增式再分配的数量。

另外,ArrayList 实例不是同步保护的。如果有多个线程同时修改 ArrayList 实例,则应当通过对封装了 ArrayList 实例的对象进行同步操作,如果不存在这样的对象,则应该使用 Collections.synchronizedList 方法将该 List"包装"起来。这些工作最好在创建时完成,以防止对 List 进行不同步的意外访问。

```
List list=Collections.synchronizedList(new ArrayList(…));
```

实际开发中,常常通过自定义的类来封装 ArrayList 类的实例,并根据此类提供的外部服务定义若干特殊方法,从而保证程序外部访问的稳定性。程序 8-1 介绍了 ArrayList 的应用。

```
      //程序 8-1a:一个利用 List 集合对 Account 对象进行封装的类
      import java.util.ArrayList;
      import java.util.List;
      public class AccountDataBase{
(01)      private List<Account> accounts=new ArrayList<>();
(02)      //提供外部使用者一个向集合中追加 Account 实例的方法
(03)      public void add(Account a){
(04)          this.accounts.add(a);
(05)      }
(06)      //提供外部使用者从集合中按账号查询是否存在特定账户的方法
(07)      public Account find(String id){
(08)          Account retuval=null;                    //用于引用返回对象
(09)          for(Account a:accounts){
(10)              if(a.getId().equals(id)){            //id 相等表示查到
(11)                  retuval=a;
(12)                  break;
(13)              }
(14)          }
```

```
(15)            return retuval;
(16)        }
(17)        public Account remove(String id){
(18)            Account retuval=null;                    //用于引用返回对象
(19)            for(Account a:accounts){
(20)                if(a.getId().equals(id)){            //id相等表示查到
(21)                    retuval=a;
(22)                    accounts.remove(a);
(23)                    break;
(24)                }
(25)            }
(26)            return retuval;
(27)        }
(28)        //输出当前所有的账户对象
(29)        public void print(){
(30)            for(Account a:accounts){
(31)                System.out.println(a);
(32)            }
(33)        }
        }
```

AccountDataBase类封装了一个私有的列表对象accounts(参考第5章定义的Account类),代码如下:

```
private List<Account> accounts=new ArrayList<>();
```

这是一种泛型的应用,赋值左端表示声明的是一个容纳Account类型的列表集合,赋值右端ArrayList<>的"<>",编译器可以自动推断出其应具备的类型,这是泛型在Java 7新增加的特性。

由于List实例只具有纯粹的集合操作而不具有业务操作逻辑,并不适合直接使用,因此AccountDataBase类封装了一个包含Account实例的集合accounts,并在此基础上提供了add、find和remove等方法,由于List接口只提供了判断对象是否存在以及按照下标获取对象的方法,并没有提供按照属性查找对象的方法,所以find方法提供了按照属性id查找的方法。

下面的程序是针对AccountDataBase进行的测试。

```
        //程序8-1b:验证AccountDataBase对List的封装
        public class TestAccountDataBase {
            public static void main(String[] args) {
(01)            AccountDataBaseaccountDB=new AccountDataBase();
(02)            accountDB.add(new Account("1600394098","张伟",2000));
(03)            accountDB.add(new Account("1600394099","王国美",3000));
(04)            accountDB.add(new Account("1600394118","丁理惠",2300));
(05)            Account result=accountDB.find("1600394099");
(06)            if(result!=null){
(07)                System.out.println("删掉了账户:"+result);
(08)                accountDB.remove("1600394099");
(09)            }
(10)            System.out.println("当前剩余账户包括:");
(11)            accountDB.print();
```

```
(12)        }
        }
```

运行结果如下。

```
删掉了账户:Account[name:王国美,balance:3000]
当前剩余账户包括:
Account[name:张伟,balance:2000]
Account[name:丁理惠,balance:2300]
```

数组和 List 可以相互转换,如程序 8-2 所示。

```
        //程序 8-2:数组和 List 可以相互转换
        import java.util.ArrayList;
        import java.util.Arrays;
        import java.util.List;
        public class ArrayToList {
            public static void main(String[] args) {
(01)        String[] s=new String[]{"A","B","C","D","E"};
(02)        List<String> list1=Arrays.asList(s);     /* 将字符串数组转换成 List,等
            号右侧返回实际是 ArrayList 对象,Arrays.asList 返回可变的 list,可以对
            list1 修改 */
(03)        List<String> list2=List.of(s);            /* List.of 返回不可变的 list,
            不能对 list2 修改 */
(04)        list1.set(1,"AA");
(05)        //list2.set(1,"AA");                     //该句会抛出异常
(06)        ArrayList<String>arr=new ArrayList<>();
(07)        arr.add("A");
(08)        arr.add("B");
(09)        String[] dest=arr.toArray(new String[0]);   /* List 转换为数组,new
            String[0]指定返回数组的类型 */
(10)        for(String e:dest)
(11)            System.out.println(e);
(12)        }
        }
```

8.2.4 Vector

与数组一样,Vector(向量)类可以使用整数索引访问元素,但是 Vector 的大小可以根据需要增大或缩小,以适应创建 Vector 后进行添加或移除项的操作。和 ArrayList、LinkedList 等集合不同,Vector 是线程安全的(多个线程访问同一个 Vector 对象不用考虑冲突问题)。Vector 类的主要属性或方法如表 8-5 所示。

表 8-5 Vector 类的主要属性或方法

属性或方法	说　明
int capacityIncrement	向量的大小大于其容量时,容量自动增加的量
int elementCount	Vector 对象中的有效组件数
Object[] elementData	存储向量组件的数组缓冲区
capacity()	获此向量的当前容量

续表

属性或方法	说　明
elementAt(int index)	返回指定索引处的组件
elements()	返回此向量的组件的枚举
ensureCapacity(int inCapacity)	增加此向量容量,确保其至少能够保存最小容量参数指定的组件数
firstElement()	返回此向量的第一个组件(位于索引 0 处的项)
indexOf(…)	搜索给定参数的第一个匹配项
lastElement()	返回此向量的最后一个组件
lastIndexOf(…)	返回指定的对象在此向量中最后一个匹配项的索引

1. 创建 Vector 实例

在创建实例时,Vector 类和前面介绍的集合类有一定的区别,主要在于可以指定向量创建时的初始容量和容量不足时的标准增量,下面的语句描述了不同情况下的 Vector 实例创建。

```
Vector vector=new Vector();                    //默认初始容量为 10,默认标准增量为 10
Vector vector=new Vector(100);                 //初始容量为 100,默认标准增量为 10
Vector vector=new Vector(100,20);              //初始容量为 100,标准增量为 20
```

2. 获得 Vector 的容量和元素个数

Vector 创建时可以指定初始容量,随着元素的增加,其容量会继续增长,因此容量总是大于向量中包含的元素个数。此外获取这两个值的方法也是不一样,利用 Vector 的 capacity 方法可以获得向量的容量,size 方法返回的则是向量包含的元素个数。

程序 8-1 使用了 ArrayList 类型作为保存账号的集合,如果使用 Vector 作为集合类型,只需要修改集合的声明语句,代码如下:

```
private List<Account> accounts=new ArrayList<>();       //原来的声明
private Vector<Account> accounts=new Vector<>();        //使用 Vector 的声明
```

利用 Vector 改写了程序 8-1 的内部数据结构,但 AccountDataBase 类定义的方法并没有任何改变,这个例子也说明了通过封装具体的数据结构,而提供标准的业务调用方法给使用者对于保证程序的稳定性有着重要的作用。

3. Vector 的 Stack 子类

Stack 类是 Vector 的直接子类,表示后进先出(LIFO)的对象堆栈。它通过 5 个操作对 Vector 类进行了扩展,包括通常的 push(压入)和 pop(弹出)操作,以及取堆栈顶点元素的 peek 方法、测试堆栈是否为空的 empty 方法、在堆栈中查找项并确定到堆栈顶距离的 search 方法等。

8.3 Queue

Queue(队列)接口 java.util.Queue 不同于 List 提供的基于下标获得元素的方法,一个队列基本上就是一个先入先出(FIFO)的数据结构,某些队列还支持后进先出(LIFO)以及双向操作的方法。

一些队列有大小限制，因此如果想在一个满的队列中加入一个新项，调用 add 方法会抛出一个 unchecked 异常，而新增加的 offer 方法则返回 false 来表明操作的结果。

remove 和 poll 方法都是从队列中删除第一个元素（head 元素）。remove 的行为与 Collection 接口的版本相似，但是新的 poll 方法在用空集合调用时不是抛出异常，只是返回 null，因此新的方法更适合容易出现异常条件的情况。

另外两个方法 element 和 peek 用于在队列的头部查询元素，它们只是获得队头的元素，但并不把它们取走。两个方法的区别在于，当队列为空时，element 方法抛出一个异常，而 peek 方法返回 null。

这种利用返回值而不是异常判断方法是否正确执行，对于那些类似集合操作密集的应用改善了由于频繁进行异常处理而带来的性能损失。

另外，Queue 常利用 null 作为某些方法的返回值进行空集合的判断，因此即使某些 Queue 支持插入 null，也要慎重，以避免出现 poll 返回 null 却无法知道是否还有元素的情况。

8.3.1 LinkedList

作为 List 接口的链接列表实现，LinkedList（链接列表）类实现所有可选的列表操作，并且允许所有元素（包括 null）。除了实现 List 接口外，LinkedList 类还为在 List 的开头及结尾 get、remove 和 insert 元素提供了统一的命名方法。这些操作允许将链接列表用作堆栈、队列或双端队列（deque）。

另外，LinkedList 类也实现了 Queue 接口，为 add、poll 等方法提供先进先出的队列操作，其他堆栈和双端队列操作可以根据标准列表操作方便地进行强制转换。LinkedList 所有操作都是按照双向链接列表的需要执行的，表 8-6 列出了该类的一些特有方法。

表 8-6 LinkedList 的新方法

方　　法	作　　用
addFirst(E o)	将给定元素插入此列表的开头
addLast(E o)	将给定元素追加到此列表的结尾
element()	找到但不移除此列表的头（第一个元素）
getFirst()	返回此列表的第一个元素
getLast()	返回此列表的最后一个元素
offer(E o)	将指定元素添加到此列表的末尾（最后一个元素）
peek()	找到但不移除此列表的头（第一个元素）
poll()	找到并移除此列表的头（第一个元素）
removeFirst()	移除并返回此列表的第一个元素
removeLast()	移除并返回此列表的最后一个元素

正是由于 LinkedList 类兼具列表的顺序性以及双向队列的特性，再加上友好的可编程

特性,使得 LinkedList 的应用比较普遍。程序 8-3 演示了如何利用 LinkedList 设计了模拟银行排队机的 QueueMachine 类。

首先,创建了一个 Task 类来记录客户的业务请求,代码如下:

```
        //程序 8-3:记录客户业务请求信息的 Task 类
        public class Task {
(01)        private int num;                                          //流水号
(02)        public static String DEPOSIT="deposit";                   //存款
(03)        public static String WITHDRAW="withdraw";                 //取款
(04)        //该数组主要用于在排队机中随机不同的存取款事务
(05)        public static String[] tranTypes={ "deposit", "withdraw" };
(06)        private Account account;                                  //每笔业务涉及的账户
(07)        private int amount;                                       //每笔业务的金额
(08)        private String tranType;                                  //业务发生类型
(09)
(10)        public Task(int num,Account account,int amount,String tranType) {
(11)            super();
(12)            this.num=num;
(13)            this.account=account;
(14)            this.amount=amount;
(15)            this.tranType=tranType;
(16)        }
(17)        public Account getAccount() {
(18)            return account;
(19)        }
(20)        public void setAccount(Account account) {
(21)            this.account=account;
(22)        }
(23)        public int getAmount() {
(24)            return amount;
(25)        }
(26)        public void setAmount(int amount) {
(27)            this.amount=amount;
(28)        }
(29)        public String getTranType() {
(30)            return tranType;
(31)        }
(32)        public void setTranType(String tranType) {
(33)            this.tranType=tranType;
(34)        }
(35)        public int getNum() {
(36)            return num;
(37)        }
(38)        public void setNum(int num) {
(39)            this.num=num;
(40)        }
(41)        @Override
(42)        public String toString() {
(43)            return "Transaction [num="+num+", account="+account+",
(44)                amount="+amount+", tranType="+tranType+"]";
(45)        }
        }
```

其次，利用泛型机制在 QueueMachine 类中封装了一个 LinkedList 实例 queue 保存当前处于等待状态的业务申请。

```
     //程序 8-3 续：基于 LinkedList 创建的排队机类
     import java.util.LinkedList;
     import java.util.Queue;
     public class QueueMachine {
(01)     //使用 LinkedList 作为保存待处理业务的集合，主要是因为它的先进先出机制
(02)     private Queue<Task> queue=new LinkedList<>();
(03)     //判断排队机中是否还有业务等待处理
(04)     public booleanisEmpty() {
(05)         return queue.isEmpty();
(06)     }
(07)     //获得一项业务，可能为 null
(08)     public Task requestTask(){
(09)         Task task=queue.poll();
(10)         return task;
(11)     }
(12)     //向排队机增加一项待处理业务
(13)     public void addTask(Task task) {
(14)         this.queue.add(task);
(15)     }
(16)     public static void main(String[] args) {
(17)         QueueMachineqm=new QueueMachine();
(18)         qm.addTask(new Task(1,new Account("001","王华"),100,Task.DEPOSIT));
(19)         qm.addTask(new Task(2,new Account("002","鲁宁"),100,Task.DEPOSIT));
(20)         System.out.println("向排队机申请一项业务，获得的是:"+qm.requestTask());
(21)     }
     }
```

程序利用 LinkedList 类创建了一个包含 Task 实例的集合，并定义其类型为 Queue，在 requestTask 方法中利用了 poll 方法的特点，返回队列的顶端元素，如果队列为空则返回的是一个 null，而不是异常，因此便于调用程序根据需要来决定如何处理返回的结果。

执行程序 8-3 时，先向排队机中添加两项业务，然后再申请一项业务，其申请到的是序号为 1 的业务。

8.3.2 LinkedBlockingQueue

和 LinkedList 类似，LinkedBlockingQueue 也是一个按 FIFO(先进先出)排序元素的队列，多用于并发访问，不同的是，利用它可以构造一个具有固定容量的有界队列。和数组相比，因为它对队头和队尾的元素存取具有不同的封锁特性，所以具有较高的性能，而且 LinkedBlockingQueue 提供了更多的可使用方法，远比数组灵活。程序 8-4 给出固定容量队列 LinkedBlockingQueue 的使用示例。

```
     //程序 8-4：固定容量队列
     import java.util.Queue;
     import java.util.concurrent.LinkedBlockingQueue;
     public class LinkedBlockingQueueDemo {
(01)     //使用 LinkedBlockingQueue 作为保存待处理业务的集合
(02)     private Queue<Task> queue=new LinkedBlockingQueue<>(2);
```

```
(03)        //判断排队机中是否还有业务等待处理
(04)        public booleanisEmpty() {
(05)            return queue.isEmpty();
(06)        }
(07)        //获得一项业务,可能为 null
(08)        public Task requestTask(){
(09)            Task task=queue.poll();
(10)            return task;
(11)        }
(12)        //向排队机增加一项待处理业务
(13)        public void addTask(Task task) {
(14)            this.queue.add(task);
(15)        }
(16)        public static void main(String[] args) {
(17)            LinkedBlockingQueueDemoqm=new LinkedBlockingQueueDemo();
(18)            qm.addTask(new Task(1,new Account("001","王华"),100,Task.DEPOSIT));
(19)            qm.addTask(new Task(2,new Account("002","鲁宁"),100,Task.DEPOSIT));
(20)            qm.addTask(new Task(3,new Account("003","廖凯"),100, Task.WITHDRAW));
(21)            System.out.println("向排队机申请一项业务,获得的是:"+qm.requestTask());
(22)        }
     }
```

由于在创建用于保存待处理业务的队列时使用的是 LinkedBlockingQueue 类型的具有固定容量的队列,并且在实例化时指定该队列可以容纳的最大元素数目是 2(见程序 8-4 的第 2 行),因此该程序将不会正常运行,运行时该程序抛出了 java.lang.IllegalStateException: Queue full 这样的异常,解决这个问题可以有多种办法,一种是换用其他不具有固定容量的集合,另一种是仍然使用这种集合,但在向集合添加元素时,改用不抛出异常的方法,修改后的 addTask 方法如下:

```
public booleanaddTask(Task task) {
    return this.queue.offer(task);
}
```

offer 方法在项队列中增加元素时,如果碰到了空间满的情况,并不会抛出异常,只会返回一个 false,表示没有添加成功。调用者可以根据返回值的真假来决定如何采取进一步的行动。

8.4 Set

Set(集)是一个不包含重复元素的集合。更正式地说,Set 不包含满足 e1.equals(e2)的元素对 e1 和 e2,并且最多包含一个 null 元素,但某些 Set 的实现类可能并不允许元素中包含 null。

Set 中所存元素的排列顺序是不固定,因此每个实现 Set 接口的类的排列策略可能会有所不同。Set 的主要方法如表 8-7 所示。

表 8-7 Set 的主要方法

方 法	作 用
add(E o)	如果 Set 中尚未存在指定的元素,则添加此元素(可选操作)

续表

方　法	作　用
addAll(Collection<? extends E> c)	如果 Set 中没有指定 collection 中的所有元素,则将其添加到此 Set 中(可选操作)
clear()	移除 Set 中的所有元素(可选操作)
contains(Object o)	如果 Set 包含指定的元素,则返回 true
isEmpty()	如果 Set 不包含元素,则返回 true
iterator()	返回在此 Set 中的元素上进行迭代的迭代器
remove(Object o)	如果 Set 中存在指定的元素,则将其移除(可选操作)
size()	返回 Set 中的元素数(其容量)

HashSet 是 Set 的一个应用较为普遍的实现类,它实现了 Set 接口,由哈希表(实际上是一个 HashMap 实例)支持,并假定哈希函数将这些元素正确地分布在桶中。HashSet 为 add、remove、contains、size 等基本操作提供了稳定的性能。它不保证集合的迭代顺序,特别是它不保证该顺序恒久不变。HashSet 允许使用 null 元素。

对 HashSet 集合进行迭代所需的时间与 HashSet 实例的大小(元素的数量)和底层 HashMap 实例(桶的数量)的"容量"的和成比例。因此,如果迭代性能很重要,则不要将初始容量设置得太高或将装填因子(哈希表的装填因子=表中的记录数/哈希表的长度)设置得太低。

同 ArrayList、LinkedList 等类一样,HashSet 也是非线程安全的,在并发访问环境下需要注意程序的正确性。

1. 创建集对象

```
Set roster=new HashSet();
```

基于泛型的应用要求,在实例化一个集合时,需要指定集合所包容的对象类型,例如:

```
Set<Account> roster=new HashSet<>();
```

这种方法创建的集默认初始容量是 16,装填因子是 0.75。下面的语句创建的集初始容量是 100,装填因子是 0.6。

```
Set<Account> roster=new HashSet<> (100,0.6);
```

2. 获得迭代器

```
Iterator <Account>  it=roster.iterator();
```

这种方法可以获得集对象 roster 的迭代器,以便对 roster 中的元素顺序访问。

程序 8-5 通过对一个封装了 Set 实例的账户花名册的定义,介绍了 Set 的主要方法的应用。

```
    //程序 8-5:一个 Set 类的应用
    import java.util.HashSet;
```

```
      import java.util.Iterator;
      import java.util.Set;
      public class AccountRoster {
(01)      private Set<Account> roster=new HashSet<>();
(02)      public int size(){                            //获得花名册中账户的数量
(03)          return roster.size();
(04)      }
(05)      public void add(Account account){             //向集合中追加元素
(06)          roster.add(account);
(07)      }
(08)      public void print(){                          //显示所有账户信息到默认输出
(09)          Iterator<Account> it=roster.iterator();  //获得集合的迭代器
(10)          while(it.hasNext()){
(11)              Account account=it.next();
(12)              System.out.println(account);
(13)          }
(14)      }
(15)      //寻找集合中是否存在指定 id 的账户
(16)      public Account find(String id){
(17)          Account result=null;
(18)          for(Account account:roster){
(19)              if(account.getId().equals(id)){  //发现目标
(20)                  result=account;
(21)                  break;
(22)              }
(23)          }
(24)          return result;
(25)      }
(26)      public static void main(String[] args) {
(27)          AccountRoster roster=new AccountRoster();
(28)          roster.add(new Account("001","王华"));
(29)          roster.add(new Account("002","陆天一"));
(30)          roster.add(new Account("003","廖凯"));
(31)          System.out.println("--列出当前所有的账户,注意输出顺序和添加时的顺序
--");
(32)          roster.print();
(33)      }
      }
```

通过程序运行的结果可以看出,迭代输出的结果顺序和原始追加顺序是不一样的。

8.5 Map

Map(映射)是另外一种存储数据的方法,这种方法具有较快的查找速度。在前面的集合应用中按属性查找某个对象时必须遍历集合才可能完成查找要求,而使用 Map 则可以为每个对象定义一个关键字与之对应。关键字决定了这个对象引用的存储位置,并且关键字和对象都存储在映射中。在应用中,只要给出关键字,总能直接或间接找到存储在映射中的相应对象,所以这种应用有时也称为字典。

HashMap 是基于哈希表的 Map 接口的实现。此实现提供所有可选的映射操作,并允许使用 null 值和 null 键。HashMap 的主要方法如表 8-8 所示。

表 8-8 HashMap 的主要方法

方　　法	作　　用
clear()	从此映射中移除所有映射关系
containsKey(Object key)	如果此映射包含对于指定的键的映射关系,则返回 true
containsValue(Object value)	如果此映射将一个或多个键映射到指定值,则返回 true
entrySet()	返回此映射所包含的映射关系的 collection 视图
get(Object key)	返回指定键在此标识哈希映射中所映射的值,或者如果对于此键来说,映射不包含任何映射关系,则返回 null
isEmpty()	如果此映射不包含键-值映射关系,则返回 true
keySet()	返回此映射中所包含的键的 Set 视图
put(K key,V value)	在此映射中关联指定值与指定键
remove(Object key)	如果此映射中存在该键的映射关系,则将其删除
size()	返回此映射中的键-值映射关系数
values()	返回此映射所包含的值的 collection 视图

1. 创建 HashMap

在进行 Map 类型的声明时,基于泛型的要求,需要指明该映射的关键字的类型以及对应的值对象的类型。例如下面的声明:

```
Map<String,Account> roster=new HashMap<>();
```

上述语句声明时确定了关键字的类型是 String,而值对象的类型是 Account。因为在程序中更多的是通过账户 id 来找到对应的账户对象。

另外在创建一个 Map 的实例时,可以指定初始容量以及如何增长空间,默认时,一个 Map 实例的初始容量是 16,装填因子是 0.75。可以根据事先计算的存储规模,为 Map 实例建立一个初始化的容量,以避免不必要的频繁调整。例如下面的语句创建的映射初始容量是 100,装填因子是 0.6。

```
Map<String,Account>roster=new HashMap<>(100,0.6);
```

2. 向 Map 实例中存储对象

基于 HashMap 的特性,对象在存储时,需要选择合适的关键字,好的关键字可以较快地找到对象。例如在存储账户对象时,账号一般是一个不会重复的字符串序列,而且在应用中,经常会通过账号查询账户信息,所以就可以将账号作为关键字。在另外一些情况下,也可以根据实际情况选择多个属性值组合生成一个唯一的关键字。下面是向 roster 实例存储对象的方法。

```
roster.put(account.getId(),account);
```

3. 检索对象

因为在向 Map 实例中存储对象时,需要指定一个关键字,所以在查询一个对象时,最简单的检索办法是通过这个关键字快速查找,代码如下:

```
Account result=roster.get(id);
```

如果对应的关键字没有找到对象或者是 null,返回 null,程序可根据返回结果调整程序流向。

4. 从 Map 实例中删除对象

删除 HashMap 实例中的一个对象,同样需指定对应的关键字,代码如下:

```
Account result=roster.remove(id);
```

如果对应的位置没有找到对象或者是 null,返回 null,否则在映射中删除。

5. 获得映射中的关键字集合

通过一个 Map 实例的 keySet 方法,可以获得 Map 实例的关键字集合,例如:

```
Set<String> keys=roster.keySet();
```

6. 获得对象集合

通过一个 Map 实例的 values 方法,可以获得 Map 实例的值对象集合,例如:

```
Collection<Account> values = roster.values();
```

7. 获得映射中关键字/对象集合

映射中的每一个元素都是一个 Map.Entry 类型对象,它包含"关键字-值对象"信息。例如下面的语句可以获得 roster 的这种集合:

```
Set<Map.Entry<String, Account>>entrySet=roster.entrySet();
```

有了这样的集合,就可以通过一个循环,和前面的在集合中查询一样,找到目标对象。下面是一个简单的循环应用。

```
for(Map.Entry<String, Account>kv:roster.entrySet()){
    System.out.print("key=:"+kv.getKey());
    System.out.print("\t");
    System.out.print("value="+kv.getValue());
}
```

Map.Entry 类型提供了 getKey 和 getValue 方法获得对应元素的关键字和值对象。

程序 8-6 基于 Map 类型对账户对象进行了封装,提供的方法和前面集合的应用是一致的,但是每个方法内部的代码都根据 Map 的特点进行修改。

```
        //程序 8-6:一个 Map 的典型应用
        import java.util.HashMap;
        import java.util.Iterator;
        import java.util.Map;
        public class AccountMapRoster {
(01)        private Map<String,Account> roster=new HashMap<>();
(02)        //获得花名册中账户的数量
(03)        public int size(){
(04)            return roster.size();
(05)        }
(06)        public void add(Account account){
(07)            roster.put(account.getId(),account);
(08)        }
```

```
(09)        //显示所有账户信息到默认输出
(10)        public void print(){
(11)            Iterator<Account> it=roster.values().iterator();
(12)            while(it.hasNext()){
(13)                Account account=it.next();
(14)                System.out.println(account);
(15)            }
(16)        }
(17)        //寻找集合中是否存在指定 id 的账户
(18)        public Account find(String id){
(19)            Account result=roster.get(id);
(20)            return result;
(21)        }
(22)        public static void main(String[] args) {
(23)            AccountRoster roster=new AccountRoster();
(24)            roster.add(new Account("001","王华",1000));
(25)            roster.add(new Account("002","陆天一",1000));
(26)            roster.add(new Account("003","廖凯",1000));
(27)            roster.print();
(28)            System.out.println("--查询账号为 002 的账户信息--");
(29)            Account result=roster.find("005");
(30)            if(result==null){
(31)                System.out.println("没有发现 002 的账户信息");
(32)            }else{
(33)                System.out.println(result);
(34)            }
(35)        }
    }
```

8.6 构建有序集合

插入列表和队列集合中的元素一般均按照插入时的顺序自然排列，某些时候需要集合中的元素按照某种特定的顺序排列，利用 Comparable 和 Comparator 接口可以实现按照自定义方式进行排序的要求。

8.6.1 利用 Comparable 接口实现有序列表

利用 Comparable 接口建立有序集合的关键是首先要求集合所容纳的元素应当实现此接口。程序 8-7 定义了一个实现了这种接口的 Account 类。

```
    /*8-7:一个实现了 Comparable 接口,可以用于按照账户 id 的大小进行排序的 Account
类,程序利用了字符串的大小比较作为账户 Id 的比较算法*/
    public class Account implements Comparable<Account>{
(01)        private String id;                          //用户唯一的 id
(02)        private String name;                        //用户名称
(03)        private int balance;                        //当前余额
(04)        public Account(String id, String name, int balance) {
(05)            super();
(06)            this.id=id;
(07)            this.name=name;
```

```
(08)            this.balance=balance;
(09)        }
(10)        public Account(String id, String name) {
(11)            super();
(12)            this.id=id;
(13)            this.name=name;
(14)            this.balance=0;
(15)        }
(16)        @Override
(17)        public int compareTo(Account o) {
(18)            //利用字符串的 compareTo 方法进行比较,并作为返回结果
(19)            return this.id.compareTo(o.getId());
(20)        }
(21)        //这里省略了每个属性的 getter 和 setter 方法,请创建时自行添加。
(22)        @Override
(23)        public String toString() {
(24)            return "Account[id:"+id+",name:"+name+",balance:"+balance+"]";
(25)        }
    }
```

compareTo 方法是 Comparable 接口所定义的方法，上述方法实现的关键是按照账户 id 的大小(这里借用了字符串的比较算法)来比较两个账户对象的大小。

当需要对一个列表对象进行有序输出时，可以先调用 Collections 类的 sort 方法对目标列表进行排序(例如下面的语句)，然后再按正常的输出算法进行输出，从而保证按照所指定的比较策略进行列表中元素的输出。

```
Collections.sort(roster);
```

Collections 类的 sort 方法要求的参数类型必须是实现了 List 接口的列表类型。它可以按照元素的自然顺序对列表中的所有元素进行排序。

8.6.2 利用 Comparator 接口实现有序集合

利用 Comparable 接口实现的排序只能按照一种比较的顺序进行排列，当需要按照其他条件进行排序时就无能为力了，在实现 Comparable 接口的类中，不能同时提供几种比较方法，但是，Comparator(比较器)接口可以解决这个问题。

实现 Comparator 接口的类为满足一个集合的整体排序提供了灵活实现。程序 8-8 利用此接口实现了一个同样利用账户 id 进行两个对象比较的比较器。

```
        //程序 8-8:一个实现了比较器接口的账户比较器
        import java.util.Comparator;
        public class IdComparator implements Comparator<Account>{
            @Override
(01)        public int compare(Account o1, Account o2) {
(02)            return o1.getId().compareTo(o2.getId());
(03)        }
        }
```

compare 方法是接口所定义的比较方法，这里同样利用了账户 id 是字符串的特点，利用两个字符串进行比较，将比较的结果作为 Account 对象比较的结果。在对列表对象排序

前，可以利用 Collections 类的 sort 方法完成对目标集合实例的排序，代码如下：

```
Collections.sort(roster,newIdComparator());
```

这种利用 Comparator 的排序相对实现 Comparable 的方法更加灵活，程序可以根据需要选用不同的 Comparator，从而实现多种不同的排序结果，例如针对 Account 类可以创建姓名比较器、余额比较器等比较器。

8.6.3 其他排序集合

Java 中为了满足集合在存储时的自动排序，提供了一些实现了 SortSet 和 SortMap 接口的实现类，例如 TreeSet 和 TreeMap 类，它们都提供了在存储时，按照元素的自然顺序或创建集合实例时指定的比较器将插入的元素在集合中进行排序。程序 8-9 演示了利用 TreeSet 构造有序集合的过程，程序中的 Account 使用的是程序 8-7 中的实现了 Comparable 接口的 Account 类。

```
        //程序 8-9:利用排序集合保存实现了排序接口的 Account 对象
        import java.util.Iterator;
        import java.util.Set;
        import java.util.TreeSet;
        public class SortedAccountRoster {
(01)        private Set<Account> roster=new TreeSet<>();
(02)        //获得花名册中账户的数量
(03)        public int size(){
(04)            return roster.size();
(05)        }
(06)        public void add(Account account){
(07)            roster.add(account);
(08)        }
(09)        //显示所有账户信息到默认输出
(10)        public void print(){
(11)            Iterator<Account> it=roster.iterator();
(12)            while(it.hasNext()){
(13)                Account account=it.next();
(14)                System.out.println(account);
(15)            }
(16)        }
(17)        //寻找集合中是否存在指定 id 的账户
(18)        public Account find(String id){
(19)            Account result=null;
(20)            for(Account account:roster){
(21)                if(account.getId().equals(id)){  //发现目标
(22)                    result=account;
(23)                    break;
(24)                }
(25)            }
(26)            return result;
(27)        }
(28)        public static void main(String[] args) {
(29)            SortedAccountRoster roster=new SortedAccountRoster();
(30)            roster.add(new Account("001","王华"));
(31)            roster.add(new Account("003","廖凯"));
```

```
(32)            roster.add(new Account("002","陆天一"));
(33)            System.out.println("--列出当前所有的账户,注意输出顺序和添加时的顺序--");
(34)            roster.print();
(35)        }
    }
```

和前面的程序相比,这个类除了在实例化 roster 时不同之外,其他没有任何差异,它采用的是 TreeSet 类型,这是一个有序集合,默认情况下对集合中的元素按照自然顺序进行排列,当然也可以利用其实例化时指定 Comparator 的方法对添加的元素进行排序,从而保证整个集合的元素是有序的,代码如下:

```
Set<Account> roster=new TreeSet<>( new IdComparator())
```

8.7 泛　　型

泛型也被称为参数化类型(Parameterized Type),就是在定义类、接口和方法时,规定了创建将要处理的对象类型。泛型更多应用于集合,用于表明集合元素的类型限制。

8.7.1 泛型在集合中的主要应用

集合的主要作用在于存储同类型的元素。在未使用泛型前,一个集合的声明和元素添加可以如下的程序片段。

```
List roster=new ArrayList();
roster.add(new String("abc"));
roster.add(5);
roster.add(new Date());
…
Object o=roster.get(1);
```

上述向集合 roster 实例添加不同元素的过程在语法上是正确的,但在实践中却给编程带来了很大麻烦,因为不知道下一个得到的对象可能是什么类型。上述代码中 get 方法返回的对象类型总是 Object,需要强制向下转换类型,但这样并非类型安全,所以从 Java 5.0 开始引入了泛型机制,它为编译器提供了有关集合元素类型的信息,为程序开发提供了防止其他对象类型非法插入集合中的机制,并且在程序获取集合元素时强制对元素进行类型转换,具体的集合实例创建如下:

```
List<Account> roster=new ArrayList<Account>();
roster.add(new String("abc"));      //非法,不能向 roster 中插入非 Account 类型的对象
roster.add(new Account("1","丁莉",100));
roster.add(new Account("2","鲁宁",100));
…
Account o=roster.get(1);
```

由于 roster 在实例化时,限定了元素的类型是 Account,因此与 Account 无关的对象类型是无法再向集合中添加的。

从 Java 7 以后,泛型集合的实例化从形式上进行了简化,可以去掉赋值右端泛型参数,而仅以简单的“<>”代替,编译器会根据程序上下文自动匹配类型,代码如下:

```
List<Account> roster=new ArrayList<>();
```

8.7.2 声明泛型类

程序 8-10 定义了一个先进先出的循环队列。

```
    //程序 8-10:一个利用泛型实现了先进先出的循环队列,T 是未知类型
    public class GenericPool<T> {
(01)    private Object[] objArray;
(02)    private int headLoc;                    //记录当前数组中第一个元素出现的位置
(03)    private int tailLoc;                    //记录当前数组中最后一次插入元素位置
(04)    public GenericPool(int length){
(05)        objArray=new Object[length];
(06)        headLoc=-1;                         //默认在第一个元素之前
(07)        tailLoc=-1;                         //默认在第一个元素之前
(08)    }
(09)    //从数组中取得一个元素,如果没有返回 null,方法的返回值类型为 T,这里和类的未
        //知参数一致
(10)    public T get(){
(11)        Object result=null;
(12)        int idx=(headLoc+1)%objArray.length;   //指针后移一位
(13)        if(objArray[idx]!=null){
(14)            result=objArray[idx];
(15)            objArray[idx]=null;
(16)            headLoc++;
(17)        }
(18)        return (T)result;
(19)    }
(20)    //向数组中增加一个元素,如果数组没有空间,返回-1,规定增加的元素类型为 T
(21)    public int add(T o){
(22)        //计算新的插入位置,循环使用数组位置
(23)        int ins=(tailLoc+1)%objArray.length;
(24)        if(objArray[ins]!=null){            //表示数组满
(25)            return -1;
(26)        }
(27)        objArray[ins]=o;
(28)        tailLoc=ins;
(29)        return ins;
(30)    }
(31)    public static void main(String[] args){
(32)        GenericPool<String> pool=new GenericPool<String>(2);
(33)        System.out.println("1 插入位置在"+pool.add("1"));
(34)        System.out.println("2 插入位置在"+pool.add("2"));
(35)        String x=pool.get();
(36)        System.out.println("取出了"+x);
(37)        System.out.println("3 插入位置在"+pool.add("3"));
(38)        System.out.println("4 插入位置在"+pool.add("4"));
(39)    }
    }
```

在程序 8-10 中,类声明部分多了一个“＜＞”部分 GenericPool＜T＞,这就是泛型类的用法,这种声明为类 GenericPool 增加了一个参数,参数的名称为 T,其类型可以是任何的类型。参数的名称可以随便指定,但习惯上使用简短的字母,如 T、E 之类的代表。在编译

此类时,可以不必确定此参数的具体类型,就好比一个方法的形参一样,编译时没有值,只有在具体调用时,才有实参将值传进来。程序中 main 方法的第一行语句在具体声明并创建 GenericPool 的实例时,确定了参数 T 的实际类型为 String。在这个时刻,get 方法的返回值类型以及方法 add 的形参类型都已经确定为 String 了,而不再是未知类型 T。

如果使用 pool.add(3)这样的方法试图把 3 增加到数组中,在编译环节就无法通过,因为 add(T o)方法声明的参数类型为 T,即运行时确定的 String 类型,而 3 的类型被视为 Integer 类型,两者无法兼容。

8.7.3 声明泛型接口

接口同样可以声明泛型参数,例如下面的接口声明。

```
public interface IPool<T>{
    T get();
    int add(T t);
}
```

Java 接口规定了不同的对象具有相似的行为,在泛型的支持下,接口的适用范围更加灵活,可以针对不同的类型定义相同的行为特征。下面是针对程序 8-10 的 GenericPool 类的修改,实现了上述 IPool 的接口声明。

```
public class GenericPool<T> implements IPool<T>{
    ...
}
```

这种方法中 GenericPool 类定义了一个泛型参数 T,它必须和 IPool 的泛型参数保持一致。另外,也可以在声明时采用如下的类型声明,具体规定接口的泛型参数的类型。

```
public class GenericPool implements IPool<Account>{
    @Override
    public int add(Account t) {
        return 0;
    }
    @Override
    public Account get() {
        return null;
    }
}
```

下面的代码片段取自 ArrayList 的部分实现,通过代码显示泛型在构造一个通用数据处理类型时的作用。

```
     public class ArrayList<E> extends AbstractList<E>
     implements List<E>, RandomAccess, Cloneable, java.io.Serializable{
(01)     private transient Object[] elementData;
(02)     public E get(int index) {
(03)         rangeCheck(index);
(04)         return elementData(index);
(05)     }
(06)     public E set(int index, E element) {
(07)         rangeCheck(index);
```

```
(08)            E oldValue=elementData(index);
(09)            elementData[index]=element;
(10)            return oldValue;
(11)            }
(12)    }
    }
```

8.7.4 声明泛型方法

除了泛型类和接口外，还可以单独定义一个方法作为泛型方法，可以指定方法参数或者返回值指定为泛型类型的声明，留待运行时确定，形式如下：

```
public class ArrayTool {
    public static <E> void insert(E[] e, int idx) {
        //请自己添加代码
    }
    public static <E> E valueAt(E[] e) {
        //请自己添加代码
        E x = null;
        return x;
    }
}
```

泛型方法可以声明在泛型类中，也可以声明在普通类中。

在方法返回值的前面的“<>”里的参数就是方法的泛型参数，此参数类型可以作为方法的返回值和参数的类型声明。

在调用泛型方法时，通过下面的形式来指定所需的类型：

```
String[] names={"丁嘉怡","王美丽"};
ArrayTool.insert(names, 0);                     //第一种调用形式
ArrayTool.<String>insert(names, 0);             //第二种调用形式
```

第二种形式在方法调用时，在方法名前添加了用“<>”括起来的具体类型，它对应于泛型方法的 E。

之所以两种形式都可以使用，是因为编译器和运行时环境会推导出特定的类型，如第一种调用方法，参数 names 的类型是 String[]，因此可以推断出 E 的类型是 String。

8.7.5 泛型参数的限定

一个类通过泛型参数的定义实现处理对象的普遍性，这既是优点，也是缺点。前面的泛型类、泛型接口乃至泛型方法的定义都存在一个缺陷，就是由于参数的类型是未知的，只能在运行时确定下来，因此限制了泛型类对目标对象的处理能力。因为泛型类只能将其视为 Object 类型的实例进行处理，所以无法更有效的使用参数实例本身所能够提供的方法或者属性。通过使用参数类型的边界限定，可以有效地解决这个问题。

1. 定义泛型参数的上界

通过使用 extends 关键字，可以限定泛型参数的类型的上界，如下面的声明：

```
public class NumberGenericPool< T extends Number>
```

上述方式的声明规定了 NumberGenericPool 类所能处理的参数其类型和 Number 类有继承关系，这样程序中就会利用这种关系，将 T 声明的变量视为 Number 类型，从而可以利用 Number 类型的特征进行工作，如类型转换和数值计算。

另外，extends 关键字所声明的上界既可以是一个类，也可以是一个接口，这一点和接口的实现关键字是不同的。

当泛型参数这样声明时，在实例化一个泛型类时，需要明确类型必须为指定上界类型或者子类，例如上述声明采用下面的任何一种实例化都是可行的。

```
NumberGenericPool<Number> pool=new NumberGenericPool<Number>(2);
pool.add(1);
pool.add(2.5);
```

由于规定泛型参数的类型为 Number，因此只要能够转换类型到 Number 类的实例都可以使用，如上例中就增加了一个整数和一个实数，对程序运行没有任何影响。如果把类型声明改为下面的形式：

```
NumberGenericPool<Integer> pool=new NumberGenericPool<Integer>(2);
pool.add(1);
pool.add(2.5);                                    //错误的添加
```

其中 2.5 由于是实数，就不能添加到一个 Integer 类声明的 pool 对象中。

2. 定义泛型参数的下界

通过使用 super 关键字可以固定泛型参数的类型为某种类型或者其超类，例如下面的语句在声明一个集合时，指明集合元素的类型为 CashCard 或者它的某个超类。

```
List<? super CashCard> cards=new ArrayList<T>();
```

当程序希望为一个方法的参数限定类型时，通常可以使用下限通配符，例如 Java 提供的数组排序方法 sort()有如下的声明：

```
public static <T> void sort(T[] a, Comparator<? super T> c)
```

这是一个泛型方法，参数用 T 表示，方法的第一个参数是一个 T 类型的数组，第二个参数是一个比较器接口，规定只能对 T 类型或者 T 类型的超类的元素进行比较。

3. 通配符

"?"用于表明参数的类型可以是任何一种类型，它和参数 T 的含义是有区别的。T 表示一种未知类型，而"?"表示任何一种类型，这种通配符一般有以下 3 种用法。

(1) ?：用于表示任何类型。

(2) ? extends type：用于表示带有上界。

(3) ? super type：用于表示带有下界。

8.8 Lambda 表达式和 Stream 操作

8.8.1 Lambda 表达式

Lambda 表达式是从 Java 8 开始的特性，允许把函数作为一个方法的参数(函数作为参数传递进方法中)，使用 Lambda 表达式可以使代码变得更加简洁紧凑。利用 Lambda 表达式可以取代大部分的匿名内部类，尤其是在集合的遍历和其他集合操作时，可以极大地优化代码结构。

Lambda 表达式由参数列表(在“( )”中表示)、“→”和函数体组成。如下所示：

```
(parameters)->expression
```

或

```
(parameters)->{ statements; }
```

Lambda 表达式的参数列表的数据类型可以省略不写，编译器通过上下文可推断出数据类型。

函数体既可以是一个表达式，也可以是一个语句块，其中表达式会被执行，然后返回执行结果；语句块的语句会被依次执行，就像方法中语句一样。Lambda 表达式常用的语法格式如表 8-9 所示。

表 8-9　Lambda 表达式的常用语法格式示例

语法格式示例	作　用
()→System.out.println(“Hello World”)	无参数，无返回值的函数
(x)→System.out.println(x)	有一个参数，并且无返回值的函数
x>System.out.println(x)	作用同上，如果只有一个参数，“()”可省略

Comparator<Float> cm=(x, y)->{
　　System.out.println(x+"x,"+y) ;
　　return Float.compare(x, y);
};
	有两个及以上的参数，有返回值，并且语句体有多条语句

Comparator<Float> cm=(x, y)->Float.compare(x, y);	如果语句体只有一条语句，return 和“{ }”都可省略

8.8.2　Stream 的操作

Java 8 新增了对 Stream(流)的操作，配合 Lambda 表达式，给操作集合提供了极大的便利。Stream 允许以声明的方式处理数据集合，可以把 Stream 看作是遍历数据集合的一个高级迭代器。Stream 的操作包括非常复杂的数据查找、筛选、排序、聚合和映射等。使用 Stream API 对集合数据进行操作，类似于使用 SQL 执行数据库查询。

Stream 操作通常经过 3 步。

(1) 创建 Stream：通过数据源(如集合、数组等)获取一个流。

(2) 中间操作：通过一个中间操作链，对数据源的数据进行处理(如筛选、映射等)。

(3) 终端操作：一旦执行终端操作，就执行中间操作链，并产生结果。在此之后，流不会再被使用。

注意：Stream 不存储数据值，而是处理数据，它是关于算法与计算的。如果把集合作为 Stream 的数据源，则创建 Stream 时不会导致数据流动；如果 Stream 的终端操作需要值时，则 Stream 会从集合中获取值且 Stream 只使用一次。Stream 的中心思想是延迟计算，即不得不需要时才计算值。

Stream 的常见生成方式如下。

(1) Collection 体系的集合可以使用默认的 stream 方法生成流。

(2) Map 体系的集合间接地生成 Stream。

(3) 数组可以通过 Stream 接口的静态方法 of()函数生成 Stream。

```
     //程序 8-11:3 种生成 Stream 的方式
     import java.util.*;
     import java.util.stream.Stream;
     public class GenerateStream {
         public static void main(String[] args) {
(01)         //(1)Collection 体系的集合可以使用默认方法 Stream 生成流
(02)         //default Stream< E > stream()
(03)         List<String> list=new ArrayList<String>();
(04)         list.stream();
(05)         Set<String> set=new HashSet<String>();
(06)         set.stream();
(07)         //(2)Map 体系的集合间接的生成流
(08)         Map<String, Integer> map=new HashMap<String, Integer>();
(09)         Stream<String> keyStream=map.keySet().stream();
(10)         Stream<Integer> valueStream=map.values().stream();
(11)         Stream<Map.Entry<String, Integer>> entryStream=map.entrySet().
                 stream();
(12)         //(3)数组可以通过 Stream 接口的静态方法 of(T…values)生成流
(13)         String[] str={ "Hello", "World", "Java" };
(14)         Stream<String> strStream=Stream.of(str);
(15)         Stream<String> strStream2=Stream.of("hello","world","java");
(16)         Stream<Integer> intStream=Stream.of(10,20,30);
(17)     }
     }
```

表 8-10 和表 8-11 分别给出 Stream 常用的中间操作和终端操作。终端操作会从流的流水线生成结果,其结果可以是任何不是流的值,例如 List、Integer 等。流进行了终端操作后,不能再次使用。

表 8-10　Stream 常用中间操作

方　法	描　述
filter(Predicate *p*)	筛选操作,接收 Lambda 表达式,从流中筛选掉某些元素
distinct()	筛选操作,利用流所生成元素的 hashCode()和 equals()去除重复元素
limit(long maxSize)	截断流,使其元素不超过给定数量
skip(long *n*)	跳过元素,返回一个丢掉前 *n* 个元素的流。若流中的元素不足 *n* 个,则返回一个空流
map(Function *f*)	接收一个函数并将其作为参数应用到每个元素,并将其映射成一个新的元素
mapToDouble(ToDoubleFunction *f*)	接收一个函数并将其作为参数应用到每个元素,产生一个新的 DoubleStream

续表

方　　法	描　　述
mapToInt(ToIntFunction *f*)	接收一个函数并将其作为参数应用到每个元素,产生一个新的 IntStream
mapToLong(ToLongFunction *f*)	接收一个函数并将其作为参数应用到每个元素,产生一个新的 LongStream
flatMap(Function *f*)	接收一个函数并将其作为参数,将流中的每个值都换成另一个流,然后把所有流连接成一个流
sorted()	产生一个新流,按自然顺序排序
sorted(Comparator com)	产生一个新流,按比较器顺序排序
allMatch(Predicate *p*)	检查是否匹配所有元素
anyMatch(Predicate *p*)	检查是否至少匹配一个元素
noneMatch(Predicate *p*)	检查是否没有匹配所有元素

表 8-11　Stream 常用终端操作

方　　法	描　　述
findFirst()	返回流的第一个元素
findAny()	返回流中的任意元素
count()	返回流中元素总数
max(Comparator *c*)	返回流中最大值
min(Comparator *c*)	返回流中最小值
forEach(Consumer *c*)	遍历操作
reduce(T iden, BinaryOperator *b*)	可以将流中元素反复操作(BinaryOperator)得到一个值,iden 为初始值
reduce(BinaryOperator *b*)	可以将流中元素反复操作(BinaryOperator)得到一个值
collect(Collector *c*)	将流转换为其他形式。接收一个 Collector 接口的实现

在处理集合时,通常会迭代遍历它的元素,并在每个元素上执行某项操作。例如从字符串中获取单词列表,并统计长度大于 4 的长单词的数目。

```
String words="Great minds have purpose";
List<String>wordsList=List.of(words.split(" "));
int count1=0;
for (String s : wordsList)
    if (s.length()>4)
        count1++;
System.out.println("count:" + count1);
```

在采用流操作时,上述操作就可以简化为下面的形式:

```
long count2=wordsList.stream().filter(w->w.length()>4).count();
System.out.println("count:"+count2);
```

上述代码中的 stream()方法通过集合创建流，当然数据源可以是数组或 I/O 资源。filter 方法和 count 方法分别用于筛选数据和统计数据。

程序 8-12 给出 Stream 流操作的示例。

```
     //程序 8-12:Stream 流操作示例
     import java.util.ArrayList;
     import java.util.Arrays;
     import java.util.List;
     import java.util.Optional;
     import java.util.stream.Collectors;
     import java.util.stream.Stream;
     class Account {
(01)     String aid;
(02)     int balance;
(03)     public Account(String aid,int balance) {
(04)         this.aid=aid;
(05)         this.balance=balance;
(06)     }
(07)     public int getBalance() {
(08)         return balance;
(09)     }
(10)     public String toString() {
(11)         return "账号:"+aid+",余额:"+balance;
(12)     }
(13)     @Override
(14)     public boolean equals(Object obj) {
(15)         //TODO Auto-generated method stub
(16)         if (!(obj instanceof Account))
(17)             return false;
(18)         else {
(19)             Account acc=(Account) obj;
(20)             if (acc.aid.equals(this.aid)&&(acc.balance==this.balance))
(21)                 return true;
(22)             else
(23)                 return false;
(24)         }
(25)     }
(26)     @Override
(27)     public int hashCode() {
(28)         //TODO Auto-generated method stub
(29)         return aid.hashCode()+balance;
(30)     }
(31) }
(32) public class StreamDemo {
(33)     public static void main(String[] args) {
(34)         String words="Great minds have purpose";
(35)         List<String>wordsList=List.of(words.split(" "));
(36)         int count=0;
(37)         for (String s:wordsList)                    //传统统计方法
(38)             if (s.length()>4)
(39)                 count++;
(40)         System.out.println("count:"+count);
(41)         //利用 stream 和 lambda 表达式方式
```

```
(42)        long count2=wordsList.stream().filter(w->w.length()>4).count();
(43)        System.out.println("count:"+count2);
(44)        ArrayList<Account>accList=new ArrayList<>();
(45)        accList.add(new Account("a01", 3000));
(46)        accList.add(new Account("a02", 8000));
(47)        accList.add(new Account("a03", 7000));
(48)        accList.add(new Account("a04", 5000));
(49)        Stream<Account> stream=accList.stream();
(50)        //输出余额大于 4000 的账户信息
(51)        stream.filter(e ->e.getBalance()>4000).forEach
                (System.out::println);
(52)        //筛选重复的"a03"和"a04"
(53)        System.out.println();
(54)        accList.add(new Account("a04", 5000));
(55)        accList.add(new Account("a03", 7000));
(56)        accList.stream().distinct().forEach(System.out::println);
(57)        //将字符串转换为大写
(58)        System.out.println();
(59)        List<String> list1=Arrays.asList("aa","bb","cc","dd");
(60)        list1.stream().map(str->str.toUpperCase()).forEach((a)->System.
                out.print(a+" "));
(61)        System.out.println();
(62)        //将元素按照从小到大排序
(63)        List<Integer> list2=Arrays.asList(12,43,65,34,87,0,-98,7);
(64)        list2.stream().sorted().forEach((a)->System.out.print(a+" "));
(65)        System.out.println();
(66)        //筛选重复的元素、按照余额排序后输出
(67)        accList.stream().distinct().sorted((e1,e2)->{
                return Integer.compare(e1.getBalance(), e2.getBalance());
                }).forEach(System.out::println);
(68)        //检查是否有余额超过 10000 的账户
(69)        booleananyMatch=accList.stream().anyMatch(e->e.getBalance() > 10000);
(70)        System.out.println(anyMatch);
(71)        //找到最低余额的账户
(72)        Optional<Account>minAcc=accList.stream().min((e1, e2)->
                Integer.compare(e1.getBalance(), e2.getBalance()));
            //关于 Optional 类见第 9 章
(73)        System.out.println(minAcc.get());
(74)        //计算所有账户的余额的累加和
(75)        Optional<Integer>sumBalance=accList.stream().map(Account::getBalance)
                .reduce((e1,e2)->e1+e2);
(76)        System.out.println("所有账户累加和为:"+sumBalance.get());
(77)        //查找余额大于 7000 的账户员工,结果返回为一个 List
(78)        List<Account>resList=accList.stream().filter(e->e.getBalance()>7000)
                .collect(Collectors.toList());
(79)        //查找结果输出
(80)        resList.forEach(System.out::println);
(81)    }
}
```

程序 8-12 中第 84 行中使用的语句

```
resList.forEach(System.out::println)
```

是 Java 8 引入的新特性，其功能为对集合进行遍历输出。

本章小结

本章介绍了 Java 系统提供的集合框架，掌握集合应用的关键在于两个方面。

(1) 深刻领会接口及其实现之间的关系，在应用中利用集合接口作为集合实例的返回值类型有助于提高程序的可维护性和可修改性。

(2) 全面了解并能掌握不同类型集合的存储和访问特点，有助于根据应用特点选择最合适的集合类型。

本章主要内容如下。

1. 集合框架

集合框架是一套表现和操纵集合的统一架构，Java 中最新的集合框架全面提供了泛型支持，通过在编译期的类型安全检查，提高了软件质量。

整个集合框架包含接口、实现和算法 3 部分。

Java 中有 4 种主要的集合类型：Set(集)、Sequence(序列)、Map(映射)和 Queue(队列)，具有各自的应用特点。

除了 Map，所有的集合类都实现了 Collection 以及 Iterable 接口，因此这些集合都具备一些共同的行为特征。例如，都可以利用 Iterator 顺序访问集合元素等。

2. Iterator

Iterator(迭代器)就是帮助循环访问集合每个元素。在集合框架中，Iterator 只是一个接口，除 Map 类外的所有的集合类都实现了 Iterable 接口。

Iterator 只能顺序访问集合中所包含的对象。

3. List

List(列表)是有序的 Collection。实现此接口的用户可以对列表中每个元素的插入位置进行精确控制。用户可以根据元素的整数索引(在列表中的位置)访问元素，并搜索列表中的元素。

ArrayList 是一个实现了 List 接口的大小可变的数组。

Vector 就像是一个可以自动增长的对象数组。

Stack 派生于 Vector，实现了后进先出的堆栈功能。

List 接口提供了特殊的迭代器，称为 ListIterator，除了允许 Iterator 接口提供的正常操作外，该 Iterator 还允许元素的插入和替换和双向访问。

4. Queue

Queue(队列)就是一个先进先出的数据结构。

在 Java 的集合框架中有两组 Queue 实现：实现了 BlockingQueue 接口的和没有实现这个接口的，LinkedList 是一个典型实现。

5. Set

Set(集)是一个不包含重复元素的 collection。Set 中所存元素的排列顺序是不固定的，因此其排列策略各实现类有所不同。

HashSet 是一个实现了 Set 接口的类，由哈希表(实际上是一个 HashMap 实例)支持，并假定哈希函数能将这些元素正确地分布在桶中。

6. Map

Map(映射)数据存储方法具有较快的查找速度。每个对象都有一个关键字与之对应,关键字决定了这个对象引用的存储位置,并且关键字和对象都存储在映射中,在应用中,只要给出关键字,总能直接或间接找到存储在映射中的相应对象,所以这种应用有时也称为字典。

HashMap 是基于哈希表的 Map 接口的一个具体实现。

7. 可排序的对象及可排序的集合

Java 提供了 Comparable 和 Comparator(比较器)接口用于构建有序集合,Comparable 接口为一个类定义了自然排序的机制,而 Comparator 接口则为集合提供整体排序的机制。

Java 也提供了 TreeSet 和 TreeMap 利用上述接口实现自动排列。

8. 泛型

泛型机制实质上为编写通用性的处理程序提供了基础,其主要的优点在于类型的安全检查。一个泛型类就是一个待处理对象类型未定的类,其类型只有在实例化时才被明确。

泛型参数的名称通常使用简短的字母表示,如 T、E。泛型参数的类型是未知的,被视为 Object 类型,因此在泛型类中对它们所表示的对象只能视为 Object 类型,而通过有界通配符得到应用可以有效地改进这种状况。

9. Lambda 表达式和 Stream 流操作

Lambda 表达式可以取代大部分的匿名内部类,允许把函数作为一个方法的参数,使用 Lambda 表达式可以使代码变得更加简洁紧凑。

Stream 是对集合运算和表达的高阶抽象,配合 Lambda 表达式,给操作集合提供了极大的便利。

习 题 8

1. 编写一个泛型方法,接收一个任意类型的数组,并颠倒数组中的所有元素。
2. 简述 Set、Map、Queue 和 List 的特性和区别。
3. ArrayList 类实现的直接接口是哪一个?
4. ArrayList 和 LinkedList 的区别在哪里?
5. 要求实现这样一个电话簿,只要给出姓氏就能查出所有用这个姓氏的名字,再根据名字,可以查出对应的记录,并显示出来。
6. 利用流操作,计算 1+2+3+…+100 的值。
7. 利用 Lambda 表达式和流操作,将员工集合中找到收入大于 8000 元的人。

第 9 章　常用类的编程

本章介绍了在编程中经常使用的类。这些类分布在不同的包中，各自拥有特殊的功能。灵活运用它们是程序开发的基础，除此之外，还介绍了如何通过一些优秀的第三方类库应用，简化程序的开发。

学习目标：

- 掌握 Objects 类的使用。
- 掌握 System 类的使用。
- 理解字符串处理机制，掌握字符串的运算。
- 掌握日期和时间，以及格式化日期的应用。
- 在理解正则表达式的基础上完成简单正则表达式的设计和应用。
- 掌握 Optional 类的使用。
- 理解并掌握数值包装类的使用。
- 能够利用不同的方法灵活完成随机数值的生成。
- 理解和掌握反射和代理模式的编程。

9.1　Objects 类

Objects 类是用来操作对象的工具类，位于 java.util 包中。Objects 类包含的方法都是静态方法，因此可通过这些方法快速地操作对象。

1. 两对象比较

Objects 类中提供的 compare 方法可实现两个对象的比较。通常对两对象进行比较，先由 Java 类实现 java.lang.Comparable 接口，再通过 compareTo 方法进行比较，如果需要对集合中的元素进行排序，则实现 java.util.Comparator 接口。

```
/* 程序 9-1:实现部分 Comparator 接口 */
import java.util.Comparator;
class TryComparator implements Comparator<Long>{
    public int compare(Long num1,Long num2){
        return num1.compareTo(num2); }
}
```

```
/* 程序 9-2:实现两个对象的比较 */
import java.util.Objects;
public class TestCompare{
public static void main(String[] args){
    int value=Objects.compare(30L,40L,new TryComparator());
    System.out.println(value);}
}
```

2. 判断两对象是否相等

判断对象是否相等一般是调用 Objects 类的 equals 方法，例如判断对象 a 与 b 是否相等的代码是 a.equals(b)。Objects 类中的 equals 方法和 deepEquals 方法也可用于判断对象是否相等，区别在于 Objects 类可以对 null 值进行处理。在直接调用对象的 equals 方法时，需要先判断该对象是否为 null。

Objects 类中，equals 方法和 deepEquals 方法具有相似性，都可以判断对象是相等，区别在于当 deepEquals 方法的两个参数均为数组时，将调用 java.util.Arrays 类的 deepEquals 方法。

```
/* 程序 9-3:实现两个对象相等性判断 */
import java.util.Objects;
public class TestEquals{
    public static void main(String[] args){
        boolean value1=Objects.equals(new Object(),new Object());
        Object[] array1={1,1.0,"hello"};
        Object[] array2={1,2.0,"hello"};
    boolean value2=Objects.deepEquals(array1,array2);
    System.out.println("value1="+value1+"value2="+value2);}
}
```

在调用 Objects 类的 equals 方法时，若两个参数都为 null，则判断结果为 true；如果只有一个参数为 null，则判断结果为 false；如果两个参数都不为 null，则调用第一个参数的 equals 方法。

3. 获取对象的哈希值

Objects 类中的 hashCode 方法和 hash 方法都可以获得对象的哈希值。当需要计算一组对象的哈希值时，可采取 hash 方法。hashCode 方法在进行计算时，如果参数为 null，其返回值为 0，否则返回值是参数对象的 hashCode 方法返回结果。同理，在进行 hash 方法的计算时，如果参数为 null，其返回值为 0，否则返回值是 Arrays 类中的 hashCode 方法返回的结果。

```
/* 程序 9-4:实现获取对象的哈希值 */
import java.util.Objects;
public class TestHash{
    public static void main(String[] args){
        int hashCode1=Objects.hashCode("hello");
        int hash1=Objects.hash("hello");
        int hash2=Objects.hash("hello","hash");
        System.out.println("hashCode1="+hashCode1);
        System.out.println("hash1="+hash1);
        System.out.println("hash2="+hash2);
    }
}
```

程序 9-4 的测试结果如下所示：

```
--test results --
hashCode1=99162322
hash1=99162353
hash2=-1217739203
```

对于单个对象的哈希值获取，调用 hash 方法和 hashCode 方法所获得的结果并不相同。

9.2 System 类

System 类位于 java.lang 包中，凡是此包中的类都可以在程序中直接引用而无须用 import 显式加载，这是因为 JVM 已默认加载了该包下面的所有类。

1. 主要属性和方法

System 包含了一些编程常用的方法与成员变量。System 类不能被实例化，所有的方法都可以直接引用。在 System 类提供的设施中，有标准输入、标准输出和错误输出流，对外部定义的属性和环境变量的访问，加载文件和库的方法，以及快速复制数组的一部分的实用方法，主要内容如表 9-1 所示。

表 9-1 System 类的主要属性和方法

static PrintStream err	"标准"错误输出流。默认是显示器
static InputStream in	"标准"输入流。默认是键盘
static PrintStream out	"标准"输出流。默认是显示器
void arraycopy(Object src, int srcPos, Object dest, int destPos, int length)	指定源数组中复制一个数组，复制从指定的位置开始，到目标数组的指定位置结束
Properties getProperties()	确定当前的系统属性
void loadLibrary(String libname)	加载由 libname 参数指定的系统库。将库名映射到实际系统库的方法取决于系统
long currentTimeMillis()	返回以毫秒为单位的当前时间
void exit(int status)	终止当前正在运行的 Java 虚拟机。参数用作状态码；根据惯例，非 0 的状态码表示异常终止

前面的程序中经常遇到类似

```
System.out.println();
```

的输出语句，out 是 System 类的一个类属性，而 println 方法则只是 out 这个对象的一个方法而已。

2. 获得系统的环境和属性信息

System 类的 getEnv 方法和 getProperties 方法提供了获得信息环境变量定义以及系统属性的方法。程序 9-5 演示了如何显示系统的所有属性。

```
/* 程序 9-5:显示系统的各类属性值 */
importjava.util.Properties;
publicclassSystemDemo {
    publicstaticvoid main(String[] args) {
        Properties prop=System.getProperties();     //获得属性集
        prop.list(System.out);                  //将所有属性全部显示到默认输出设备上
    }
}
```

这里列出了程序运行的部分结果，它包含了当前 Java 安装、配置和产品的一些信息，还有一些系统的相关信息以及用户的部分信息，可以通过指定属性名来获得指定属性的值，例如 getProperty("java.vm.version")得到当前安装的虚拟机的版本号。

```
...
java.vm.vendor=Oracle Corporation
sun.arch.data.model=64
user.variant=java.vendor.url=https://java.oracle.com/java.vm.specification.
   version=17
os.name=Windows 10
sun.java.launcher=SUN_STANDARD
user.country=CN
sun.boot.library.path=D:\Program Files\Java\jdk-17.0.3.1\bin
...
```

9.3 String 类与 StringBuffer 对象

字符串的应用几乎无处不在。String 位于 java.lang 包中的一个标准类,用于字符串处理。

9.3.1 String 类

1. 字符串常量

字符串常量是一个用“" "”括起来的字符序列,例如:

```
"This is a string literal"
```

编译器会为每一个字符串常量创建对象。这些字符串常量中可以包含不能从键盘输入的转义字符。例如:

```
"This is a \u03c0"
```

实际上就是

```
"This is aπ"
```

注意:字符串中的所有字符都是 Unicode 字符,每个字符均占 2B 存储空间。

2. 字符串变量

字符串常量和字符串变量是两个不同的概念。字符串常量在内存中由编译器分配固定的区域,保存字符序列,而字符串变量只是一个引用,不能通过字符串变量对常量进行修改,例如:

```
String str="This is a string literal";
str="This is other string literal";
```

第 2 条语句不是修改了 str 这个字符串对象的值,而是修改了 str 的引用,使它指向了一个新的字符串常量。

但是,另外一种情况:

```
String str1="This is a string literal";
String str2="This is"+" a string literal";
```

实际上 str1 和 str2 指向了同一个引用,因为在进行 str2 的赋值运算时,常量字符串表达式会自动检查当前字符串池中是否已有该字符串，如果有，则舍弃，直接利用原有字符串。这样做的好处是减少了用户程序中需要存储的字符串的数量和空间。

声明字符串对象和声明其他类型的变量本质上没有任何区别，所以下面声明的形式都是允许的：

```
String str;                              //声明了一个未初始化的变量
String str=null;                         //初始化为空值
String str="hello";
String str=new String("hello");
```

3. 字符串运算

字符串可以进行很多运算，例如字符串之间的连接、比较、分割、子串的查询等。

1）字符串连接

可以使用“+”将两个 String 对象组成一个字符串，就如前面的例程中经常出现的那样：

```
"hello"+name
"hello"+"张华"
```

除了字符串之间的连接外，字符串对象还可以和其他类型(原始类型和对象)之间进行连接操作：

```
"string is "+5+5                         //等价于"string is 55"
5+5+"is a string"                        //等价于"10 is a string"
```

为什么会出现这样的现象呢，这是由于运算符的结合方向和优先级造成的。第一个表达式的第一个“+”左端是字符串，按照从左到右的结合方向，首先是字符串“string is ”和一个已经从数值 5 转化为字符串“5”进行连接变成“string is 5”，而第二个表达式 5+5 则是一个被编译器认为是加法运算的表达式，结果为 10，然后进行字符串连接。

2）字符串的比较

字符串之间的比较主要有两种情况，值比较和对象引用比较。

(1) 值比较。值比较主要比较两个字符串的字符序列。Java 中提供了几种方法。

① equals()：该方法在讲述对象之间的比较时，已经提到 equals 方法主要是逻辑等判断，所以对于字符串来说，比较的是字符序列，只要字符序列相同，结果为 true。相似的方法还有 equalsIgnoreCase(String anotherString)，此法忽略大小写。

② compareTo()：按字典顺序比较两个字符串。该比较基于字符串中各个字符的 Unicode 值，将此 String 对象表示的字符序列与参数字符串所表示的字符序列进行比较。在按字典顺序时，若此 String 对象在参数字符串之前，则比较结果为一个负整数，否则比较结果为一个正整数。如果这两个字符串相等，则结果为 0。相似的方法还有忽略大小写情况的 compareToIgnoreCase 方法。

(2) 对象引用比较(==)。在用“==”判断两个对象是否引用同一个对象时，如果结果为是，则返回 true。例如：

```
String str1="This is a string literal";
String str2="This is";
String str3=" a string literal";
```

```
String str4=str2+str3;
```

在这种情况下,str4 的值和 str1 的值完全相同,str4.equals(str1)结果为 true,但是 str1 ==str4 的判断结果却是 false,这是因为 str1 和 str4 分别指向了两个不同的字符串,而并非同一个对象,这和两个字符串常量的连接运算是不一样的。为了使它们相等,可以修改为

```
String str4=(str2+str3).intern();
```

String 的 intern()方法还是会先去查询常量池中是否字符串已经存在,如果存在,则返回常量池中的引用,这一点与之前没有区别,区别在于,如果在常量池找不到对应的字符串,则不会再将字符串复制到常量池,而只是在常量池中生成一个对字符串的引用。简单地说,就是往常量池放的东西变了:老版本的 JDK 在常量池中找不到字符串时,会复制一个副本放到常量池,JDK 7 版本后则是将其在堆上的地址引用复制到常量池。

3) 提取字符串

String 实例利用 charAt 方法返回指定位置的单个字符,用 substring 方法获得子串。这两种提取方法,都必须限定在字符串的长度之内,否则会抛出一个越界异常。另外,字符的开始位置是 0,而结束位置是 length()-1。程序 9-6 演示了这几个方法的应用。

```
/* 程序 9-6:一个字符串提取的程序 */
publicclass StringTakeDemo2 {
    publicstaticvoid main(String[] args){
        String str="This is a String";
        for(int i=0;i<str.length();i++){
            System.out.println(str.charAt(i));              //得到指定位置的字符
        }
        System.out.println(str.substring(10));              //截取部分字符串
        System.out.println(str.substring(5,7));
    }
}
```

4) 检索

String 类中分别提供对于字符和子串的检索方法,如表 9-2 所示。

表 9-2 String 类的位置检索方法

方　法	说　明
indexOf(int ch)	返回指定字符在此字符串中第一次出现处的索引
indexOf(int ch, int fromIndex)	从指定的索引开始搜索,返回在此字符串中第一次出现指定字符处的索引
indexOf(String str)	返回第一次出现的指定子字符串在此字符串中的索引
indexOf(String str, int fromIndex)	从指定的索引处开始,返回第一次出现的指定子字符串在此字符串中的索引

lastIndexOf 方法的 4 种形式与 indexOf 方法的相同,只是将最后出现的字母或者字符串的位置下标作为方法的返回值。

5) 分割

split 方法提供了按照规定的格式分割字符串的方法,结果是分割后的字符串数组。

```
public String[] split(String regex)
```

例如变量 str 引用的字符串是"10,11,12,13,14,15,16",希望以“,”作为分隔符将其分开,可以采用下面的实现代码:

```
String[] result=str.split(",");
```

分割后的数组 result 是一个有 7 个元素的字符串数组。

4. 构造格式化字符串

String 类提供了类方法 format,可以按照指定的格式和参数构造格式化字符串,其方法声明如下:

```
public static String format(String format,Object… args)
```

程序 9-7 利用一个整数、布尔值和一个字符串构造了一个具有规定格式的字符串。

```
/* 程序 9-7:一个构造格式化字符串的程序 */
public class TestFormatString {
    public static void main(String[] args) {
        int i=100;
        boolean status=true;
        String str="Welcome";
        //下面语句利用 String 提供的类方法 format 将不同类型的参数构造为一个字符串
        String newStr=String.format("%10d %b %10s",i,status,str);
        System.out.printf(newStr);
    }
}
```

程序的运行结果是“   100 true   Welcome”,不足宽度均用空格做了填充处理。

9.3.2 StringBuffer 对象

因为 String 对象是不能修改的,Java 提供了另外一个能够修改的类似字符串的字符串缓冲区类,就是 StringBuffer。对于 StringBuffer 对象所包含的字符串内容可以进行添加、删除、替换等操作。

1. 创建一个 StringBuffer 对象

```
StringBuffersbf=new StringBuffer();
```

创建一个不带字符的缓冲区,默认容量为 16 个字符,随着操作容量将发生变化。

```
StringBuffersbf=new StringBuffer("初始化字符串");
```

按照给定内容创建一个缓冲区,初始容量为“16+字符长度”。

```
StringBuffersbf=new StringBuffer(256);
```

创建一个具有初始容量的缓冲区。

2. 向缓冲区追加数据

append 方法适应于基本类型和引用类型。例如:

```
sbf.append(10);
sbf.append("additional string ");
```

由于 append 方法的返回值是 StringBuffer，因此上面的两条语句可以合并为

```
sbf.append(10).append("additional string ");
```

从 StringBuffer 到 String，基于一个 StringBuffer 对象的内容创建字符串可以是

```
String str=new String(sbf);          //sbf 是 StringBuffer 类型
```

也可以是

```
String str=sbf.toString();
```

9.4 日期处理

Java 提供了复杂的日期和时间实现机制，为了具体了解日期和时间的实现，需要了解 Date、Calendar、TimeZone 类，表 9-3 提供了部分和日期处理相关的类。

表 9-3 日期类及日期格式化类

类	作 用
abstract Calendar	该类是一个抽象类，它为特定瞬间与 YEAR、MONTH、DAY_OF_MONTH、HOUR MINUTE 等一组日历字段之间的转换提供了方法，并为操作日历字段(例如获得下星期的日期)提供了一些方法。瞬间可用单位为毫秒的数值表示，它是距历元(即格林尼治标准时间 1970 年 1 月 1 日的 00:00:00.000，格里高利历)的偏移量
abstract TimeZone	代表一个任意的从格林尼治的偏移量，也包含了适用于夏令时(Daylight Savings Rules)的信息
abstract java.text.DateFormat	是日期/时间格式化子类的抽象类，它以与语言无关的方式格式化并分析日期或时间。日期/时间格式化子类(如 SimpleDateFormat)允许进行格式化(也就是日期→文本)、分析(文本→日期)和标准化。将日期表示为 Date 对象，或者表示为从 GMT(格林尼治标准时间)1970 年 1 月 1 日 00:00:00 这一刻开始的毫秒数
SimpleDateFormat	是一个以与语言环境相关的方式来格式化和分析日期的具体类。它允许进行格式化(日期→文本)、分析(文本→日期)和规范化
java.sql.Date	继承 java.util.Date，对应于数据库的日期字段类型
Date	代表一个时间点。在许多应用中，此种抽象被称为 TimeStamp(时间戳)，在标准的 Java 类库实现中，这个时间点代表 UNIX 纪元 January 1,1970,00:00:00 GMT 开始的毫秒数。因此，从概念上来说，这个类是 long 的简单封装

9.4.1 获得 Date 对象

在很多应用中，对事物的操作需要以精确的时间作为基础，Java 提供一种机制可以获得以毫秒为单位的当前时间，在 java.lang.System 类中定义了下面的方法。

```
public static long currentTimeMillis()
```

该方法返回当前时间与协调世界时(UTC)1970 年 1 月 1 日午夜之间的时间差(以毫秒为单位测量)。需要注意的是，值的粒度取决于基础操作系统。例如，许多操作系统以几十毫秒为单位测量时间。但是这种方式获得的时间是以一个长整型的数值表示的，在应用中

有很大的局限。Java 提供了多种方式来构造一个时间对象。

1. 利用 java.util.Date 创建一个 Date 对象

Date(日期)对象的创建方法如下：

```
Date rightNow=new Date();
```

这样创建的 Date 对象以当前系统时间进行初始化。

2. 创建特定时间点的 Date 对象

Date 对象的另外一个构造方法提供了创建特定时间点日期对象的方法,例如：

```
Date rightNow=new Date(10*24*60*60*1000L);
```

构造方法中的参数是一个 10 天的总毫秒数,通过这个长整型的值创建了一个特定的时间点。它反映的是自从标准基准时间(称为“历元(epoch)”,即 1970 年 1 月 1 日 00:00:00 GMT)以来的指定毫秒数。例如用 System.out.println 方法输出 rightNow 时,结果如下：

```
Sun Jan 11 08:00:00 CST 1970
```

之所以不是 1 月 11 日的 0 时 0 分 0 秒,而是增加 8 小时,是因为所处时区的原因,因为中国处在东八区内,所以这个时间不是预料的那样,而且输出格式也不是所熟悉的那样,这是因为 Date 类并没有很好进行国际化的原因,从 JDK 1.1 之后,关于日期的格式输出总是使用 DateFormat 类,而通过 Calendar 获得日期的时间字段。

3. Date 对象的先后

Date 类提供了 after、before 和 compareTo 等方法对两个日期实例的先后关系进行比较。

9.4.2 创建一个 Calendar 对象

Date 对象只是反映了一个时间点,由于 Java 的国际化问题,Java 程序中关于对日期对象的处理基本上都利用 Calendar(日历)对象来进行相关操作。

1. 创建 Calendar 对象

Calendar(日历)是一个抽象类,本身是不能直接用 new 运算符来创建对象的,必须采用如下格式：

```
Calendar rightNow=Calendar.getInstance();
```

这种方法采用默认的时区和语言环境获得一个包含当前时间点的日历对象。

2. 星期的问题

一个星期的 7 天在 Java 中分别用 7 个数字常量 1～7 表示,分别是

```
public static final int SUNDAY=1
…
public static final int SATURDAY=7
```

一个星期的 7 天中哪天是第一天在不同的国家是不一样的,例如在中国是把星期一作为每个星期的第一天,而在美国则是把星期日作为第一天,Java 中默认是按照美国格式的。

3. 月的问题

一年的 12 个月在 Java 当中对应于 12 个整型值,一月对应 0。

```
public static final int JANUARY =0;
…
public static final int DECEMBER =11;
```

4. 获得日历字段信息

Calendar 是一个包含复杂信息的日历类，除了支持时区和日历系统外，它们本身对组成日历信息的各部分有着特别的获取方法。Java 提供了一个统一的方法来获取从日历对象中获得时间的不同构成信息。

```
public int get(int field)
```

这个方法的参数对应于 Calendar 的各个事先确定的、用类常量表示的时间字段属性。例如用 Calendar.YEAR 这个值作参数，可以获得当期日历对象的年份信息。

```
rightNow.get (Calendar.YEAR)
```

此外，Calendar.MONTH 可以用来获得月份信息，Calendar.DATE 可以获得日信息，更多字段可以参考 JDK 文档。

9.4.3 Date 和 Calendar 的转换

1. 通过 Calendar 对象获得 Date 对象

通过 Calendar 对象获得 Date 对象的方法如下：

```
Date otherDate=rightNow. getTime();
```

2. 通过 Date 对象设置 Calendar 对象

Calendar 的 setTime(Date date)方法可以用给定的 Date 对象设置本身的时间。

9.4.4 修改日历属性

修改日历的属性具体有 3 种方法。

(1) 直接设置某一个或几个属性，使用 set 方法。

(2) 采用设置时间的偏移，使用 add 方法。

(3) 使用 roll 方法。

1. set 方法

set 方法用来重置指定的日历字段的值，格式如下：

```
set(int field, int value)
```

例如，修改一个日历字段的年份为 2010 年，可以使用日历对象的 set (Calendar.YEAR,2010)方法来完成，除此之外，Calendar 还提供了类似 set(int year, int month, int date)的方法可以同时设置一个对象的年月日的信息，更多的方法可以参考 API 文档。

2. add 方法

add 方法用于对日期参数进行相关的动态改变，格式如下：

```
add(int field, int amount)
```

其中，field 参数指定了需要调整的日历字段，例如 Calendar.MONTH 等，amount 可以为正数,也可以为负数,意味着向前或向后调整,另外在调整时间时,有一些特殊的情况需要注意。

规则1:调用后f字段的值减去调用前f字段的值等于delta,以字段f中发生的任何溢出为模。溢出发生在字段值超出其范围时,结果下一个更大的字段会递增或递减,并将字段值调整回其范围内。

规则2:如果期望某一个更小的字段是不变的,但让它等于以前的值是不可能的,因为在字段f发生更改之后,或者在出现其他约束之后,比如时区偏移量发生更改,它的最大值和最小值也在发生更改,然后它的值被调整为尽量接近于所期望的值。更小的字段表示一个更小的时间单元。HOUR是一个比DAY_OF_MONTH小的字段。对于不期望是不变字段的更小字段,不必进行任何调整。日历系统会确定期望不变的那些字段。

例如,如果当前日历对象日期为2022年8月31日,执行add(Calendar.MONTH, 13)后,根据规则1,月份将调整为2023年的9月,但是9月没有31这一天,所以根据规则2将DAY_OF_MONTH调整为30日。

3. roll方法

与add方法相比,偏移量的变化会导致更大的时间字段发生变化,roll方法只在指定的字段及向下范围内变动,而不会修改更大的字段。

例如,当前日历对象日期为2022年8月31日时,执行roll(Calendar.MONTH, 13)后,根据规则1,月份会调整为2022年的9月,而年份没有发生变化。但是9月没有31日,所以根据规则2将DAY_OF_MONTH调整为30日。

再举一个例子,当前日历对象日期为2022年8月31日,执行roll(Calendar. DAY_OF_MONTH, 13)后,它的年和月的值都没有变化,只有日期值修订为13日,即2022年8月13日。

9.4.5 格式化输出及日期型字符串解析

Date和Calendar对象有其默认的输出格式,而这些格式在大多数情况下并不符合应用的需要,Java提供了DateFormat及其SimpleDateFormat子类来完成日期的格式化输出和日期字符串的解析任务。

1. 利用DateFormat完成本地化输出

参考代码如下:

```
Calendar rightNow=Calendar.getInstance();
DateFormatdf=DateFormat.getDateInstance(DateFormat.LONG, Locale.CHINA);
System.out.println(df.format(rightNow.getTime()));
```

DateFormat.LONG控制了输出结果的长度,而Locale.CHINA表示一种语言环境。基于中文的LONG模式获得的DateFormat实例,可以用来对Date实例进行格式化输出,如上面代码段的输出结果类似是"2022年8月4日"。

2. SimpleDateFormat

SimpleDateFormat位于java.text包内,是java.text.DateFormat的直接子类,使得可以选择任何用户定义的"日期-时间"格式的模式。要想实现格式化和解析细节,就必须要了解有关日期和时间的格式字符,表9-4列出几个主要的格式字符。

表 9-4 SimpleDateFormat 的格式字符

格式字符	含 义	实 例
y	年	yyyy 2022 yy 10
M	月	MM 07 MMMM July MMM Jul
d	月份内中的天数	dd 7
D	年中的天数	DDD 185
w	年中的周数	ww 15
W	月份中的周数	W 3
F	月份中的星期	F 2
E	星期中的天数	EEE Tue
a	AM/PM 标记	a PM
H	一天中的小时数(0～23)	HH 22
h	AM/PM 中的小时数(1～12)	hh 11
m	小时中的分钟数	mm 13
s	分钟中的秒数	ss 42
S	毫秒数	SSS 978

例如,创建一个输出格式为"2021-10-20 10:37"这样的日期格式对象,首先需要实例化一个具有某种格式的 SimpleDateFormat 对象。

```
SimpleDateFormatsdf=new SimpleDateFormat("yyyy-MM-dd HH:mm");
```

然后格式化一个日期对象,例如:

```
Date rightNow=new Date();
String result=sdf.format(rightNow);
```

返回结果就是将指定日期实例按照格式要求形成一个字符串。

除了按照格式输出字符串外,SimpleDateFormat 还可以对一个符合格式的字符串进行解析,形成一个日期对象。例如,一个字符串其值为"2021-10-20",分析它的格式是"yyyy-MM-dd",因此解析的第一步是获得一个 SimpleDateFormat 对象,格式如下:

```
SimpleDateFormatsdf=new SimpleDateFormat("yyyy-MM-dd");
```

然后对指定的日期型字符串进行解析,类似下面的语句:

```
String oneString="2021-10-20";
Date oneDate=sdf.parse(oneString);
```

9.5 正则表达式

java.util.regex 是一个用正则表达式订制的模式对字符串进行匹配工作的类库。它包括 Pattern 和 Matcher 两个类。Pattern 类是一个正则表达式经编译后的表现模式；Matcher 类是一个状态机器，可依据 Pattern 对象作为匹配模式对字符串展开匹配检查。

9.5.1 一个例子

首先，给出一个例子，以便对利用正则表达式进行文字处理有个感性的认识，然后再重点学习如何构造匹配模式。

```
        /* 程序 9-8:一个正则表达式的程序 */
        importjava.util.regex.Matcher;
        importjava.util.regex.Pattern;
        publicclassRegxDemo {
            public static void main(String[] args) {

(01)            String regx="[+|-]?(\\d+(\\.\\d*)?)|(\\.\\d+)";
                                                //定义正则表达式,以便匹配目标字符串
(02)            String input="a+123.56,b.4,c-123";   //定义需要匹配的字符串
(03)            Matcher matcher=null;
(04)            Pattern pattern=Pattern.compile(regx);
                                                //基于定义的正则表达式,创建一个模式对象
(05)            matcher=pattern.matcher(input);      //从模式创建匹配器
(06)            while(matcher.find()) {              //循环获得所有的匹配子串
(07)            System.out.print(matcher.group()+"\t");
                                                     //输出每一个匹配成功的子串序列
(08)            }
            }
        }
```

运行结果如下：

```
+123.56    .4    -123
```

程序将字符串中的数值挑选了出来，整个程序的关键在于定义一个正确的正则表达式来匹配目标字符串。

程序 9-8 第 1 行的程序行定义了一个匹配数值的正则表达式，就是一种匹配的模式。

第 2 行的程序行定义了一个字符串，里面包含有不同类型的数值，程序的工作就是要把这些数值找出来。

第 4 行的程序行用给定的正则表达式 regx，创建了一个模式对象。

第 5 行的程序行用模式实例匹配一个字符串，获得匹配器，利用匹配器可以对目标字符串进行不同形式的匹配操作，程序使用 find 方法在字符串中寻找匹配的下一个字串，如果找到，可以简单使用 group 方法获得匹配结果。

9.5.2 字符集

正则表达式是由普通字符，包括大小写字母和数字以及一些具有特殊含义的符号组成

的字符序列。简单的如str、str *,复杂的如程序9-8中的例子,里面就包括了各种预先定义好的字符在起作用。

1. 字符类

字符类(Character Class)就是一个“[ ]”内的字符集,字符类简单定义了正则表达式中某一位上的字符应该符合的字符范围。

如果需要把一字符串中所有的“had”或者“Had”找出来,正则表达式应该怎么写呢?比较这两个串,可以看出只有第一位是大小写之分,根据字符类的定义,对应的正则表达式就应该写成这样“[hH]ad”,其中“ad”是一个固定的字符,表示匹配的子串第2、3位上必须是“ad”,但是第一位则应是“H”或“h”,对应于正则表达式中的“[hH]”表示对应一个字符,匹配“H”或“h”。字符类的实例如表9-5所示。

表9-5 字符类的实例

实　例	说　明
[abc]	对应位置上可以是a、b、c这3个字母中的任意一个
[^abc]	“^”表示取反,此模式意味着对应位置上可以是除a、b、c之外的任意一个字符
[a-zA-Z]	“-”表示范围,此模式意味着对应位置上可以是大小写字母
[a-d[m-p]]	并,此模式意味着对应位置上可以是a~d,或者m~p
[a-z&&[def]]	&& 交,此模式意味着对应位置上可以是d、e和f
[a-z&&[^bc]]	a~z,排除b和c,等价于[ad-z]
[a-z&&[^m-p]]	a~z,排除m~p,等价于[a-lq-z]

下面是一些应用这些运算符的例子。

(1) 简单类型。匹配所有Word或者word子串。

```
String regex="[Ww]ord"
```

这里的[Ww]表示对应位置的字符必须是“W”和“w”中的一个。

(2) 取反。匹配所有非W或w开头,但以ord结尾的子串。

```
String regex="[^Ww]ord"
```

这里的[^Ww]表示对应位置的字符不能是“W”和“w”。

(3) 范围。匹配所有以page开头、后跟一位数字的子串。

```
String regex="page[0-9]"
```

任意一位数字的范围为0~9,所以这里的[0-9]表示对应位置的字符为0~9中的任意一个数字。也可以采取在一个范围后放置另一个范围定义来增加可能的范围。如[a-zA-Z]表示该位可以是任意一个字母。

(4) 并。定义的字符类可以由包括两个或多个独立的字符类的全部范围构成,也就是说,在一个字符类中可以嵌套另一个字符类,例如

```
String regex="[a-c[f-h]]"
```

表示对应位置字符应该是 a、b、c、f、g、h 中的任意一个字符。

(5) 交。定义的字符类是包括两个或多个独立的字符类的交集构成，例如：

```
String regex="[a-c&&[b-e]]"
```

表示对应位置字符应该是 b、c 中的任意一个字符。

(6) 减。用定义的字符类减去嵌套的一个或多个独立的字符类构成，例如：

```
String regex="[a-c&&[^b-e]]"
```

表示对应位置字符应该是字符 a。

这种正则表达式的定义模式适合于有着固定长度、相对简单的匹配模式。

2. 正则表达式内的逻辑操作符

(1) &&：此操作符把定义字符集的类所表达的共同字符范围组织在一起。

(2) |：逻辑或，二选一。

(3) ^：对后面的字符类取反，等价于排除定义字符类范围的取剩余所有其他字符。

3. 预定义字符类

除了上面的定义，还有一些预定义好表达特定含义的字符类，即预定义字符类(Predefined Character Classes)，如表 9-6 所示。

表 9-6 预定义字符类

定　义	说　明
.	任意一个字符
\d	一位数字，对应[0-9]
\D	非数字，对应[^0-9]
\s	空白字符或换行符，对应[\t\n\x0B\f\r]
\S	非空白字符，对应[^\s]
\w	单字字符(a～z、A～Z、0～9 及下画线)，对应[a-zA-Z_0-9]
\W	非单字字符(其他任意字符)，对应[^\w]

下面是一些简单的例子。

(1) 找出“abc1,23,6,a,x1,3”中所有的数字字符。

```
String regex="\\d";
```

结果就是匹配到 1 2 3 6 1 3 这几个数字。另外需要注意，由于“\”是 Java 中的转义字符标记，所以“\\d”实际上就是“\d”。

(2) 找出所有以“h”或者“H”开头，以“d”结尾，中间是任意一个字符的子串。

```
String regex="[hH].d";
```

4. 量词

量词(Quantifiers)就是某些字符或表达式，用于计算一个文字或分组在字符序列中出现的次数，以便该序列与表达式匹配。分组是由“( )”内的一组字符指定的。正则表达式中有 6 个基本的量词，如表 9-7 所示。

表 9-7　量词

量　词	说　明
?	表示出现一次或不出现
*	表示不出现或至少出现一次
+	表示至少出现一次
{n}	出现 n 次
{n,}	至少出现 n 次
{n,m}	最少出现 n 次,最多出现 m 次

有了量词,结合前面的字符类,就可以表达复杂的模式了。举例如下。

"\\d+"表示任意长度的数字序列,例如 5、525、55455、554555、5568555。

"\\d+\\.?"表示任意长度的数字序列,而且数字序列后的小数点可有可无,例如 555、555.、5567.。这个点用转义字符"\."表示,而"\\d+."中的"."则表示任意字符。

例如程序 9-8 中匹配数值表达式的正则表达式"[+|-]? (\\d+(\\.\\d*)?)|(\\.\\d+)",可以把它分成以下几部分,如图 9-1 所示。

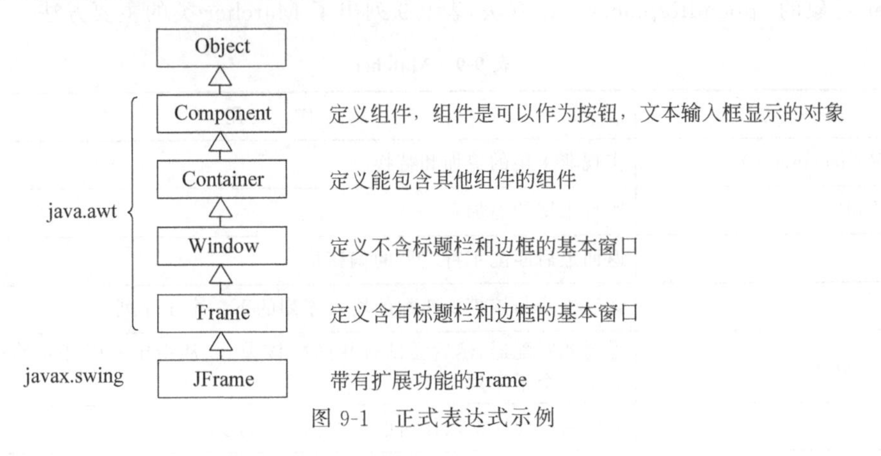

图 9-1　正式表达式示例

例如：

```
+5 匹配 "[+|-]?\\d+"
5.25 匹配 "[+|-]?\\d+\\.\\d*"
.25 匹配"\\.\\d+"
```

5. 边界

在正则表达式中,还有一些特殊的情况,例如一行的开始或结束,英文单词的开始和结束等,表 9-8 就是为了解决这些问题而定义的边界类。

表 9-8　边界匹配器

边界字符	作　用
^	一行的开始。例如查找每行开始的单词,可以"^[a-zA-Z]+\\b"
$	一行的结束,查找位于行尾的单词"[a-zA-Z]+$",如果有“.”,可以"[a-zA-Z]+\\.$"

续表

边界字符	作　用
\b \B	单词的边界,查找单词 had 可以"\\bhad\\b" 非单词边界
\A	指定搜索文本的开始
\G	前一个匹配的结束
\z	指定要搜索的字符串的结尾。要查找字符串结尾处的单词 good 和句号,可以"\\bgood\\.\\z"
\Z	表示除最后终止符以外的输入结束。如果设置了 UNIX_LINES 模式,则最后终止符就是"\n",否则,可以是"\r"、\r\n、行分割符"\u2028"、段分割符"\u2029"

9.5.3 查找和替换

文本检索时,字符串的查找和替换是非常普通的操作。通过正则表达式可以很容易地实现各种复杂的查找和替换,虽然很多人根本用不到这么复杂的模式,但对于开发人员,掌握它还是很有必要的。查找操作就是 Matcher 对象的 find 方法,而替换操作则就是 Matcher 对象的 appendReplacement 方法,表 9-9 列出了 Matcher 类的主要方法。

表 9-9　Matcher

方　法	作　用
appendReplacement()	实现非末尾的追加和替换
appendTail()	实现末尾的追加
end()	返回最后匹配字符之后的偏移量
find()	尝试查找与该模式匹配的输入序列的下一个子序列
find(int start)	重置此匹配器,然后尝试查找匹配该模式、从指定索引开始的输入序列的下一个子序列
group()	返回由以前匹配操作所匹配的输入子序列
quoteReplacement(String s)	返回指定 String 的字面值替换 String
region(int start, int end)	设置此匹配器的区域限制
replaceAll(String replacement)	替换模式与给定替换字符串相匹配的输入序列的每个子序列
start()	返回以前匹配的初始索引

例如,要求将一段文字中的"dog",全部替换成"cat",如程序 9-9 所示。

```
     //程序 9-9 文本替换操作的实现
     import java.util.regex.Matcher;
     import java.util.regex.Pattern;
     public class RegDemo {
         public static void main(String[] args) {
(01)         String regx="\\bdog\\b";                  //\\b 表示单词边界
(02)         String input="My dog, yourdog, hisdog, herdog, we all love it!";
(03)         Pattern pattern=Pattern.compile(regx);
```

```
(04)        Matcher matcher=pattern.matcher(input);
(05)        StringBuffer buffer=new StringBuffer();
                                    //创建一个 StringBuffer 对象,存放替换后的字符序列
(06)        while(matcher.find()) {
(07)            System.out.println("匹配位置在"+matcher.start()+"-"+
                    matcher.end());
(08)            //将从上次匹配结束位置到本次发现的起始位置中的子串复制到 buffer
                //中,并添加 cat 子串
(09)            matcher.appendReplacement(buffer, "cat");
(10)        }
(11)        //appendTail 方法将源字符串中剩余的子串追加到 buffer 中
(12)        matcher.appendTail(buffer);
(13)        System.out.println(buffer);
(14)    }
    }
```

程序定义了一个简单的正则表达式"\\bdog\\b",表示这是一个单词,Pattern 对此表达式进行了编译。程序 9-9 第 4 行获得此模式对特定字符串的匹配器。

程序 9-9 第 6 行中 matcher.find()如果返回 true,表示查到一个匹配,匹配子串在原串中的位置可以用匹配器的 start 方法和 end 方法获得。

第 9 行中 appendReplacement 方法首先追加从上次匹配以来的未匹配成功的字符序列到指定的 StringBuffer 对象中,再追加指定的字符串,然后从匹配成功的子串后开始下一次循环。

第 11 行中 appendTail 方法表示如果搜索目标中还有已搜索,但未匹配成功的最后剩余部分添加到指定的 StringBuffer 对象中,如果缺少了这样一句,结果就变成了 My cat,yourcat,hiscat,her cat,丢失了最后的内容。

而由于是全部替换,程序 9-9 可以简单利用匹配器实例的 replaceAll 方法实现这一目标,所以程序中的循环可以被替换到,修改的主要代码如下:

```
String regx="\\bdog\\b";
String input="My dog,yourdog,hisdog,herdog,we all love it!";
Pattern pattern=Pattern.compile(regx);
Matcher matcher=pattern.matcher(input);
System.out.println(matcher.replaceAll("cat"));
```

9.5.4 捕获分组

分组是将若干单位(字符、正则表达式等)组织在一起,称为一个独立的单元,该单位可以跟独立字符一样受量词的控制,分组使用"( )"表示。

分组分为捕获分组和非捕获分组。

(1) 捕获分组。它将捕获分组所匹配的内容暂且存储在某一个地方,便于下次使用,捕获分组以"(…)"表示。取得捕获分组所匹配结果的过程也称为"反向引用"。

(2) 非捕获分组。它不捕获分组所匹配的内容,得不到匹配的结果,非捕获分组以"(?...)"表示。在一些只需要分组匹配,但不需要得到各个分组匹配结果的情况下,使用非捕获分组可以提高匹配速度。举例如下:

```
String regEx="[+|-]?(\\d+ (\\.\\d*)?)|(\\ .\\d+)";
```

上述的正则表达式定义了4个捕获分组：

Group0：整个表达式。

Group1：子表达式“(\\d+ (\\.\\d*)?)”。

Group2：子表达式“(\\.\\d*)”。

Group3：子表达式“(\\ .\\d+)”。

```
     /* 程序 9-10:输出捕获组匹配文本 */
     import java.util.regex.Pattern;
     import java.util.regex.Matcher;
     public class TestCapturingGroups{
         public static void main(String[] args){
(01)         String regEx="[+|-]?(\\d+ (\\.\\d*)?)|(\\.\\d+)";
(02)         String str="225 is the square of 15 and -3.0 square is 9.00"+"and
                 -.123 is less than 0.1234.";
(03)         Pattern pattern=Pattern.compile(regEx);
(04)         Matcher matcher=pattern.matcher(str);
(05)         while(matcher.find()){
(06)             for(int i=0;i<=matcher.groupCount();i++){
(07)                 System.out.print ("Group"+i+":"+matcher.group(i)+"");
(08)             }
(09)             System.out.println();
(10)         }
(11)     }
     }
```

结果如下所示：

```
Group0:225 Group1:225 Group2:null Group3:null
Group0:15 Group1:15 Group2:null Group3:null
Group0:.0 Group1:null Group2:null Group3.0
Group0:.00 Group1:null Group2:null Group3.00
Group0:.123 Group1:null Group2:null Group3.123
Group0:.1234 Group1:null Group2:null Group3.1234
```

从上述的输出结果可看出，捕获分组1对应一个以数字开头的数值，捕获分组2对应捕获分组1的子模式，可匹配以数字开头的数值的小数部分，所以只有当捕获分组1的值不为null，并且该数值带有小数点时，捕获分组2的值不为null，捕获分组3对应以小数点开头的数值。

9.6 Optional类

空指针异常是导致Java的应用程序运行失败的最常见原因。针对此问题，Google公司著名的Guava项目引入了Optional类，即通过使用检查空值的方式来防止代码污染，以获得“更干净”的代码。于是从Java 8开始，Optional类就成为Java类库的一部分。

Optional<T>类(java.util.Optional)是一个容器类，它可以保存类型T的值，代表这个值存在，或者仅仅保存null，表示这个值不存在。原来用null表示一个值不存在，现在Optional可以更好地表达这个概念，并且可以避免空指针异常。Optional类是一个可以为null的容器对象，如果值存在，则其isPresent()方法会返回true，调用get()方法会返回该对象。Optional 类提供了很多有用的方法,这样就不用显式进行空值检测。

以下是 Optional 类的部分源码:

```
private static final Optional<?> EMPTY=new Optional<>();
private final T value;
private Optional() {
    this.value=null;
}
public static<T> Optional<T> empty() {
    @SuppressWarnings("unchecked")
    Optional<T> t=(Optional<T>) EMPTY;
    return t;
}
private Optional(T value) {
    this.value=Objects.requireNonNull(value);
}
public static <T> Optional<T> of(T value) {
    return new Optional<>(value);
}
public static <T> Optional<T>ofNullable(T value) {
    return value==null? empty():of(value);
}
```

由上可知,Optional 类的两个构造方法都是 private 型的,因此类外部不能显示使用 new Optional()的方式来创建 Optional 对象,但是 Optional 类提供了 3 个静态方法 empty()、of(T value)、ofNullable (T value)来创建 Optional 对象。

(1) Optional.of(T t):创建一个 Optional 实例,t 必须非空。

(2) Optional.empty():创建一个空的 Optional 实例。

(3) Optional.ofNullable(T t):若 t 不为 null,创建 Optional 实例,否则创建空实例。

示例如下:

```
//1.创建一个包装对象值为空的 Optional 对象
Optional<String> optStr1=Optional.empty();
//2.创建包装对象值非空的 Optional 对象
Optional<String> optStr2=Optional.of("hello");
//3.创建包装对象值允许为空的 Optional 对象
Student s=new Student("张三");
Optional<String> optStr3_1=Optional.ofNullable(s);
s=null;
Optional<String> optStr3_2=Optional.ofNullable(null);
```

判断容器 Optional 中是否包含对象,可以通过调用 Optional 的以下方法实现。

(1) booleanisPresent():判断是否包含对象。

(2) void isPresent(Consumer<? super T> consumer):如果有值,就执行 Consumer 接口的实现代码,并且该值会作为参数传给它。

而获取 Optional 容器的对象,可以通过调用 Optional 的以下方法实现。

(1) T get():如果调用对象包含值,返回该值,否则抛异常。

(2) T orElse(T other) :如果调用对象包含值则将其返回,否则返回指定的 other 对象。

(3) T orElseGet(Supplier<? extends T> other)：如果调用对象包含值则将其返回，否则返回由 Supplier 接口实现提供的对象。

(4) T orElseGetThrow(Supplier<? extends X>exceptionSupplier)：如果有值则将其返回，否则抛出由 Supplier 接口实现提供的异常。

(5) map(Function f)：如果有值对利用 f 对其处理，并返回处理后的 Optional，否则返回 Optional.empty()。

(6) flatMap(Function mapper)：与 map 类似，要求返回值必须是 Optional。

(7) filter(Predicate<? super T> predicate)：方法接收的参数为 Predicate 对象，用于对 Optional 对象进行过滤，如果符合 Predicate 的条件，返回 Optional 对象本身，否则返回一个空的 Optional 对象。

程序 9-11 给出了上述功能的演示代码。

```
        //程序 9-11:Optional 使用示例
        import java.util.Optional;
        class Student {
            String name;
            int age;
            String gender;
            public Student(String name, int age) {
                this.name=name;
                this.age=age;
            }
            public String getName() {
                return name;
            }
            public String getGender(){
                return gender;
            }
            public int getAge() {
                return age;
            }
            public String toString() {
                return "姓名:"+name+",年龄:"+age;
            }
        }
        public class OptionalDemo {
            public static void main(String[] args) {
(01)            Student s1=new Student("张三", 20);
(02)            //s1=null;                  //可将该条注释取消,测试 s1 为空时的运行结果
(03)            Optional<Student> optStu1=Optional.ofNullable(s1);
(04)            if (optStu1.isPresent())
(05)                System.out.println(optStu1.get().toString());
(06)            else
(07)                System.out.println("为空");
(08)            optStu1.ifPresent(u ->System.out.println(u.getName()+"的年龄为:
                    " +u.getAge()));
(09)            //实现对年龄大于 18 的学生的筛选
(10)            optStu1.filter(u->u.getAge()>18).ifPresent(u->System.out.
                    println(u.getName()+"的年龄大于 18"));
```

```
(11)          //用 map()得到学生的年龄,返回 Optional<Integer>对象(如果 s1 为 null,
              //返回 map()方法返回一个空的 Optional 对象)
(12)          System.out.println(optStu1.map(u ->u.getAge()));
(13)          /* 跟 map()方法不同的是,flatMap 的入参 Function 函数的返回值类型为
                 Optional<T>类型,而不是 T 类型 */
(14)          System.out.println(optStu1.flatMap(u->Optional.ofNullable(u.
                 getAge())));
(15)          /* orElse(other)方法,如果包装对象值非空,返回包装对象值,否则返回入参
                 other 的值(默认值) */
(16)          System.out.println(optStu1.map(u ->u.getGender()).orElse("性别
                 未知"));                 //由于 s1 的 gender 没有赋值,其值为 null
(17)          /* orElseGet()方法与 orElse()方法类似,区别在于 orElseGet()方法的入参
                 为一个 Supplier 对象,用 Supplier 对象的 get()方法的返回值作为默认
                 值 */
(18)          System.out.println(optStu1.map(u ->u.getGender()).orElseGet(()->
                 "性别未知"));
          }
      }
```

运行结果如下：

```
姓名:张三,年龄:20
张三的年龄为: 20
张三的年龄大于 18
Optional[20]
Optional[20]
性别未知
性别未知
```

9.7 数值的包装类

在 Java 中,8 种基本数据类型分别对应着一个包装类,表 9-10 列出了它们之间的对应关系。

表 9-10 基本数据类型和包装类

数据类型	关键字	对应类	数据类型	关键字	对应类
逻辑型	boolean	Boolean	整型	int	Integer
字符型	char	Character	长整型	long	Long
字节型	byte	Byte	单精度	float	Float
短整型	short	Short	双精度	double	Double

说明：

(1) 8 个类都包含在 Java 核心包 java.lang 里。

(2) 每个类都包含了 MAX_VALUE 和 MIN_VALUE 这样的类属性,表示了每种类型的数值表达范围,同时类还有自己独有的属性。

(3) 主要的类方法都有不同数值类型之间的转换,包括字符串类型和数值类型之间的转换等。

(4) 原始数据类型声明的变量只是代表一个具体的数值,而类型系统声明的数值对象除了包含有某个时刻的值外,还有其他的属性和方法可供使用。

使用这些包装类很简单,下面的语句声明并实例化了一个具体的 Integer 数值对象。

```
Integer age=new Integer(20);
```

上面的语句是一种传统的创建数值对象的方法,它创建了一个数值对象实例,Integer 类的对象有一个 int 类型的字段,它得到了当前的赋值 20。

实际上,Java 在 JDK 5.0 之后提供了更简单的数值类型转换机制,因此可以更简单地创建数值对象,例如在下面的语句中,直接将一个数值赋给了一个 Integer 类型的变量,这种现象称之为“装箱”。

```
Integer age=20;
```

当然,Java 提供数值类并不仅仅只有赋值这样一种功能,它还有更复杂的作用,例如类型之间的互相转换。下面结合 Integer 类介绍几种常见的用途,其他数值类型和 Integer 类基本一样,具体可以参考 API 文档。

1. 从整型到其他数值类型

例如:

```
Integer salary=3000;
double salary1=salary.doubleValue();          //返回该整型对象的实数表示
```

2. 从字符串到整数

例如:

```
int age=Integer.parseInt("20");
```

其中,parseInt()是 Integer 的类方法,可以将数值型字符串解析为整数,同样也可以利用构造方法将一个数值字符串解析为一个整型对象。

```
Integer age=new Integer("20");
```

3. 参与数学运算

由于 JDK 1.5 以后,提供了数值对象的自动装箱和拆箱机制,因此数值和数值对象可以混合使用在同一个表达式中而不必考虑它们的类型,代码如下:

```
Integer x=new Integer(20);
int y=30;
int z=x+y;
```

9.8 生成随机数

生成随机数的要求在应用编程中经常看到。例如,在网络上注册、发帖时往往网站会生成几个随机数字或字符让用户填写,以免盗链或者利用工具软件进行程序分析,等等。Java 提供了多种不同的方法可以完成随机数生成的要求。

1. 利用 Math.random()生成随机数

Math.random 方法是 Math 类的一个类方法,可以直接通过类名来使用。它可以返回一个在 0.0～1.0(不含 1.0)的伪随机数,生成的随机数在范围内是均匀的。虽然产生的是一个 0.0～1.0 的随机数,但可以通过放大、取整、求余等多种方法得到自己所中意的结果。例如下面的方法就利用这些方法产生了 4 位数字的整数。

```
int x=(int)((Math.random()*100000)%9000+1000);
```

(Math.random()*100000 表示要产生一个较大的数值,对 9000 求余表示产生的数值范围是 0～9000,由于要求是一个 4 位数字,故再加上 1000 使得最后的结果较为均匀地分布在 1000～10000 范围内。

2. 利用 Random 实例生成随机数

Random 类和 Math.random 方法作用相似,不同的是需要生成一个 Random 的实例。在实例化一个 Random 时,可以给定一个种子,以确保每次生成的随机序列是一致的,这对于测试需要用同样的随机数值进行工作的程序是非常有效的,这是因为如果某个数值引发了错误,就可以用同样的数值进行错误再现。当然,也可以不用种子直接实例化,例如:

```
Random rand=new Random();
int x=rand.nextInt(9000)+1000;
```

同样的道理,利用 Random 可以生成随机字母,例如:

```
char x=(char)(rand.nextInt(26)+'A');
```

3. 利用 UUID 生成通用唯一字符串

表示通用唯一标识符(UUID)的类,UUID 表示一个 128 位的值。通过 UUID 的实例可以获得一个随机的数值,例如:

```
UUID uuid=UUID.randomUUID();
String x=uuid.toString();
```

uuid 的字符串对象如“f14fabe9-0b8c-4146-9d78-39245b3058bb”在某些情况下,也是一个有用的随机数,例如可以作为记录的关键字,来区别不同的记录。

9.9 反射与代理

Java 是一种介于解释与编译之间的语言,Java 代码首先编译成字节码,在运行的时候再翻译成机器码。Java 提供了一些机制如反射(Reflect)和代理(Proxy)等可以在运行时分析类和对象的内部构造并影响对方法的使用过程。

9.9.1 Class 和反射

实际上,加载到虚拟机中的每一个类和接口都有一个特别的对象存在,这个对象的类型是 java.lang.Class,就是说,加载到虚拟机中的每一个类和接口实际上是 Class 类的一个实例。因为 Class 类的目的是供 Java 虚拟机使用,它没有 public 构造方法,所以用户自己不能创建 Class 类型的对象。Class 类定义了许多方法,表 9-11 列出了其中部分内容。

表 9-11　Class 的主要方法

方　法	作　用
Class<?>forName(String className)	返回与带有给定字符串名的类或接口相关联的 Class 对象，如果尚未加载，则调用加载器加载该类
Class<? super T>getSuperclass()	返回表示此 Class 所表示的实体(类、接口、基本类型或 void)的超类的 Class
String getName()	以 String 的形式返回此 Class 对象所表示的实体(类、接口、数组类、基本类型或 void)名称
T newInstance()	调用默认构造方法(无参数)，创建此 Class 对象所表示的类的一个新实例，如果没有这样的构造方法，则抛出异常
Class<?>[] getInterfaces()	返回此对象所表示的类或接口实现的接口
Constructor<?>[] getDeclaredConstructors()	返回此类所有已声明的构造方法的 Method 对象的数组
Method[] getDeclaredMethods()	返回此类所有声明方法的 Method 对象的数组
Field[] getDeclaredFields()	返回此类所有已声明字段的 Field 对象的数组

通过对 Class 的几个主要方法的分析，Java 允许程序在执行期间取得一个已知名称的类的详细内部构造，这种机制被称为“反射”机制。

一个类的定义包括 4 个主要部分：类的声明、成员属性、构造方法、成员方法，Java 的 Reflection APIs 提供了对这后 3 种信息的支持，如表 9-12 所示。

表 9-12　支持获得类和对象反射信息的类

类	说　明
Constructor<T>	Constructor 提供关于类的单个构造方法的信息以及对它的访问权限
Field	Field 提供有关类或接口的单个字段的信息以及对它的动态访问权限。反射的字段可能是一个类(静态)字段或实例字段
Method	Method 提供关于类或接口上单独某个方法(以及如何访问该方法)的信息。这些方法可能是类方法或实例方法(包括抽象方法)
Modifier	Modifier 类提供了 static 方法和常量，对类和成员访问修饰符进行解码。修饰符集被表示为整数，用不同的“位”位置 (bit position) 表示不同的修饰符

反射的主要作用在于实现无法预先确定加载类的实例构造、属性修改以及方法的执行上，这些工作需要在运行期间进行动态确定。如果要求开发一个自动生成应用软件的类结构的软件工具或者类的单元测试工具，反射机制就会发挥重要作用。

1. 获得类的构成信息

程序 9-12 针对程序 9-11 中的 Student 类进行了分析，列出了其内部的构成。

```
//程序 9-12a 利用反射机制分析 Student 类
import java.lang.reflect.Constructor;
import java.lang.reflect.Field;
import java.lang.reflect.Method;
import java.lang.reflect.Type;
public class ClassAnalysis {
```

```
        public static void main(String[] args) {
(01)        try {
(02)            Class cls=Class.forName("Student");
(03)            //得到 cls 的父类类型
(04)            Type type=cls.getGenericSuperclass();
(05)            System.out.println("type:"+type);
(06)            //得到 cls 的所有实现接口
(07)            Class<Student>[] clses=cls.getInterfaces();
(08)            for(Class<Student>cs:clses){
(09)                System.out.println(cs);
(10)            }
(11)            //得到 cls 的所有构造方法
(12)            Constructor<Student>[] constructors= cls.
                    getDeclaredConstructors();
(13)            for(Constructor<Student>cs:constructors){
(14)                System.out.println(cs);
(15)            }
(16)            //得到 cls 的方法集合,不包括继承来的
(17)            Method[] ms=cls.getDeclaredMethods();
(18)            for(Method m:ms){
(19)                System.out.println(m);
(20)            }
(21)            //得到 cls 的所有字段,不包括继承来的
(22)            Field[] fs=cls.getDeclaredFields();
(23)            for(Field f :fs){
(24)                System.out.println(f);
(25)            }
(26)        } catch (ClassNotFoundException e) {
(27)            e.printStackTrace();
(28)        }
(29)    }
    }
```

程序使用 Class.forName("Student")将一个指定的类(需要完整的类名,包括包)加载到虚拟机空间,运行时环境会创建一个 Class 的实例表示该 Student 类。

getGenericSuperclass 方法返回该类的直接超类类型,程序 9-12 中的 Student 没有明确的父类,所以其直接超类就是 java.lang.Object。

通过 Class 类提供的其他方法,还可以得到有关该类的构造方法、方法以及字段等信息,甚至可以获得每一种类型的修饰符定义,例如公共、私有等。

2. 通过构造方法对象创建一个类的实例

在上例中,获得了一个构造方法数组,通过分析构造方法的参数类型声明,可以直接利用构造方法的实例来创建包含该构造方法的类的一个实例。例如,在知道 Student 有一个只有一个字符串参数的构造方法情况下,可以直接获得该构造方法示例,并利用它创建 Student 实例。

```
Object[] paraValue={"鲁丁",25};
Class[] paraType={String.class,int.class};
Constructor<Student>oneConstructor=cls.getDeclaredConstructor(paraType);
Student s=oneConstructor.newInstance(paraValue);
```

getDeclaredConstructor 方法中的参数是 Class 类型列表，要按顺序分别对应于实际构造方法中的每一个形式参数的类型。例如与上例中 Student 构造方法的两个参数类型 String.class 与 int.class 一一对应，这样就可以获得一个 Student 类的构造方法实例，并利用此实例的 newInstance 方法，在赋予合适的参数后，就可以创建 Student 的一个实例，这和直接使用 new Student("鲁丁",25)的效果是一样的，不一样的地方是这个参数配置的过程可以在程序之外进行，程序可以动态地获得这个外界的配置，而无须在编程时需要确定到底采用哪个构造方法，增加程序的灵活性。

3. 动态执行一个方法

在特殊的情况下，无法在编程时知道要执行哪个类的哪个方法。例如，当程序将输出结果需要送往一个程序处理，当前可能使用一个 A 类的实例的某个方法处理，以后会替换成另外一个 B 类的实例处理，这样如果在程序中固定的用一个类的实例处理，会给以后的替换带来不便，因此可以使用反射机制来将这些可变化的部分独立于程序之外，从而保证了程序本身的稳定性。实现这样的基本过程如下。

(1) 创建指定类名的 Class 对象。

(2) 根据方法名和参数类型列表，获得指定的方法对象(Method)，因为在一个类中，方法是可以重载的，所以需要指定参数的类型和顺序。

(3) 调用 Method 对象的 invoke 方法，invoke 方法有两个参数，第一个参数是指定类的实例，第二个参数是指定方法的实参数组。

现在，针对程序 9-11 中的 Student 类，可以定义一个特别的类 StudentFactory，这个类可以根据提供的参数值来创建一个 Student 实例。

```
//程序 9-12b  一个生成 Student 的工厂类
public class StudentFactory {
    private StudentFactory(){
    }
    public static Student createStudent(String name,int age){
        Student stu=new Student(name,age);
        return stu;
    }
}
```

注意：StudentFactory 类的构造方法是私有的，这是为了防止生成实例，createStudent 方法也是类方法，这个细节在动态执行类方法和实例方法的执行上是有区别的。

假定以后可能替换这个工厂类或者对应的方法，那么可以将它们配置在一个文本文件中，运行时再将它们读进来加以应用。下面的程序简化从外界环境读配置的过程，而直接将这个信息放在字符串变量中。

```
//程序 9-12c  动态执行方法
import java.lang.reflect.InvocationTargetException;
import java.lang.reflect.Method;
public class DynaMethodDemo {
    public static void main(String[] args) throws ClassNotFoundException,
        SecurityException, NoSuchMethodException, IllegalArgumentException,
        IllegalAccessException, InvocationTargetException {
        //要动态加载的类名,如果类在某个包下,需要加上此类完整的包的限定
```

```
(01)        String clssName="StudentFactory";
(02)        Class factory=Class.forName(clssName);
(03)        String methodName="createStudent";   //要动态执行的方法名
(04)        String paraValue1="李燕";              //执行方法时传递的实参
(05)        String paraValue2=22;                  //执行方法时传递的实参
(06)        //根据方法名和参数类型,在类实例 factory 中获得对应的方法
(07)        Method m=factory.getDeclaredMethod(methodName,String.class,
                int.class);
(08)        if (m!=null) {                         //如果找到这样的方法,执行
(09)            Student stu=(Student) m.invoke(null,paraValue1,paraValue2);
(10)            System.out.println(stu);
(11)        }
(12)    }
    }
```

如果一切没有意外,程序将输出"姓名：李燕,年龄：22"这样的字符串。程序的关键首先在于根据方法名和参数类型,在一个类实例中获得一个 Method 的实例,因为在一个类中,方法是可以重载的,彼此的区别在于参数的不同,因此注意参数的类型和顺序非常重要,程序的第二点在于执行一个 Method 的实例,执行方法实例需要知道该方法是一个类方法还是一个实例方法,这一点可以利用 Method 的实例方法 getModifiers 方法获得(需要参考 Modifier 类的 isStatic 方法来判断),如果是一个类方法,可以如程序中写的风格执行,不需要明确执行哪个对象的方法,即

```
Student stu=(Student) m.invoke(null, paraValue1, paraValue2);
```

invoke 方法的第一个参数是指定该方法示例 m 是属于此对象的,如果方法是类方法,则无须指定,因此可以为 null。

9.9.2 对象代理

对象代理机制是 Java 另外一种提高程序执行灵活性的技术。通过代理机可以拦截对某个对象的方法的调用执行;其次,既然可以拦截到,那么是否执行目标方法,或者在方法的执行前后,甚至对方法的执行结果都可以进行加工处理。

例如,原来银行的业务方法是类似下面的一个实现。首先定义了一个接口,定义了银行的服务。

```
//程序 9-13a 银行服务接口,客户只知道有哪些服务类型
public interface BankService {
    /* @param id 业务对应的账户 id
     * @param type 业务类型,例如 deposit,withdraw 等
     * @param amount 交易金额
     * */
    void doTransaction(String id,Stringtype,int amount);
}
```

其次,定义了一个实现类 Clerk,具体完成这个银行业务。

```
//程序 9-13b,具体完成银行服务的 Clerk 类
public class Clerk implements BankService{
    @Override
```

```
    public void doTransaction(String id, String type, int amount) {
        System.out.println("Transaction["+id+","+type+","+amount+"]");
    }
}
```

如果银行推出新规定，当一个账户操作时，要检查银行账户是否在黑名单中，如果在，其交易的每一笔记录均要打印出来供检查，此时代理机制就可以实现在不修改原来的程序情况下完成此项要求。在具体实现之前，先了解两个相关的类。

1. 接口 InvocationHandler

InvocationHandler 是代理类必须要实现的接口，它规定了当客户端调用要拦截的方法时自动执行的代理实例中的一个 invoke 方法。例如，下面的程序就定义了一个 Clerk 的拦截处理器。

```
//程序 9-13c Clerk 的拦截器类
import java.lang.reflect.InvocationHandler;
import java.lang.reflect.Method;
public class ClerkHandler implements InvocationHandler{
    private BankServiceclerk;
    public ClerkHandler(BankService clerk) {
        this.clerk=clerk;
    }
    @Override
    public Object invoke(Object proxy, Method method, Object[] args) throws
        Throwable {
        String id=(String)args[0];
        System.out.println("你可以在目标方法执行前做些处理，如检查 id 的合法性");
        Object result=method.invoke(clerk, args);    //继续执行被代理对象的原方法
        System.out.println("你也可以在方法执行后做些后续处理,甚至修改返回结果");
        return result;                               //返回给调用者的结果
    }
}
```

InvocationHandler 接口中的方法声明如下：

```
Object invoke(Object proxy, Method method,Object[] args) throws Throwable
```

其中，proxy 是运行时生成的代理实例，method 方法是客户端需要执行的方法，args 包含了客户端执行方法时提交的实参。

由于 ClerkHandler 是针对 Clerk 进行拦截的，所以在此类中直接声明了一个 BankService 类型的属性 clerk，用于执行被代理的对象，当此拦截器被实例化时，接收代理的对象，也可以通过赋值的方法实现这一点。

invoke 方法是自动执行的，不需要程序显式调用，当客户端调用目标方法时，代理程序会自动执行 invoke 方法，因此可以在真正的方法执行前后，附加上所需要的程序代码而不影响原来程序的执行。

2. 类 Proxy

既有被代理的对象，又规定了当执行被代理对象的方法时的拦截处理器，两者是如何结合的呢，这就需要 Proxy 来完成这一个工作。Proxy 提供用于创建动态代理类和实例的类方法 newProxyInstance，并且 Proxy 类还是由这些方法创建的所有动态代理类的超类。

newProxyInstance 方法的声明如下：

```
public static Object newProxyInstance (ClassLoader loader, Class <? > [ ]
    interfaces, InvocationHandler h) throws IllegalArgumentException
```

loader 定义了代理类的类加载器，interfaces 参数规定了代理类要实现的接口列表，一般是被代理对象实现的那些接口，h 则定义了拦截处理器的实例。下面的代码利用一个工厂机制返回一个被代理的 Clerk 对象。

```
//程序 9-13d  一个生成代理对象的工厂类
import java.lang.reflect.Proxy;
public class ClerkFactory {
    private ClerkFactory() {//私有类型的构造方法避免了程序直接创建该工厂类的实例
    }
    //返回一个经过代理包装的对象,用 BankService 类型表示
    public static BankServicecreateClerk() {
        Clerk clerk=new Clerk();                                    //被代理的对象
        ClerkHandler handler=new ClerkHandler(clerk);               //代理对象拦截器
        BankService proxy= (BankService) Proxy.newProxyInstance(clerk.
            getClass().getClassLoader(),clerk.getClass().getInterfaces(),
            handler);
        return proxy;
    }
}
```

在这里使用接口类型声明返回对象的类型，客户端可能并不关心得到的对象具体是什么类型，客户端要求的是其可以提供的服务。因此，Java 的 Proxy 代理机制规定客户端得到的请求对象，其类型都是用接口形式规定的，程序 ClerkFactory 中在执行 newProxyInstance 方法创建代理实例时，用 clerk.getClass().getInterfaces()获得规定的接口，从而基于拦截器实例创建了一个实现了规定接口的新的对象，这个对象就是代理实例。由于这个代理实例实现了 Clerk 的实现的接口，因此 createClerk 方法返回的类型就使用了 BankService 接口类型。下面的程序是一段测试代码，验证了上述实现的过程。

```
//程序 9-13e
public class Test {
    public static void main(String[] args) {
        BankService bank=ClerkFactory.createClerk();
        bank.doTransaction("001","deposit",1000);
    }
}
```

运行结果如下：

```
你可以在目标方法执行前做些处理, 如检查 id 的合法性
Transaction[001,deposit,1000]
你也可以在方法执行后做些后续处理,甚至修改返回结果
```

通过程序可以看出，这种利用代理机制拦截目标对象的方法调用，并附加特殊处理功能的方法，对于提高程序的可维护性、可扩展性具有很高的灵活性。

本章小结

本章介绍了一些有着重要功能的Java类，熟悉这些类对于丰富程序员的编程能力、写出功能更强、方法更简单的程序有着很大的帮助。

1. Objects

Objects类中提供了compare方法，实现两个对象的比较操作。

Objects类中equals方法和deepEquals方法实现两对象相等性判断。

hashCode方法和hash方法获得对象的哈希值。

2. System

在System类提供的设施中，有标准输入、标准输出和错误输出流，对外部定义的属性和环境变量的访问，加载文件和库的方法，以及快速复制数组的一部分的实用方法。

3. String 与 StringBuffer

String类代表字符串，Java程序中的所有字符串字面值(如"abc")都作为此类的实例来实现。

字符串是常量；它们的值在创建之后不能改变。

Java语言提供对“+”和其他对象到字符串的转换的特殊支持。

String类为字符串对象提供了很多功能；比较字符串、搜索字符串、提取子字符串、创建字符串副本、创建格式化字符串等。

StringBuffer是一个类似于String的字符串缓冲区。

StringBuffer上的主要操作是append和insert方法，每个方法都能有效地将给定的数据转换成字符串，然后将该字符串的字符追加或插入字符串缓冲区中。append方法始终将这些字符添加到缓冲区的末端；而insert方法则在指定的点添加字符。

4. 日期处理

java.util包中提供了一些和日期时间相关的类，包括Date、Calendar等。

Date可以创建一个表示具体日期和时间的对象。

为了更好地提供国际化支持，Java提供了GregorianCalendar类，它是Calendar类的一个具体子类，提供了世界上大多数国家/地区使用的标准日历系统。

Date和Calendar之间的转换是大多应用程序中避免不了的问题，读者需要掌握。

格式化输出及日期型字符串解析。java.text.SimpleDateFormat类提供了一种日期格式的字符串和日期对象之间的相互转换机制。

5. 正则表达式

正则表达式是由普通字符，包括大小写字母和数字以及一些具有特殊含义的符号，例如由字符类、逻辑运算符、预定义字符、量词和边界等组成的字符序列。

正则表达式定义搜索文本时用到的模式，该模式被编译为Pattern对象，然后可以用此对象获得Matcher对象，用Matcher对象具体在指定字符串中寻找与模式匹配的文本。

6. Optional 类

Optional类是一个容器类，Optional类既可以含有对象也可以为空，可以避免空指针异常问题。

Optional 类提供了 3 个静态方法 empty、of、ofNullable 来创建 Optional 对象。

Optional 主要用作返回类型，在获取到类型实例后，如果它有值，可以取得这个值，否则可以进行一些替代行为。Optional 类提供了一系列操作方法（例如 get、orElse、filter、map 等）。

7. 数值的包装类

在 Java 中，8 种基本数据类型分别对应着一个包装类。

包装类提供了多个方法，可以将基本数值类型转换为 String，将 String 转换为基本数值，除此之外，还提供了其他一些处理基本数值时有用的常量和方法。

Java 提供了一种自动对类型进行检测和转换的机制，使得包装类的对象和基本数值之间的运算不存在丝毫障碍。

8. 随机类 Random、Math.random()和 UUID

Random 类的实例用于生成 int、long、float、double 型的伪随机数流，如果用相同的种子创建两个 Random 实例，则对每个实例进行相同的方法调用序列，它们将生成并返回相同的数字序列。

Math.random 方法返回带正号的 double 值，大于或等于 0.0，小于 1.0，返回值是一个伪随机选择的数，在上述范围内（大致）均匀分布。

唯一标识符（UUID）的类可以通用，UUID 表示一个 128 位的值。通过 UUID 的实例可以获得一个随机的数值。

9. 反射与代理

任何被加载到虚拟机空间的字节码都是一个 Class 类的实例（注意，它并非是某个特定类的对象实例），反映了某个 Class 的声明特征，可以进行类与类之间的分析处理。通过这个 Class 实例，可以获得此类定义的属性集、方法集、构造方法集以及继承的父类和接口信息。

Java 的反射包提供类和接口，以获取关于类和对象的反射信息。在安全限制内，反射机制允许编程访问关于加载类的字段 Field、方法 Method 和构造方法 Constructor 的信息，并允许使用反射字段、方法和构造方法对对象上的基本对等项进行操作。

通过代理，可以编程拦截对某个对象的方法的调用执行，可以改变原有程序的执行流程，也可以改变原有程序返回的结果等。Java 的代理机制要求被代理的对象必须实现某种接口，也就是说需要拦截的方法应当在接口中声明。

习 题 9

1. 简述 Class 的作用。

2. 说出下面两行语句的差异。

```
String str="hello";
String str=new String("hello");
```

3. 编写一个程序，把一个整数数组中的每个元素用“,”连接成一个字符串。例如，根据内容为[1][2][3]的数组形成内容为“1,2,3”的字符串。

4. 说出 String 和 StringBuffer 的区别。

5. 下面代码运行后，baz 的值是什么？

```
class A{
    public static void main(String[] args){
        String bar=new String("blue");
        String baz=new String("green");
        String var=new String("red");
        String c=baz;
        baz=var;
        bar=c;
        baz=bar;
        System.out.println(baz);
    }
}
```

6. 下面的程序在空行处，插入什么语句能够分行输出 3 个数值 11、10、9。

```
public class GetInt {
    public static void main(String[] args) {
        double x[]={ 10.2, 9.1, 8.7 };
        int i[]=new int[3];
        for (int a=0;a<(x.length); a++) {
            //在下面空行处插入语句

            System.out.println(i[a]);
        }
    }
}
```

7. 假设下面代码中的 s1、s2、s3 是 3 个字符串：

```
String s1="Welcome to Java!";
String s2=s1;
String s3=new String("Welcome to Java!");
```

若 s3 和 s1 有不同的内存地址，下列表达式的结果是什么？

```
s1==s2
s2==s3
s1.equals(s2)
s2.equals(s3)
s1.compareTo(s2)
s2.compareTo(s3)
```

8. 结合正则表达式与 String.split 方法，从下述 URL 地址中提取出每个参数的名称和值。这里要注意在正则表达式中要对？进行转义处理。

```
URL=http://www.javastudy.org/get.jsp?user=zhanghua&password=123456
```

9. 编写一个程序，使用正则表达式把一段英文文本中所有长度超过 5 个字符的单词显示出来。

10. 借助命令行参数编写一个进行整数二元运算的应用程序。两个操作数及运算符以命令行参数的形式传递给程序，程序运算后返回等式形式的运算结果。要求能够进行加、减、乘、除 4 种运算，并具备基本的错误检查功能。例如计算器类为 Calc，则在程序运行时输入：

```
java Calc 2+3
```

运行结果如下：

```
2+3=5
```

11. 编写程序，将符合"yyyy-MM-dd"格式的字符串，转化为 Calendar 的实例。

12. 编写一个程序，实现以下要求，根据运行时提供的参数（格式为"yyyy-MM-dd"），输出其对应的星期次序，例如，输入"2007-03-31"，输出"星期六"。

13. 参考 JDK 的文档，了解有关 Timer 类和 TimerTask 类的用法，编写一个定时器程序，定期发出嘟嘟声。（注：使用 Toolkit.getDefaultToolkit().beep()）

第 10 章　基本 I/O 处理

Java 提供了全面的输入输出(I/O)接口,包括标准设备输入输出、文件读写、对象的串行传输等。Java 中输入输出是以流为基础进行输入输出的,所有数据被串行化写入输出流或者从输入流读入。此外,Java 也对块传输提供支持,在核心库 java.nio 中采用的便是块 I/O。在第 12 章中,会进一步介绍网络输入输出的相关知识。

学习目标:

- 理解流的概念,掌握 I/O 类体系。
- 理解字符流和字节流、结点流和加工流。
- 理解流的处理链构造,熟悉常用的加工流并能灵活应用。
- 理解 File,能够利用 File 实例分析文件属性和基本的文件操作。
- 掌握利用 Path、Files 类对文件、目录的基本操作。
- 掌握顺序文件的读写过程。
- 能够应用 RandomAccessFile 完成随机文件访问。
- 理解串行化,能够定义可串行化的类,并实现对象的串行化存取。

10.1　流

在前面的章节中已经广泛用到了 I/O 的相关内容。例如使用 Scanner 对象实现从键盘输入所需类型的数据,通过 System.out 的不同输出方法把结果输出到控制台中。一般而言,Java 的输入输出形式分为 4 种。

(1) 控制台(Console, 如 DOS 窗口)。例如打印到显示器和从键盘读入。

(2) 文件(File)读写,以文件为读写对象。

(3) 网络接口(TCP/UDP 端口)读写,用于网上冲浪、网络聊天、邮件发送。

(4) 程序(线程)间通信,例如,数据传输。

为了支持这些不同类型的输入输出,Java 提供了比较完善的 I/O 类库,大多分布于 java.io 和 java.nio 包中。本章主要介绍文件的输入和输出实现以及对象的串行化传输中所用到的常用类,在第 12 章中会进一步介绍关于网络传输的 I/O 类。

10.1.1　什么是流

简单地说,流就是程序和外界进行数据交换的通道,在这个通道上传输的是有序的字节(字符)序列。流也是输入输出设备的一种抽象表示,这些设备是数据源或数据终点,通过流,可以向数据终点所代表的设备写入数据,也可以从数据源中读出数据。基于流的处理,简化了开发人员对于输入和输出处理的难度,如图 10-1 所示。

当流作为数据写入的目的地时,该流被称为输出流。输出流可以连接硬盘上的文件、网络上的另一端等任何可以接收字节序列的设备。

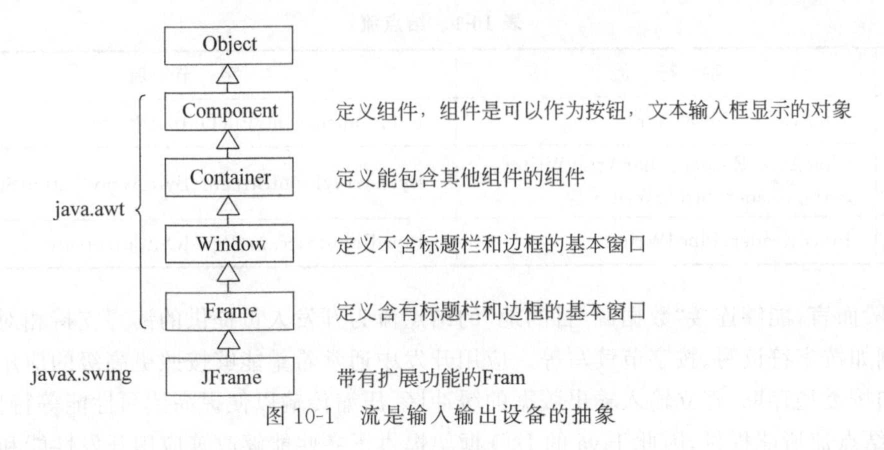

图 10-1　流是输入输出设备的抽象

同样可以把提供数据的流称为输入流，输入流连接的数据源可以是任何串行数据源，例如磁盘文件、网络另一端的信息发送程序、键盘等。

输入流和输出流都被称为"结点流"，结点流连接的就是文件、内存以及线程间的管道等，代表数据的来源和目的地。

10.1.2　流的分类

Java 类库中提供了丰富的 I/O 流的支持，这些 I/O 类除了具有输入和输出区别外，要想清楚了解它们各自的功能，就必须对这些特性各异的 I/O 流做出区分，如图 10-2 所示。

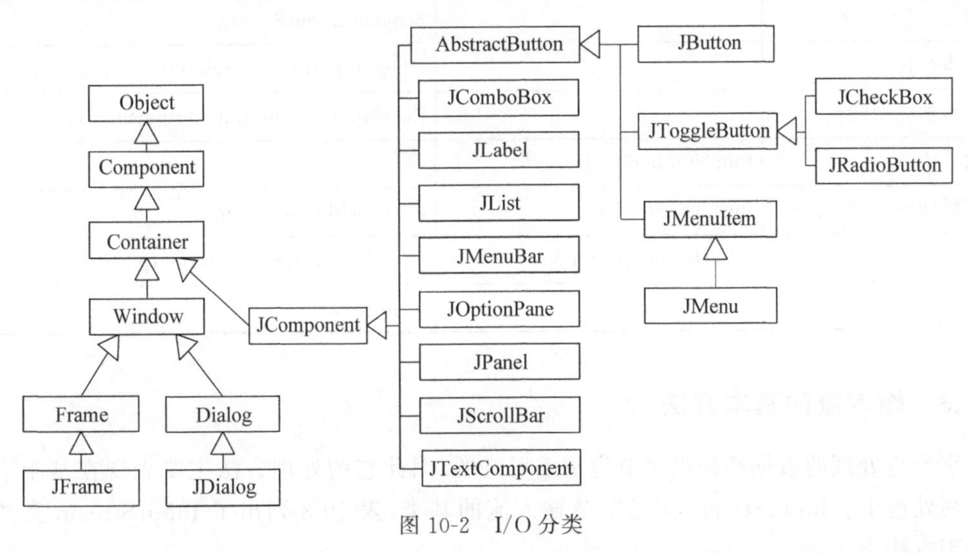

图 10-2　I/O 分类

首先，从传输的数据表示形式上，将 I/O 流分为支持二进制数据传输的字节流和支持字符传输的字符流。例如 InputStream 和 OutputStream 是字节(Byte)流的根类，而 Reader 和 Writer 是字符(Character)流的根类。而 InputStreamReader 和 OutputStreamWriter 两个类提供了从字节流到字符流的转换。

其次，根据是否直接联系数据源，将 I/O 流分为与数据源/目的地直接联系的结点流(如表 10-1 所示)和基于其他流进行输入输出的加工流(如表 10-2 所示)。

表 10-1 结点流

功能	字 符 流	字 节 流
文件	FileReader、FileWriter	FileInputStream、FileOutputStream
内存	CharArrayReader、CharArrayWriter、StringReader、StringWriter	ByteArrayInputStream、ByteArrayOutputStream
管道	PipedReader、PipedWriter	PipedInputStream、PipedOutputStream

一般而言,能够连接"数据源/目的地"的结点流为开发人员提供的读写支持相对都比较简单,例如按字符读写、按字节读写等。应用开发中通常希望能够按照更高级的应用要求读写,例如按类型存取、建立输入输出数据的缓冲区、压缩传输以便提高读写性能等特性,这些都不是结点流所能提供,因此 Java 的 I/O 框架提供了一些能够改善应用开发性能和效率的具有特殊功能的 I/O 流,这些流可以对流进行再处理。根据它们各自的功能,可以分为支持文件处理的文件流、支持对基本的字节流和字符流进行按块读写的缓冲流等若干类型。

表 10-2 加工流

功 能	字 符 流	字 节 流
缓冲	BufferedReader、BufferedWriter	BufferedInputStream、BufferedOutputStream
字节流到字符流的转换	InputStreamReader、OutputStreamWriter	
连接		SequenceInputStream
对象串行化		ObjectInputStream、ObjectOutputStream
基本数据类型转换		DataInputStream、DataOutputStream
计数	LineNumberReader	
返回缓冲区	PushbackReader	PushbackInputStream
过滤	FilterReader、FilterWriter	FilterInputStream、FilterOutputStream
打印	PrintWriter	PrintStream

10.1.3 输入流的基本方法

字节流处理的数据都是以字节为基本形式的,因此它的处理方法主要表现在基于字节的读写处理上。InputStream 类是字节输入流的基类,表 10-3 列出了 InputStream 类的主要处理方法。

表 10-3 InputStream 类的主要方法

方 法	作 用
int read()	从输入流中读取数据的下一字节
int read(byte[]*b*)	从输入流中读取一定数量的字节,并将其存储在缓冲区数组 *b* 中,返回读取的字节数,若返回-1,表示已到达流的末尾
int read(byte[]*b*, int off, int len)	将输入流中最多 len 字节的数据读入 byte 数组 *b* 中

续表

方　　法	作　　用
long skip(long *n*)	跳过和丢弃此输入流中数据的 *n* 字节
byte[] readAllBytes()	读取流中所有字节
intreadNBytes(byte[]*b*,intoff,intlen)	从输入流中读取请求的字节数到给定的字节数组 *b* 中

注意：readAllBytes 方法从输入流读取所有剩余的字节，在此过程是阻塞的，直到所有剩余字节都被读取或到达流的结尾或发生异常。readNBytes 方法属于阻塞方式，直到读取了 len 字节的输入数据、检测到流结束或抛出异常。

作为对比，表 10-4 列出了字符流 Reader 类的主要方法。

表 10-4　Reader 类的主要方法

方　　法	作　　用
int read()	从输入流中读取单个字符
int read(char[] cbuf)	从输入流中读取一定数量的字符，并将其存储在缓冲区数组 cbuf 中
intread(char[] cbuf, int off,intlen)	将输入流中最多 len 个数据字节读入字符数组中
intread(CharBuffer target)	将字符读入指定的字符缓冲区
long skip(long *n*)	跳过和丢弃此输入流中数据的 *n* 字节

可以看出，基本处理方法提供的都是最原始的功能，只能按照字符和字节对原始数据进行处理，这对那些如图像、音频等格式的数据处理比较合适，但是对于成绩单这样具有丰富语义的文件，这种处理方法显然不是很合适。

InputStream 和 Reader 都是抽象类，也就是不能用它们直接创建实例，下面是它们的声明：

```
public abstract class InputStream extends Object implements Closeable
public abstract class Reader extends Object implements Readable,Closeable
```

其中，Closeable 接口只定义了一个 close 方法，当流对象执行此方法时关闭该流并释放与之关联的所有资源，因此任何流实例在使用完毕后，均要执行实例的 close 方法来保证输入和输出的正常关闭。

10.1.4　输出流的基本方法

OutputStream 类是字节输出流的基类，表 10-5 列出了它的主要方法。

表 10-5　OutputStream 类的主要方法

方　　法	作　　用
void flush()	刷新此输出流并强制写出所有缓冲的输出字节
void write(byte[] *b*)	将 b.length 字节从指定的 byte 数组写入此输出流 *b*
void write(byte[] *b*, int off, int len)	将指定 byte 数组中从偏移量 off 开始的 len 字节写入此输出流 *b*
abstract void write(int *b*)	将指定的字节写入此输出流 *b*

Writer 是写入字符流的抽象类，表 10-6 则列出了 Writer 的主要方法。

表 10-6　Writer 的主要方法

方　法	作　用
Writer append(char *c*)	将指定字符添加到此 writer
Writer append(CharSequencecsq)	将指定字符序列添加到此 writer
abstract void flush()	刷新该流的缓冲。如果该流已保存缓冲区中各种 write 方法的所有字符，则立即将它们写入预期目标
void write(char[] cbuf)	写入字符数组
void write(int *c*)	写入单个字符。要写入的字符包含在给定整数值的低 16 位中，高 16 位被忽略
void write(String str)	写入字符串

它们也都是抽象的，下面是它们各自的声明。

```
public abstract class OutputStreamextends Object implements Closeable,
    Flushable
public abstract class Writerextends Object implements Appendable, Closeable,
    Flushable
```

其中，Flushable 接口定义了 flush 方法，该方法被执行时，立即刷新该流的缓冲。如果该流已保存缓冲区中各种 write 方法的所有字符，则立即将它们写入预期目标。同样的，这两个类均实现了 Closeable 接口。

10.2　字符流和字节流

基于流中传输的数据表示方式，Java 把流分为支持二进制数据传输的字节流（byte stream）和支持字符传输的字符流（Character Stream），进而为每一种流都提供相应的输入和输出支持。

对应于这两种类型的流，Java 分别提供了不同的 I/O 类实现，同时也提供了两种类型的流之间的转换机制。

1. 字符流

Reader 和 Writer 是用于读取字符流的两个字符流类的抽象父类，其类继承结构如图 10-3 和图 10-4 所示。

图 10-3　字符流中的输入流（部分）

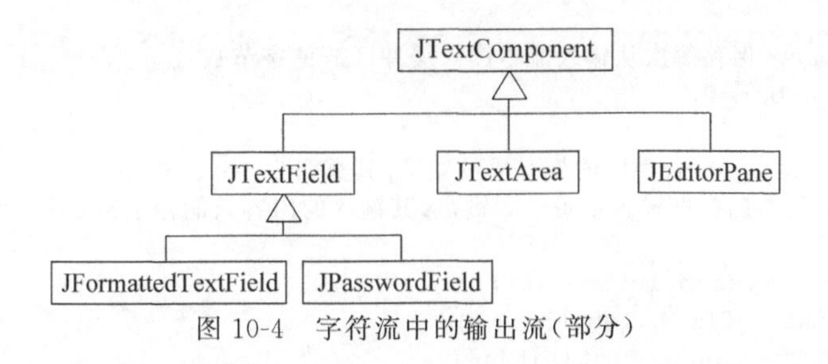

图 10-4　字符流中的输出流(部分)

2. 字节流

InputStream(输入流)和 OutputStream(输出流)也是抽象类,它们是一切字节输入输出类的超类,也是抽象类。应用程序在进行字节的读写时,均需选择一个合适的子类来实现字节的存取。图 10-5 和图 10-6 展示了部分字节流的继承关系。

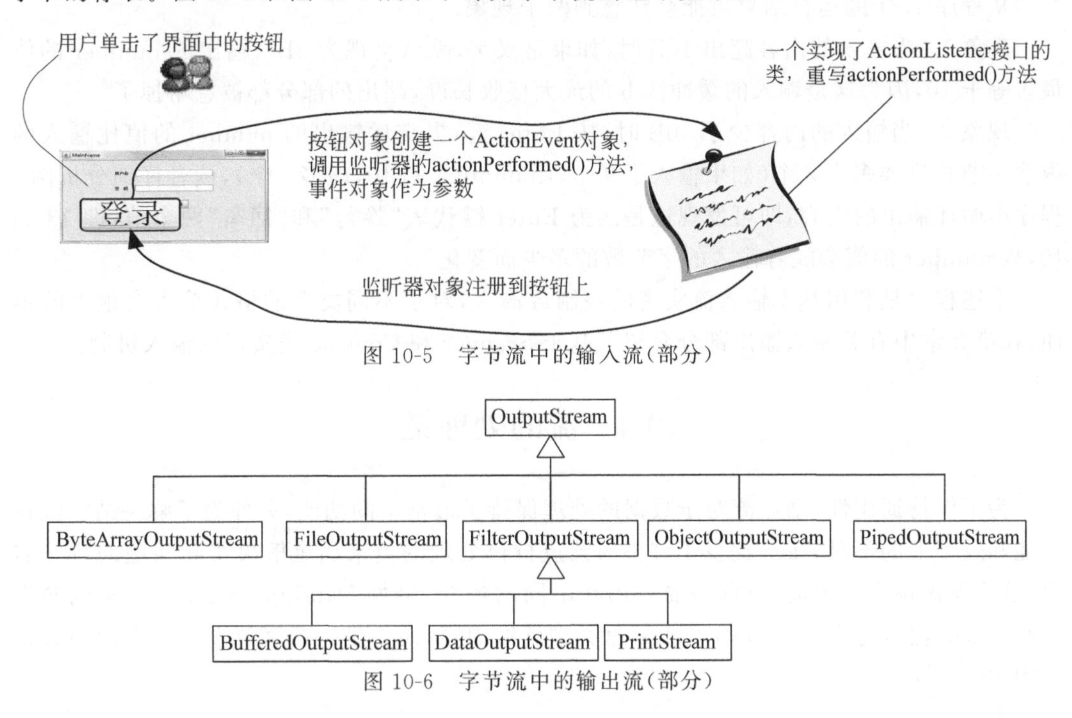

图 10-5　字节流中的输入流(部分)

图 10-6　字节流中的输出流(部分)

10.3　结　点　流

结点流能够直接和内存、文件、管道这些数据的实际来源和目的地设备连接。程序 10-1 介绍了一个以字节为单位从键盘上读入字符的例子。它利用了 System 类中的一个对象 in 实现了从键盘进行读取输入的功能,对象 in 的类型是 InputStream。

```
//程序 10-1:按字节从键盘上读入字符
import java.lang.Exception;
class TestInput {
    public static void main(String args[]) throws Exception {
        /* 准备一个字节数组,用作接收从键盘上输入内容的缓冲区 */
        byte[] b=new byte[10];
```

```
        //number 保存每次从输入流中读入缓冲区 b 的字节数
        int number=0;
        /*
         * in 是 System 类中的静态成员变量,其类型为 InputStream,
         * 默认指向标准输入设备——键盘,其输入的内容只能存于一个字节数组中
         * */
        number=System.in.read(b);
        for(int i=0;i<b.length;i++){
            System.out.println(b[i]);
        }
        System.out.println("Received number="+ number );
    }
}
```

从程序 10-1 的运行结果可能会注意到两个现象。

现象 1：当输入的内容超出 10B 时(如果是汉字,默认会视为 2B),输出的 number 的值最多等于 10,因为这是输入的缓冲区 b 的最大接收长度,超出的部分都被忽略掉了。

现象 2：当输入的内容少于 10B 时,按 Enter 键,提交后输出的 number 的值比输入的内容字节长度要多出 2 个(如果输入了 9 个,则 number 是 10,即多 1 个),读者仔细分析例 2 程序中循环输出的内容,即可发现这是因为 Enter 键代表“换行”和“回车”两个值,即 13 和 10,故 number 的值会随着输入的字节数的多少而变化。

上述程序是利用基本输入流实现的控制台输入,对于不同类型的格式输入有很大的不便,在第 2 章中有关输入输出部分介绍了基于 Scanner 和 Console 类实现的输入机制。

10.4 流的处理链

为了保持通用性,结点流对于数据的处理保持了最基本的功能,另外为了解决结点流在性能和效率上的不足,Java 提供了许多对流进行再处理的类来满足解决实际问题的特殊需要,这些流被称为加工流,根据需要被用在不同的场合,例如 DataInputStream 的实例允许从底层数据输入流中按照 Java 基本数据类型读取内容,而不是按照字节方式。它们的关系如图 10-7 所示。

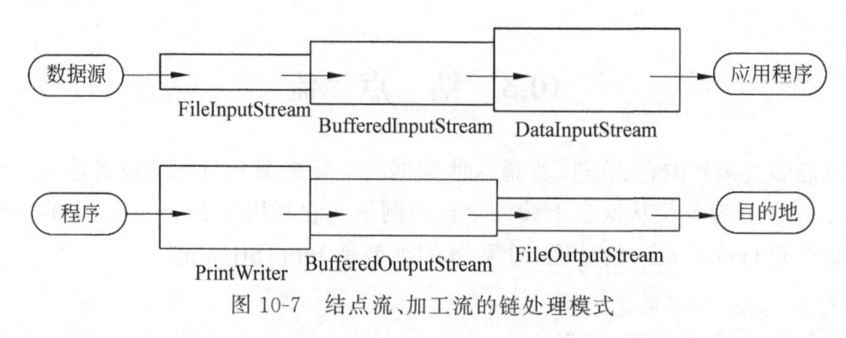

图 10-7 结点流、加工流的链处理模式

10.4.1 过滤器流

一个过滤器(Filter)流必须包含一个其他的输入输出流,它将这个流用作其数据源或数

据接收器，它可以直接传输数据或提供一些额外的功能。字节过滤器流的基类是FilterInputStream和FilterOutputStream类，字符过滤器流的基类是FilterReader和FilterWriter两个抽象类。这些基类提供了部分将请求传递给所包含的流的方法，实际应用时，通常使用它们的子类。

表10-7列出了FilterInputStream的主要子类。

表10-7　FilterInputStream的主要子类

类	作　用
BufferedInputStream	从缓冲区中读取数据，每个带缓冲的输入流都包含一个数组用于保存从输入流中读入的数据
DataInputStream	能够独立于任何机器的处理Java的基本数据类型
PushbackInputStream	允许单字节向前查找。找到相应的字节后，数据流将它推后，以备下一次读取可以读到它

表10-8列出了FilterOutputStream的主要子类。

表10-8　FilterOutputStream的主要子类

类	作　用
BufferedOutputStream	带缓冲的输出流，应用程序可以实现成块的输出，提高输出的性能
DataOutputStream	允许应用程序按照Java的基本数据类型进行输出到输出流中
PrintStream	输出所有基本类型的统一码格式，包括对象、字符串，常用的System.out其类型就是PrintStream

10.4.2　转换流

程序10-1只能按照字节从键盘获得所需信息，这在大多数情况下对于中文的处理环境是不实用的，每个汉字占2B，结点字节流并不会自行处理这种情况，因此，在运行程序10-1时，如果输入汉字，重新输出时就无法以汉字的形式输出，这就是所谓的乱码。不过，InputStreamReader提供了将字节输入流转为字符流的能力，并且在转换时能够按照指定的字符集(或平台默认的字符集)进行读取，下面是InputStreamReader的一个构造方法。

```
public InputStreamReader(InputStream in, String charsetName)
```

程序10-2演示了如何将字节流转换为字符流进行读取。

```
//程序 10-2 转换字节流到字符流
import java.io.IOException;
import java.io.InputStreamReader;
public class InputStreamReaderDemo {
    public static void main(String[] args) throws IOException {
        InputStreamReaderisr=new InputStreamReader(System.in,"UTF-8");
        int c=0;
        while((c=isr.read())!=-1){
```

```
            System.out.println((char)c);
        }
    }
}
```

程序在创建 InputStreamReader 的实例时,System.in 这个实参被作为转换流读取数据的来源,UTF-8 则表示从基本输入流中读取字节是要按照 UTF-8 编码,如果碰到汉字则是按照两个字节来合并为一个字符。

OutputStreamWriter 则提供了从字符流到字节流的通道。下面是它的一个构造方法。

```
public OutputStreamWriter(OutputStream out, String charsetName)
```

可使用指定的字符集(charsetName)将要写入流中的字符编码成字节。它使用的字符集可以由名称指定或显式给定,否则将接收平台默认的字符集。

10.4.3 数据输入和输出流

DataInputStream 和 DataOutputStream 是两个可以按照 Java 数据类型(无关底层的数据类型)进行存取的数据流。程序 10-3 提供了两个方法,dataOut 方法将 10 个整数存储到了指定的文件中,而 dataIn 方法则将数据重新读了进来。

```
//程序 10-3 按照 Java 数据类型进行输入和输出的数据流
import java.io.DataInputStream;
import java.io.DataOutputStream;
import java.io.EOFException;
import java.io.FileInputStream;
import java.io.FileOutputStream;
import java.io.IOException;
import java.util.Random;

public class DataInOutDemo {
    //输出 10 个整数到指定的文件
    public static void dataOut(String fileName) throws IOException{
        FileOutputStreamfos=new FileOutputStream(fileName);
        DataOutputStream dos=new DataOutputStream(fos);
        Random rand=new Random();
        for(int i=0;i<10;i++){
            int x=rand.nextInt(10000);
            dos.writeInt(x);
        }
        dos.close();
    }
    //从指定的文件中读取整数
    public static void dataIn(String fileName) throws IOException{
        FileInputStreamfis=new FileInputStream(fileName);
        DataInputStream dis=new DataInputStream(fis);
        System.out.print("从文件中读取了:");
        while(true){
            try{
                int x=dis.readInt();           //从文件读一个整数
                System.out.printf("%d\t",x);
            } catch (EOFException e) {
                //到达文件尾,正常退出循环
```

```
            } finally {
                if (dis != null) {
                    try {
                        dis.close();
                    } catch (IOException ex) {
                        ex.printStackTrace();
                    }
                }
            }
        }
    }
    public static void main(String[] args) {
        try {
            dataOut("test.dat");
            dataIn("test.dat");
        } catch (IOException e) {
            e.printStackTrace();
        }
    }
}
```

首先在 dataOut 方法中先创建了一个能够创建文件的结点输出流 fos，然后它被包含到 DataOutputStream 数据输出流 dos 中，在循环中可以看到，产生的每个整数都是利用 dos 的 writeInt 方法，dos 将数据又送到了其包含的文件输出流中保存起来。这个从数据输出流到文件输出流的过程实际上是隐蔽的，因此 dataOut 方法无须显式地创建文件输出流，可以改换成如下代码：

```
DataOutputStream dos=new DataOutputStream(new FileOutputStream(fileName));
```

分析输出的文件可以看出，虽然产生了 10 个整数，但由于按照的是字节输出的方法，由于每个整数只占 4B，因此整个文件的实际长度只有 40B。在 dataIn 方法中，利用 DataInputStream 实例的 readInt 方法每次读出一个整数，当到达文件尾时，该方法抛出 EOFException 异常，利用该异常程序退出循环。

在两个方法的末尾，均利用了数据流的 close 方法关闭流，并释放所占用的资源，当关闭数据流时，其内部包含的流也将依次自动关闭。

10.4.4 缓冲流

应用程序使用缓冲流可以减少读写的次数，加快输入和输出的速度，从而提高应用程序的性能。缓冲数据流中均包含一个字节/字符缓冲区数组，从而实现成块的读写。当然这个成块的读写过程对于应用程序来讲是透明的。例如：10.4.3 节文件输出采用下面的方法：

```
DataOutputStream dos=new DataOutputStream(new FileOutputStream(fileName));
```

如果加上了缓冲之后，则变成了下面的代码：

```
DataOutputStreamps=new DataOutputStream (new BufferedOutputStream(new
    FileOutputStream(fileName)));
```

类似地，上面的创建 DataOutputStream 的过程可以细化为 3 步。

第 1 步：创建文件对象。

```
FileOutputStreamfo=new FileOutputStream(fileName);
```

第 2 步：对文件输出流进行包装，即在文件流的基础上创建缓冲流。

```
BufferedOutputStreambufferos=new BufferedOutputStream(fo);
```

第 3 步：在 BufferedOutputStream 的基础上创建 DataOutputStream 对象，实现成块输出。

```
DataOutputStreamps=new DataOutputStream(bufferos);
```

之所以把 3 步并作一步，是因为程序更多的是关心如何通过 DataOutputStream 的实例完成数据的输出，而并不需要了解中间层乃至底层数据流的创建过程。前两步的引用对象在应用中可以不用获得。

按照支持字符和字节两种数据格式，能够实现缓冲处理的 I/O 类包括 4 个类：BufferedOutputStream、BufferedInputStream、BufferedReader 和 BufferedWriter。

10.4.5 打印输出流

基于数据输出流的文件输出，保存到文件中的是二进制的内容，无法使用文本工具浏览文件内容。Java 提供了打印输出流类 PrintStream 和 PrintWriter 把数据输出到文件中，可以方便地使用文本工具进行浏览，控制台输出常用的 System.out 属性的类型就是 PrintStream。如果确定输出的内容为字符类型时，选择 PrintWriter 更合适，程序 10-4 改写了程序 10-3 的部分代码。

```
//程序 10-4 打印数据流
import java.io.FileNotFoundException;
import java.io.PrintStream;
import java.io.PrintWriter;
import java.util.Random;
public class PrintStreamDemo {
    public static void main(String[] args) throws FileNotFoundException {
        //PrintStream out=new PrintStream("test.dat");
        PrintWriter out=new PrintWriter("test.dat");
        Random rand=new Random();
        for (int i=0; i<10; i++) {
            int x=rand.nextInt(100000);
            out.println(x);
        }
        out.close();
    }
}
```

打印输出流虽然可以将内容输出到指定的文件中，但并不属于结点流，它是利用字符转换流 OutputStreamWriter 将输出的内容转换成字节送至 FileOutputStream 实例输出到文件中的，这个过程是在其内部的构造方法中完成的。

10.4.6 如何利用流编写程序

基本的 I/O 过程可以遵从以下原则。

(1) 确定要访问设备的数据类型是字节设备还是文本设备，来决定采用何种类型的结点流进行连接。

(2) 根据是准备从数据源输入内容,还是准备向目的地输出内容,确定合适的 I/O 类创建结点流。

(3) 根据应用程序的特性确定选择合适的输出流或输入流,并对下层输入输出流进行封装,如有必要,需要借助 InputStreamReader 或 OutputStreamWriter 进行转换。常见的如基于文本行的文本输入输出、基于 Java 数据类型的数据流输入输出格式化输出流 PrintWriter 等。

(4) 考虑是否添加缓冲流来改善输入和输出性能,如果需要,则修改第 3 步的实例化过程、一般将缓冲流置于中间层,参见缓冲流中的例子。

(5) 输入输出结束后,可以直接关闭最外层的流即可。

10.5 文件处理

应用程序中经常需要从外部的文件中读取信息和向外部文件写出数据进行保存,在这个过程中,简单的程序如同程序 10-3 和程序 10-4 都已经进行了简单的介绍,但在实际中,经常会发生各种意外的情况,例如,如果需要打开的文件不存在,或者要创建的文件没有创建成功,甚至创建时覆盖了一个已经存在的同名文件等等诸如此类的情况,因此在文件处理中,除了能够完成高效的 I/O 处理外,还要在打开、读写和关闭等关键处理上注意异常的发生,提高程序的质量。

10.5.1 File

程序 10-3 已经展示了一个利用 FileInputStream 和 FileOutputStream 类进行简单的文件输入输出处理,但实际应用中直接利用文件名指向一个将要创建的文件存在一定的风险,例如是否有同名的文件存在,或在不同的环境中文件的属性会有一定的变化。

1. File 对象

File 是对文件和路径名的一种抽象表示,应用程序中经常使用 File 对象来指向自己希望创建或引用的文件或目录的路径。具体来说,它有两个作用。

(1) 应用程序利用它检查它所引用的物理文件或目录,看是否与真实的文件或目录相对应。

(2) 应用程序可以利用它创建文件输入输出流,进行文件的处理。

需要注意的是 File 对象并不包含文件内容,应用程序只是利用它处理文件的各种属性和文件操作。

2. 文件和目录路径名的抽象表示

Java 提供了 File 类映射文件系统中的一个文件和目录,它使用抽象路径名来表示对文件和目录的抽象,它包括两部分的内容。

(1) 一个和系统有关的路径前缀,Windows 系统用“\\”来表示 Microsoft Windows UNC 路径名,UNIX 系统用“/”表示根目录。

(2) 0 个或更多名称序列的字符串,最后一个字符串既可以表示目录,也可以表示文件。

(3) 对于 Windows 本地系统的文件或目录,更常见的可以使用盘符开头的抽象路径表示,例如,D 盘中 java\src 目录下的 Test.java 文件的抽象路径名可以表示为

```
File f=new File("D:\\java\\src\\Test.java");
```

Microsoft Windows UNC 表示方法通常用于局域网络范围内的共享资源表示，例如

```
File f=new File("\\\\D:\\java\\src\\Test.java");
```

无论是抽象路径名还是路径名字符串，都可以是绝对路径名或相对路径名。绝对路径名是完整的路径名，不需要任何其他信息就可以定位它所表示的文件。相反，相对路径名必须使用取自其他路径名的信息进行解释。默认情况下，java.io 包中的类总是根据当前用户目录来解析相对路径名。此目录由系统属性 user.dir 指定，通常是 Java 虚拟机的调用目录。

3. 创建 File 对象

下面列出了 File 对象的 4 种构造方法，应用中可以根据情况进行选择。

(1) File(File parent,String child)。根据 parent 抽象路径名和 child 路径名字符串创建一个新的 File 实例。

(2) File(String pathname)。通过将给定路径名字符串转换成抽象路径名的方法创建一个新的 File 实例。

(3) File(String parent,String child)。根据 parent 路径名字符串和 child 路径名字符串创建一个新的 File 实例。

(4) File(java.net.URIuri)。通过将给定的 URI 转换成一个抽象路径名来创建一个新的 File 实例，用于网络访问。

4. 路径分界符及路径移植性问题

细心的读者可能已经注意到，文件路径名表示中的路径分隔符问题。确实，在不同的系统中路径分隔符是不一样的，例如在 UNIX 操作系统中，分隔符定义为"/"，而在 Windows 系统下则被定义为"\"，只是由于转义的规定被写为"\\"。

除了分隔符的差异外，路径的表示在不同的系统中也是不一样的，例如 Windows 系统下的路径在绝对表示时，通常包含分区，例如，C:\mydata\2006\score.txt 在 Java 代码中即被表示为 C:\\mydata\\2006\\score.txt，而在 UNIX 系统下绝对路径却是以"/"开始，例如/mydata/2006/score.txt。

正是因为上面的差异，因此在 Java 应用中就需要尽量考虑不要在代码中直接嵌入具体的路径表示，而要用相对路径来表示，相对路径不包括具体的绝对路径前缀，避免了不同操作系统的影响。

具体的应用可以采取把希望文件存取的位置实现定义在系统环境中或者配置文件中，运行时可以直接获取。例如，在 Windows 系统的环境变量定义中如果变量名为 MyAppHome，其变量值为 d:\mydata，则可以用如下代码获得其值：

```
String homeDir=System.getenv("MyAppHome");
```

因此当应用程序希望向 MyAppHome 指定的目录下输出文件 score.txt 时，可以用下面的几行代码创建 File 对象：

```
String homeDir=System.getenv("MyAppHome");
File myFile=new File(homeDir+File.separator+"score.txt");
```

上述代码中的 File.separator 是一个当前系统的路径名中各个名字之间的分隔符。在上面的代码行中之所以要加上 File.separator 是因为 homeDir 的值 d:\mydata 并没有直接加上“\”,为了把目录和文件名分开,所以需要 File.separator。

File 对象中提供了许多和路径有关的方法,如表 10-9 所示。

表 10-9　File 类中的路径

方　法	作　用
String getAbsoluteFile()	返回抽象路径名的绝对路径名字符串
StringgetCanonicalPath()	返回抽象路径名的规范路径名字符串
StringgetName()	返回由此抽象路径名表示的文件或目录的名称
String getParent()	返回此抽象路径名的父路径名的路径名字符串,如果此路径名没有指定父目录,则返回 null
String getPath()	将此抽象路径名转换为一个路径名字符串

5. 文件的属性测试

File 类提供了非常多的方法用于不同目的的文件操作,有关文件属性测试的方法是其中的一个重点,如表 10-10 所示。

表 10-10　File 类中的属性测试方法

方　法	作　用
boolean canRead()	测试应用程序是否可以读取此抽象路径名表示的文件
boolean canWrite()	测试应用程序是否可以修改此抽象路径名表示的文件
boolean exists()	测试此抽象路径名表示的文件或目录是否存在
boolean isAbsolute()	测试此抽象路径名是否为绝对路径名
boolean isDirectory()	测试此抽象路径名表示的文件是否是一个目录
boolean isFile()	测试此抽象路径名表示的文件是否是一个标准文件
boolean isHidden()	测试此抽象路径名指定的文件是否是一个隐藏文件

灵活利用以上的方法,应用程序就可以避免不适当的文件操作所造成的各类异常。例如,在读入一个指定的文件之前应该检查该文件是否存在,代码如下:

```
String homeDir=System.getenv("MyAppHome");
File myFile=new File(homeDir+File.separator+"score.txt");
if(!myFile.exists()){
    System.out.println("The file has not been found! ");
    System.exit(0);                              //退出程序执行
}
```

6. 目录及目录操作

除了文件,目录也是文件系统中一个重要的概念。在 Java 中,有关目录的操作也是利用 File 对象实现的,具体方法如表 10-11 所示。

表 10-11　File 类中的目录操作

方　法	作　用
String[] list()	返回由此抽象路径名所表示的目录中的文件和目录的名称所组成字符串数组
String[] list(FilenameFilter filter)	返回由包含在目录中的文件和目录的名称所组成的字符串数组，这一目录是通过满足指定过滤器的抽象路径名来表示
File[] listFiles()	返回一个抽象路径名数组，这些路径名表示此抽象路径名所示目录中的文件
File[] listFiles(FileFilter filter)	返回表示此抽象路径名所示目录中的文件和目录的抽象路径名数组，这些路径名满足特定过滤器
File[] listFiles(FilenameFilter filter)	返回表示此抽象路径名所示目录中的文件和目录的抽象路径名数组，这些路径名满足特定过滤器
static File[] listRoots()	列出可用的文件系统根目录，例如 Windows 系统的 C:\、D:\
boolean mkdir()	创建此抽象路径名指定的目录
boolean mkdirs()	创建此抽象路径名指定的目录，包括创建必需但不存在的父目录

7. 其他文件操作

File 对象还提供了文件的重命名、文件的移动、修改访问时间以及设置文件访问属性等方法，具体如表 10-12 所示。

表 10-12　File 类中的其他文件操作

方　法	作　用
boolean renameTo(File dest)	重新命名此抽象路径名表示的文件，利用它的参数可以实现重新命名、文件移动操作
boolean setLastModified(long time)	设置由此抽象路径名所指定的文件或目录的最后一次修改时间
boolean setReadOnly()	标记此抽象路径名指定的文件或目录，以便只对其进行读操作
long length()	返回由此抽象路径名表示的文件的长度
boolean delete()	删除此抽象路径名表示的文件或目录
boolean createNewFile()	当且仅当不存在具有此抽象路径名指定的名称的文件时，创建由此抽象路径名指定的一个新的空文件

程序 10-5 综合地实现了有关文件和目录的主要操作，程序将指定的源目录下的所有文件转移至新的指定目录下（为了简化程序，此处忽略了源目录下可能包含的子目录）。

```
/*程序 10-5:将一个目录下的文件转移至另外一个目录的程序*/
import java.io.File;
public class FileMove {
    public static void main(String[] args) throws Exception {
        //判断参数是否完整,此程序运行需要指定两个参数:一个是源目录,另一个是目的地
        if(args.length!=2){
            System.out.println("用法: filemove 源目录目的目录");
            System.exit(0);                    //缺失参数,终止程序运行
        }
```

```
        File in=new File(args[0]);              //根据第一个源目录创建 File 对象
        File dest=new File(args[1]);            //根据第二个目的地创建 File 对象
        File tmp=null;                          //用作临时对象
        //如果源目录不存在,抛出一个异常
        if(!in.exists()){
            throw new Exception("源目录不存在:"+args[0]);
        }
        //如果源目录不是一个有效的目录,抛出一个异常
        if(!in.isDirectory()){
            throw new Exception(args[0]+"不是一个有效的目录");
        }
        //如果目的地尚未被创建,则直接创建,注意选用了 mkdirs 而非 mkdir
        if(!dest.exists()){
            dest.mkdirs();
        }
        //获得源目录下的所有文件,包含子目录
        File[] srcFiles=in.listFiles();
        //开始转移文件到指定的目的地
        for(File file:srcFiles){                //在数组中迭代
            //如果当前的 File 对象是一个目录,忽略它
            if(file.isDirectory()){
                continue;
            }
            //创建一个新的 File 对象,此对象含有目的地路径和当前文件的文件名
            tmp=new File(dest,file.getName());
            //执行文件转移
            file.renameTo(tmp);
            tmp=null;
        }
    }
}
```

10.5.2 Path 与 Files

在 JDK 7 推出之前,文件操作较为烦琐,在 JDK 7 推出了全新的 NIO.2 API 后,才改变了针对文件管理的不便,使用 java.nio.file 包中的 Path、Paths、Files、WatchService、FileSystem 等常用类可以很好地简化开发人员对文件管理的编码工作。

1. Path

Path 接口位于 java.nio.file 包中。和其名称所展示的一样,Path 就是文件系统中目录概念的程序表现。Path 中包含了文件名和目录列表,这些信息可用于创建目录、检验、定位和操作文件。Path 实例是和底层操作系统相关的。在 Solaris 系统中,Path 使用 Solaris 的句法(/home/joe/foo);在 Windows 操作系统中,Path 会使用 Windows 的句法(C:\home\joe\foo)。因此 Path 与操作系统有关,因此不能将一个来自 Solaris 文件系统的 Path 和一个来自 Windows 文件系统的 Path 进行比较,在目录结构和文件完全一样的时候也不行。

Path 的某些功能其实可以和 java.io 包下的 File 类等价,当然这些功能仅限于只读操作。在实际开发过程中,可以结合 Path 接口和 Paths 类(位于 java.nio.file 包下),从而获取文件的一系列上下文信息。需要注意的是,通常需要调用 Paths.get 方法获取 Path 接口实例对象。可以通过 Path 接口中的 toFile 方法获得 File 对象。

Path 接口的常用方法如表 10-13 所示。

表 10-13　Path 接口中常用方法

方　法	作　用
intgetNameCount()	返回当前文件结点数
PathgetName()	返回用 Path 表示的文件或目录对象
PathgetName(int *i*)	获取第 *i* 层的目录 Path 对象
PathgetParaent()	返回父目录 Path 对象
PathgetRoot()	返回根目录 Path 对象
File toFile()	返回 File 对象

Path 对应的文件或者目录可以不存在。可以采用以下不同的方式创建 Path 实例并进行操作：扩展路径、抽取路径的一部分、与其他 Path 进行比较等，也可以检查 Path 对应的目录或文件是否存在、创建文件或目录、打开或删除文件、修改许可权限等。

Path 能够区分符号链接的，所有的 Path 方法要么会检测是否为符号链接并执行不同的操作，或者提供了一个选择来使用户能够配置当遇到符号链接的时候执行什么操作。

此外，Path 还提供了很多易于使用的特性，例如返回根结点、名称、父目录等路径某一部分的方法或者其他操作路径的方法。

(1) 获取 Path 实例。Path 实例包含了指定文件或目录位置的信息，获得 Path 实现类实例时，需要指定一个或多个目录或文件名。路径的根目录不是必需的，路径信息可能仅仅是一个目录或文件的名称。最简单的创建 Path 实例的方式就是使用 Paths 类的 get 方法。

```
Path p1=Paths.get("c:\\windows\\system32");
Path p2=Paths.get("/tmp/foo");
Path p3=Paths.get("file:///Users/joe/FileTest.java");
```

(2) 获取路径信息。由于文件系统一般是树状结构，因此可以把 Path 理解为按顺序存储的一系列的名称(目录名称和文件名称)。目录结构中最高一层的目录名就是序列中 index 为 0 的那一个，目录结构中最低一层的目录名或者文件名就是序列中 index 为 $n-1$ 的那一个(这里 n 是路径中层次的数目)。Path 类提供方法来通过 index 获取序列中的一个元素或一个子序列。

下面的代码定义了一个 Path 对象并获取其中的信息。

```
Path path=Paths.get("C:/windows/system32/boot");                //Windows syntax
//Path path=Paths.get("/mnt/sdcard");                           //Solaris syntax
System.out.format("toString:%s%n",path.toString());             //目录完整信息
System.out.format("getName(0):%s%n",path.getName(0));           //第 1 层目录
System.out.format("getName(1):%s%n",path.getName(1));           //第 2 层目录
System.out.format("getNameCount:%d%n",path.getNameCount());     //目录层数
System.out.format("getParent:%s%n",path.getParent());           //父目录
System.out.format("getRoot:%s%n",path.getRoot());               //根目录
```

运行结果如下：

```
toString: C:\windows\system32\boot
getName(0): windows
getName(1): system32
getNameCount: 3
getParent: C:\windows\system32
getRoot: C:\
```

2. Files

Path 和 Paths 可以很方便地访问目标文件的上下文信息。当然这些操作全都是只读的，如果开发人员想对文件进行其他非只读操作，比如文件的创建、修改、删除等操作，则可以使用 Files 类(java.nio.file.Files)进行操作。

Files 类中方法都是类方法，用于对文件、目录进行操作。Files 类的常用方法如表 10-14 所示。

表 10-14　Files 类常用方法

方　法	作　用
createDirectory(Path dir，FileAttribute<？>… attrs)	创建目录
Path createFile (Path path，FileAttribute<？>… attrs)	在指定的目标目录创建新文件
void delete(Path path)	删除指定目标路径的文件或文件夹
Path copy(Pathsource，Pathtarget，CopyOption…options)	将指定目标路径的文件复制到另一个文件中
Path move(Path source，Path target，CopyOption… options)	将指定目标路径的文件转移到其他路径下，并删除源文件

可以调用 Files 类(java.nio.file 包下)的 createDirectory 方法来创建多级目录。这个方法接收 Path 类并将其作为第一个参数，第二个参数是可选的参数目录属性。下面的代码创建具有默认属性的多层目录。

```
try {
    Files.createDirectories(Paths.get("c:\\temp\\first\\abc"));
} catch (IOException x) {
    x.printStackTrace();
}
```

从最上层开始，如果目录不存在，则创建新的目录。例如，如果在上面的目录层次中，c:\temp 已经存在，则不再创建；c:\temp\first 不存在，则直接在 c:\temp 下创建 first 目录，然后在 first 目录下创建 abc 目录。调用该方法的时候要注意该方法并不是原子操作，也就是说目录层次可能有一部分成功，一部分失败。如上面的例子中，可能 first 目录创建成功了，但是 abc 目录创建失败了。

通过调用 Files 类的 createFile 方法可以创建多级目录及文件。这个方法用于接收 Path 对象并将其作为第一个参数，第二个参数是可选的参数文件属性 FileAttribute。如果要创建的文件已经存在，该方法会抛出异常。

```
Path file=Paths.get("c:\\temp\\first\\abc\\a.txt");
try {
```

```
        Path p=Files.createFile(file);
    }  catch (IOException x) {
        x.printStackTrace();
    }
```

程序 10-6 是利用 Files 类中的 delete 方法和 copy 方法实现文件复制、删除的例子。

```
//程序 10-6:利用 Files 类实现文件复制、删除的例子
import java.io.IOException;
import java.nio.file.Files;
import java.nio.file.Path;
import java.nio.file.Paths;
import java.nio.file.StandardCopyOption;

public class TestFiles {
    public static void main(String[] args) {
        try {
            Path source=Paths.get("d:/files/source.txt");
            System.out.println(source.getFileName());
            Path target=Paths.get("d:/files/backup.txt");
            //复制文件,注意复制参数(如果存在,替换目标文件)
            Files.copy(source, target, StandardCopyOption.REPLACE_EXISTING);
            Path toDel=Paths.get("d:/files/backup.txt");
            Files.delete(toDel);                                //删除备份文件
            System.out.println("File deleted.");
            Path newDir=Paths.get("d:/files/newdir");
            Files.createDirectories(newDir);                    //创建新目录
            //将 source.txt 移到 newdir 目录中
            Files.move(source, newDir.resolve(source.getFileName()),
                StandardCopyOption.REPLACE_EXISTING);
        } catch (IOException e) {
            e.printStackTrace();
        }
    }
}
```

通过上述程序示例可以看出,使用 Files 类型来管理文件,相对于传统的 I/O 方式来说更加方便和简单。

10.5.3 顺序读写文件

顾名思义,顺序读写文件就是按照顺序逐个字节或字符对文件的内容进行输入输出,不能回读或回写,也不能随意指定读写位置,而只能从前到后。

和顺序处理文件相关的类除了字节流的 FileInputStream 和 FileOutputStream 之外,还包括字符流的 FileReader 和 FileWriter。在利用字符流存储文件时,会将字符转换成了指定或默认字符集的字节,利用 FileOutputStream 的实例实现的,中间用到了 OutputStreamWriter 转换流实现了从字符到字节流的转换.同样在读一个文件时,也是利用 InputStreamReader 实现了从字节流到字符流的转换。

这两种类型的输入输出流提供的对文件进行处理的方法都非常简单,基本上是属于基于字节或字符处理的,因此在实际应用中,往往利用具有高层处理功能的 I/O 流对它们进

行再包装,例如文本输出时,往往采用下面的方式:

```
PrintWriter out=new PrintWriter(new BufferedWriter(new FileWriter("test.
    dat")));
```

这样的形式,一方面利用了 PrintWriter 灵活的输出形式,另一方面又利用了 BufferedWriter 的具有缓冲区提高输出性能的特点,比直接利用 FileWriter 更高效。

假定在系统的 D 盘上存在目录 bank,目录下有一个文件 account.dat 文件,包含了用户的信息(用户号,姓名,当前余额),内容如下面所示,每行表示一位客户,信息间用“,”分隔。

```
1600394098,张伟,2000
1600394099,王国美,3000
1600394118,丁理惠,2300
1600394120,贺嘉怡,12000
```

程序 10-7 演示了将一个具有指定格式的账户文件读至内存,并转换成 Account 对象的过程。首先创建一个能够用来表示上述信息的 Account 类,其属性对应于账户文件中的每行包含的用户信息。

```
//程序 10-7:账户信息类,文件名 Account.java
import java.text.ParseException;
public class Account {
    private String id;                              //用户唯一的 id
    private String name;                            //用户名称
    private int balance;                            //当前余额

    public Account(String id,String name,int balance){
        super();
        this.id=id;
        this.name=name;
        this.balance=balance;
    }
    //这里省略了每个属性的 getter 和 setter 方法,请创建时自行添加。
    @Override
    public String toString() {
        return "Account[name:"+name+",balance:"+balance+"]";
    }
}
```

下面的程序完成了将文件内容恢复到内存,并创建成对应的 Account 实例,并保存至集合中供程序使用。

```
//程序 10-7:从账户文件读取信息转化为 Account 实例的过程
import java.io.BufferedReader;
import java.io.FileReader;
import java.io.IOException;
import java.util.HashMap;
import java.util.Map;

public class AccountTools {
    public static Map<String,Account>getAccountFromFile(String fn)
        throws IOException, NumberFormatException{
```

```
        Map<String,Account> accounts=new HashMap<String,Account>();
        BufferedReader in=new BufferedReader(new FileReader(fn));
        String info=null;                          //用来保存每次读入的文件内容
        while(true){
            info=in.readLine();                    //每次读取文件一行
            if(info==null){                        //若返回值为 null,则表示已到文件尾
                break;
            }
            String[] s=info.split(",");            //利用文件的内容分隔符分解此行
            Account a=new Account(s[0],s[1],Integer.parseInt(s[2]));
            accounts.put(a.getId(), a);
        }
        return accounts;
    }
    public static void main(String[] args) throws IOException {
        try {
            Map<String,Account> as=getAccountFromFile(
                "g:/bank/account.dat");
            for(Account a:as.values()){
                System.out.println(a);
            }
        } catch (NumberFormatException e) {
            e.printStackTrace();
        }
    }
}
```

由于文件的格式是固定的,因此程序使用了 BufferedReader 处理从文件中读来的数据,因为 BufferedReader 实例提供了一个按行读取的 readLine 方法,通过使用 String 实例的 split 方法完成了将一个字符串分成了 3 个子串的数组,分别对应于账户的 3 个属性。

每次调用 readLine 方法,下次读取位置就顺序移到下一行的开始,直到碰到文件尾,该方法返回 null 来表示文件读取已经结束。

10.5.4 随机读写文件

到目前为止,有关 I/O 的处理均属于顺序处理类型,只能对文件从头开始而且只能向前顺序移动,而且对原始的文件只能在文件尾进行追加,而不能随意在指定的位置进行更新处理。Java 提供了 java.io.RandomAccessFile 类,可以用于随机对文件进行读取和写入。

和其他的 I/O 流相比,RandomAccessFile 显得比较特殊,它属于字节流,是结点流的一种,而且本身既是输入流又是输出流,在功能上它兼具 DataInputStream 和 DataOutputStream 的输入和输出功能,因为它同时实现了 DataInput 和 DataOutput 的接口。

1. 构造 RandomAccessFile 对象

RandomAccessFile 类提供了两种构造方法。

方法 1:

```
RandomAccessFile(File file, String mode)
```

创建可从中读取和向其中写入(可选)的随机存取文件流,该文件由 File 参数指定。

方法 2:

```
RandomAccessFile(String name, String mode)
```

创建可从中读取和向其中写入(可选)的随机存取文件流,该文件具有指定名称。其中,mode 参数用以指定打开文件的访问模式。允许的值及其含义如表 10-15 所示。

表 10-15 文件访问模式

模式	含　义
"r"	以只读方式打开。调用结果对象的任何 write 方法都将导致抛出 IOException
"rw"	打开以便读取和写入。如果该文件尚不存在,则尝试创建该文件
"rws"	打开以便读取和写入,对于"rw",还要求对文件的内容或元数据的每次更新都同步写入基础存储设备
"rwd"	打开以便读取和写入,对于"rw",还要求对文件内容的每次更新都同步写入基础存储设备

例如,如果希望对已经存在的文件进行更新操作,可以采用如下代码:

```
RandomAccessFileraf=new RandomAccessFile("g:/bank/account.dat","rw");
```

2. 利用文件指针实现随机存取

随机存取文件的行为类似操作存储在文件系统中的一个大型字节数组。存在一个指向该隐含数组的光标或索引,称为文件指针。输入操作从文件指针指向处开始读取字节,并随着对字节的读取而前移此文件指针。如果随机存取文件以读取或写入模式创建,则输出操作也可用;输出操作从文件指针处开始写入字节,并随着对字节的写入而前移此文件指针。写入隐含数组的当前末尾之后的输出操作导致该数组扩展。该文件指针可以通过 getFilePointer 方法读取,并通过 seek 或 skipBytes 方法设置随机位置,表 10-16 列出了主要的移动方法。

表 10-16 RandomAccessFile 类

方　法	作　用
long getFilePointer()	返回此文件中的当前偏移量(从文件头开始的字节数)
long length()	返回按字节测量的此文件长度
seek(long pos)	绝对定位文件指针偏移量(从文件头开始),在该位置发生下一次读写操作
int skipBytes(int *n*)	相对定位,尝试跳过 *n* 字节,不能为负值

3. 利用 RandomAccessFile 处理的文件类型

一般而言,随机读写文件常被用来处理记录型文件。为了方便处理,文件中的记录总是具有固定的长度,这样便于定位,不同记录中相同列的宽度也是一定的,如果不足,可以用空格补齐。例如 10-6 中所使用的账户文件 account.dat,分析其格式,从表面上看账户 id 和开户日期长度是固定的,名称和余额是不固定的,如果按照字节输出,余额统一用整型输出占 4B,那么就只剩下姓名的宽度不定,为了保持每行均有固定的长度,例如可以规定姓名字段占 10B 即 5 个汉字的宽度,不足的后面补上空格。如程序 10-7 中的 dataOut 方法就按照这样的要求实现了格式化的输出。

正是由于格式化输出后的文件有固定的格式，因此利用 RandomAccessFile 实例的定位功能，可以实现按账户查找、按姓名查找等操作，而无须逐个字节进行处理，从而加快了程序处理的速度。程序 10-8 中的 findById 方法就实现了按照账户 id 快速定位，输出账户信息。

```
//程序 10-8:随机文件访问实例
import java.io.EOFException;
import java.io.IOException;
import java.io.RandomAccessFile;
import java.util.List;
import java.util.ArrayList;
public class RandomAccessFileDemo {
    public static void dataOut(String fn, List<Account> as) throws
        IOException {
        RandomAccessFileraf=new RandomAccessFile(fn, "rw");
        for (Account a : as) {
            raf.writeBytes(a.getId());
            byte[] names=a.getName().getBytes();      //将姓名转换为字节
            //将一个包含 10 个空格的字符串转换为字节数组用于固定姓名的宽度
            byte[] fixName="          ".getBytes();
            System.arraycopy(names,0,fixName,0,names.length);
            raf.write(fixName);                       //固定输出 10 个字节的姓名
            raf.writeInt(a.getBalance());             //输出整数的 4B
            raf.writeBytes("\r\n");                   //输出 2B 长度的换行和回车
        }
        raf.close();
    }
    //根据制定的账户 id,在文件中查询,返回查到的对象,否则返回 null
    public static Account findById(String fn, String aid) throws IOException {
        RandomAccessFileraf=new RandomAccessFile(fn, "rw");
        Account a=null;
        while (true) {
            //读取账户 id 固定的 10B 长度,并转换为字符串
            byte[] bid=new byte[10];
            int len=raf.read(bid);
            if (len== -1) {                           //如果返回-1 表示文件结束了
                break;
            }
            String id=new String(bid);                //恢复成字符串
            if (id.equals(aid)) {             //如果找到了,则顺势读取后续的姓名和余额
                byte[] bname=new byte[10];
                len=raf.read(bname);
                if (len==-1) {                        //如果返回-1 表示文件结束了
                    break;
                }
                String name=new String(bname);
                int balance=0;
                try {
                    balance=raf.readInt();
                } catch (EOFException e) {
                    break;          //此异常表示文件结束
                }
                a=new Account(id, name.trim(), balance);
            } else {                //如果没有找到,跳过此行剩余的字节,开始下一轮的查找
```

```
            //隔过的 16 字节包括 10 个字节的姓名和 4 个字节的整数以及 2 个字节换行回车
            len=raf.skipBytes(16);
            if (len<16)
                break;          //如果长度不足 16B,表示文件结束
        }
    }
    return a;
    }
    public static void main(String[] args) throws IOException {
        List<Account> as=new ArrayList<Account>();
        as.add(new Account("1600394098","张伟",2000));
        as.add(new Account("1600394099","王国美",3000));
        as.add(new Account("1600394118","丁理惠",2300));
        as.add(new Account("1600394120","贺嘉怡",12000));
        dataOut("g:/test2.dat",as);
        Account a=findById("g:/test2.dat","1600394120");
        System.out.println(a);
    }
}
```

此程序的关键在于输出到文件时,将本来不定长的姓名字段固定了长度,这样,每一行记录均具有相同的字节数,所以在 findById 方法中,每次循环先读入 10B 的数据,转换成字符串和目标 id 匹配,如果匹配成功,则继续读入后续 10B 的数据并恢复成姓名,并利用字符串对象的 trim 方法将后面的空格去掉,如果此行没有匹配成功,则跳过此行剩余 16B 的数据,定位到下一行的开始处,开始下一轮的处理。

10.6 对象串行化

到现在为止,有关输入输出的应用一直是围绕着对基本数据类型的存取介绍的,虽然也包括了 String 类型对象的存取机制,但是 Java 也是一个面向对象的语言,能够实现更多对象的存取是更为重要的,本节将简单介绍有关对象串行化的知识。

10.6.1 什么是串行化

对象的串行化(Serialization)可使应用能以字节序列的形式保存一个对象的状态(对象的属性值),以便随后重新构造出原来的对象。

在 Java 中,串行化技术首先应用在 RMI(Remote Method Invocation,远程方法调用)环境,RMI 允许一台虚拟机中的对象通过 Internet 以传递参数的方式引用存在于另外一台虚拟机中的对象的方法,并获得返回值。因此,为了实现这个目标,需要有那么一种方法能够转换这些参数和返回值到字节流或者从字节流中取。对于基本类型这个目标是很容易的,但是需要有一种方法也能够转换对象,这就是串行化的作用,即把一个对象能够加载到输出流中或者能够从输入流中读出被加载的对象来;其次,利用对象的串行化,应用可以实现将一个对象保存至外部文件中,在 Java 的 I/O 类中,有两个特别的类 ObjectOutputStream 和 ObjectInputStream 可以实现对象的串行化存取。

10.6.2 可串行化的对象

如果要使对象在网络内传输或者持久化保存，就必须使对象成为可串行化。在 Java 中，一个类的对象要可串行化的必要条件是，定义类的时候，该类要实现 Serializable 接口。例如，下面的类定义就声明了 Account 类的对象可被串行化处理。

```
//程序 10-9:一个实现了实例化接口的 Account 类
import java.io.Serializable;
public class Account implements Serializable{
    private static final long serialVersionUID=3018435378167716657L;
    private String id;                          //用户唯一的 id
    private String name;                        //用户名称
    private int balance;                        //当前余额
    public Account(String id, String name,int balance) {
        super();
        this.id=id;
        this.name=name;
        this.balance=balance;
    }
    //这里省略了每个属性的 getter 和 setter 方法,请创建时自行添加。
    @Override
    public String toString() {
        return "Account[name:"+name+",balance:"+balance+"]";
    }
}
```

在进行类的串行化实现声明时，要注意类的继承性。如果一个类的父类已经声明为可串行化的，那么子类就无须重复声明了。

在进行属性声明时，一定要注意属性类型是否已实现串行化。同时需要注意的是，Java 中的基本数据类型、Date 类等已经实现了可串行化，在应用中可直接使用。

一般来讲，每一个实现了 Serializable 接口的类，都会声明一个如下的属性：

```
private static final long serialVersionUID = 3018435378167716657L;
```

后面的值表明了当前类的串行化版本号，当属性或方法变化后，这个版本号也要随之而变化，这个值可以自行定义，某些开发环境也可以提供自动生成机制。利用这个值，当串行化读取到一个对象时，如果该对象的版本号和当前使用的版本号不匹配，将会抛出异常 StreamCorruptedException。

10.6.3 对象的串行化存取

对象的串行化可用于对象的持久化存储，在 Java 中实现这一要求的是两个特别的类 ObjectOutputStream 和 ObjectInputStream。程序 10-10 演示了如何保存账户对象到文件中以及如何从文件中恢复对象。

```
//程序 10-10:账户对象输入输出实例
import java.io.EOFException;
import java.io.FileInputStream;
import java.io.FileNotFoundException;
```

```
import java.io.FileOutputStream;
import java.io.IOException;
import java.io.ObjectInputStream;
import java.io.ObjectOutputStream;
import java.util.ArrayList;
import java.util.List;

public class ObjectInOutDemo {
    //将提供的集合中的账户对象保存到指定的文件中。
    public static void dataOut(String fn, List<Account> as) throws
        FileNotFoundException, IOException {
        ObjectOutputStreamoos=new ObjectOutputStream(
            new FileOutputStream(fn));
        for (Account a : as) {
            oos.writeObject(a);
        }
        oos.close();
        }
        //从指定的文件中读取对象
        public static void dataIn(String fn) throwsIOException,
            ClassNotFoundException {
            ObjectInputStreamois=new ObjectInputStream(new FileInputStream(fn));
            while (true) {
                try {
                    Account a=(Account) ois.readObject();
                    System.out.println(a);
                } catch (EOFException e) {
                    break;                          //碰到文件尾,退出循环
                }
            }
            ois.close();
        }
        public static void main(String[] args) throws IOException,
            ClassNotFoundException {
            List<Account> as=new ArrayList<Account>();
            as.add(new Account("1600394098", "张伟", 2000));
            as.add(new Account("1600394099", "王国美", 3000));
            as.add(new Account("1600394118", "丁理惠", 2300));
            as.add(new Account("1600394120", "贺嘉怡", 12000));
            dataOut("g:/test3.dat", as);
            dataIn("g:/test3.dat");
        }
}
```

在创建对象输出流时,ObjectOutputStream 实例的 writeObject 方法可以将一个对象送往底层输出流,如上面代码中送到指定的文件保存起来;在读入时,利用 ObjectInputStream 实例的 readObject 方法从文件读出对象,利用该方法的异常 EOFException 来判定是否已经到达文件尾。

10.6.4 串行化的问题

串行化看起来比较简单,只需实现一个没有任何方法的接口即可,但实际上还是会出现

一些特别的情况需要考虑。例如下面的几个问题。

(1) 一个对象是否一定能够被串行化?

(2) 如果不希望保存对象的某些属性怎么办?

(3) 一个对象的状态发生了改变,再次保存时是重新保存还是覆盖原有的内容?

1. 串行化的条件

在实现 Serializable 接口时,为了类对象能够充分串行化,则要求该类中的所有字段必须均为可串行化的,例如,它的字段类型应该是基本数据类型或者是已被串行化的类型所定义。但是实际中可能还有一种情况,某个类的父类不是可串行化的,那么子类是否就无法串行化了? 并非如此,只要满足以下条件,子类同样可以被串行化。

(1) 每个不可被串行化的父类必须有一个没有任何参数的构造方法。

(2) 子类必须实现 Serializable 接口。

(3) 子类必须对没有串行化的父类中的字段进行串行化。简单的,就是在子类中自定义。

实现 readObject 和 writeObject 方法,具体方法声明如程序 10-11 所示。

```
/*程序 10-11:一个自定义串行化对象的类,因为 Student 类中的 pic 属性的类型 Image 并没有
   提供具体的实现串行化的方法,所以 Student 类必须自我实现串行化读取的方法*/
import java.awt.Image;
import java.io.IOException;
importjava.io.ObjectInputStream;
importjava.io.ObjectOutputStream;
importjava.io.Serializable;
publicclass Student implements Serializable {
    String sid;                                          //学号
    String name;                                         //姓名
    Image pic;                                           //保存照片,但需要自己定义如何保存
    Student(String sid, String name) {
        super();
        this.sid=sid;
        this.name=name;
    }
    //自定义串行化输入方法
    private void readObject(ObjectInputStream in) throws IOException{
        //自定义串行化输入方法,因为此例中的 Image 类型并没有提供如何串行化的方法
    }
    //自定义串行化输出方法
    private void writeObject(ObjectOutputStream  out) throws IOException{
        //自定义串行化输出方法,因为此例中的 Image 类型并没有提供如何串行化的方法
    }
    public String toString() {
        return "id="+sid+"name="+name;
    }
}
```

上面的 Student 类中,两个方法 readObject 和 writeObject 的签名特征是固定的,没有返回值,并且访问类型是 private,均抛出 IOException。

2. 类的瞬时数据成员

如果用户的类中有不可串行化的字段或者对象的一些字段值用户不希望输出,就可以将它们声明为 transient,例如下面的 Student 类中的 Image 类型的字段 pic:

```
public class Student implements Serializable {
    String sid;                                    //学号
    String name;                                   //姓名
    transient Image  pic;                          //串行化时不会被保存的成员
    //其他代码
}
```

类型声明时有 transient 修饰的字段，在 writeObject 时，该字段不起作用，在 readObject 时，同样需要应用程序显式定义对应值的设置方法或者采用系统的默认值。

3. 对象的版本

当对象的状态发生变化时，例如对象的某些属性值发生了变化，在重新保存(writeObject)并重新读取后，对象的两种状态能否正常保存？答案是，如果不加特别处理，前后两种状态是一致的，体现的是首次状态。这是因为串行输出过程能够跟踪写入流中的对象。任何一个将对象的不同状态写出流中的操作并不会导致重复存储，而只是在写入位置写入一个句柄(handle，就是一种引用)，此句柄指向流中该对象第一次出现的位置。

在实际应用中，当希望把一个状态已经发生变化的对象再次写入输出流时，就需要显式用 ObjectOutputStream 对象的 reset 方法进行“重置”处理。经过重置处理的输出流将会“忘记”以前处理过什么对象，重新开始记忆。

10.7 I/O 的异常处理

基于 I/O 的程序运行时状态严格依赖于存取的正确性。在 I/O 访问过程中，并不总是一帆风顺的。异常大致可以分为两种：一种是由于程序运行的正常环境遭到了破坏，例如磁盘访问文件时碰到了坏扇区，要打开的文件并不存在，修改对一个无权写的文件，网络传输链路中断，等等；另外一种是违反了业务逻辑规则，造成程序执行的逻辑错误，例如对一个独占文件的多线程访问控制不当，对读取数据的格式化访问错误，等等。

由于发生错误的概率很大，以至几乎每一个 I/O 类的输入输出方法都声明了异常的抛出(IOException)，IOException 是一个可检测的异常，因此在使用这种会抛出异常的方法时，要么在该输入输出方法所在的方法声明时，指明可能抛出异常，或者用 try…catch 块将该输入输出方法包含起来，用 catch 来捕获可能抛出的异常，并进行处理。

IOException 还有一些自己的子类，分散在 java.io 包、java.util.zip 包、java.net 包、java.nio.channels 包内，用于一些特别的异常情况。

java.io.EOFException 表示意外到达文件尾，不过 Java 的一些类，例如数据输入流或对象输入流等利用此异常表明到达文件尾。

java.io.FileNotFoundException 表示指定的文件并不存在或其他原因不可访问，抛出此异常。

java.nio.channels.ClosedChannelException 表明当试图对已关闭的或者至少对某个 I/O 操作已关闭的信道上调用或完成该操作时，抛出此经过检查的异常。当然抛出此异常未必意味着该信道已完全关闭。例如，对写入操作已关闭的套接字信道，可能对读取操作仍处于打开状态。

本章小结

本章重点讨论了输入输出的有关问题，特别结合文件的输入和输出过程介绍了 Java 中丰富的 I/O 类库。

1. 流是串行输入源或串行输出终点的抽象表示。

Java 支持两种类型的流操作：一种是字节流操作，这种操作的结果将产生包含字节的流；另一种是字符操作，这种操作面向的流所包含的字符采用的本地机器字符编码。这两种流操作分别有对应的 I/O 类来表示。

字符写入字节流或从字节流中读出时不发生变化，而写一个字符流时，字符要从 Unicode 码转化为该字符的本地机器编码表示。

两类流之间可以利用 InputStreamReader 和 OutputStreamWriter 类实现彼此之间的转换。

能和数据源连接的流称为结点流，但结点流提供的对流的操作较为简单，并不能满足一些复杂的操作，Java 提供了可以对流进行再封装的加工流或变换流，例如基于 Java 数据类型进行存取的数据流、格式化输出的打印输出流、提高性能的缓冲流等。

2. 关于文件

File 类的对象可以封装文件或目录路径，并检测对象文件的属性或目录操作。

Path 接口中包含了文件名和目录列表，这些信息可以用来创建目录，检验、定位和操作文件。利用 Files 类完成文件的创建、修改、删除等操作。

利用基本流 FileInputStream 和 FileOutputStream（字节流）、FileReader 和 FileWriter（字符流）可以和物理文件建立起连接，实现文件的字节（字符）存取。

打印输出流 PrintStream 和 PrintWriter 常常用来作为文件的高层输出流，而 BufferedReader 常常被用来作为字符文件的高层输入流对文件进行读取。

RandomAccessFile 能用来对文件进行随机定位，在实例化 RandomAccessFile 时，可以指定文件打开模式。

一个 RandomAccessFile 实例，它既是输入流，又是输出流，可以利用 seek、skipBytes、getFilePointer 等方法前后移动文件指针。

3. 对象的串行化

对象的串行化使得应用能够以字节序列形式保存一个对象的状态（对象的属性值），以便随后重新构造出原来的对象。要想使某类的对象能够被串行化，该类必须实现 Serializable 接口。

在 Java 中，串行化常应用于 RMI 环境，RMI 允许一台虚拟机中的对象通过 Internet 以传递参数的方式引用存在于另外一台虚拟机中的对象的方法，并获得返回值。

利用 ObjectOutputStream 和 ObjectInputStream 两个类可以实现对象的串行化存取。

习 题 10

1. 字符输入流的根类是什么，字符输出流的根类是什么？

2. 字节输入流的根类是什么，字节输出流的根类是什么？

3. 结点流和加工流的区别是什么？InputStreamReader 和 OutputStreamWriter 各有

什么作用?

4. 试举出一例说明构建流的处理链的作用?

5. 现有以下对象:

- f 表示一个对 java.io.File 实例的合法引用。

- fw 表示一个对 java.io.FileWriter 实例的合法引用。

- bw 表示一个对 java.io.BufferedWriter 实例的合法引用。

- pw 表示一个对 java.io.PrintWriter 实例的合法引用。

写出正确的流的嵌套创建语句。

6. 编写程序,如果给定目录存在,能够列出该目录下的目录树(提示:请使用递归算法)。

7. 顺序文件访问和随机文件访问有何区别?

8. 编写一个程序,通过键盘每次输入一行包含账户信息的字符串(格式如同程序 10-7 所述),将输入的信息转换为 Account 对象,并保存至集合中,提供一个输出方法,按照指定的文件名,将集合中所有的 Account 对象输出到文件中。

9. 利用随机文件访问机制,修改程序 10-8,添加一个修改指定账户余额的方法。

第 11 章　多线程开发

让一个程序同时执行多个任务，而且使这些任务保持同步且不出现混乱，是程序设计中最富有挑战性的工作之一。可利用 Java 的多线程技术实现多任务处理。

学习目标：

- 理解多线程概念和运行机制。
- 能够区别 Thread 和 Runnable 两种方法创建线程的差异。
- 掌握线程的并发访问处理机制，避免冲突和死锁。
- 理解线程的生命周期，掌握线程状态变换的条件。
- 能够利用管道机制实现线程间的通信。

11.1　理解线程

在现代计算机操作系统支持下，通过处理器分时、多 CPU 并行工作等技术，一台计算机同时完成几件事情已经是很平常的技术。例如，可以一边欣赏计算机播出的音乐，一边利用 Word 编制一份文档，甚至让计算机同时干更多的工作。类似的，在许多程序中，都包含了一些任务代码，它们彼此或多或少地可以独立运行，例如一个代码段从通信端口接收从网络上传来的数据并将其送往缓冲区，另一个代码段从缓冲区取数据进行计算，如果这些代码段可以同时运行，那么程序的运行效率就可以得到提升。线程就提供了让应用程序实现这一目标的方法。

一般情况下，把正在计算机中执行的程序称为进程(Process)，例如 Word 等，而不将其称为程序(Program)，进程可以理解为动态执行的程序。所谓线程(Thread)，是进程中某个单一顺序的控制流，是并发任务的执行单元。主流的操作系统，例如 UNIX、macOS、Windows 等，大多采用多线程的概念，把线程视为基本执行单位。即使在只有一个处理器的计算机中，由于计算机的性能在近年来得到了飞速的提升，多任务处理机制在分时系统等调度策略支持下，可让用户感觉好像计算机能够同时做很多事情。

在操作系统支持下，每一个进程的内部数据和状态都是完全独立的，即使是一个程序同时被运行多个实例(进程)，彼此之间互不影响。但与进程不同的是，同类的多个线程是共享进程的内存空间和一组系统资源，而线程本身的数据通常只有微处理器的寄存器数据，以及一个供程序执行时使用的堆栈。所以系统在产生一个线程，或者在各个线程之间切换时，负担要比进程小得多，正因如此，线程被称为轻负荷进程(Light-weight Process)。一个进程中可以包含多个线程。

在 Java 技术中，当程序作为一个应用程序运行时，Java 解释器为 main 方法创建一个主线程，在 Java 程序运行中，还可以创建新的线程来并发执行任务，每个运行中的线程都是一个对象，它的类实现 Runnable 接口或者继承了 Thread 类，Runnable 接口和 Thread 类均包含在 java.lang 包下，实际上，Thread 类是实现了 Runnable 接口的线程类。

生活中的多线程应用非常普遍。例如,在银行办理业务时,往往是取得一个号码然后排队,每个窗口一个银行职员就相当于一个业务处理线程,它们处理每项业务的时间有长有短,每当处理完一个业务后,它们就呼唤排在等待队列最前的那个用户去指定窗口办理业务。

11.2 创建线程

11.2.1 从 Thread 派生线程类

Java 内建了对多线程开发的支持,每个线程都是一个 java.lang.Thread 类的实例。因此,要创建一个线程实例,只需要定义一个继承于 Thread 类的子类即可。例如,下面的代码就创建了一个银行的职员类。

```
public class Clerk extends Thread {
    public Clerk(String name) {
        super(name);
    }
    @Override
    public void run() {
        super.run();
        //添加具体的工作代码
    }
}
```

(1) 在这个代码中,Clerk 类继承了父类 Thread,表明了它是一个线程类。

(2) 基于 Java 单继承的特点,利用这种方法定义的类不能再继承其他父类,因此也就有了另外一种创建线程的方法。

(3) 构造方法中的 String 类型的参数是作为线程的名字,每个线程总有一个名字,如果没有指定,运行时环境会为它指定一个默认的名字 Thread-X,其中 X 表示生成的序号,从 0 开始,其他的构造方法如表 11-1 所示。

(4) 每个线程类都需要覆盖从父类 Thread 继承的 run 方法,当线程工作的时候,会去执行该方法中的语句,一旦执行完该方法,线程任务也就结束了。

表 11-1 Thread 的主要构造方法

构造方法	说明
Thread()	创建一个线程实例
Thread(Runnable target)	target 是线程 run 执行的目标体
Thread(Runnable target, String name)	指定了线程实例的名称
Thread(String name)	创建指定名称的线程实例
Thread(ThreadGroup group, Runnable target)	线程实例作为线程组 group 的一员
Thread(ThreadGroup group, Runnable target, String name)	创建指定名称的线程实例,并作为 group 引用的线程组的一员

11.2.2 实现 Runnable 接口创建线程目标类

由于在应用程序中，往往有自己的继承体系，因此让类似 Clerk 的类必须继承 Thread 就有一定的困难。Clerk 可能必须继承于一个业务体系中的某个类，例如 Employee 类，这样，基于 Java 单继承的限制，就无法使得 Clerk 成为一个线程类，因此 Java 提供了另外一种方法来创建线程类。这种方法是一个类声明实现 Runnable 接口，使自己成为一个线程的目标对象。

```
public class Clerk implements Runnable{
    @Override
    public void run() {
        //添加具体的工作代码
    }
}
```

（1）接口 Runnable 中只定义了一个 run 方法，定义了当目标线程执行时必须执行的代码。

（2）Thread 类同样实现了 Runnable 接口。

（3）如果在 run 方法运行时，需要获得当前执行线程的信息，可以使用 Thread 的类方法 currentThread 获得。

有了这个实现了 Runnable 接口的目标体，就可以利用 Thread 的构造方法创建该目标体的线程实例，代码如下：

```
Thread clerk=new Thread(new Clerk());
```

与通过 Thread 类派生子类的方法相比，利用实现 Runnable 接口定义线程类在使用中更加灵活。这时，实现接口 Runnable 的类仍然可以继承其他父类。如果只想重写 run 方法，而不是重写其他 Thread 方法，那么应使用 Runnable 接口。这很重要，除非程序员打算修改或增强类的基本行为，否则不应使自己的类继承于 Thread 类。

11.2.3 定义线程执行的任务

前面介绍了如何定义线程类的两种方法，这仅仅是第一步，要想使得创建的线程对象能够按照要求工作，还必须为它分派任务，这就需要重写线程类中的 run 方法，添加特定的任务处理程序。

顾名思义，run 方法就是线程实例执行时要做的工作，例如一个银行职员处理的客户存款、取款、转账等业务。

```
public class Clerk implements Runnable{
    @Override
    public void run() {
        while(true){
            从排队机上获取一份新的业务
            if 没有业务{
                休息，直到得到业务办理通知
            }else{
```

```
                判断业务类型,进行处理
                处理完一笔,允许休息一定时间
            }
        }
    }
}
```

11.2.4 创建线程实例,执行任务

创建一个线程实例和创建一个对象没有什么区别,但要使线程工作起来,必须执行线程对象的 start 方法。例如,下面的代码创建了一个线程 Clerk 的实例,并启动线程工作。

```
Thread clerk=new Thread(new Clerk());
clerk.start();
```

创建线程的实例并不表示线程已经启动,必须明确地执行 strat 方法把线程实例启动起来,单纯执行 run 方法并不会启动线程,而只是执行了一个普通的方法。

需要注意的是,在启动 start 方法后,实际上是向虚拟机发送了一个消息,表示要启动线程,是由虚拟机开始执行线程的 run 方法,这个线程执行的过程和创建线程的过程是异步的,即线程执行的时间长短和创建过程无关。

一旦执行了线程实例的 start 方法,虚拟机就会寻找并执行实例中的 run 方法并开始执行,此时一个线程就真正被创建了,然后该线程就等待获得处理机等资源得以真正运行。

11.2.5 利用 Callable 接口实现线程

从 JDK 5.0 开始,Java 提供了 Callable 接口(在 java.util.concurrent 包中)创建具有返回值的线程。Runable 接口和 Thread 类创建线程时,需要重写 run()方法,该方法是没有返回值的,因此无法从线程获取返回结果。而 Callable 接口的定义如下:

```
public interface Callable<V>{
    V call() throws Exception;
}
```

使用 Callable 接口创建并启动线程的步骤如下。

(1) 创建一个 Callable 接口的实现类,并重写 call()方法。

(2) 创建 Callable 接口的实现类对象。

(3) 通过 FutureTask 构造方法封装 Callable 接口实现类对象。

(4) 将 FutureTask 类对象作为参数传递给 Thread 的构建方法,并创建 Thread 线程对象。

(5) 调用 Thread 线程对象的 start()方法启动线程。

上述步骤中 FutureTask 类实现了 RunnableFuture 接口,其具有接收 Callable 接口实现类对象的构造方法。RunnableFuture 接口继承了 Future 接口和 Runnable 接口,FutureTask 类、RunnableFuture 接口、Future 接口都在 java.util.concurrent 包中。Future 接口是用来管理线程执行返回结果,其主要方法如表 11-2 所示。

表 11-2　Future 接口主要方法

方法名称	说　明
boolean cancel(boolean mayInterruptIfRunning)	尝试取消这个任务的运行。如果任务已经开始,并且 mayInterruptIfRunning 参数值为 true 它就会被中断。如果成功执行了取消操作,则返回 true
boolean isCancelled()	如果任务在完成前被取消,则返回 true
boolean isDone()	如果任务结束,无论是正常完成、中途取消,还是发生异常,都返回 true
V get()	获取结果,这个方法会阻塞,直到结果可用
V get(long timeout, TimeUnit unit)	获取结果,这个方法会阻塞,直到结果可用或者超过了指定的时间

程序 11-1 给出 Callable 接口使用示例。

```
/* 程序 11-1 Callable 接口使用示例 */
import java.util.concurrent.Callable;
import java.util.concurrent.ExecutionException;
import java.util.concurrent.FutureTask;
//Callable 接口的实现类
class CallableThread  implements Callable<Object>{
    @Override
    public Object call() throws Exception {
        int len=5;
        for(int i=0;i<len;i++) System.out.println(Thread.currentThread().
            getName()+"在运行");
        return len;
    }
}
public class CallableThreadDemo{
    public static void main(String[] args) throws InterruptedException,
        ExecutionException {
        CallableThread cT1=new CallableThread();     //Callable 接口的实现类对象
        FutureTask<Object> ft1=new FutureTask<>(cT1);  //创建 FutureTask 对象
        Thread t1=new Thread(ft1,"线程 1");            //创建 Thread 对象
        t1.start();                                    //启动线程
        FutureTask<Object> ft2=new FutureTask<>(cT1);
        Thread t2=new Thread(ft2,"线程 2");
        t2.start();
        System.out.println(t1.getName()+"的运行结果是"+ft1.get());
        System.out.println(t2.getName()+"的运行结果是"+ft2.get());
    }
}
```

程序 11-1 的运行结果如下:

```
线程 1 在运行
线程 1 在运行
线程 2 在运行
线程 1 在运行
线程 2 在运行
```

```
线程 2 在运行
线程 2 在运行
线程 2 在运行
线程 1 在运行
线程 1 在运行
线程 1 的运行结果是 5
线程 2 的运行结果是 5
```

总体来说，Callable 接口与 Runable 接口创建线程的方式基本相同，主要区别就是 Callable 接口中的方法有返回值。

11.3 失控的线程

如果一个程序运行中创建的多个线程互不影响，那么多线程的编程也许是一件很简单的事情，但现实往往比预想的情况复杂，多线程的编程困难之处在于线程间共享资源出现的协同工作问题。如图 11-1 所示的实例模拟了一个银行营业网点的工作环境，这个例子展示了一个不加控制的线程可能造成的影响。

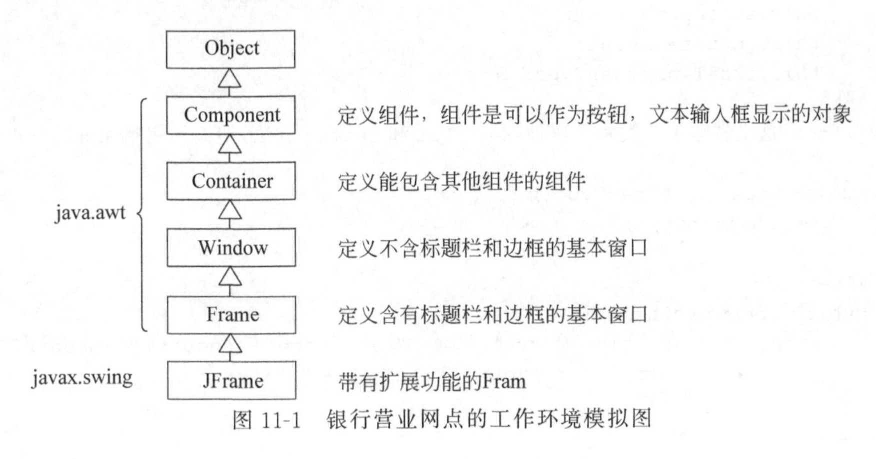

图 11-1　银行营业网点的工作环境模拟图

在银行内，往往有一定数量的银行职员为随机到达的客户提供服务，每个客户到达后向排队机获取一个服务号，银行职员通过获得的号码通知对应的客户。本例中为了简化问题的模型，排队机发出的不再是流水号，而是一个带有具体客户和业务信息的业务对象，同样为了简化问题的复杂程度，本实例模拟了一个账户上的若干个业务操作。

为了使得案例能够完整地运行，下面的代码首先提供了程序运行所需的账户和业务两个实体类的定义，每个账户有自己的姓名和当前余额，而每笔业务则有对应的账户、交易额、业务类型和一个流水号。

```
/*程序 11-2a Account:模拟账户的类*/
public class Account {
    private String name;
    private int balance;
    public Account(String name, int balance) {
        this.name=name;
        this.balance=balance;
    }
```

```
//todo,这里省略了此类每个属性的 getter 和 setter 方法,请添加完整保证运行正确

    @Override
    public String toString() {
        return "Account [name="+name+", balance="+balance+"]";
    }
}
/* 程序 11-2b Transaction:模拟一笔业务 */
public class Transaction {
    private int num;                                          //流水号
    public static String DEPOSIT="deposit";                   //存款
    public static String WITHDRAW="withdraw";                 //取款
    //该数组主要用于在排队机中随机不同的存取款事务
    public static String[] tranTypes={ "deposit","withdraw" };
    private Account account;                                  //每笔业务涉及的账户
    private int amount;                                       //每笔业务的金额
    private String tranType;                                  //业务发生类型
    public Transaction(int num, Account account, int amount, String tranType) {
        super();
        this.num=num;
        this.account=account;
        this.amount=amount;
        this.tranType=tranType;
    }
    //todo,这里省略了此类每个属性的 getter 和 setter 方法,请添加完整保证运行正确

    public String getTranType() {
        return tranType;
    }
    @Override
    public String toString() {
        return "Transaction [num="+num + ",account="+account+",amount="
                +amount+",tranType="+tranType + "]";
    }
}
```

程序 11-2 的 QueueMachine 类模拟了排队机,不同的是这里创建的不是号码,而是等待处理的一个个业务对象(Transaction 类的实例),每笔业务均放在 transactionQueue 集合中,这是因为用到了它的先进先出的特性,符合排队机的特点。

```
/* 程序 11-2c QueueMachine:模拟排队机 */
import java.util.LinkedList;
public class QueueMachine {
    //这里使用了 LinkedList 作为保存待处理业务的集合,主要是因为它的先进先出机制
    private LinkedList<Transaction> queue=new LinkedList<Transaction>();
    //判断排队机中是否还有业务等待处理
    public boolean isEmpty() {
        return queue.isEmpty();
    }
    //得到一项等待处理的业务,可能返回 null 值
    public Transaction get() {
        Transaction tran=queue.poll();
        return tran;
```

```
    }
    //向排队机增加一项待处理业务
    public void add(Transaction tran) {
        this. queue.add(tran);
    }
}
```

为了模拟银行中顾客随机到达(相当于业务随机产生)的现象,程序 11-2 中的 TransactionGenerator 类,在创建一个业务对象后,均利用线程的 sleep 方法休眠一段时间,该方法导致线程暂时停止运行,使得业务对象的生成变成一个没有规律的现象。另外,为了简化问题的复杂度,也为了更集中地展现问题,这里只针对一个账户对象生成了若干业务。

```
/* 程序 11-2d TransactionGenerator:业务发生器 */
import java.util.Random;
public class TransactionGenerator extends Thread {
    private QueueMachine queue;
    Account account;
    public TransactionGenerator(QueueMachine queue, Account account) {
        super();
        this. queue=queue;
        this.account=account;
    }
    @Override
    public void run() {
        int lastBalance=account.getBalance();      //记录账户最后的正确余额
        Random rand=new Random();
        //每次循环均生成一笔业务,加入排队机中
        for (int i=1; i<=5; i++) {
            //随机产生一笔业务的存取金额,范围是 100~300(不含)
            int amount=100+rand.nextInt(200);
            /* 之所以生成一个 1000 内的数字再对 2 求余,是希望获得 0 和 1 随机性更均匀
             * 一些,这个随机数用于随机获得业务类型 */
            int tranType = rand.nextInt(1000) % 2;
            //根据生成的存取金额和业务类型,创建一个业务实例,并把它加入排队机中
            Transaction tran=new Transaction(i, account, amount,Transaction
                .tranTypes[tranType]);
            queue.add(tran);
            //根据业务类型,计算新的账户余额
            System.out.println("生成一笔业务:" + tran);
            if (tran.getTranType().compareTo(Transaction.DEPOSIT)==0) {
                lastBalance+=amount;
            } else if (tran.getTranType().equals(Transaction.WITHDRAW)){
                lastBalance-=amount;
            }
            /* 每生成一笔业务,可以休眠 100 到 300 毫秒,当线程对象在休眠时,可能会被其
             * 它线程通知中断,线程会监测到此中断异常,这里暂时不理会它 */
            try {
                Thread.sleep(rand.nextInt(100+100 * rand.nextInt(3)));
            } catch (InterruptedException e) {
                System.out.println("业务生成器在休眠时被通知中断,但继续运行");
            }
        }
```

```
        System.out.println("所有业务生成结束,该账户最后余额是:" + lastBalance);
    }
}
```

程序 11-2 中的 Clerk 类则模拟了银行职员，这也是一个线程类，它们的工作任务就是从排队机中获得一项业务并处理它。每个职员都能拥有一个对排队机的引用以便获得业务，同样的，线程中添加的休眠代码主要是为了避免一个线程总是执行，使得一个业务处理的时间有长有短。

```
/*程序 11-2e CLerk 模拟银行职员*/
import java.util.Random;
public class Clerk extends Thread {
    private QueueMachine queue;                    //排队机的引用
    private String name;
    public Clerk(QueueMachine queue, String name) {
        super(name);
        this.queue=queue;
        this.name=name;
    }
    public Clerk(QueueMachine queue, String name, ThreadGroup group) {
        super(group,name);                         //将当前线程添加到一个指定的线程组内
        this.queue=queue;
        this.name=name;
    }
    @Override
    public void run() {
        Random rand=new Random();
        Transaction tran=null;
        String working="woring";
        while (!working.equals("closed")||(!queue.isEmpty())){
            tran=queue.get();
            /*如果没有得到业务,则休息,在休息的过程中,如果得到中断通知,
             *则设置结束工作状态*/
            if (tran==null) {
                try {
                    Thread.sleep(rand.nextInt(200+rand.nextInt(3)));
                } catch (InterruptedException e) {
                    if (queue.isEmpty()) {
                        working="closed";
                    }
                }
                continue;
            }
            System.out.println(this.name+"得到业务:"+tran);
            int newBalance=0;                      //记录业务完成后的新余额
            if (tran.getTranType().compareTo(Transaction.DEPOSIT)==0) {
                newBalance=tran.getAccount().getBalance()+tran.getAmount();
            } else if (tran.getTranType().equals(Transaction.WITHDRAW)) {
                newBalance=tran.getAccount().getBalance()-tran.getAmount();
            }
```

```
            /* 下面利用线程休眠控制每笔业务处理的时间长短不一,故意造成不同职员之间
             * 的工作不同步,以便展示可能出现的问题,如果休眠时被中断,则判断排队机中
             * 是否还有业务等待完成,如果没有,设置工作结束变量,退出循环,结束线程执行
             */
            try {
                Thread.sleep(rand.nextInt(200 + rand.nextInt(3)));
            } catch (InterruptedException e) {
                if (queue.isEmpty()) {
                    working="closed";
                }
            }
            tran.getAccount().setBalance(newBalance);  //休眠后,更新账户余额
            System.out.printf(this.name+"完成%d 号业务处理,处理后账户余额是
                %d\r\n", tran.getNum(), newBalance);
        }
    }
}
```

最后,添加一个启动类,启动这个程序,注意观察运行的结果。

```
/* 程序 11-2fBankApp 银行业务程序启动类 */
public class BankApp {
    public static void main(String[] args) {
        Account account=new Account("张华",1000);
        QueueMachine queue=new QueueMachine();
        TransactionGenerator generator=new TransactionGenerator(queue,account);
        Clerk clerk1=new Clerk(queue, "职员甲");
        Clerk clerk2=new Clerk(queue, "职员乙");
        generator.start();
        clerk1.start();
        clerk2.start();
    }
}
```

由于程序运行的不确定性,因此每次运行的结果都不会一样,下面是一次模拟的运行结果。

```
生成一笔业务:Transaction [num=1,account=Account [name=张华,balance=1000],
    amount=183,tranType=deposit]
生成一笔业务:Transaction [num=2,account=Account [name=张华,balance=1000],
    amount=223,tranType=withdraw]
职员甲得到业务:Transaction [num=1,account=Account [name=张华,balance=1000],
    amount=183,tranType=deposit]
职员乙得到业务:Transaction [num=2,account=Account [name=张华,balance=1000],
    amount=223,tranType=withdraw]
生成一笔业务:Transaction [num=3,account=Account [name=张华,balance=1000],
    amount=285,tranType=deposit]
职员甲完成 1 号业务处理,处理后账户余额是 1183
生成一笔业务:Transaction [num=4,account=Account [name=张华,balance=1183],
    amount=271,tranType=withdraw]
职员甲得到业务:Transaction [num=3,account=Account [name=张华,balance=1183],
    amount=285,tranType=deposit]
```

```
职员甲完成 3 号业务处理,处理后账户余额是 1468
职员甲得到业务:Transaction [num=4, account=Account [name=张华,balance=1468],
    amount=271,tranType=withdraw]
职员乙完成 2 号业务处理,处理后账户余额是 777
职员甲完成 4 号业务处理,处理后账户余额是 1197
生成一笔业务:Transaction [num=5, account=Account [name=张华,balance=1197],
    amount=289,tranType=withdraw]
所有业务生成结束,该账户最后余额应当是:685.0
职员乙得到业务:Transaction [num=5, account=Account [name=张华,balance=1197],
    amount=289,tranType=withdraw]
职员乙完成 5 号业务处理,处理后账户余额是 908
```

可以看出,程序运行的结果是错误的。分析过程可以看出,在连续生成两笔业务后,职员甲和职员乙分别得到了这笔业务进行处理,职员甲先完成 1 号业务的处理,余额变为 1183,这是正常的,随后由于职员乙一直没有完成 2 号业务,职员甲又得到了 3 号业务,并及时完成了,账户余额更新为 1468,这也是正常的,问题出现在职员乙处理完 2 号业务后,将账户余额更新为 777,因为他拿到业务后,当时的余额为 1000,随后的一系列存取操作都是错误的。

之所以出现了这种原因,首先需要认识到,两个职员是对同一个账户对象进行的更新操作,如果各自操作的是不同的账户,那么是不会出现上面的问题的。具体到上述程序,是因为在 Clerk 线程中的 run 方法里,当线程获得了一笔业务,计算了新的余额后,程序强制它休眠,在休眠后才继续更新账户,由于两个职员线程的处理事件不同步,例如上述模拟中当职员乙线程准备更新但尚未更新时,职员甲线程已经对账户进行了更新,随后职员乙用它计算的余额更新账户时,实际上账户早已更新过了,这时的更新就会导致账户的余额出现错误,此过程如图 11-2 所示。

职员甲线程	职员乙线程
1. 获得业务	
2. 计算余额	
3. 此时因某种原因(休眠),线程暂停工作	
	1. 乙获得一项业务
	2. 计算账户的新余额
	3. 完成更新账户的余额
	4. 继续工作
8. 甲重新工作,将计算出的余额更新账户	
9. 继续工作	

图 11-2 线程模拟推进图

如何解决这类问题呢?一种简单的方法就是约定,一个线程对于一个对象的状态进行更新的过程中,要保证其他线程不可能同时更新这个对象。Java 用同步保护机制很好地解决了这个问题。

11.4 线程间的同步和互斥

11.4.1 互斥对象的访问

通过对程序 11-2 的分析可以看出,当多个线程同时对一个对象状态进行更新时,就可能会导致更新异常。为了避免这种异常,Java 提供了 synchronized 关键字用于对象更新的保护,下面的程序代码是对程序 11-2 中 Clerk 类的 run 方法进行了部分修改,加上了保护机制。

```
//添加了保护机制后的 Clerk 线程 run 方法
public void run() {
    Random rand=new Random();
    Transaction tran=null;
    String working="working";
    while (!working.equals("closed")||(!queue.isEmpty())) {
        tran=queue.get();
        if (tran==null) {
            try {
                Thread.sleep(rand.nextInt(200 + rand.nextInt(3)));
            } catch (InterruptedException e) {
                if (queue.isEmpty()) {
                    working="closed";
                }
            }
            continue;
        }
        System.out.println(this.name+"得到业务:"+tran);
        int newBalance=0;                                    //记录业务完成后的新余额
        synchronized(tran.getAccount()){
            if (tran.getTranType().compareTo(Transaction.DEPOSIT)==0) {
                newBalance=tran.getAccount().getBalance()+tran.getAmount();
            } else if (tran.getTranType().equals(Transaction.WITHDRAW)) {
                newBalance=tran.getAccount().getBalance()-tran.getAmount();
            }
            try {
                Thread.sleep(rand.nextInt(200+rand.nextInt(3)));
            } catch (InterruptedException e) {
                if (queue.isEmpty()) {
                    working="closed";
                }
            }
            tran.getAccount().setBalance(newBalance);   //休眠后,更新账户余额
            System.out.printf(this.name + "完成%d号业务处理,处理后账户余额是%d\r
                \n", tran .getNum(), newBalance);
        }                                                    //结束保护
    }
}
```

可以把 synchronized 包含的代码块看作是临界区。在 Java 中,要想进入这个临界区,首先要获得受保护对象(如 tran.getAccount()对象)的监视器(Monitor)。Java 程序运行中

创建的每个对象都有一个这样的监视器，可以理解这个监视器是对象的一把锁，要想进入临界区，首先要拿到这把锁才行，而一个对象只有一把锁，只能同时让一个线程获得。因此，通过这样的机制，就可以实现对一个对象的保护，不会再出现更新异常的问题。

另外，当线程不能获得该对象的锁时，线程将会被阻塞，暂时停止运行，一直到它获得锁，然后继续运行程序。

11.4.2 互斥方法的访问

可以反复运行经过保护修改的程序，大部分时间是正常的，但偶尔也会出现不正常的现象，其中隐藏的问题在于通过排队机获得业务时，由于排队机内部用于保存业务的集合本身也不是线程访问安全的，也就是说，当多个线程同时访问或者更新此集合时，同样可能会出现异常，为了解决这个问题，Java 也提供了对于对象方法访问的保护机制。下面的程序是经过修改后的排队机类。

```
/* 程序 11-2g QueueMachine:增加了方法保护机制的排队机 */
import java.util.LinkedList;
public class QueueMachine {
    //这里使用了 LinkedList 作为保存待处理业务的集合,主要是因为它的先进先出机制
    private LinkedList<Transaction> queue = new LinkedList<Transaction>();
    private boolean isEmpty() {
        return queue.isEmpty();
    }
    public synchronized Transaction get() {
        Transaction tran=queue.poll();
        return tran;
    }
    public synchronized void add(Transaction tran) {
        this.queue.add(tran);
    }
}
```

经过修改后的排队机在 get 和 add 两个方法前增加了 synchronized 修饰符。这个修饰符的含义如下。

(1) 任何时候只能有一个线程访问受此修饰符保护的方法。

(2) 当一个对象有多个 synchronized 修饰的方法时，任何时候只能有一个这样的受保护方法被一个线程所执行。

(3) 不同线程执行同一类型的不同对象中的受保护方法时，彼此互不影响。

另外，上述代码中判断排队机是否有任务的 isEmpty 方法前并没有加上修饰符，主要是原因如下。

(1) 该方法并不对集合做更新操作，只是查询了排队机中任务的数量，即使不准确，并不会对程序的执行造成致命的影响。

(2) 一个对象中不加 synchronized 修饰符的方法，不同线程可以同时访问。

(3) 附加上 synchronized 修饰符的方法，同一对象在一个时刻只能被一个线程所访问，可能会造成排队执行的现象，影响程序执行的性能。

11.4.3 线程间的同步

细心的读者在运行程序 11-2 时，也许已经注意到，Clerk 线程无法被动地接收排队机的任务通知，而需要不断地去访问排队机以获取一项任务。为了解决这个问题，Java 提供了等待-通知（Wait-Notify）机制。在 Java 的 Object 类中，定义了以下方法实现线程间的同步。

1. wait 方法

当对象执行该方法时，正在访问此对象的线程将被阻塞，暂时停止运行，直到其他线程执行这个对象的 notify 或 notifyAll 方法唤醒它为止。唤醒后的线程应该继续对导致该线程被唤醒的条件进行测试，如果不满足该条件，则继续等待。换句话说，等待应该发生在循环中，所以在需要 wait 方法发挥作用程序代码总是采用如下面固定的格式：

```
synchronized (obj) {
    while (<condition 不满足>){
        obj.wait();
    }
    …                                          //条件满足时的代码
}
```

在一个 synchronized 修饰的互斥方法中，用如下面固定的格式：

```
synchronized typemethod() {
    while (<condition 不满足>){
        this.wait();
    }
    …                                          //条件满足时的代码
}
```

2. notify 方法

notify 方法用于唤醒在此对象监视器上等待的单个线程。如果多个线程都在此对象上等待，则会选择唤醒其中一个线程，这种选择具有任意性。直到当前线程放弃此对象上的锁定，被唤醒的线程才能继续执行。

3. notifyAll 方法

notifyAll 方法用于唤醒在此对象监视器上等待的所有线程，这些线程会重新请求此对象的监视器，获得后继续执行。同 notify 方法一样，直到当前线程放弃此对象上的锁定，被唤醒的线程才能继续执行。

根据等待-通知原则，可以对程序 11-2 的排队机和 Clerk 线程进行修改，使得 Clerk 线程不再不断的主动访问排队机以求获得一项业务。下面是修改后的排队机类。

```
/* 程序 11-2 QueueMachine:增加了线程通信的排队机 */
import java.util.LinkedList;
public class QueueMachine {
    private LinkedList<Transaction> queue=new LinkedList<Transaction>();
    public boolean isEmpty() {
        return queue.isEmpty();
    }
    //银行职员线程调用 get 方法,从排队机获得一项业务
```

```
    public synchronized Transaction get() throws InterruptedException {
        while(queue.isEmpty()){
            this.wait();
        }
        Transaction tran=queue.poll();
        return tran;
    }
    //业务发生器线程调用 add 方法,向排队机增加一项待处理业务
    public synchronized void add(Transaction tran) {
        this.queue.add(tran);
        this.notifyAll();
    }
}
```

程序 11-2 中 get 方法增加了任务是否为空的判断,当一个线程访问 get 方法时,如果此时任务为空,排队机发出了 wait 指令,则此线程将被阻塞,将自己挂在排队机的监视器等待线程队列中,直到被唤醒。与之相应,当任务生成器 TransactionGenerator 每创建一笔业务调用排队机的 add 方法时,排队机发出 notifyAll 方法,唤醒那些等待获得自己监视器的线程,以便让它们尝试获得任务继续工作。如果当前线程在等待通知中或等待通知前获得中断通知,则抛出 InterruptedException 异常。

有了这样的机制,Clerk 线程就不需要不断的主动请求任务了,当一次请求没有得到任务时,Clerk 线程就将自己挂在排队机监视器的等待队列中,当被排队机唤醒时,检查自己的唤醒条件,如果仍不满足,继续阻塞;否则,在得到任务之后,就可以继续运行下去了。下面是修改后的 Clerk,去掉了判断得到的业务对象是否为空的代码块。

```
//添加了线程通信机制后的 Clerk 线程 run 方法,删掉了获得任务为空的判断
public void run() {
    Random rand=new Random();
    Transaction tran=null;
    String working="working";
    while (!working.equals("closed")||(!queue.isEmpty())) {
        try {
            tran=queue.get();
        } catch (InterruptedException e1) {
            working="closed";
            continue;
        }
        //此处删掉了原来任务是否为空得到判断
        System.out.println(this.name + "得到业务:" + tran);
        int newBalance=0;                          //记录业务完成后的新余额
        synchronized(tran.getAccount()){
            //临界区的代码保持不变,见 11.4.1
        }                                          //结束保护
    }
}
```

新修改的 run 方法中,原来从排队机对象中获得到一个业务对象后,需要检查对象是否为空,但由于排队机 QueueMachine 对象的两个方法 get 和 add 均为互斥访问,而且如果排队机为空,Clerk 线程会被阻塞。因此,在 Clerk 对象向排队机 get 方法一个业务对象时,除

非获得一项业务，否则就一直停留在这条语句，除非被中断。

实践中使用等待-通知机制时需要注意以下几个问题。

（1）wait、notify 和 notifyAll 方法均应置入临界区内的代码中，也就是说，当一个线程碰到此类方法时，但并没有获得该方法所在对象的监视器时，一个 IllegalMonitorStateException 异常将会被抛出。

（2）wait 方法总是处在一个循环语句内，循环的作用在于检测是否拥有足够的资源继续运行线程，如果条件不满足，则线程将被置于该方法所属对象的监视器等待队列中。

11.4.4 线程的死锁问题

在多线程访问时，除了上述的线程冲突外，另外一种需要避免的就是死锁了，图 11-3 反映了典型的死锁关系。

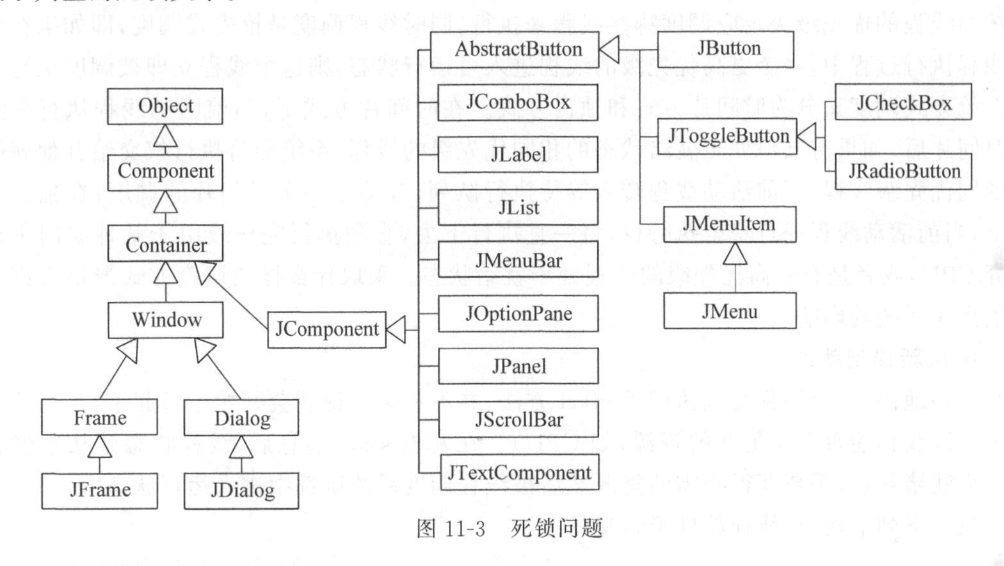

图 11-3 死锁问题

按照图 11-3 的实际推进顺序，由于 obj1 和 obj2 两个对象的锁已被线程 A 和 B 获得，然后，线程 A 和 B 又分别向对方发出执行方法的消息，在已被封锁的情况下，这种推进顺序不可能执行成功，结果就造成了线程 A 和 B 长时间持有对方所需资源，而又无法释放造成死锁。

深入讨论关于死锁的原理和处理机制已经超出了本书的范围。因此这里只是给出解决这个问题的基本思路：对共享资源按某种策略排序，封锁时，按顺序封锁、当不能获得锁时，释放已占有的资源或者一次性获得所有资源。

11.5 线程的状态与转换

由于运行环境的变化，一个线程实例从被创建到运行结束的整个运行过程并非是一帆风顺的。例如，Clerk 线程在申请等待业务时，排队机可能是空的，此时 Clerk 线程就需要等待。线程的执行可能是走走停停。

总的来说，一个线程从创建到结束，存在 5 种状态：新建、就绪、运行、阻塞或结束。它们之间的变化关系如图 11-4 所示。

线程类提供了几种方法用于控制线程状态的变化。图 11-4 中标出了在不同状态之间

图 11-4 线程状态转换图

可能进行的转换以及激发这种转换的可能事件。

Java 提供一个线程调度器来监控程序中启动后进入就绪状态的所有线程。线程调度器按照线程的优先级决定应调度哪些线程来执行，同时线程调度是抢先式调度，即如果在当前线程执行过程中，一个更高优先级的线程进入可运行状态，则这个线程立即被调度执行。

抢先式调度又分为时间片方式和独占方式。在时间片方式下，当前活动线程执行完当前时间片后，如果有其他处于就绪状态的相同优先级的线程，系统会将执行权交给其他就绪态的同优先级线程；当前活动线程转入等待执行队列，等待下一个时间片的调度；在独占方式下，当前活动线程一旦获得执行权，将一直执行下去，直到执行完毕或由于某种原因主动放弃 CPU，或者是有一高优先级的线程处于就绪状态。采取什么样的调度方式严格来讲受到了操作系统的影响。

1. 从新建到就绪

严格地讲，一个线程实例执行了 start 方法，并不意味线程就会开始运行起来，是否运行取决于该线程能否获得足够的资源(如 CPU)。在发出 start 消息后，线程状态就从新建状态转为就绪状态，等待获得必需的资源然后被线程调度系统所选中进入运行状态。

执行下列语句时，线程就处于新建状态：

```
Clerk clerk1=new Clerk(queue, "职员甲");        //创建线程的目标对象
```

当一个线程处于创建状态时，它仅仅是一个线程对象，系统不为它分配资源。只有当执行 start 方法之后，状态才发生变化。

```
clerk1.start();                                  //启动线程,准备开始执行任务
```

注意：执行 start 方法并不会导致中断当前线程，转移到新的线程执行。当前线程会继续执行下去。

2. 从就绪到运行

一旦线程获得足够的资源，一个就绪的进程被系统调度分配到 CPU，就从就绪状态转为运行状态。应用程序不能控制线程从就绪转为运行状态，这种状态的变化是由系统调度实现的。当解释器调度执行线程实例的 run 方法后，线程就开始运行，状态从就绪状态转化为运行状态。

当线程运行时，会一直运行到结束，除非遇到阻塞条件或者分配的时间片用完或者被暂停。因此，应当精心地组织线程的运行任务代码，使得它不至于长时间地占据处理机资源而导致其他线程无法工作，特别是在单处理机环境下。

3. 从运行到就绪

在运行的过程中,如果希望暂停当前的执行线程,但又不希望把线程休眠一段时间,就可以调用 Thread 类的类方法 yield,此方法暂停当前正在执行的线程对象,并执行其他线程。

```
public static void yield()
```

调用此方法时,如果没有其他线程正在等待,线程实例将会立即获得重新执行的机会。

除此之外,在分时系统中,当线程分配到的处理机运行时间片或在抢占式调度策略下,高优先级的线程到来将抢占低优先级的线程,在处理机中优先运行,这些都会导致线程从运行状态转为就绪状态。

4. 从运行到结束

在运行过程中,如果一切正常,通常会很快运行结束,因为一个线程的任务执行过程通常是一些比较关键的代码,不应耗费很长时间,否则就不足以应付高负载的业务请求。

在 run 方法中的代码执行结束,线程就进入结束状态。

5. 从运行到阻塞

线程的运行并不总是一帆风顺。在运行的过程中,线程可能会遇到得不到足够的资源的情况,如果 Clerk 线程无法获得新的业务,这些问题都会造成线程的阻塞。

还有一种情况,两个或多个线程间需要协同,才能保证程序运行的正确性。例如,一个线程运行需要另外一个线程提供资源,在资源不足的情况下,线程就需要停下来等待。

在 Java 程序运行中,有这么几种情况可能使线程进入阻塞状态。

1) 线程休眠

当线程运行过程中,执行了 sleep 方法。例如,当生产需要休息时,就可以在线程的 run 方法代码中的合适位置放置一条 Thread.sleep()语句,执行该语句,将使线程状态置为阻塞(休眠)状态,直至苏醒。

```
public static void sleep(long millis) throws InterruptedException
```

该方法的参数即指定线程休眠的时间,单位为毫秒。如果线程休眠时间已到,线程就会被重新激活,并被置为就绪状态,等待获得处理机。

如果在休眠时,检测到了该线程的中断信号,将抛出 InterruptedException 异常,并清除该中断信号。

注意:只能在当前线程中执行 sleep 方法,不能指定一个线程 sleep,因为无法得知一个线程的准确状态,只有当前的线程正在运行,才可以使它休眠。

一般情况下,不要轻易使用 sleep 方法,因为该方法不会使当前线程丢失任何监视器的所属权,换句话说,就是当前线程获得的资源不会释放,这也可能导致其他需要资源的线程即使在当前线程休眠的情况下,由于无法获得资源结果也无法运行。可以使用 wait 或 join 等方法实现 sleep 的作用。

2) 等待

当线程实例执行任务代码时,向另一对象 obj 发出消息,执行 obj 的某一方法的过程中,如果 obj 执行了 wait 方法,则使得该线程实例被阻塞,成为该 obj 对象的监视器等待线程队列中的一个。

3）连接线程

如果一个线程需要等待另外一个线程的消亡才可以继续执行，这时就可以用调用对方线程实例的 join 方法。

```
public final void join() throws InterruptedException
public final void join(long millis) throws InterruptedException
```

例如，下面的语句调用了任务生成器线程实例的 join 方法，当前线程会暂停，一直等待任务生成器线程实例消亡为止：

```
generator.join();          //当前线程等待线程 generator 执行完后再继续往下执行
generator.join(1000);      //当前线程等待线程 generator1000ms,完后再继续往下执行
```

因为执行 join 方法时，如果当前线程被中断（检测到中断信号）将抛出 InterruptedException 异常，所以需要捕获此异常。

利用 join 方法是保证不同线程之间顺序执行的有效方法。比如有两个工作，工作 A 要耗时 10s，工作 B 要耗时 10s 或更多。可以在程序中先生成一个线程去做工作 B，然后做工作 A。

```
new B().start();           //做工作 B
A();                       //做工作 A
```

工作 A 完成后，下面要等待工作 B 的结果来进行处理，如果工作 B 还没有完成就不能进行下面的工作 C，所以代码可以改为

```
B b = new B();             //创建线程实例 b
b.start();                 //做工作 B
A();                       //做工作 A
b.join();                  //当前线程等待线程 B 执行完成
C();                       //继续工作 C
```

6. 从阻塞到就绪

被阻塞的主要原因有 sleep、wait 和 join。由于休眠造成的阻塞在休眠时间结束，阻塞就会被解除转入就绪状态等待被调度执行；由于碰到了一个对象的 wait 而引起的阻塞，则需要该对象的 notify 或者 notifyAll 来唤醒才可以；由于 join 造成了阻塞，则相应线程执行完毕或时间结束，即可进入就绪状态。

Thread 关于状态变化的主要方法如表 11-3 所示。

表 11-3 Thread 关于状态变化的主要方法

方　法	说　明
interrupt()	中断此线程
interrupted()	测试当前线程是否已经中断
isAlive()	测试线程是否处于活动状态
isInterrupted()	测试线程是否已经中断
join()	等待该线程终止
join(long millis)	等待该线程终止的时间最长为 millis 毫秒
sleep(long millis)	在指定的毫秒数内让当前正在执行的线程休眠（暂停执行）

方　法	说　明
yield()	暂停当前正在执行的线程对象，并执行其他线程
wait()	当前的线程等待
notify()	唤醒在此对象监视器上等待的单个线程。如果所有线程都在此对象上等待，则选择唤醒其中一个线程
notifyAll()	唤醒在此对象监视器上等待的所有线程

11.6 线程的管理

11.6.1 线程的优先级

线程的优先级用数字来表示，范围为 1～10，即 Thread.MIN_PRIORITY～Thread.MAX_PRIORITY。一个线程的默认优先级是 5，即 Thread.NORM_PRIORITY。下述方法可以对优先级进行操作：

```
int getPriority();                         //得到线程的优先级
void setPriority(int newPriority);  //当线程被创建后,可通过此方法改变线程的优先级
```

下面的代码包含 3 个不同线程，其中一个线程在最低优先级下运行，而另两个线程在最高优先级下运行。

```
//程序 11-3:不同优先级线程实例混合运行的程序
class ThreadTest{
    public static void main( String args [] ) {
        Thread t1=new MyThread("T1");
        t1.setPriority( Thread.MIN_PRIORITY );                //设置优先级为最小
        t1.start( );
        Thread t2=new MyThread("T2");
        t2.setPriority( Thread.MAX_PRIORITY );                //设置优先级为最大
        t2.start( );
        Thread t3=new MyThread("T3");
        t3.setPriority( Thread.MAX_PRIORITY );                //设置优先级为最大
        t3.start( );
    }
}
class MyThread extends Thread {
    String message;
    MyThread ( String message ) {
        this.message=message;
    }
    public void run() {
        for ( int i=0;i<3;i++ )
            System.out.println( message+" "+getPriority() );
                                                              //获得线程的优先级
    }
}
```

Java 运行系统总是选择当前优先级最高并处于就绪状态的线程执行。如果几个就绪线程有相同的优先级,会用时间片方法轮流分配处理机。

注意:并不是在所有系统中运行 Java 程序时都采用时间片策略调度线程,所以一个线程在空闲时应该主动放弃 CPU,以使其他同优先级和低优先级的线程得到执行。

11.6.2 线程的中断

可以利用线程对象的 interrupt 方法来向该线程发出一个中断信号。

```
public void interrupt()
```

这样通过发送中断消息的方式本身并不会停止线程的执行,只是在线程中设置了一个中断标记,表明了一个中断请求,这个标记如果生效,必须在 run 方法中被检测。例如,自行检测或者当线程在活动之前或活动期间处于正在等待、休眠或占用状态且该线程被中断时,会抛出异常 InterruptedException,并利用监测到的异常进行中断处理。

1. 使用 interrupted 方法检测线程的状态

Thread 提供了 interrupted 用于检测当前线程是否已经中断。

```
public static boolean interrupted()
```

正因为对一个线程调用 interrupt 方法后只是改变了它的中断状态,所以线程可以继续执行下去,从而在没有调用 sleep、wait、join 等方法或自己抛出异常之前,就可以调用 interrupted 方法清除中断状态(恢复原状)。

interrupted 方法会检查当前线程的中断状态,如果为“被中断状态”则改变当前线程为“非中断状态”并返回 true,如果为“非中断状态”则返回 false。换句话说,如果连续两次调用该方法,则第二次调用将返回 false(在第一次调用已清除了其中断状态之后,且第二次调用检验完中断状态前,当前线程再次中断的情况除外)。

2. 利用 isInterrupted 方法检查线程的状态

Thread 提供了一个实例方法 isInterrupted 来检测当前线程是否已经中断。

```
public boolean isInterrupted()
```

isInterrupted 方法是一个线程对象的测试方法,用来从线程外部验证该线程是否被中断了,并且不会改变它的状态。

程序 11-2 中的 Clerk 类 run 方法中,捕获 sleep 方法时抛出的异常。当异常发生时,根据排队机里是否还有待处理业务,设置当前线程的工作状态是否为关闭状态。

```
try {
    Thread.sleep(rand.nextInt(200 + rand.nextInt(3)));
} catch (InterruptedException e) {
    if (queue.isEmpty()) {
        working="closed";
    }
}
```

11.6.3 守护线程和用户线程

在程序 11-2 中的 BankApp 的 main 方法中,依次创建了 Clerk 和 TransactionGenerator 线

程的实例,并分别启动它们,使它们开始工作。但是当执行到最后一个线程实例的 start 方法后,主线程 main 就结束了,此时创建的几个线程工作可能还没有运行结束,但很显然,这些线程还在继续运行,这种线程被称为用户线程,另外一种线程当创建它的线程运行结束,该线程也一并结束,这种线程被称为守护线程。Thread 类提供了一个方法可以决定线程的类型。

```
public final void setDaemon(boolean on)
```

利用 setDaemon(true)方法可以将该线程标记为守护线程,反之会标记为用户线程。该方法必须在启动线程前调用,即在 start 方法执行之前。若在启动之后再进行设置,则该方法将抛出 IllegalThreadStateException 异常。

守护线程是一个在后台运行的线程,从属于生成它的线程,一旦生成它的线程结束,此守护线程也会一并结束。一个线程如果是由守护线程创建的,也默认是守护线程。

用户线程的运行独立于生成它的线程,即使生成它的线程已经结束运行,用户线程还可以继续运行,直到结束。

一般而言,在有限时间内运行并承担事务处理功能的线程,为保证工作的完整性,通常会被创建为用户线程。例如,一个服务器进程可以创建若干个守护进程监听用户请求,也可以创建若干个用户线程响应每个用户请求。监听线程应该是一个无限运行的任务程序,只要服务器进程正常运行,就应该一直保持监听状态,以便提供服务。当服务器进程决定关闭,守护进程或监听线程会随着服务器进程的停止运行而结束自己的任务。此时,作为用户线程的线程实例也许还有订单保存线程等任务没有执行完毕,若强制关闭就会造成数据丢失,这在实际工作中是不允许的,因此需要让这类任务线程能够运行直至正常结束。

11.6.4 线程组

通常情况下,一个应用程序中会创建很多做相同或不同任务的线程,为了能够集中管理这些线程,通常把担负相似任务的线程用线程组的方式统一管理起来,以减少管理的复杂程度。例如,可以同时中断或者唤醒同一组里的所有线程。

简单地说,线程组表示一个线程的集合。此外,线程组也可以包含其他线程组。线程组可基于这种包含关系构成一棵树,在树中,除了初始线程组外,每个线程组都有一个父线程组。线程可以访问有关自己的线程组信息,但是不允许它访问有关其线程组的父线程组或其他任何线程组信息。

将一个线程加入一个指定的线程组,需要在创建实例时完成。例如,参考 11-2 中 Clerk 的构造方法,将银行职员线程加入一个职员组的代码如下:

```
ThreadGroup group=new ThreadGroup("clerk");
Clerk clerk1=new Clerk(queue,"职员甲",group);
Clerk clerk2=new Clerk(queue,"职员乙",group);
```

其中,group 指明该线程所属的线程组,可以为 null,一个线程可以不明确指定属于哪个组。默认情况下,一个新建的线程属于生成它的当前线程组,Thread 类提供了 getThreadGroup 方法可以获得该线程所属的线程组。ThreadGroup 的主要方法如表 11-4 所示。

表 11-4 ThreadGroup 的主要方法

方　法	说　明
activeCount()	返回此线程组中活动线程的估计数
enumerate(Thread[] list)	把此线程组及其子组中的所有活动线程复制到指定数组中
getName()	返回此线程组的名称
interrupt()	中断此线程组中的所有线程

程序 11-4 对程序 11-2 进行了进一步修改，增加了 Monitor 线程类，以便实现对任务生成器线程和银行职员线程的监视，该线程的主要工作是当任务生成线程生成了所有的任务后，向银行职员线程发送中断消息，通知它们结束工作。

```
//程序 11-4a:银行业务的监控线程
public class Monitor extends Thread {
    private Thread task;
    private ThreadGroup clerks;
    private Account account;

    public Monitor(Thread task,ThreadGroup clerks,Account account) {
        super();
        this.task=task;
        this.clerks=clerks;
        this.account=account;
    }

    @Override
    public void run() {
        while (true) {
            try {
                task.join();                        //首先等待任务生成器执行完毕
            } catch (InterruptedException e1) {
                e1.printStackTrace();
            }
            clerks.interrupt();                     //向银行职员线程发出中断消息
            try {
                Thread.sleep(300);
            } catch (InterruptedException e) {
                e.printStackTrace();
            }
            if (clerks.activeCount()==0) {          //如果银行职员线程都停止工作,退出
                break;
            }
        }
        System.out.println("账户最后的信息是:"+account);
    }
}
```

该监控线程拥有对工作现场任务发生器线程、银行职员线程组和账户实例的引用，首先利用 join 方法实现等待任务生成器执行完毕的目标，随后向职员线程组里的所有线程实例发送中断消息，通知它们结束工作，职员线程在完成排队机里的所有工作后，结束线程的运行。

下面的代码是修改后的 BankApp 类。

```
/* 程序 11-4b BankApp 银行业务程序启动类 */
public class BankApp {
    public static void main(String[] args) {
        Account account=new Account("张华", 1000);
        QueueMachine queue=new QueueMachine();
        TransactionGenerator generator=new TransactionGenerator(queue, account);
        ThreadGroup group=new ThreadGroup("clerk");       //创建线程组
        Clerk clerk1=new Clerk(queue,"职员甲",group);
        Clerk clerk2=new Clerk(queue,"职员乙",group);
        generator.start();
        clerk1.start();
        clerk2.start();
        Monitor monitor=new Monitor(generator,group,account);
        monitor.start();
    }
}
```

本章小结

本章以银行业务的例子介绍了 Java 多线程编程的基本知识。

1. 什么是线程

线程是程序中可以并行执行的子任务。

Java 运行系统总是选择当前优先级最高并处于就绪状态的线程来执行。如果几个就绪线程有相同的优先级,将会用时间片方法轮流分配处理机。

2. 创建线程的两种方式

线程类是由 Thread 类及其子类表示的,继承的 run 方法定义了线程执行时的任务体,定义一个继承于 Thread 的线程类需要覆盖 run 方法。

任何实现接口 Runnable 的对象都可以作为一个线程的目标对象,类 Thread 本身也实现了接口 Runnable,接口中的 run 方法需要实现为线程执行时的任务体。

可以利用 Thread 的类方法 currentThread 获得当前执行线程的信息。

可以利用 Callable 接口实现线程,其线程创建方式类似于 Runnable,不同点是利用 Callable 接口可以使线程的方法体返回值。

3. 线程的状态变化

(1) 新建。线程对象被创建,但尚未启动(执行 start 方法)。

(2) 就绪。一个线程进入就绪状态是通过调用线程对象的 start 方法,但此时可能并不能马上获得 CPU 开始执行任务。

(3) 运行。一个线程进入运行状态是当线程被调度执行时,从 run 方法开始执行。

(4) 从运行到就绪。

① 线程对象执行 yield 方法,将暂停当前执行,并留出机会给系统执行其他线程,如果没有其他线程等待,则立即重新执行。

② 分时系统中,当线程分配到的处理机运行时间片或在抢占式调度策略下,高优先级的线程到来,将抢占低优先级线程获得的处理机而优先运行,这些都会导致线程从运行状态

转为就绪状态。

(5) 从运行到结束。run 方法执行结束,线程对象的生存周期也就相应结束了。

(6) 从运行到阻塞。不能获得资源或者线程间的同步需要而导致进入阻塞状态。被阻塞的主要原因包括 sleep、wait 和 join。

① 由于休眠造成的阻塞在休眠时间结束,阻塞就会被解除转入就绪状态等待被调度执行;不要轻易使用 sleep 方法,这是因为该方法不会使当前线程丢失任何监视器的所属权,换句话说,就是当前线程获得的资源不会丢失,这也可能导致其他需要资源的线程即使在当前线程休眠的时间,也无法运行。

② 由于碰到了一个对象的 wait 而引起的阻塞,则需要该对象的 notify 方法或者 notifyAll 方法来唤醒才可以。

③ 由于 join 方法造成的阻塞,则相应线程执行完毕或时间结束,即可进入就绪状态。

4. 线程间的同步和互斥

多线程编程遇到的主要问题是由于并发访问临界资源所造成的更新异常,以及无法同步所造成的死锁等问题。

(1) 互斥访问。

① Java 中用关键字 synchronized 来与对象的互斥锁联系。当某个对象用 synchronized 修饰时,表明该对象在任意时刻只能由一个线程访问,从而保证共享数据操作的完整性。

② synchronized 除了用于放在对象前面限制一段代码的执行外,还可以放在方法声明中,表示整个方法为同步方法。一个对象如果有多个互斥方法存在,则任何时刻只能有一个线程访问其中一个互斥方法。

(2) 线程同步。用同步代码块或方法体的机制解决了互斥访问的问题,还可利用 wait、notify、notifyAll、join 等方法来解决线程之间协同的问题。

① wait 或 join 相比 sleep 方法,将释放所占用的资源,更安全地执行线程。

② 调用 obj 的 wait 方法前,必须获得 obj 锁,也就是必须写在 synchronized(obj) {…} 代码段内,或者是受到同步保护的方法体中。

③ 利用 join 方法是保证不同线程之间顺序执行的有效方法。

5. 守护线程和用户线程

利用 setDaemon(true)方法可以将该线程标记为守护线程,反之则标记为用户线程。该方法必须在启动线程前调用,即在 start 方法执行之前。若在启动之后再进行设置,则该方法将抛出 IllegalThreadStateException 异常。

守护线程只是一个在后台运行的线程,从属于生成它的线程,一旦生成它的线程结束时,此守护线程也会一并结束。一个线程如果是由守护线程创建的,也默认是守护线程。

用户线程的运行独立于生成它的线程,也就是即使生成它的线程已经结束运行,用户线程还可以继续运行,直到结束。

一般而言,在有限时间内运行,承担事务处理功能的线程,为保证工作的完整性,通常都会被创建为用户线程。

6. 线程组

线程组用于表示一个线程的集合。可以通过线程组对象对组内的线程进行管理，例如发出中断、查阅活动线程等。

习 题 11

1. 简述线程的状态变化过程。
2. 分析 sleep 方法和 wait 方法的区别。
3. 如何利用 wait 方法、notify 方法和 notifyAll 方法实现线程间的同步?
4. Java 是如何实现互斥访问?
5. 什么是下面程序的运行结果?

```
class S implements Runnable{
    int x,y;
    public void run() {
        for(;;)
        synchronized(this){
            x=12;
            y=12;
        }
        System.out.println(x+","+y);
    }
    public static void main(String args[]){
        S run=new S();
        Thread t1=new Thread(run);
        Thread t2=new Thread(run);
        t1.start();
        t2.start();
    }
}
```

6. 分析下面程序的运行结果，并说明原因。

```
public class TestThread {
    public static void main(String[] args) {
        Thread t=new Thread(new MyTast());
        t.start();
        System.out.print("pre ");
        try {
            t.join();
        } catch (Exception e) {

        }
        System.out.print("post ");
    }
}
class MyTast implements Runnable{
    @Override
    public void run() {
        try{
```

```
                Thread.sleep(2000) ;
            }catch(Exception e){

            }
            System.out.print("in");
        }

    }
```

7. 设计一个简单的面向多个售票终端的售票处理系统,任务如下。

(1) 程序启动时,按照每一班次分配固定配额的车票,初始化一个合适的数据结构,来保存所有班次的车票信息。

(2) 能够根据指定数量,创建对应多个售票终端。

(3) 模拟多个乘客对不同车次的出票申请。

8. 尝试在习题 6 第 15 题的基础上,利用多线程实现播放背景音乐的功能。

第 12 章　网络编程

网络编程的目的就是直接或间接地依据网络协议与其他计算机进行通信。网络编程时会遇到两个主要问题,一个是如何准确地定位网络上一台或多台主机,另一个就是找到主机后如何可靠高效地进行数据传输。本章介绍了基础的网络编程模型,并进一步通过实例介绍各种网络结构的实现。

学习目标:

- 网络编程基础概念。
- 了解 java.net 包中的一些常用类的使用方法。
- 掌握基于 TCP 的客户-服务器程序开发。
- 掌握基于 UDP 的网络通信。
- 掌握 URL 资源访问技术。

12.1　网络基础

典型的网络编程模型是客户-服务器(C/S)结构,即通信双方中的一方作为服务器等待客户提出请求并予以响应。客户则在需要服务时向服务器提出申请。服务器一般作为守护进程始终运行,监听网络端口,一旦有客户请求,就会启动一个服务线程来响应该客户,同时自己继续监听服务端口,使后来的客户也能及时得到服务。还有现在流行的浏览器-服务器(B/S)结构,客户端的浏览器给网站服务器发出请求,服务器就会经过一系列计算后向浏览器反馈信息。

12.1.1　网络基本概念

1. IP 地址

具体来说,IP 地址就是唯一标识计算机等网络设备的网络地址,IPv4 中的 IP 地址长度为 32 位,为了表示方便,将它划分为 4 段,每段长度为 1B,常用点分十进制法表示。例如 211.135.168.35 ,192.168.0.1。

但由于 32 位所表示的地址空间的不足,在 IPv6 中将 32 位的地址增加到了 128 位。常采用"冒(号)分十六进制"的方式表示 IPv6 地址,例如 2002:ca70:1af6::ca70:1af6。本章内容只涉及 IPv4 地址格式。

2. 域名

域名(Domain Name)是网络地址的助记名,按照域名进行分级管理。例如 www.sun.com、www.tsinghua.edu.cn。

在 Internet 上 IP 地址和域名是一一对应的,通过域名解析可以由域名得到机器的 IP 地址。

3. 端口

通常情况下,一台主机上总是有很多个进程(运行中的程序)需要网络资源进行网络通信。准确地讲,网络通信的对象不是主机,而应该是主机中运行的进程。通过域名或 IP 地址只能定位到主机,而不能定位到进程。端口号就是为了在一台主机上提供更多的网络资源而采取的一种手段,也是传输层提供的一种机制。只有通过域名或 IP 地址和端口号的组合才能确定网络通信中唯一的对象——进程。

具体来讲,端口号(Port Number)就是网络通信时同一计算机上不同进程的标识。TCP/IP 系统中的端口号是一个 16 位的数字,它的范围是 0～65535。

(1) 公认端口(Well Known Ports)。0～1023 端口为公认端口,它们紧密绑定于一些服务。通常这些端口的通信明确表明了某种服务的协议。如 21 端口对应的是 FTP 服务,23 端口则是提供的 Telnet 服务。除非要和那些服务之一进行通信(例如 Telnet,SMTP 邮件和 FTP 等),否则不应该使用它们。例如,80 端口实际上总是 HTTP 通信中 Web 服务的端口号。

(2) 注册端口(Registered Ports)。1024～49151 端口为注册端口。它们松散地绑定于一些服务。也就是说有许多服务绑定于这些端口,这些端口同样用于许多其他目的。例如,许多系统处理动态端口的端口号开始位置为 1024 附近。

(3) 动态或私有端口(Dynamic and/or Private Ports)。49152～65535 端口为动态端口或私有端口。理论上,不应为服务分配这些端口。

客户和服务器必须事先约定所使用的端口。如果系统两部分所使用的端口不一致,那就不能进行通信。

12.1.2 TCP 和 UDP

计算机网络形式多样,内容繁杂。网络上的计算机要互相通信,必须遵循一定的协议。目前使用最广泛的网络协议是 Internet 上所使用的 TCP/IP。协议对通信双方互相约定的传送信息的格式进行了定义。

网络编程的目的就是指直接或间接地依据网络协议与其他计算机进行通信。网络编程中有两个主要的问题:一个是如何准确地定位网络上一台或多台主机,另一个就是找到主机后如何可靠高效地进行数据传输。在 TCP/IP 中 IP 层主要负责网络主机的定位,数据传输的路由,由 IP 地址可以唯一地确定 Internet 上的一台主机。而传输层则提供面向应用的可靠的或非可靠的数据传输机制,这是网络编程的主要对象,一般不需要关心 IP 层是如何处理数据的。

尽管 TCP/IP 的名称中只有 TCP 这个协议名,但是在 TCP/IP 的传输层同时存在 TCP 和 UDP 两个协议。

1. TCP

TCP(Transmission Control Protocol,传输控制协议)是一种面向连接的保证可靠传输的协议。通过 TCP,在传输时可以得到一个顺序的无差错数据流。发送方和接收方各有一个套接字(Socket),两个套接字之间必须建立连接,以便在 TCP 的基础上进行通信,当一个套接字(通常都是 Server Socket)等待建立连接时,另一个套接字(Client Socket)可以要求进行连接,一旦这两个套接字连接起来,它们就可以进行双向数据传输,双方都可以进行发送或接收操作。这个过程类似于生活中的打电话。

2. UDP

UDP(User Datagram Protocol,用户数据报协议)是一种无连接的协议,也不进行差错及流量的控制。因此 UDP 提供的服务是不可靠的，基于 UDP 的应用程序可根据情况自己承担可靠性方面的工作。

3. TCP 和 UDP 的差异

使用 UDP 时，无须建立发送方和接收方的连接。由于 TCP 是一个面向连接的协议，在套接字之间进行数据传输前必然要建立连接，所以在 TCP 中多了一个连接建立的过程。

使用 UDP 传输数据时有大小限制，每个被传输的数据报必须限定在 64KB 之内。而 TCP 没有这方面的限制，一旦连接建立起来，双方的套接字就可以按双方约定的格式传输大量的数据。

UDP 属于不可靠协议，并不保证数据有序、正确地提交给应用层。而 TCP 属于可靠协议，它确保接收方完全正确地获取发送方所发送的全部数据。

总之，TCP 在网络通信上有极强的生命力，例如，远程上机（Telnet）和文件传输时都需要长度不确定的数据进行可靠传输；相比之下 UDP 操作简单，而且仅需要较少的监护，因此通常用于一次只传送少量数据、对可靠性要求不高的应用环境中。

既然有了保证可靠传输的 TCP，为什么还要非可靠传输的 UDP 呢？主要的原因有两个：一是可靠的传输是要付出代价的，对数据内容正确性的检验必然占用计算机的处理时间和网络的带宽，因此 TCP 传输的效率不如 UDP 高；二是在许多应用中并不需要保证严格的传输可靠性，例如视频会议系统，并不要求音频视频数据绝对的正确，只要保证连贯性就可以了，这种情况下显然使用 UDP 会更合理一些。

12.2　网络编程常用类

为了方便地实现网络编程，Java 提供了 java.net 包，其中提供了满足网络通信的开发需要的各种类。图 12-1 是 java.net 包主要的类静态结构图。

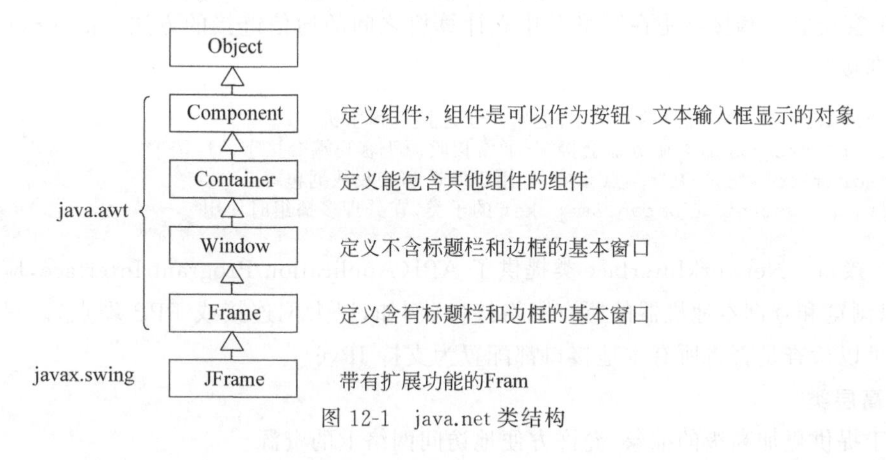

图 12-1　java.net 类结构

java.net 包可以大致分为两部分。

1. 低层类

用于处理一些低层的抽象，包括地址、套接字和接口。

(1) 地址。在整个 java.net 包中，地址或者用作主机标识符或者用作套接字端点标识符。InetAddress 类是表示 IP 地址的抽象。它拥有两个子类。

① Inet4Address。用于 IPv4 地址。

② Inet6Address。用于 IPv6 地址。

在大多数网格编程场景下,InetAddress 类提供的方法足以满足需求,不必直接处理子类。例如,将主机名解析为其 IP 地址(或反之)的方法。常用的获得 IP 地址的方法如下:

```
public static InetAddressgetByName(String host) throws UnknownHostException
public String getHostAddress()
```

下面的例子显示了获取 IP 地址及域名的方法。

```
/* 程序 12-1:获得 IP 地址信息 */
import java.net.*;
publicclassGetLocalHostTest {
    publicstaticvoid main (String args[])   {
        InetAddressmyIP=null;                              //声明 IP 地址对象变量
        try {
            //下面的语句显示了获得本机 IP 地址及主机名的方法
            myIP=InetAddress.getLocalHost();               //获得本机 IP 地址
            System.out.println("HostAddress is "+myIP.getHostAddress());
            System.out.println("HostName is "+myIP.getHostName());
            //下面的语句显示了获得指定主机名的 IP 地址的方法
            myIP=InetAddress.getByName("java.sun.com");//获得指定域名的地址
            System.out.println("HostAddress is "+myIP.getHostAddress());
            System.out.println("HostName is "+myIP.getHostName());
            }catch(UnknownHostException e){
            //忽略异常
        }
    }
}
```

(2) 套接字。套接字是在网络上建立计算机之间的通信链接的方法。java.net 包提供了 4 种套接字。

```
Socket:是用于 TCP 客户端套接字,通常用于连接远程主机
ServerSocket:是 TCP 服务器套接字,通常接收源于客户端套接字的连接
DatagramSocket:是 UDP 端点套接字,用于发送和接收数据包
MulticastSocket:是 DatagramSocket 的子类,在处理多播组时使用
```

(3) 接口。NetworkInterface 类提供了 API(Application Program Interface,应用程序接口)以浏览和查询本地机器的所有网络接口(例如,以太网连接或 PPP 端点)。只有通过该类才可以检查是否将所有本地接口都配置为支持 IPv6。

2. 高层类

用于提供更加高级的抽象,允许方便地访问网络上的资源。

(1) URI 是表示统一资源标识符的类。顾名思义,它只是一个标识符,不直接提供访问资源的方法。

(2) URL 是表示统一资源定位符的类,它既是 URI 的旧式概念又是访问资源的方法。

(3) URLConnection:表示到 URL 所指向资源的连接,URLConnection 是根据 URL 创建的,用于访问 URL 所指向资源的通信链接。此抽象类将大多数工作委托给底层协议

处理程序，例如 HTTP 或 FTP。HttpURLConnection 是 URLConnection 的子类，提供一些特定于 HTTP 的附加功能。

一般情况下，建议使用 URI 指定资源，然后在访问资源时将其转换为 URL。从该 URL 可以获取 URLConnection 以进行良好控制，也可以直接获取 InputStream。

从以上叙述可以看出，套接字和地址构成了网络编程基础，其中，DatagramPacket 和 DatagramSocket 两个类构成了 UDP 开发的基础；而 ServerSocket 和 Socket 两个类构成了 TCP 开发的基础，URI、URL 和 URLConnection 则满足了 Web 资源访问的要求。

12.3 基于 TCP 的网络编程

网络上的两个程序通过一个双向的通信连接实现数据的可靠交换，这个双向链路的一端称为一个套接字(Socke)。套接字是一种用于网络通信的低层开发接口，每个套接字都由一个 IP 地址和一个端口号唯一确定，它也是 TCP/IP 的一个十分流行的编程接口，通过 Socket 对象的输入输出流实现客户方和服务方之间的数据交换。

12.3.1 基于 Socket 的客户-服务器模型

使用套接字进行 TCP 网络通信程序的开发是一个典型的客户-服务器模型，如图 12-2 所示，它由两类基本的组件构成，需要一个提供监听客户端访问请求的服务器端程序，至少有一个向服务器发出连接请求的客户端程序。

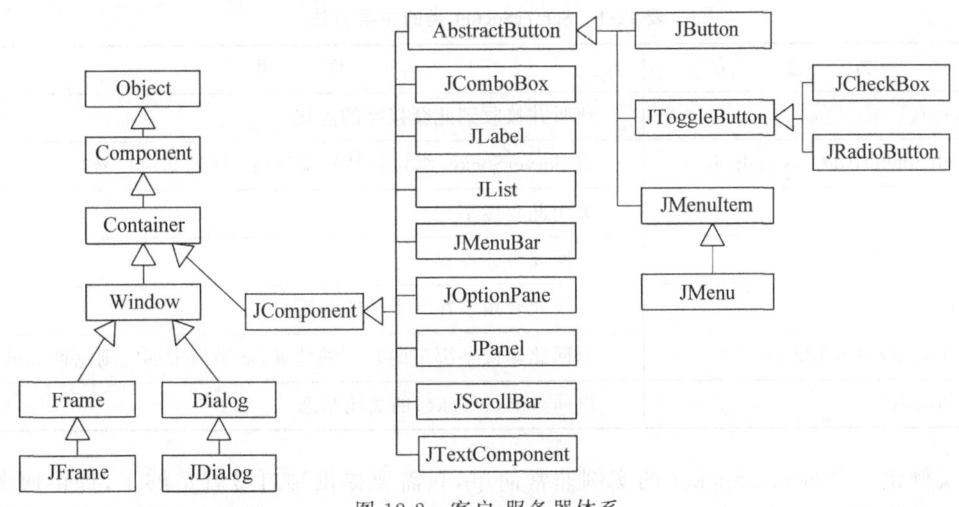

图 12-2 客户-服务器体系

使用 Socket 程序进行客户-服务器程序设计的一般连接过程如下：Server 端 Listen(监听)某个端口是否有连接请求，Client 端向 Server 端发出 Connect(连接)请求，Server 端向 Client 端发回 Accept(接受)消息，一个连接就建立起来了，这时两端各有一个 Socket 互相对应。Server 端和 Client 端都可以通过 Send，Write 等方法(I/O 流的输入输出方法)与对方通信(数据传输)。图 12-3 是 Socket 通信过程的示意图。

图 12-3 详细说明了双方通信的过程，具体 Java 来讲，java 在包 java.net 中提供了两个类 Socket 和 ServerSocket，分别用来表示双向连接的客户端和服务端。这是两个封装得非

图 12-3 Socket 程序的通信过程

常好的类,使用很方便。

12.3.2 创建服务器端 Socket

运行在主机上的服务程序提供了面向客户端的特定应用,例如 HTTP 服务、FTP 服务等,为了创建属于自己的特定服务,首先就需要创建一个服务器套接字 ServerSocket 的实例,注册到主机系统,开始提供侦听服务。Java 提供了一个 ServerSocket 类(表 12-1 是该类的主要方法)可以实现这一目的。下面是该类的主要构造方法声明。

```
ServerSocket(int port);
ServerSocket(int port,int backlog);
ServerSocket(int port,int backlog,InetAddressbindAddr);
```

表 12-1 ServerSocket 类的主要方法

方　法	作　用
accept()	侦听并接收到此套接字的连接
bind(SocketAddress endpoint)	将 ServerSocket 绑定到特定地址(IP 地址和端口号)
close()	关闭此套接字
getInetAddress()	返回此服务器套接字的本地地址
getLocalPort()	返回此套接字在其上侦听的端口
getLocalSocketAddress()	返回此套接字绑定的端点的地址,如果尚未绑定则返回 null
isClosed()	返回 ServerSocket 的关闭状态

实例化一个 ServerSocket 的实例非常简单,只需要提供端口号就足够了,提供服务的 IP 地址会自动应用于服务器程序运行所在的主机上配置的地址。例如,如果约定客户端程序向 7788 端口发送连接请求,那么,只需要服务器程序创建一个在 7788 端口侦听的 ServerSocket 实例即可,ServerSocket 实例调用 accept 方法侦听来自客户端的连接请求。

程序 12-2 演示了服务器程序建立侦听,获得客户端连接的基本过程。

```
/*程序 12-2:创建一个通信服务器*/
import java.net.*;
import java.io.*;
public class EBankServer {
```

```
    public static void main(String[] args) throws IOException {
        ServerSocketserverSocket=null;        //声明一个服务器套接字提供监听服务
        try {
            //注册服务,申请在指定端口 7788 提供服务
            serverSocket=new ServerSocket(7788);
            System.err.println("服务器开始运行…");
        } catch (IOException e) {
            System.err.println("无法在 7788 端口上提供连接侦听服务.");
            System.exit(1);                    //程序退出运行
        }
        //以下是端口申请成功后,程序开始服务
        Socket clientSocket=null;        //声明一个对应于特定客户端的 socket 对象变量
        try {
        /* accept 方法用于获得客户端的连接,没有客户端连接时,将阻塞,不往下运行
         * 直到一个客户端的连接请求到达,并实例化一个 Socket 的实例,对应于此客户端 */
            clientSocket=serverSocket.accept();
        } catch (IOException e) {
            System.err.println("建立和客户端的连接时失败.");
            System.exit(1);
        }
                                                //获得客户端的地址
        String address=clientSocket.getInetAddress().getHostAddress();
        System.out.println("一个来自" +address+"的连接已经建立,可以通信啦");
        //利用此 clientSocket 就可以开始和对应的客户端通信了,代码省略
        clientSocket.close();                  //关闭和客户端的通信
        serverSocket.close();                  //关闭监听服务
    }
}
```

以上的程序是 Server 的典型工作模式,只不过在这里 Server 只能接受一个请求,接受完后 Server 就退出了。实际的应用中总是让它不停地循环工作,一旦有客户请求,Server 总是会创建一个服务线程来服务新来的客户,而自己继续监听。

程序中 accept 方法是一个阻塞方法,所谓阻塞方法就是说该方法被调用后,将等待客户的请求,直到有一个客户请求到达,然后 accept 方法返回一个对应于客户端程序的 Socket。这时,客户方和服务方都建立了用于通信的 Socket,接下来就是由各个 Socket 分别打开各自的输入输出流进行互相之间的数据传输(通信)。

12.3.3 创建客户端的 Socket

创建客户端的程序是非常简单的,首先需要创建一个可以连接到服务器端的 Socket 对象(如表 12-2 所示),下面是 Socket 类定义的主要构造方法。

```
Socket(InetAddress address,int port);
Socket(String host,int prot);
Socket(String host,int port,InetAddresslocalAddr,int localPort);
Socket(InetAddress address,int port,InetAddresslocalAddr,int localPort);
```

创建一个客户端的 Socket 实例需要知道希望连接的服务器程序所在主机地址以及提供服务的端口。加入一个 ServerSocket 实例运行在 IP 地址为 192.168.0.1 的主机上,提供服务的端口为 7788,可以按照如下的方法创建客户端的 Socket 实例进行连接。

```
Socket client=new Socket("192.168.0.1",7788);
```

一个 Socket 实例创建时，也会自动绑定所在计算机的 IP 地址，并会获得一个操作系统随机分配的端口号，当然，也可以自行指定合适的地址和端口号。

表 12-2　Socket 类的主要方法

方　法	作　用
bind(SocketAddress endpoint)	将套接字绑定到特定地址(IP 地址和端口号)
close()	关闭此套接字
connect(SocketAddress endpoint)	将此套接字连接到服务器
connect(SocketAddress endpoint, int timeout)	将此套接字连接到具有指定超时值的服务器
getLocalPort()	返回此套接字在其上侦听的端口
getLocalSocketAddress()	返回此套接字绑定的端点的地址，如果尚未绑定则返回 null
getInputStream()	返回此套接字的输入流，来自对端的输出
getOutputStream()	返回此套接字的输出流，可以向对端输出数据
getInetAddress()	返回此套接字连接的地址
getPort()	返回此套接字连接到的远程端口
getRemoteSocketAddress()	返回此套接字连接的端点的地址，如果未连接则返回 null
isClosed()	返回套接字的关闭状态

其中 address、host 和 port 分别是双向连接中另一方的 IP 地址、域名和端口号，localPort 表示本地主机的端口号，localAddr 和 bindAddr 是本地机器的地址(ServerSocket 的主机地址)。程序 12-3 是一个典型的创建客户端 Socket 的过程。

```
//程序 12-3:一个能够访问指定地址和端口(ServerSocket 服务器)客户端程序
import java.io.IOException;
import java.net.InetAddress;
import java.net.Socket;
import java.net.UnknownHostException;
public class EBankClient {
    public static void main(String[] args) {
        Socket client=null;
        try {
            client=new Socket("127.0.0.1",7788);
            //获得服务器的 IP 地址信息
            InetAddress server=client.getInetAddress();
            System.out.println("到"+server.getHostAddress()+"连接已建立!");
            //此处可以添加和服务器的通信过程
            client.close();
        } catch (UnknownHostException e) {
            System.out.println("指定的服务器地址错误");
            System.exit(-1);
```

```
        } catch (IOException e) {
            System.out.println("创建和服务器的连接时发生错误");
            System.exit(-1);
        }
    }
}
```

这是在客户端创建 Socket 的一个简单的程序，也是使用 Socket 进行网络通信的第一步，程序相当简单。

需要注意的是，当创建一个客户端 Socket 时，可能会由于指定了不正确的主机地址等造成连接错误，抛出异常导致程序运行终止，因此需要对此类错误进行捕获处理。

12.3.4 创建一个多线程通信服务器

程序 12-2 只能满足一个客户端请求的连接，一旦建立连接，在执行完通信过程后服务器运行就结束了。在一些情况下，需要服务器程序不间断的监听来自于客户端的随机请求，并为之提供服务，这需要利用多线程的知识。程序 12-4 改写了程序 12-2 的代码，首先定义了一个为每一个客户端提供服务的内部线程类 Processor，该线程类创建时接收一个对应于客户端的 Socket 实例。

```
/* 程序 12-4a:针对一个客户端的连接创建的处理线程 */
import java.io.IOException;
import java.net.Socket;
public class Processor extends Thread{
    Socket s;
    public Processor(Socket s) {
        super();
        this.s=s;
    }
    @Override
    public void run() {
        String address=s.getInetAddress().getHostAddress();
        System.out.println(this.getName()+"为来自"+address+"的请求服务!");
        try {
            s.close();
        } catch (IOException e) {
            System.out.println("关闭来自"+address+"的客户端通信失败!");
        }
    }
}
```

其次主程序利用一个循环实现当一个客户端的连接建立，便创建一个处理线程单独为之服务，随后继续监听客户端的连接请求。

```
/* 程序 12-4b:改进后的一个多线程服务器程序 */
import java.io.IOException;
import java.net.ServerSocket;
import java.net.Socket;
public class EBankServer2 {
    public static void main(String[] args) throws IOException {
        ServerSocketserverSocket=null;      //声明一个服务器套接字提供监听服务
```

```
        try {
            //注册服务,申请在指定端口 7788 提供服务
            serverSocket=new ServerSocket(7788);
            System.err.println("服务器开始运行...");
        } catch (IOException e) {
            System.err.println("无法在 7788 端口上提供连接侦听服务.");
            System.exit(1);                     //程序退出运行
        }
        //以下是端口申请成功后,程序开始服务
        Socket clientSocket=null;       //声明一个对应于特定客户端的 socket 对象变量
        boolean working=true;
        while(working) {
            try {
                clientSocket=serverSocket.accept();
                Processor p=new Processor(clientSocket);
                p.start();
            } catch (IOException e) {
                System.err.println("建立和客户端的连接时失败.");
                System.exit(1);
            }
        }
        serverSocket.close();                   //关闭监听服务
    }
}
```

12.3.5 客户-服务器通信的过程

在上面创建服务器端和客户端 Socket 的过程中,两端都需要一个 Socket 对象。双方的通信就是利用 Socket 对象所提供的输入输出流(参见图 12-3)完成双方的数据传输,这时通信过程就变成了 I/O 流的输入输出过程,不过这里的数据源分别是两端的 Socket 对象。一端 Socket 通过输出流输出信息,另一端 Socket 利用输入流接收来自对方输出流的信息。

Socket 类提供了方法 getInputStream()和 getOutStream()来得到对应的输入输出流以进行读写操作,这两个方法分别返回 InputStream 和 OutputSteam 类对象。由于 Socket 的通信过程是以字节流的形式进行传输的,因此可以根据需要对发送和接收的字节流进行转换,以合适的形式处理。

下面的网上银行模拟程序演示了一个客户端和服务器之间的通信过程,客户端可以向服务器发送存款、取款、查询余额等操作命令,并可以接收、显示服务器传回的信息。服务器端负责接收客户端发来的命令,执行相应的操作,进行记录,并把对账户的执行结果返回给客户端。当客户端向服务器发送 bye 命令,则退出系统,结束运行,双方关闭连接。

为了更加逼真地模拟多客户的访问,首先在服务器创建一个保存有 5 个账户信息的账户名册类(账户 Account 类可以参考第 5 章的程序 5-1,为了能够快速检索,这里使用了 Map 集合类型)。

```
/*程序 12-5a:容纳账户信息的花名册类,运行于服务器端*/
import java.util.HashMap;
import java.util.Map;
public final class AccountPool {
```

```
    private static Map<String,Account> accounts=new HashMap<String,Account>();
    static{
        accounts.put("001",new Account("001","王峰",1000));
        accounts.put("002",new Account("002","张静",1500));
        accounts.put("003",new Account("003","鲁宁",800));
        accounts.put("004",new Account("004","翟宇",660));
        accounts.put("005",new Account("005","刘新",1700));
    }
    private AccountPool(){}
    public static Account getAccount(String id){
        return accounts.get(id);
    }
}
```

为了对来自客户端的业务请求进行处理，这里更新了程序 12-4 的线程类 Processor。程序首先获得了 Socket 实例 s 的输入流和输出流，并进行了封装，以便能够按文本方式输入和输出，为了能够解析客户端发来的请求，这里对客户端发送的信息格式做了规定，客户端必须按照如下的格式发送信息“业务类型，交易账户 id，交易金额”，为了简化程序，程序并没有对不符合格式的字符串进行处理。

```
/*程序 12-5b:更新后的业务处理线程类*/
import java.io.BufferedReader;
import java.io.IOException;
import java.io.InputStreamReader;
import java.io.PrintWriter;
import java.net.Socket;
public class Processor extends Thread{
    Socket s;
    public Processor(Socket s) {
        super();
        this.s=s;
    }
    @Override
    public void run() {
        String address=s.getInetAddress().getHostAddress();
        BufferedReader in=null;
        PrintWriter out=null;
        try {
            //封装输入流,以便以文本形式处理来自客户端的请求
            in=new BufferedReader(
                    new InputStreamReader(s.getInputStream()));
            //封装输出流,以文本方式输出到输出流中,ture 表示自动提交
            out=new PrintWriter(s.getOutputStream(), true);
            String info=null;                    //保存每次从输入流中读到的请求信息
            boolean working=true;
            while(working){
                info=in.readLine();
                //解析客户端发来的业务请求
                String[] req=info.split(",");
                String type=req[0];              //业务类型
                if(type.equals("bye")){          //客户端结束工作
                    working=false;
```

```
                    continue;
                }
                String id=req[1];                    //交易账户的 id
                int amount =Integer.parseInt(req[2]);    //交易金额
                //寻找对应的 Account 对象
                Account account=AccountPool.getAccount(id);
                String resp=null;
                if(account==null){
                    resp="fail:无此账户";
                }else{
                    //更新账户信息,组织返回信息
                    if(type.equals("deposit")){
                        account.setBalance(account.getBalance()+amount);
                        resp="ok:"+account.getBalance();
                    }else if(type.equals("query")){
                        resp="ok:"+account.getBalance();
                    }
                }
                //将响应信息回送给客户端
                out.println(resp);
            }
            s.close();
        } catch (IOException e) {
            System.out.println("关闭来自" + address + "的客户端通信失败!");
        }
    }
}
```

分析上述程序,在接到客户端发来的字符串后,经过拆解,首先判断客户端是否停止联系,如果是,则服务线程也直接结束任务;否则,分析业务类型,组织返回的响应字符串。利用输出流将响应信息发送出去。

除了上面的 AccountPool 类和 Processor 类之外,服务器程序继续利用了程序 12-4 中的服务器端的程序 EBankServer2 作为多线程服务器。

下面是客户端程序,实现了一个单客户到服务器的业务请求过程。为了简化程序,程序并没有对可能的错误,例如输入了错误的业务类型号等进行容错处理。

```
/*程序 12-5:客户端程序,模拟银行用户向服务器发送业务请求。*/
import java.io.BufferedReader;
import java.io.IOException;
import java.io.InputStreamReader;
import java.io.PrintWriter;
import java.net.Socket;
import java.net.UnknownHostException;
import java.util.Scanner;
public class EBankClient2 {
    public static void main(String[] args) {
        String[] types={"deposit","withdraw","query","bye"};
        Socket client=null;
        try {
            client=new Socket("127.0.0.1",7788);
            BufferedReader in=null;
```

```
            PrintWriter out=null;
            out=new PrintWriter(client.getOutputStream(), true);
            in=new BufferedReader(new InputStreamReader(client.getInputStream()));
            String req=null;
            String resp=null;
            Scanner sc=new Scanner(System.in);
            boolean working=true;
            while(working){
                System.out.println("输入您的账户 id:");
                String id=sc.next();
                System.out.println("选择本次业务类型[0:存款,1:取款,2:查询,3:退出]:");
                int type=sc.nextInt();
                int amount=0;
                if(types[type].equals("bye")){
                    working=false;
                    //为了保持服务器解析正确,依然需要按格式发送
                    req=types[type]+","+id+",0";
            }else if(types[type].equals("query")){
                //为了保持服务器解析正确,依然需要按格式发送
                req = types[type] + "," + id + ",0";
                }else{
                    System.out.println("输入交易金额:");
                    amount=sc.nextInt();
                    //构造一个符合服务器解析格式要求的请求字符串
                    req=types[type]+","+id+","+amount;
                }
                //将请求信息提交到服务器
                out.println(req);
                if(working){
                    //接收服务器的响应
                    resp=in.readLine();
                    System.out.println("response:"+resp);
                }
            }
            client.close();
        } catch (UnknownHostException e) {
            System.out.println("指定的服务器地址错误");
            System.exit(-1);
        } catch (IOException e) {
            System.out.println("创建和服务器的连接时发生错误");
            System.exit(-1);
        }
    }
}
```

成功运行上述客户端程序的关键在于输入正确的信息,向服务器提交正确的、经过格式化后组成的请求字符串。

通过此例的运行过程可以看出,基本网络程序的编写至少在两个方面是非常重要的:一个是保持有序的通信过程,二是建立双方可以理解的信息格式。

12.3.6 Socket 连接的关闭

由于每一个 Socket 存在时都将占用一定的资源，在 Socket 对象使用完毕时，要将其关闭。关闭 Socket 可以调用 Socket 的 close 方法。在关闭 Socket 之前，应将与 Socket 相关的所有的输入输出流全部关闭，以释放所有的资源。而且要注意关闭的顺序，与 Socket 相关的所有的输入输出应该首先关闭，然后再关闭 Socket。例如程序 12-4 中。

```
out.close();                                        //关闭输出流
in.close();                                         //关闭客户端输入流
clientSocket.close();                               //关闭客户端 Socket
listener.close();                                   //关闭服务端监听 Socket
```

尽管 Java 有自动回收机制，网络资源最终是会被释放的，但是为了有效地利用资源，建议读者按照合理的顺序主动释放资源。

12.3.7 Socket 异常

随着大量的计算机连接到了全球 Internet，遭遇到某个域名称无法解析、某个主机从网络断开了或者某个主机在连接的过程中被锁定了的情形在网络应用程序的生存周期中是很可能遇到的。因此，知道引起应用程序中出现的这类问题的条件并很好地处理这些问题是很重要的。当然，并不是每个程序都需要精确地控制，在简单的应用程序中可能希望使用通用的处理方法处理各种问题。但是对于更高级的应用程序，了解运行时可能出现的特定套接字异常是很重要的。图 12-4 列出了主要的网络异常。

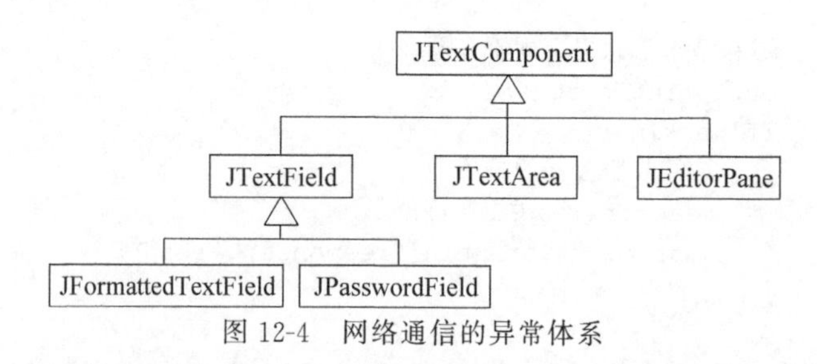

图 12-4　网络通信的异常体系

所有的特定套接字异常都扩展自 SocketException，因此通过捕捉该异常，可以捕捉到所有的特定套接字的异常并编写一个通用的处理程序。此外，SocketException 扩展自 java.io.IOException，如果希望提供捕捉所有 I/O 异常的处理程序可以使用它。

1. SocketException

java.net.SocketException 表现了一种通用的套接字错误，它可以表现一定范围的特定错误条件。对于更细致的控制，应用程序应该捕捉下面讨论的子类。例如对于 Socket is closed 这样的提示，该异常在客户端和服务器均可能发生。异常的原因是一方主动关闭了连接后(调用了 Socket 的 close 方法)再对网络连接进行读写操作。而对于 Connection reset 或者 Connect reset by peer：Socket write error。该异常在客户端和服务器端均有可能发生，引起该异常的原因有两个，第一个就是假如一端的 Socket 被关闭(或主动关闭或者因为异常退出而引起的关闭)，另一端仍发送数据，发送的第一个数据包引发 Connect reset by peer 异常；另一个是一端退出，但退出时并未关闭该连接，另一端假如在从连接中读数据则抛出 Connection Reset 异常。SocketException 还会有其他情况，读者可以在编程的时候自行捕捉测试。

2. BindException

java.net.BindException 表明没有能力把套接字绑定到某个本地端口。最普通的原因是本地端口已经被使用了。该异常发生在服务器端进行 new ServerSocket(port) 或者 socket.bind(SocketAddressbindpoint)操作时。此时可以使用

```
netstat -an
```

可以看到一个 Listening 状态的端口。只需要找一个没有被占用的端口就能解决这个问题。

3. ConnectException

在进行 new Socket(ip, port)或者 socket.connect(address,timeout)操作时，若某个套接字不能连接到特定的远程主机和端口，java.net.ConnectException 异常就会发生。发生这种情况的原因是，远程服务器没有绑定到某个端口的服务，或者因被排队的查询淹没而不能接受更多的请求。

4. NoRouteToHostException

当因出现网络错误，而不能找到远程主机的路由时便会产生 java.net.NoRouteToHostException 异常。它的起因可能是本地的(例如软件应用程序运行的网络正在运行)，可能是临时的网关或路由器问题，或者是套接字试图连接的远程网络的故障。此外，还有一个原因是防火墙和路由器阻止了客户端软件，这通常是个持久的限制。

5. InterruptedIOException

在 I/O 操作中断信号时，就会抛出 InterruptedIOException 异常，指示输入或输出传输已经终止，原因是执行此操作的线程中断。作为其子类的 SocketTimeOutException 则是当某个读取操作因阻塞而引起网络超时的时候，便会产生 SocketTimeOutException 异常。socket 超时后，一般会有两个地方抛出此异常，一个进行 connect 操作时，这个超时参数由 connect(SocketAddressendpoint,int timeout)中的后者来决定；还有就是进行 setSoTimeout(int timeout)操作，设定读取的超时时间时。处理超时问题是使代码更加牢固和可靠的很好的途径。

12.4 对象的网络传输

对象在网络上的传输和前面的传输最大的不同有两点。

(1) 对象必须是可串行化的。

(2) 使用 ObjectOutputStream 和 ObjectInputStream 向 Socket 的字节流输入对象或读出发来的对象。

对比程序 12-5 的通信过程，发送对象和接收对象涉及的修改限于以下情况。

1. 构造一个可发送的、可串行化的对象

程序 12-5 每次向服务器传送的是一个格式化字符串，其实也是一个可串行化的对象，为了能够更清楚地表达传送信息的类型，下面利用 Transaction 类表示传送的类型。

```
/*程序 12-6a:构造一个可串行化的类*/
import java.io.Serializable;
public class Transaction implements Serializable{
    private static final long serialVersionUID=2088823202181310812L;
    private String id;
    private String type;
    private int amount;
    public Transaction(String type, String id, int amount) {
        super();
        this.type=type;
        this.id=id;
        this.amount=amount;
    }
    public String getId() {
        return id;
    }
    public void setId(String id) {
        this.id=id;
    }
    public String getType() {
        return type;
    }
    public void setType(String type) {
        this.type=type;
    }
    public int getAmount() {
        return amount;
    }
    public void setAmount(int amount) {
        this.amount=amount;
    }
}
```

2. 改造原程序的文本输入流和输出流为对象输入流和输出流

为了能够向输出流发送对象，需要对 Socket 实例的输出流进行封装，利用 ObjectOutputStream(对象输出流)将 Socket 实例的输出流发送，封装的过程如下：

```
out=new ObjectOutputStream(client.getOutputStream());
```

从 Socket 实例的输入流读入对象的封装过程也需要同样的处理。

```
/*程序 12-6b:基于对象传输的客户端程序*/
import java.io.IOException;
import java.io.ObjectInputStream;
import java.io.ObjectOutputStream;
import java.net.Socket;
import java.net.UnknownHostException;
import java.util.Scanner;
public class EBankClient3 {
    public static void main(String[] args) {
        String[] types={"deposit","withdraw","query","bye"};
        Socket client=null;
        try {
```

```
            client=new Socket("127.0.0.1",7788);
            ObjectInputStream in=null;
            ObjectOutputStream out=null;
            //构建基于对象的输入流和输出流
            out=new ObjectOutputStream(client.getOutputStream());
            in=new ObjectInputStream(client.getInputStream());
            Transaction tran=null;
            String resp=null;
            Scanner sc=new Scanner(System.in);
            boolean working=true;
            while(working){
                System.out.println("输入您的账户 id:");
                String id=sc.next();
                System.out.println("选择本次业务类型[0:存款,1:取款,2:查询,3:退出]:");
                int type=sc.nextInt();
                int amount=0;
                if(types[type].equals("bye")){
                    working=false;
                    tran=new Transaction(types[type],null,0);
                }else{
                    if(types[type].equals("deposit")||types[type].equals
                        ("withdraw")){
                        System.out.println("输入交易金额:");
                        amount=sc.nextInt();
                    }else{
                        amount=0;
                    }
                    //构建本次发送的业务实例
                    tran=new Transaction(types[type],id,amount);
                }
                //将请求信息提交到服务器
                out.writeObject(tran);
                out.flush();                //因为对象传输没有自动提交设置,需主动提交
                if(working){
                    //接收服务器的响应
                    resp=(String)in.readObject();
                    System.out.println("response:"+resp);
                }
            }
            client.close();
        } catch (UnknownHostException e) {
            System.out.println("指定的服务器地址错误");
            System.exit(-1);
        } catch (IOException e) {
            System.out.println("创建和服务器的连接时发生错误");
            System.exit(-1);
        } catch (ClassNotFoundException e) {
            e.printStackTrace();
        }
    }
}
```

3. 客户和服务器双方构建输入输出流时的顺序

由于Socket的通信是建立在双方的同步基础之上的,因此在进行非基础对象的传输时,需要保证通信两端构造流的顺序必须按照相反的顺序构造。例如,当程序12-6的EBankClient首先构造对象输出流,此输出流会向通道中输出有关串行化输出的信息,那么在对应的服务器端就应该首先构造输入流,因为对象输入流需要从流中读取一个特定的串行化传输信息来判断对象是否以串行化对象的方式输出。

12.5 基于UDP的网络编程

UDP的应用虽然不如TCP广泛,但是在需要很强的实时交互性的场合,或者视频会议应用这样的对数据质量要求也高的情况下,UDP具有出极强的适应性,下面介绍一下Java环境下UDP网络传输的实现。

12.5.1 数据报

与TCP一样,UDP在网络中也用于处理数据包。UDP不提供对差错和流量的控制,所以所谓数据报(Datagram)就跟日常生活中的邮件系统一样,是不能保证可靠地寄到目的地的,而面向链接的TCP就如同电话,双方能肯定对方接收到了信息。在本章前面,已经对UDP和TCP进行了比较,在这里再稍作小结。

(1) TCP:可靠,传输大小无限制,但是需要连接建立时间,差错控制开销大。

(2) UDP:不可靠,差错控制开销较小,传输大小限制在64KB以内,不需要建立连接。

总之,这两种协议各有特点,应用的场合也不同,是完全互补的两个协议,在TCP/IP中占有同样重要的地位,要学好网络编程,两者缺一不可。

DatagramPacket(数据报包)用于实现无连接包投递服务。每条报文仅根据该包中包含的信息从一台计算机路由到另一台计算机。从一台计算机发送到另一台计算机的多个包可能选择不同的路由,也可能按不同的顺序到达。不对包投递做出保证。

包java.net中提供了DatagramSocket和DatagramPacket类来支持数据报通信,DatagramSocket用于在程序之间建立传送数据报的通信连接,DatagramPacket用于表示一个数据报。另外,DatagramPacket也可以被发送到多播组MulticastSocket,该主机和端口的所有预定接收者都将接收到消息。

下面,先来看一下DatagramSocket的构造方法。

```
DatagramSocket();
DatagramSocket(int port);
DatagramSocket(int port, InetAddressladdr)
```

其中,port指明Socket所使用的端口号,如果未指明端口号,则把Socket连接到本地主机上一个可用的端口。Laddr用于指明一个可用的本地地址。给出端口号时要保证不发生端口冲突,否则会生成SocketException类异常。

注意:上述的两个构造方法都声明抛弃非运行时异常SocketException,在程序中必须进行处理,或者捕获,或者声明抛弃。

用数据报方式编写客户-服务器程序时,双方都要首先建立一个DatagramSocket对象,以接收或发送数据报,随后使用 DatagramPacket 类对象作为传输数据的载体,表 12-3 列出了该类的主要方法。

表 12-3　DatagramPacket 方法

方　　法	作　　用
InetAddressgetAddress()	返回数据报将要发往或来自的那台计算机的 IP 地址
Byte[] getData()	返回数据缓冲区
int getLength()	返回将要发送或接收的数据的长度
intgetOffset()	返回将要发送或接收的数据的偏移量
intgetPort()	返回数据报将要发往或来自的那台远程主机的端口号
SocketAddressgetSocketAddress()	获取数据报将要发往或来自的那台远程主机的 SocketAddress(通常为 IP 地址+端口号)

下面看一下 DatagramPacket 的构造方法:

```
DatagramPacket(byte buf[],int length);
DatagramPacket(byte buf[], int length, InetAddressaddr, int port);
DatagramPacket(byte[] buf, int offset, int length);
DatagramPacket(byte[] buf, int offset, int length, InetAddress address, int
    port);
```

其中,buf 用于存放数据报数据,length 为数据报中数据的长度,addr 和 port 指明目的地址,offset 指明了数据报的位移量。

1. 接信前的准备

在接收数据前,应该采用上面的第一种方法生成一个 DatagramPacket 对象,给出接收数据的缓冲区及其长度。然后调用 DatagramSocket 的方法 receive 方法等待数据报的到来,receive 方法将一直等待,直到收到一个数据报为止(这也是一种阻塞方式)。程序 12-7 演示了如何对接收数据包做一个必要的准备工作。

```
/*程序 12-7:接收数据包的准备工作*/
import java.io.*;
import java.net.*;
publicclassPrepareForReceive {
    publicstaticvoid main(String[] args) throwsIOException {
        //创建 DatagramSocket 实例 socket
        DatagramSocket socket=newDatagramSocket(7788);
        byte[] buf=newbyte[64];                    //设置缓冲区长度
        //创建 DatagramPacket 实例 packet
        DatagramPacket packet=newDatagramPacket(buf, buf.length);
        socket.receive(packet);                    //socket 对象等待接收数据
    }
}
```

2. 发信前的准备

在发送数据前,要先生成一个新的 DatagramPacket 对象,这时要使用第二种构造方法,在给出存放发送数据的缓冲区的同时,还要给出完整的目的地址,包括 IP 地址和端口号。

发送数据是通过 DatagramSocket 的 send 方法实现的，send 方法根据数据报的目的地址来寻找路径，以传递数据报。程序 12-8 演示了发送数据包的准备工作。

```
/* 程序 12-8:发送数据包的准备工作 */
import java.io.*;
import java.net.*;
publicclassPrepareForSend {
    publicstaticvoid main(String[] args) throwsIOException {
        //创建一个数据报实例,不指定端口,任意绑定一个可用的端口号
        DatagramSocket socket=newDatagramSocket();
        byte[] buf=newbyte[64];
        //设置服务器地址,这里用本机地址代替了服务器地址
        InetAddress address=InetAddress.getByName("localhost");
        //设置待发送数据
        byte[] data="001,Mike,deposit,1000".getBytes();
        //创建 DatagramPacket 实例 packet,同时设置待发数据,数据长度,地址及端口
        DatagramPacket packet=newDatagramPacket(data, data.length, address,
            7788);
        socket.send(packet);                    //发送数据报
    }
}
```

在构造数据报时，要给出 InetAddress 类参数。类 InetAddress 在包 java.net 中定义，用来表示一个 Internet 地址，可以通过它提供的 getByName 方法从一个表示域名的字符串获取该主机的 IP 地址，然后再获取相应的地址信息。

3. 拆信

当收到一封来信(数据报)时，可以通过拆信获取信的内容、来信地址和端口信息。如程序 12-9 所示。

```
/* 程序 12-9:拆解数据报 */
import java.io.*;
import java.net.*;
public class ParsePacket {
    public static void main(String[] args) throws IOException{
        DatagramSocket socket=new DatagramSocket(7788);
        byte[] buf=new byte[256];
        //创建一个空的数据报,等待存放对方的消息
        DatagramPacket packet=new DatagramPacket(buf, buf.length);
        socket.receive(packet);              //程序将在此等候客户端的发送过来的数据
        buf=packet.getData();                        //接收数据到缓冲区 buf[]
        InetAddress address=packet.getAddress();    //得到发数据报的机器的 IP 地址
        int port=packet.getPort();                  //得到发出数据报的机器的端口
        String info=new String(buf,0,buf.length);   //将报文的内容转化为字符串
        System.out.println("报文的内容是:"+info+",报文来自:"+address+":"
            +port);                                  //显示报文内容
    }
}
```

12.5.2 基于 UDP 的客户-服务器通信过程

图 12-5 演示了基于 UDP 的数据报发送接收过程。其中，作为服务端等待接收数据报

的过程主要由4步构成。

(1) 创建一个DatagramSocket对象实例,用于为客户端提供接收服务。

(2) 创建一个空的数据报,用于放置客户端传来的数据报,两端要保持匹配。

(3) 开始准备接收,这是一个阻塞过程。

(4) 接收到客户端发来的数据报,开始数据报的处理。

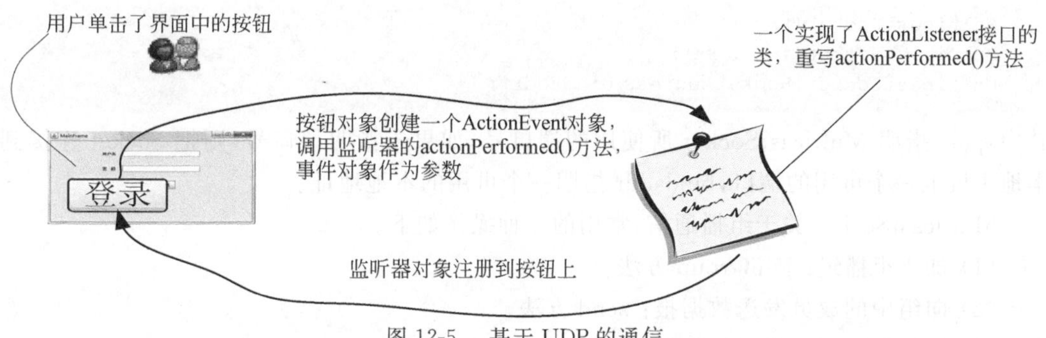

图12-5　基于UDP的通信

这4个步骤是一个完整的接收过程,一般而言,服务器需要面对很多客户,所以收到数据报之后的处理,通常可以创建一个数据报处理线程,专门负责对数据报的处理。而主线程则继续接收下一个数据报。

作为发信的客户端,发信的过程主要由3个步骤构成。

(1) 创建一个DatagramSocket对象实例,用于为客户端提供发送服务。

(2) 创建一个包含信件内容,接收地址和端口号的数据报。

(3) 发送。

由于基于UDP的通信两端是平等的,因此上述两种过程在两端程序中都是一样的。读者可以根据该通信过程的描述,自行编程实现一个完整的通信过程实例。

12.5.3　UDP组播通信

网络数据传播按照接收者的数量,可分为以下3种方式。

(1) 单播:用于提供点对点的通信。

(2) 广播:发送者每次发送的数据可以被广播范围内的所有接收者接收。

(3) 组播:发送者每次发送的数据可以被小组内所有的接收者接收。

组播组内的所有主机共享同一个地址,这种地址称为组播地址,组播地址是范围是224.0.0.0~239.255.255.255的IP地址。此范围内的所有地址的前4个二进制位都是"1110"。组播地址也被称为D类IP地址,与其他的A类、B类和C类地址相区别。其中224.0.0.1~224.0.0.255是留作为多播路由信息使用的。此外,所有其他D类IP地址都可以随便进行通信。组播组是开放的,主机可以在任何时候进入或离开组。

互联网上的多媒体会议就是一种组播技术的应用程序。特别是在传输视频数据或是音频数据的场合,偶尔的数据丢失是可以容易容忍的。实时通信中,传输同样的数据到多个接收方,使用多播技术比使用多个点对点连接要更有效率,因为组播技术在一个通信线程上采用组播的方式只发送一次。另外,组播消息通常带有一个严格的生存周期,它对应着要通过的路由器数量。例如,如果消息的生存期数据为1,则这个消息就只能在局域网内部传递,如果这个数值并没有专门的设置，则默认是 1，这样的消息就被限制在局域网内了。

从 JDK 1.1 以后，java.net 包中对组播套接字提供了支持，为了给一个组播组发送消息，必须先为一个合适的端口创建一个组播套接字 java.net.MulticastSocket。MulticastSocket 类具有组播的功能，它是 DatagramSocket 的子类。

MulticastSocket 的构造方法如下。

```
MulticastSocket();
MulticastSocket(int port);
MulticastSocket(SocketAddress bindaddr);
```

其中，port 指明 MulticastSocket 所使用的端口号，如果未指明端口号，则把 Socket 连接到本地主机上一个可用的端口，bindaddr 指明一个可用的本地地址。

MulticastSocket 关于组播通信，常用的 4 种操作如下。

（1）加入组播组：joinGroup 方法。

（2）向组中的成员发送数据报：send 方法。

（3）接收发送到组播组的数据报：receive 方法。

（4）离开组播组：leaveGroup 方法。

MulticastSocket 初始化过程如下所示：

```
int port=6789;                                         //端口号
MulticastSocket socket=new MulticastSocket(port);      //初始化对象
```

发送方可以简单地往多播地址发送数据，而没有必要一定登记到一个组里。为了做到这一点，需要创建一个 DatagramPacket 对象，设置好组播地址，并为 DatagramPacket 对象赋一个数据缓冲区，使用字节数组填充后通过准备好的套接字发送出去。

```
InetAddress group=InetAddress.getByName("226.1.3.5");  //组播地址
Byte[] buffer=new byte[500];                           //数据缓冲区
DatagramPacket datagram=new DatagramPacket(buffer,buffer.length,group,port);
                                                       //构建数据报
Datagram.setData(new String("hello").getBytes());      //设置数据内容
socket.send(datagram);                                 //发送组播数据报
```

接收方为了接收数据报，必须将自己登记到一个组里，这可以通过使用发送方指定端口号来创建 MulticastSocket，然后再调用 joinGroup 方法将自己加到这个组里完成登记。

```
int port=6789;                                         //端口号
MulticastSocket socket=new MulticastSocket(port);      //初始化对象
InetAddress group=InetAddress.getByName("226.1.3.5");  //组播地址
socket.joinGroup(group);                               //加入组播组
```

接下来，接收方就可以等待数据的到来了，实际上，为了不至于阻塞现有应用，这种情况通常需要创建一个专门的线程做无限循环等待，消息是通过字节流传送过来的，为了能够解释数据报中的信息，接收方必须知道要到来的信息数据结构。

```
while(true){
    socket.receive(datagram);                          //接收数据报
    String message=new String(datagram.getData());     //拆包
```

```
    System.out.println("Datagram received from"+datagram.getAddress().
        getHostAddress()+"saying:"+message);                //输出
}
```

12.6 基于 URL 的网络编程

12.6.1 URL 基础

1. URI 与 URL

Web 上的 HTML 文档、图像、视频片段、程序等可用的资源都是由一个统一资源标识符(Uniform Resource Identifier,URI)标识的。URI 是个纯粹的语法结构,怎样实现无所谓,只要它唯一标识一个资源就可以了。在 Java 类库中,URI 类并不包含任何用于访问资源的方法,它的唯一作用就是解析。

URL 表示 Internet 上某一资源的地址。URL 是 URI 概念的一种实现方式。通过 URL 可以访问 Internet 上的各种网络资源,例如最常见的 WWW、FTP 站点。浏览器通过解析给定的 URL 可以在网络上查找相应的文件或其他资源。

URL 是最为直观的一种网络定位方法。使用 URL 符合人们的语言习惯,容易记忆,所以应用十分广泛。而且在目前使用最为广泛的 TCP/IP 中对于 URL 中域名的解析也是协议的一个标准,即所谓的域名解析服务。使用 URL 进行网络编程,不需要对协议本身有太多的了解,功能也比较弱,相对而言是比较简单的,所以在这里先介绍在 Java 中如何使用 URL 进行网络编程。

2. URL 的组成

人们常用的网址就是一个典型的 URL 组成。URL 的完整格式如下:

```
protocol://host[:port[/file]]
```

其中参数含义如下。

protocol:表示协议名,指明获取资源所使用的传输协议,例如 http、ftp、gopher、file 等。

host:表示文件所在的主机服务器,例如 www.google.com。

port:表示提供该项服务的应用(例如 http、ftp 等)所提供的访问端口,对于一些常用的默认端口可以省略,例如 HTTP 服务端口是 80,FTP 服务的默认端口是 21。

file:表示一个在指定主机上的包括路径的文件名或文件内部的一个引用。

例如:

```
http://www.gamelan.com:80/Gamelan/network.html#BOTTOM 协议名://机器名+端口号+
    文件名+内部引用
file://localhost/c:/mydoc/week_diary.html  协议名://机器名+文件名
```

12.6.2 资源访问技术

1. 创建一个 URL

为了表示 URL,java.net 中实现了 URL 类。可以通过下面的构造方法来初始化一个

URL 对象。

1) public URL (String spec);

通过一个表示 URL 地址的字符串可以构造一个 URL 对象,例如:

```
URL urlBase=new URL("http://java.sun.com/") ;
```

2) public URL(URL context, String spec);

通过在指定的上下文中对给定的 spec 进行解析创建 URL,例如:

```
URL urlBase=new URL ("http://java.sun.com/");
URL index=new URL(urlBase,"index.html");
```

3) public URL(String protocol, String host, String file);

例如:

```
URL url=new URL("http"," java.sun.com ","/pages/index.html");
```

4) public URL(String protocol, String host, int port, String file);

例如:

```
URL url=new URL("http","java.sun.com",80, "pages/index.html");
```

注意:URL 类的构造方法都需要声明抛出非运行时异常(MalformedURLException),例如,当一个无效的 URL 被特别指定时,就无法建立到指定资源的连接。因此生成 URL 对象时,必须要对这一异常进行处理,通常是用 try…catch 语句进行捕获。格式如下:

```
try{
    URL myURL=new URL(…);
}catch (MalformedURLException e){
    …
    //exception handler code here
    …
}
```

2. 解析一个 URL

一个 URL 对象生成后,其属性是不能被改变的,但是可以通过类 URL 所提供的方法来获取这些属性:

```
public String getProtocol() ;        //获取该 URL 的协议名
public String getHost() ;            //获取该 URL 的域名
public int getPort() ;               //获取该 URL 的端口号,如果没有设置端口,返回-1
public String getFile() ;            //获取该 URL 的文件名
public String getRef() ;             //获取该 URL 在文件中的相对位置
public String getQuery();            //获取该 URL 的查询信息
public String getPath();             //获取该 URL 的路径
public String getAuthority();        //获取该 URL 的权限信息
public String getUserInfo();         //获得使用者的信息
public String getRef();              //获得该 URL 的锚
```

基于 URL 的网络编程在底层其实还是基于前面讲的 Socket 接口的。WWW、FTP 等标准化的网络服务都是基于 TCP 的,所以本质上讲 URL 编程也是基于 TCP 的一种应用。程序 12-10 给出基于 URL 抽取网络天气预报信息的程序示例。

```
    /*程序 12-10:基于 URL 的网络编程示例*/
    import java.io.BufferedReader;
    import java.io.InputStreamReader;
    import java.net.URL;
    public class WeatherDemo{
        public static void main(String[] args) {
(01)            try{
(02)                URL url=new URL("http://t.weather.itboy.net/api/weather/
                        city/ 101180101");
(03)                InputStreamReaderisReader=new InputStreamReader(url.
                        openStream(),"UTF-8");    //"UTF-8"可以显示中文,防止乱码
(04)                BufferedReaderbr=new BufferedReader(isReader);
                                                  //缓冲式读入
(05)                String str;
(06)                while((str=br.readLine())!=null){
(07)                    String regex="\\p{Punct}+";
(08)                    String info[]=str.split(regex);
(09)                    System.out.print("城市:"+info[22]+info[18]);
(10)                    System.out.print('\n'+"时间:"+info[49]+"年"+info[50]+
                            "月"+ info[51]+"日"+info[53]);
(11)                    System.out.print('\n'+"温度:"+ info[47]+"~"+info[45]);
(12)                    System.out.print('\n'+"天气:"+info[67]+" "+info[63]+info[65]);
(13)                    System.out.print('\n'+info[69]);
(14)                }
(15)                br.close();                   //网上资源使用结束后,关闭数据流
(16)                isReader.close();
(17)            }
(18)            catch(Exception exp){
(19)                System.out.println(exp);
(20)            }
(21)        }
    }
```

程序 12-10 第 2 行,通过天气接口网络地址构建 URL 对象,该网络接口返回的是 JSON 数据,为了便于后面的解析,首先利用第 7 行正则表达式(匹配标点符号),将返回的字符串进行分割,再分别抽取城市、日期、温度、温度等信息。程序运行结果如下:

```
城市:河南郑州市
时间:2022 年 08 月 06 日星期六
温度:低温 30℃~高温 37℃
天气:多云南风 3 级
阴晴之间,谨防紫外线侵扰
```

本章小结

本章为读者介绍了构成网络通信基础的 Socket 和 TCP、UDP 编程模型,通过本章的学习,读者可以了解以下知识。

1. 网络基础

(1) 服务器。运行在某台主机上面,利用指定端口向外提供服务的程序。

(2) IP 地址/域名。在 Internet 上 IP 地址和域名是一一对应的,访问一台主机必须知

道其域名/IP 地址，而 IP 地址是一个 32 位或 128 位的数字，表示一台唯一的主机。

(3) 端口。端口号(Port Number)就是网络通信时同一台计算机上的不同进程的标识，不同的服务利用指定的端口提供服务，例如 HTTP 服务默认为使用 80 端口。

2. 传输协议

协议约定了双方传送信息的格式。目前使用最广泛的网络协议是 Internet 上使用的 TCP/IP。具体在传输层包含 TCP 和 UDP 两种协议。

基于 TCP 的开发，服务器端创建的 ServerSocket 的对象负责侦听来自客户端的连接请求，并为请求创建一个 Socket 对象以便和客户端的 Socket 对象建立连接，以便在 TCP 的基础上进行通信。

基于数据报方式编写客户-服务器程序时，双方首先都要建立一个 DatagramSocket 对象，用来接收或发送数据报，然后使用 DatagramPacket 类对象作为传输数据的载体。

3. URL 访问

通过 URL 可以访问 Internet 上的各种网络资源。

习 题 12

1. 分析和对比 TCP 与 UDP 的特点，以及它们通信流程的区别。
2. 解释在基于 TCP 的网络编程时 ServerSocket 和 Socket 的作用。
3. 解释在基于 UDP 的网络编程时 DatagramSocket 和 DatagramPacket 的作用。
4. 如果要捕捉端口重复使用的异常，应该使用哪个异常类？
5. 对于对象的传输，在编程的时候要注意哪些问题？传输基础对象和非基础对象时，程序编写有什么不同？
6. 程序 12-6 给出了客户端的对象传输程序，给出服务器端的改造程序，并调试运行。
7. 完善程序 12-5 中的 Processor 类，添加取款功能。
8. 完善程序 12-5，在服务器端为每个账户增加保存交易记录的功能，同时为客户端增加一个查询指定时间范围内的交易记录的功能。
9. 创建一对客户-服务器程序，客户端可以向服务器发送一个形如命令字符串“save 070701, 87”，用来保存学号和成绩，客户端也可以发送命令字符串“query 070701”进行查询，直到客户端发出 bye 表示输入完成，服务器端回应 bye，双方中断通信。使用 TCP 编写客户方和服务器方之间的通信的程序，完成上述功能。
10. 基于 UDP 改造程序 12-5，完成相同功能。
11. 尝试在习题 6 的第 5 题基础上，实现网络对战功能。

第 13 章　数据库访问

将对象长久地保存至数据库中是 Java 应用开发中一项很普遍的任务。本章着重从应用方面介绍了基于 JDBC 访问数据库的普遍操作,涵盖了建立到数据库的连接、数据查询、数据更新、事务处理、存储过程调用等基本操作。

学习目标:

- 了解 JDBC 的发展史。
- 能够用不同的方式建立到数据库的连接。
- 能利用 Statement 访问数据。
- 能够在对象和数据库的记录之间进行转换,了解 ORM 技术。
- 掌握批量更新。
- 能够调用存储过程。
- 了解连接池技术。

13.1　数据库编程基础

13.1.1　什么是 JDBC

运行中创建的对象有时需要永久保存。例如,银行系统中一位客户的一次交易事件,保存它们是为了在以后的某个时间重新获得以便查阅当时的交易信息。采用数据库作为对象的保存技术是数据存储中的首选方案。虽然目前也存在着对象型数据库,但是关系型数据库依然是众多项目中首选的数据存储技术。

在编程时,将对象保存起来是指如何保存对象的状态,既如何保存某一时刻对象各个属性的值,以便在需要时通过这些被保存的值恢复对象到特定时刻的状态。为了实现与数据库的交互,Java 提供了一种用于执行 SQL 语句的技术,称为 JDBC API(Java Database Connectivity Application Program Interface,Java 数据库互连应用程序接口),它由一组用 Java 编写的类和接口组成,图 13-1 描述了它的体系结构。

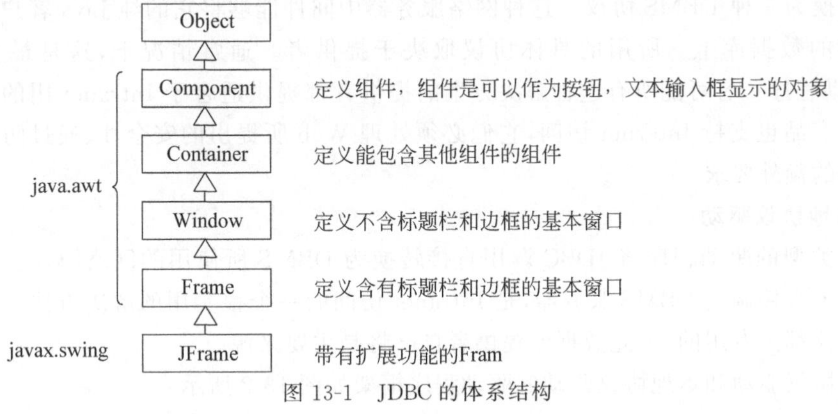

图 13-1　JDBC 的体系结构

不同的数据库系统大致遵循相同的访问标准，例如 SQL92。每个产品都有自己独特的特性和数据类型，这使得程序移植变得非常困难。JDBC 基本解决了这个问题。面对开发人员，JDBC 屏蔽了访问具体数据库的细节，它提供了一组标准的 API，使程序员能够用纯 Java API 编写数据库应用程序，使得基于 JDBC 的数据库访问程序最大程度地摆脱了对具体数据库的依赖。JDBC 也是一种访问实现规范，每个数据库厂商都为遵循 JDBC 驱动程序规范而提供了访问自己数据库产品的驱动程序。换言之，有了 JDBC API，就不必为访问 SQL Server 数据库专门写一个程序，为访问 Oracle 数据库又专门写一个程序，只需用 JDBC API 写一个程序就够了，不同厂商的 JDBC 驱动程序会将应用程序中的 SQL 语句自动翻译成具体数据库系统能够识别的 SQL 语句，这一切对于程序员来讲都是透明的。

JDBC 1.X API 规范遵循的是 SQL2/SQL92 标准，对它的支持的类都定义在 java.sql 包中。随着 Java 技术应用范围的扩大，JDBC 2.0 规范发布时，增加了对 SQL3 的支持，并且重点扩展了在应用服务器端访问数据库的功能，相关扩展的类包含在 javax.sql 中。JDBC 4.3 的重要变化主要集中在丰富的数据类型、元数据的支持、支持标注和应用服务器端编程的特性，例如数据源、连接池、分布式的事务等。

13.1.2 JDBC 驱动程序类型

JDBC 提供了 4 种类型的驱动程序用于不同的访问方式，在具体开发中选择以下哪种驱动程序需要视情况而定。

1. JDBC-ODBC 桥

美国 Sun 公司提供的 JDBC-ODBC 桥利用 ODBC 驱动程序提供 JDBC 访问。注意，必须将 ODBC 驱动程序(许多情况下还包括数据库客户机代码)加载到使用该驱动程序的每个客户机上。因此，这种类型的驱动程序最适合于企业网(这种网络内客户机的安装不是主要问题)，或者是用 Java 编写的三层结构的应用程序服务器代码。

2. 本地 API

这种类型的驱动程序把客户机 API 上的 JDBC 调用转换为 Oracle、Sybase、Informix、DB2 或其他 DBMS 的调用。注意，与 JDBC-ODBC 桥驱动程序一样，这种类型的驱动程序要求将某些二进制代码加载到每台客户机上，可以替代 JDBC-ODBC 桥来使用。

3. 网络协议驱动

这种驱动程序将 JDBC 调用转换为与 DBMS 无关的网络协议，之后这种协议又被某个服务器转换为一种 DBMS 协议。这种网络服务器中间件能够将它的纯 Java 客户机连接到多种不同的数据库上。所用的具体协议取决于提供者。通常情况下，这是最为灵活的 JDBC 驱动程序。有可能所有这种解决方案的提供者都提供适合于 Intranet 用的产品。为了使这些产品也支持 Internet 访问，它们必须处理 Web 所提出的安全性、通过防火墙的访问等方面的额外要求。

4. 本地协议驱动

这种类型的驱动程序将 JDBC 调用直接转换为 DBMS 所使用的网络协议。这将允许从客户机上直接调用 DBMS 服务器，是 Intranet 访问的一个很实用的解决方法。由于许多这样的协议都是专用的，因此数据库提供者自己将是主要来源。

网络协议驱动和本地协议驱动的驱动程序框架如图 13-2 所示。

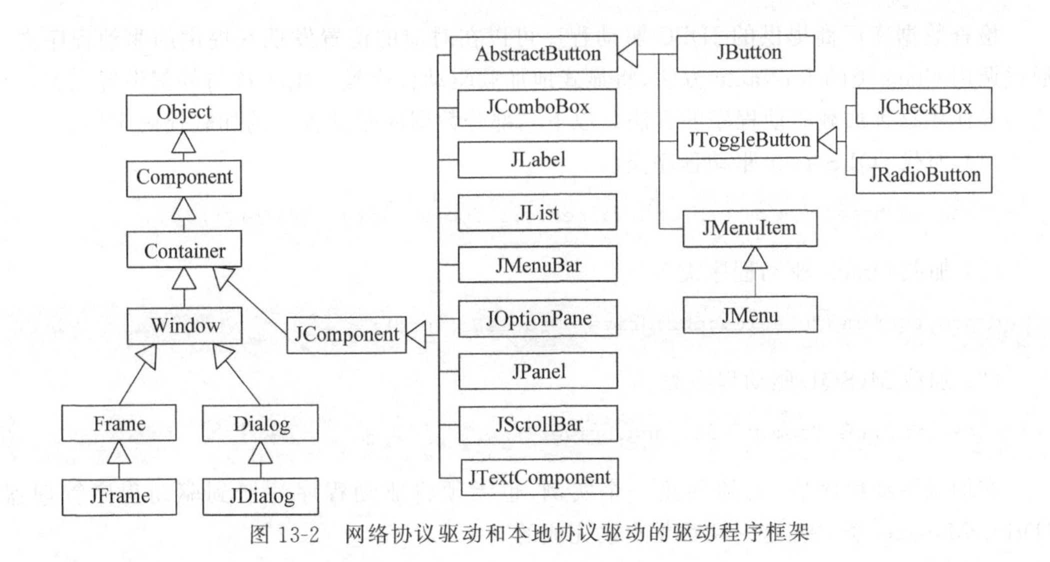

图 13-2 网络协议驱动和本地协议驱动的驱动程序框架

13.1.3 安装 JDBC 驱动程序

正确地完成数据库的存取访问需要一定的软件支持。首先，运行环境中需要安装 JDK，还需要在一台计算机上安装有数据库系统以便程序进行连接访问。为了使得程序能够连接到指定的数据库，需要做以下准备工作。

(1) 确定应用程序访问数据库的驱动程序类型。一般选择类型 4 的方式连接数据库，这种方式比较简单，而且移植性较强。选择何种类型的驱动程序，有时还要看目标数据库系统是否提供所需类型的支持。

(2) 下载合适的驱动程序并将它配置到合适的位置，以便应用程序能够搜索到。例如，SQL Server 10.2 的 JDBC 驱动包含 mssql-jdbc-10.2.0.jre8.jar、mssql-jdbc-10.2.0.jre11.jar 和 mssql-jdbc-10.2.0.jre17.jar 这 3 个驱动程序类库，分别对应不同的 Java 版本。MySQL 最新的驱动程序是 mysql-connector-java-8.0.30.jar。

(3) 确定用于访问数据库的主机信息以及用户和密码等。

每个数据库厂商均提供了用于访问自己数据库的 JDBC 驱动程序供开发者们选用，同时市场上也存在许多优秀的第三方厂商提供的驱动程序可供选择。安装驱动程序是一件非常容易的事情，只需把文件复制到一个能被运行环境检索到的路径下即可。

13.2 连接数据库

连接数据库是 Java 数据库编程的第一步工作。在已经将驱动程序文件复制到可被运行环境搜索到的位置后，对数据库进行存取操作的第一步是建立到指定数据库的连接。这一过程可以细分为两个操作：加载指定的驱动程序和获得到指定数据库的连接。

1. 加载驱动程序(可选)

这个步骤在 JDBC 4.0 规范中已经成为不必要的一步，在 JDBC 4.0 中，DriverManager 类提供的 getConnection 方法得到了增强，可自动加载环境中已提供的 JDBC Driver，但在以前的版本中仍需要编码加载对应的驱动程序类。

检查数据库厂商提供的JDBC驱动程序可以在对应的位置发现其提供的驱动程序类。通过调用Class类的forName方法，将显式地加载驱动程序类。由于这与外部设置无关，因此推荐使用这种加载驱动程序的方法。以下是部分数据库驱动程序的加载代码实例。

(1) 加载SQLServer驱动程序类。

```
Class.forName("com.microsoft.sqlserver.jdbc.SQLServerDriver");
```

(2) 加载Oracle驱动程序类。

```
Class.forName("oracle.jdbc.driver.OracleDriver");
```

(3) 加载MySQL驱动程序类。

```
Class.forName("com.mysql.jdbc.Driver");
```

在加载驱动程序后，无须创建一个实例，也无须将驱动程序注册到驱动程序管理器(DriverManager类)中，这一切都是自动完成的。

2. 利用DriverManager建立连接

加载Driver类之后，应用程序还需显式获得到数据库的一个连接。当调用DriverManager类的getConnection方法发出连接请求时，DriverManager将检查每个驱动程序，查看它是否可以建立连接。

DriverManager类是JDBC的管理层，作用于用户和驱动程序之间。它跟踪可用的驱动程序，并在数据库和相应驱动程序之间建立连接；另外，DriverManager类也处理诸如驱动程序登录时间限制及登录和跟踪消息的显示等事务。表13-1是DriverManager类的主要方法列表。

表13-1 DriverManager类的主要方法列表

方 法	作 用
static void deregisterDriver(Driver driver)	从DriverManager的列表中删除一个驱动程序
static Connection getConnection(String url)	建立到给定数据库URL的连接
static Connection getConnection(String url, Properties info)	试图建立到给定数据库URL的连接
static Connection getConnection(String url, String user, String password)	建立到给定数据库URL的连接
static Driver getDriver(String url)	查找能理解给定URL的驱动程序
static void setLoginTimeout(int seconds)	设置驱动程序试图连接到某一数据库时将等待的最长时间，以秒为单位

有时可能有多个JDBC驱动程序可以与给定的URL连接。例如，与给定远程数据库连接时，可以使用JDBC-ODBC桥驱动程序、JDBC到通用网络协议驱动程序或数据库厂商提供的驱动程序。在这种情况下，测试驱动程序的顺序至关重要，因为DriverManager将使用它所找到的第一个可以成功连接到给定URL的驱动程序。

以下程序假定在本机安装的MySQL系统中存在名为bank的数据库，采用MySQL身份验证方式，登录用户名为root，密码是123456。程序13-1演示了通常情况下用驱动程序建立连接所需所有步骤的示例：

```
//程序 13-1 建立到 MySQL 数据库的连接
import java.sql.Connection;
import java.sql.DatabaseMetaData;
import java.sql.DriverManager;
import java.sql.SQLException;
public class MySQLConnectDemo{
    public static void main(String[] args) {
        String url="jdbc:mysql://localhost:3306/bank? user=root&password=
            123456";
        Connection con=null;
        try {
            con=DriverManager.getConnection(url); //获得到数据库的连接
            //获得连接数据库的元数据对象 metaData
            DatabaseMetaData metaData=con.getMetaData();
            //输出连接数据库的产品名称
            System.out.println(metaData.getDatabaseProductName());
            //输出连接数据库的产品版本号
            System.out.println(metaData.getDatabaseProductVersion());
            con.close();                              //关闭到数据库的连接,释放资源
        } catch (SQLException e) {
            e.printStackTrace();
        }
    }
}
```

程序 13-1 采用了 JDBC 驱动程序支持 JDBC 4.0 规范，无须使用 Class.forName()加载 MySQL 驱动程序，可以直接使用 DriverManager.getConnection 方法查找已注册的驱动程序来建立连接。如果要获得一个指定数据库的连接用于数据库的操作，首先要做的就是建立一个连接字符串，例如上述程序中的 url 字符串引用。

```
String url="jdbc:mysql://localhost:3306/bank? user=root&password=123456";
```

一般情况下，一个 URL 包括以下几部分：

```
jdbc:<subprotocol>:<subname>
```

这里的 subprotocol 是指数据库类型，例如 SQL Server，除此之外，还有 ODBC、Oracle、MySQL 等；而 subname 则指定了数据源，一般是由若干键值对组成。不同的驱动程序建立连接的 URL 形式不尽一样，开发人员通常可从相关文档处获得一些连接字符串的编制指南。下面是访问 SQL Server 数据库编写的连接字符串实例：

```
Stringurl="jdbc:sqlserver://localhost:1433;databaseName=bank;
user=sa;password=123456;";
```

根据给定的连接字符串，利用 DriverManager.getConnection 方法可以获得一个到目标数据库的连接对象。

```
Connection con=DriverManager.getConnection(url);
```

这里的 con 的类型是 Connection，是包含在 java.sql 包下的一个接口类，表示了与特定数据库的连接（会话），在连接上下文中执行 SQL 语句并返回结果，表 13-2 是其主要方法的列表。

表 13-2 Connection 类的主要方法

方　法	作　用
void close()	立即释放此 Connection 对象的数据库和 JDBC 资源，而不是等待它们被自动释放
void commit()	使自从上一次提交或回滚以来进行的所有更改成为持久更改，并释放此 Connection 对象当前保存的所有数据库锁定
Statement createStatement()	创建一个 Statement 对象来将 SQL 语句发送到数据库
Statement createStatement(int resultSetType, int resultSetConcurrency)	创建一个 Statement 对象，用于生成具有给定类型和并发性的 ResultSet 对象
Statement createStatement(int resultSetType, int resultSetConcurrency, int resultSetHoldability)	创建一个 Statement 对象，用于生成具有给定类型、可并发、可保存的 ResultSet 对象
CallableStatementprepareCall(String sql)	创建一个 CallableStatement 对象来调用数据库存储过程
PreparedStatementprepareStatement(String sql)	创建一个 PreparedStatement 对象来将参数化的 SQL 语句发送到数据库
void rollback()	取消在当前事务中进行的所有更改，并释放此 Connection 对象当前保存的所有数据库锁定
void rollback(Savepointsavepoint)	取消设置给定 Savepoint 对象之后进行的所有更改
void setAutoCommit(booleanautoCommit)	将此连接的自动提交模式设置为给定状态
SavepointsetSavepoint()	在当前事务中创建一个未命名的保存点(Savepoint)，并返回表示它的新 Savepoint 对象
void setTransactionIsolation(int level)	试图将此 Connection 对象的事务隔离级别更改为给定的级别

获得了一个到数据库的连接之后，就可利用该连接对象创建一个能够执行对数据库进行操纵的对象(类型为 Statement、PreparedStatement 和 CallableStatement)。

13.3 使用 Statement 访问数据库

一旦建立了到数据库的访问连接，剩余的工作就是进行数据存取，为了完成这个工作，需要通过 Connection 创建一个 Statement 对象。Statement 对象用于将 SQL 语句发送到数据库系统中。

13.3.1 获得 Statement

创建了到特定数据库的连接之后，要想用该连接发送 SQL 语句，首先需要创建一个 Statement 对象，可用 Connection 的方法 createStatement 创建，代码如下：

```
Statement stmt=con.createStatement();
```

实际上有 3 种 Statement 对象，它们都作为在给定连接上执行 SQL 语句的包容器，表 13-3 是Statement 的主要方法。

(1) Statement 对象用于执行不带参数的 SQL 语句。

(2) PreparedStatement 对象是从 Statement 继承而来,用于执行带或不带 IN 参数的预编译 SQL 语句。

(3) CallableStatement 对象从 PreparedStatement 继承而来,用于执行对数据库中存储过程的调用。

上述生成的 Statement 对象在使用时也有一定的限制,利用其创建的结果集在默认情况下类型为 TYPE_FORWARD_ONLY(指示游标只能向前移动的 ResultSet 对象的类型),并发级别为 CONCUR_READ_ONLY(表示 ResultSet 对象不可更新)。换句话说就是利用这样的 Statement 对象对数据库操作生成的结果集不能被执行更新操作,而且对结果集中的记录只能从头到尾顺序访问,无法定位和返回等随机操作。

表 13-3 Statement 的主要方法

方　法	作　用
void addBatch(String sql)	将给定的 SQL 命令添加到此 Statement 对象的当前命令列表
void clearBatch()	清空此 Statement 对象的当前 SQL 命令列表
voidclose()	立即释放此 Statement 对象的数据库和 JDBC 资源,而不是等待该对象自动关闭时进行操作
boolean execute(String sql)	执行给定的 SQL 语句,该语句可能返回多个结果
ResultSetexecuteQuery(String sql)	执行给定的 SQL 语句,该语句返回单个 ResultSet 对象
int[] executeBatch()	将一批命令提交给数据库来执行,如果全部命令执行成功,则返回更新计数组成的数组
int executeUpdate(String sql)	行给定 SQL 语句,该语句可能为 INSERT、UPDATE 或 DELETE 语句,或者不返回任何内容的 SQL 语句(例如 SQL DDL 语句)
Connection getConnection()	检索生成此 Statement 对象的 Connection 对象
ResultSetgetResultSet()	以 ResultSet 对象的形式检索当前结果
void setMaxRows(int max)	将任何 ResultSet 对象都可以包含的最大行数限制设置为给定数

Connection 对象另外一个重载的 createStatement 方法支持生成一个支持可滚动和更新的结果集类型的 Statement 对象,方法声明如下:

```
StatementcreateStatement(intresultSetType,intresultSetConcurrency) throws
    SQLException
```

resultSetType 的取值如下。

(1) ResultSet.TYPE_FORWARD_ONLY 常量指示光标只能向前移动的 ResultSet 对象的类型。

(2) ResultSet.TYPE_SCROLL_INSENSITIVE 常量用于指示可滚动但通常不受 ResultSet 底层数据更改影响的 ResultSet 对象的类型。

(3) ResultSet.TYPE_SCROLL_SENSITIVE 用于表示结果集可滚动并且通常受 ResultSet 底层数据更改影响。

resultSetConcurrency 表示并发类型,取值如下。

(1) ResultSet.CONCUR_READ_ONLY 常量指示不可以更新的 ResultSet 对象的并发模型。

(2) ResultSet.CONCUR_UPDATABLE 常量指示可以更新的 ResultSet 对象的并发模式。

程序 13-2 演示了这个方法的作用，下面是其中创建 Statement 对象的语句。

```
Statement stmt=con.createStatement(ResultSet.TYPE_SCROLL_SENSITIVE, ResultSet.
    CONCUR_UPDATABLE);
```

13.3.2 使用 Statement 对象执行 SQL 语句

Statement 接口提供了 executeBatch、executeQuery、executeUpdate 和 execute 这 4 种执行 SQL 语句的方法。使用哪一个方法由 SQL 语句所产生的内容决定。例如，当需要对数据库执行一条查询操作时，可以选择 executeQuery 方法，当需要执行更新操作时，选择 executeUpdate 方法。

当调用 Statement 对象执行一条 SQL 语句时，都将关闭 Statement 对象的当前打开的结果集(如果存在)。这意味着在重新执行 Statement 对象之前，需要完成对当前 ResultSet 对象的处理。

1. executeUpdate

executeUpdate 方法用于执行 INSERT、UPDATE 或 DELETE 语句以及 SQL DDL(数据定义语言)语句，例如 CREATE TABLE 和 DROP TABLE、INSERT、UPDATE 或 DELETE。executeUpdate 方法的返回值是一个整数，表示受影响的行数(即更新计数)，对于 CREATE TABLE 或 DROP TABLE 等进行不行操作的语句，该方法的返回值为 0。

程序 13-2 演示了关于数据表的创建、记录的插入、删除和修改的过程。程序创建了一个具有 3 个字段的数据表 tb_account。

```
/*程序 13-2 利用 Statement 执行 sql 语句，对数据库进行直接操作*/
import java.sql.Connection;
import java.sql.DriverManager;
import java.sql.ResultSet;
import java.sql.SQLException;
import java.sql.Statement;
import java.util.UUID;
public class TableDML {
    public static void main(String[] args) {
        String url="jdbc:mysql://localhost:3306/bank?user=root&password
            =123456 ";
        Connection con=null;
        try {
            con=DriverManager.getConnection(url);
            Statement stmt=con.createStatement(ResultSet.TYPE_SCROLL_
                SENSITIVE,ResultSet.CONCUR_UPDATABLE);
            String sql="create table tb_account(" +"id  nvarchar(50) not null,"
                +"namenvarchar(10) null," +"balance int null," +"primary key
                (id))";
            stmt.executeUpdate(sql);
```

```
            UUID uuid=UUID.randomUUID();
            sql="insert into tb_account(id,name,balance) values('"+uuid.
                toString()+"','丁美丽',1000)";
            stmt.executeUpdate(sql);
            sql="update tb_account set balance=2000 where " +"id='"+uuid.
                toString()+"'";
            stmt.executeUpdate(sql);
            stmt.close();
            con.close();
        } catch (SQLException e) {
            e.printStackTrace();
        }
    }
}
```

2. executeQuery

executeQuery 方法用于产生单个结果集的语句。例如下面的程序片段利用 Statement 执行一条 SELECT 查询语句,返回一个类型为 ResultSet 的结果集实例,包含了查询到的记录集。

```
Statement stmt=con.createStatement();
String sql="select id,name,balance from tb_account";
ResultSetrs=stmt.executeQuery(sql);
```

注意:有一些程序员提供的查询语句喜欢以 select…from…这样的方式来获得结果,这样写不利于说明返回的查询结果所包括的内容,另外当数据表中的字段顺序发生变化时,可能会影响后续语句中以下标顺序访问记录值的程序,参见 13.4.2 节。

3. execute

execute 方法应该仅在语句能返回多个 ResultSet 对象、多个更新计数或 ResultSet 对象与更新计数的组合时使用,这种情况比较少见。

4. addBatch 和 executeBatch

addBatch 和 executeBatch 方法结合起来使用,执行命令的顺序以添加到批中的顺序为准。一般情况下,当连续执行的 SQL 语句比较相似,例如向同一个表中连续插入多条记录时,选择批处理对于性能提高是比较明显的,因为批处理的执行是在数据库系统中执行的。在实际中,每次执行批处理的条数没有一定,要根据实际情况反复测试以求得到一个合理的值。程序 13-2 中的 3 条 SQL 语句可以改造为类似下面的代码:

```
String sql="create table ***";
stmt.addBatch(sql);
sql="insert into tb_account ***";
stmt.addBatch(sql);
sql="update tb_account***";
stmt.addBatch(sql);
stmt.executeBatch();
```

13.3.3 语句完成

当连接处于自动提交模式时(可以利用 Connection 对象的 getAutoCommit 方法判

断),其中所执行的语句在完成时将自动提交或还原。

(1) 语句在已执行且所有结果返回时,即认为已完成。

(2) 对于返回一个结果集的 executeQuery 方法,在检索完 ResultSet 对象的所有行时该语句完成。

(3) 对于 executeUpdate 方法,当它执行时语句即完成。

(4) 少数调用 execute 方法的情况下,在检索所有结果集或它生成的更新计数之后语句才完成。

有些数据库系统将存储过程中的每条语句视为独立的语句,而另外一些则将整个过程视为一个复合语句。在启用自动提交时,这种差别就变得非常重要,因为它影响什么时候调用 commit 方法。在前一种情况下,每条语句单独提交;在后一种情况下,所有语句同时提交。

最后,当执行完所有的 SQL 语句后,作为一种好的编程风格,应该显式关闭所占用的数据库资源,有助于避免潜在的内存问题。如程序 13-2 中最后调用 Statement 对象的 close 方法。当不需要和数据库连接时,可以执行 Connection 对象的 close 方法。

13.4 ResultSet

程序 13-2 利用 Statement 对象完成了创建关系表、插入记录、更新记录等数据库操作,Statement 对象的一个最重要的功能就是查询存储在数据库中的数据记录。例如,从账户数据表中获得符合条件的账户信息等,这个查询出来的记录集合在 JDBC 中表现为 ResultSet 类型。ResultSet 包含数据库中存储的符合 SQL 语句中查询条件的所有记录,并且它通过 getInt 和 getString 等一系列 get 方法提供对这些记录中数据的访问,这些 get 方法可以访问当前行中的不同列。ResultSet 对象的 next 方法可以移动光标到结果集中的下一行,使下一行成为当前行,进而循环处理结果集中的所有记录,表 13-4 就是关于它的一些方法列表。

表 13-4 ResultSet 主要方法

方 法	作 用
boolean absolute(int row)	将指针移动到此 ResultSet 对象的给定行编号
void afterLast()	将指针移动到此 ResultSet 对象的末尾,正好位于最后一行之后
void beforeFirst()	将指针移动到此 ResultSet 对象的开头,正好位于第一行之前
void cancelRowUpdates()	取消对 ResultSet 对象中的当前行所做的更新
void close()	立即释放此 ResultSet 对象的数据库和 JDBC 资源,而不是等待该对象自动关闭时进行操作
void deleteRow()	从此 ResultSet 对象和底层数据库中删除当前行
boolean first()	将指针移动到此 ResultSet 对象的第一行
×××get×××(String columnName)	其中的×××指 boolean、byte、int、double、float、Date、long 等类型,既获得对应属性值
boolean last()	将指针移动到此 ResultSet 对象的最后一行
void moveToCurrentRow()	将指针移动到记住的指针位置,通常为当前行

续表

方　法	作　用
void moveToInsertRow()	将指针移动到插入行
boolean next()	将指针从当前位置下移一行
boolean previous()	将指针移动到此 ResultSet 对象的上一行
boolean relative(int rows)	按相对行数(或正或负)移动指针
void uodate×××()	用指定的值更新当前行的对应列的值

13.4.1　行和光标

ResultSet 对象具有指向其当前数据行的光标。最初,光标被置于第一行之前,next 方法移动光标到下一行,该方法在 ResultSet 对象中没有下一行时返回 false,所以可以在需要迭代访问结果集时作为循环的条件,代码如下:

```
String sql="select id,name,balance from tb_account";
ResultSetrs=stmt.executeQuery(sql);
while(rs.next()){
    //循环处理数据
}
rs.close();
```

除了使用 next 方法移动光标迭代访问每一条记录外,ResultSet 对象还提供了其他操作光标的方法,例如绝对定位 absolute 方法、相对定位 relative 方法等,但应用这些灵活的定位方法时需要判断结果集是否可滚动,而这又取决于程序是如何创建 Statement 对象的,13.3.1 节中对此进行了基本的介绍。

13.4.2　获取列的值

通过 ResultSet 对象的 get×××方法可以获得当前记录的某个字段的值,例如 getInt 方法返回的是一个整型字段的值,而 getString 方法返回的是 String 相关类型的值,get 后面跟的是 JDBC 所支持的数据类型,如表 13-5 所示。具体的方法包括下面主要的 3 种类型。

1. 通过下标获得当前记录指定列的列值

```
String sql="select id,name,balance from tb_account";
ResultSetrs=stmt.executeQuery(sql);
while(rs.next()){
    String id=rs.getString(1);
    String ids=rs.getString(1);
    String name=rs.getString(2);
    int balance=rs.getInt(3);
    System.out.printf("id:%s,name:%s,balance:%d\r\n", id,name,balance);
}
rs.close();
```

在循环中根据每个字段的类型用下标的方法获得当前记录行的一个特定列的列值,结果集中字段的排列是从 1 开始的。例如，id 的类型是 String，而且在 select 语句中，id 的位置排第一，所以使用了 rs.getString(1)的方法获得当前记录行的第 1 列，也就是字段 id 的值，第 3 列 balance 字段的类型是 int，所以使用了 rs.getInt(3)来获得。

2. 通过字段名获得当前记录指定列的列值

通过下标访问记录的列值，其语义不够清晰，而且每个字段的顺序必须要稳定，因此，更好的一种办法是通过字段名来获得对应字段的值，经过改写的上述代码块如下：

```
String id=rs.getString("id");
String name=rs.getString("name");
int balance=rs.getInt("balance");
```

3. 通过字段名或下标获得当前记录未知类型的指定列的列值

上述两种方法都需要事先掌握每个字段的类型，如果使用的 get×××方法类型和字段的真正类型不一致，而又无法自动转换时，就会抛出和类型转换错误相关的异常。因此，在某些特殊情况下，不知道字段的类型时，一种简单的方法是采用 getObject 方法获得对应字段的值，getObject 方法也有通过下标和字段名两种方式，另外一种方法就是可以通过结果集的 ResultSetMetaData 实例来获得每一个字段的名称、类型等信息，从而可以更准确地编程。

```
Object id=rs.getObject("id");
Object name=rs.getObject("name");
Object balance=rs.getObject("balance");
```

有关 JDBC 支持的类型定义在 java.sql.Types 类中，表 13-5 列出了主要的 SQL 类型对应的 Java 类型，更多的内容请参阅 JDK 的相关文档。

表 13-5 主要的 SQL 类型对应的 Java 类型

SQL 类型	Java 类型	SQL 类型	Java 类型
ARRAY	java.sql.Array	BIGINT	long
BINARY	byte[]	bit	boolean
BLOB	java.sql.Blob	CHAR	String
CLOB	java.sql.Clob	DATALINK	java.net.URL
DATE	java.sql.Date	DOUBLE	double
FLOAT	double	INTEGER	int
NULL	null	NUMERIC	java.math.BigDecimal
REAL	float	REF	java.sql.REF
SMALLINT	short	STRUCT	java.sql.Struct
TIME	java.sql.Time	TIMESTAMP	java.sql.Timestamp
TINYINT	byte	VARBINARY	byte[]
VARCHAR	String	NVARCHAR	String

13.4.3 插入新行

利用 Statement 对象的 executeUpdate 方法可以直接执行 SQL 的 insert 语句，例如程序 13-2 中的语句。

```
sql="insert into tb_account(id,name,balance) values('"+uuid.toString()+"',
    '丁美丽',1000)";
stmt.executeUpdate(sql);
```

另外，当 Statement 对象的结果集类型是可更新的时候，ResultSet 对象具有一个与其关联的特殊行，该行用作构建要插入行的暂存区域(staging area)，利用它可以实现向数据表的插入操作。程序 13-3 实现了向数据表 tb_account 的多次插入。

```
/*程序 13-3:利用 ResuletSet 对象的方法实现向数据表中插入记录*/
import java.sql.Connection;
import java.sql.DriverManager;
import java.sql.ResultSet;
import java.sql.SQLException;
import java.sql.Statement;
import java.util.Scanner;
import java.util.UUID;
public class InsertDemo {
    public static void main(String[] args) {
        String url=" jdbc:mysql://localhost:3306/bank? user=root&password=
            123456 ";
        Connection con=null;
        try {
            con=DriverManager.getConnection(url);   //建立数据库连接
            //创建一个结果集类型为可更新和滚动的 Statement 对象
            Statement stmt=con.createStatement(ResultSet.TYPE_SCROLL_
                SENSITIVE,ResultSet.CONCUR_UPDATABLE);
            UUID uuid=null;                          //用于生成通用唯一标识符的类
            Scanner sc=new Scanner(System.in);
            //通过指定一个不可能的条件获得一个没有记录的结果集,减少传输量
            ResultSetrs=stmt.executeQuery("selectid,name,balance from tb_
                account where id is null");
            for (int i=1; i<=2; i++) {
                //首先利用 Scanner 实例,通过键盘输入开户人姓名和开户金额
                System.out.println("开户人姓名:");
                String name=sc.next();
                System.out.println("开户金额(整数):");
                int balance=sc.nextInt();
                //利用 UUID 生成一个 128 位的 UUID 的值,作为新纪录的关键字
                uuid=UUID.randomUUID();
                rs.moveToInsertRow();          //定位插入行位置,然后更新每个字段的值
                rs.updateString("id", uuid.toString());
                rs.updateNString("name", name);
                rs.updateInt("balance", balance);
                rs.insertRow();         //将插入行的内容插入此 ResultSet 对象和数据库
            }
            rs.close();
            stmt.close();
```

```
            con.close();
        } catch (SQLException e) {
            e.printStackTrace();
        }
    }
}
```

利用 ResultSet 对象插入记录之前，首先使用 ResultSet 的 moveToInsertRow 方法定位到插入行，然后，利用 ResultSet 的 update×××方法完成待插入记录各个字段的赋值，最后，利用 ResultSet 的 insertRow 方法提交插入的记录，保存到数据库中。

13.4.4 更新列值

更新一条记录中某一个字段的值或者更新符合某种条件的所有记录的字段值是数据库操作中经常遇到的事务之一。ResultSet 提供了针对结果集中当前记录某个字段进行修改的 update×××方法，同样，也可以直接使用 Statement 对象执行 SQL 更新来完成。下面的程序片段实现了将账户名称为“张华”的余额修改为 100 元的操作。

```
ResultSetrs=stmt.executeQuery("select id,name,balance" +" from tb_account
    where name='张华'");
if(rs.next()) {                                  //假如找到这样符合条件的记录
    rs.updateInt("balance", 100);
    rs.updateRow();
}
```

对记录进行修改的关键首先是将结果集的光标定位到符合条件的记录上，使之成为当前记录，然后利用 update×××方法对指定的字段进行修改，注意选择符合字段类型的 update×××方法。

13.4.5 删除记录行

和更新的方法一样，删除记录行的方法同样可以采取执行 DML 语句或者程序控制，例如删除关系表 tb_account 中，所有 balance 为 0 的记录，直接执行 SQL 语句可以像下面这样。

```
stmt.executeUpdate("delete from tb_account where  balance=0");
```

也可以采取 JDBC 语句删除的方法，代码如下：

```
ResultSetrs=stmt.executeQuery("select * from tb_account where balance=0");
while (rs.next()) {                              //逐个删除每条记录
    rs.deleteRow();
}
rs.close();
```

采取 JDBC 方式删除记录，首先要获得符合删除条件的可更新结果集，随后可以采用 deleteRow 方法逐行删除结果集中的记录。

13.4.6 特殊字段类型的处理

对于 get×××方法，JDBC 驱动程序会试图将基本数据转换成指定 Java 类型，然后返回适合的值。例如数据库中字段类型为 VARCHAR，则 JDBC 驱动程序将 VARCHAR 转换成 Java 的 String 类型，程序利用 getString 方法得到一个 String 对象。但对于某些特殊的字段类型，则需要采取特殊的方法对待。

1. 对非常大的行值使用 I/O 流

ResultSet 可以获取任意大的 LONGVARBINARY 或 LONGVARCHAR 数据。方法 getBytes 和 getString 将数据返回为大的块(最大为 Statement.getMaxFieldSize 的返回值)。但是，程序有时并不需要获得整个内容，所以以较小的固定块逐步获取非常大的数据可能会更方便，而这可通过让 ResultSet 类返回 java.io.InputStream 流来完成。从该流中可分块读取数据，但需要注意的是必须立即访问这些流，因为在下一次对 ResultSet 调用 get××× 时它们将自动关闭(这是由于基本实现对大块数据访问有限制)。

ResultSet 对象具有 3 个获取流的方法，分别具有不同的返回值。

(1) getBinaryStream：返回只提供数据库原字节而不进行任何转换的流。

(2) getAsciiStream：以单字节 ASCII 字符流形式提供数据库当前记录的列值。

(3) getCharacterStream：返回 Reader 类型字符的流。

同样 ResultSet 对象可以利用 updateBinaryStream()系列方法向表中插入数据。首先假定数据库中有一个存储了一本书中各个章节的表，表中包含了两个字段，chapter 表示章节名，content 存储该章节的内容是二进制字段类型。如下面的创建语句：

```
create table tb_javabook (
    chapter nvarchar(30) not null,
    content mediumblob null,
    primary key (chapter)
)
```

下面的程序 13-4 演示了如何使用上述方法向数据表中插入和读出大数据字段的内容。

```
//程序 13-4:一个实现了二进制大数据对象的存取程序
import java.io.BufferedInputStream;
import java.io.BufferedOutputStream;
import java.io.FileInputStream;
import java.io.FileNotFoundException;
import java.io.FileOutputStream;
import java.io.IOException;
import java.sql.Connection;
import java.sql.DriverManager;
import java.sql.ResultSet;
import java.sql.SQLException;
import java.sql.Statement;

public class StreamType {
    //将指定文件的内容存入数据表 tb_javabook 中
    public static void insert(Statement stmt, String chaper, String fileName)
        throws SQLException, FileNotFoundException {
        BufferedInputStream in=new BufferedInputStream(new FileInputStream
            (fileName));
        //使用特殊检索条件获得一个没有记录的 ResultSet 对象,以便插入记录
        ResultSetrs=stmt.executeQuery("select chapter,content"+ " from tb_
            javabook where chapter is null");
        rs.moveToInsertRow();                        //定位到插入行
```

```
        rs.updateString("chapter", chaper);
        //数据表中的大二进制字段的 Java 类型是 Blob,故用 updateBlob()
        rs.updateBlob("content",in);
        rs.insertRow();
        rs.close();
    }
    //将大二进制字段的内容读出并存储到指定的文件中
    public static void readToFile(Statement stmt, String chaper, String
        newFileName)
    throws SQLException, IOException {
        ResultSetrs=stmt.executeQuery("select chapter,content "+"fromtb_
            javabook where chapter='"+ chaper+"'");
        if(rs.next()){
            //rs.getBinaryStream 方法可以获得指定大二进制字段的内容
            BufferedInputStream in=new BufferedInputStream(rs.
                getBinaryStream("content"));
            BufferedOutputStream out=new BufferedOutputStream(new
                FileOutputStream(newFileName));
            byte[] info=new byte[1024];
            while (in.read(info)!=-1) {
                out.write(info);
            }
            in.close();
            out.close();
        }
        rs.close();
    }

    public static void main(String[] args) {
        String url="jdbc:mysql://localhost:3306/bank? user=root&password=
            123456 ";
        Connection con=null;
        try {
            con=DriverManager.getConnection(url);
            //创建一个可更新和滚动的结果集类型
            Statement stmt=con.createStatement(ResultSet.TYPE_SCROLL_
                SENSITIVE,ResultSet.CONCUR_UPDATABLE);
            insert(stmt,"第 13 章","G:/第 13 章-数据库.doc");
            readToFile(stmt,"第 13 章","g:/new13.doc");
            stmt.close();
            con.close();
        } catch (SQLException|IOException e) {
            e.printStackTrace();
        }
    }
}
```

在存储文件流到当前记录中时,使用了 updateBlob 方法,该方法将通过变量 in 自动读入文件所有内容并保存到当前记录的字段中。

readToFile 方法实现从结果集中读出大二进制字段内容,并以文件的形式保存,其关键的方法是调用了 ResultSet 对象的 getBinaryStream(),将当前记录指定字段的内容以未解释的二进制流的形式返回,程序可以通过这个流的引用读取字段内容。

2. Blob 和 Clob

SQL3 标准定义了 BLOB(Binary Large Object,二进制大对象)和 CLOB(Character Large Object,字符大对象)类型,Java 提供了对应的 Blob 和 Clob 接口类型。两个接口提供了存储内容的长度、更新等方法。

13.5 PreparedStatement

在执行 Statement 对象的 execute 方法时,JDBC 驱动程序在将 SQL 语句发送到数据库系统之前进行"编译",如果需要频繁执行 SQL 语句,那么每次的编译会导致系统性能下降。实际上程序中用到的 SQL 语句很多都是类似的,差别的只是可替换的参数。例如,连续创建新的账户,每次不同的只是账户名和余额字段的值,执行的 SQL 语句都是一样的。对于这种情况,JDBC 提供了 PreparedStatement 类来解决这个问题。

PreparedStatement 接口继承于 Statement,它允许使用可替代的参数修改最终执行的 SQL 语句,从而实现了对 SQL 语句一次编译,多次执行的目标。创建一个 PreparedStatement 实例的方法类似下面的代码段:

```
PreparedStatementpstmt=con.prepareStatement("insert into tb_account(id,name,
    balance) values(?,?,?)");
```

通过调用 Connection 对象的 prepareStatement 方法,传入一个 SQL 语句,这个语句被预编译并存储在 PreparedStatement 对象中,然后可以使用此对象多次高效地执行该语句。和前面所执行的 SQL 语句不同,这个插入 SQL 语句并没有实际的字段值,而是用"?"替代了实际的参数,这个"?"被称为"占位符",在运行时,将被实际的参数替代,代码如下:

```
UUID uuid=UUID.randomUUID();
pstmt.setString(1,uuid.toString());  //设置 id 字段的值
pstmt.setString(2,"王军");            //设置 name 字段的值
pstmt.setInt(3,1000);                 //设置 balance 字段的值
pstmt.executeUpdate();                //用前面的实参值,替代原来的参数,执行 SQL 语句
uuid=UUID.randomUUID();
pstmt.setString(1,uuid.toString());
pstmt.setString(2,"方言");
pstmt.setInt(3,1500);
pstmt.executeUpdate();
```

通过程序代码看出,按照"?"出现的顺序,利用 set×××方法来确定 SQL 语句中对应字段的值,第一个"?"的顺序是 1,而不是 0,第二个"?"的顺序是 2,依次类推。例如,下面的程序片段:

```
PreparedStatementpstmt=con.prepareStatement("select id,name,balance"+" from
   tb_account where name=?",ResultSet.TYPE_SCROLL_SENSITIVE,ResultSet.
   CONCUR_UPDATABLE);
pstmt.setString(1,"张华");
ResultSetrs=pstmt.executeQuery();
```

上述代码段中查询语句的条件值用占位符"?"进行了替代,在后面的语句里,利用 setString(1, "张华")方法为此参数定义了实际的值,executeQuery 方法执行编译后的 SQL

语句，返回 ResultSet 类型的结果集实例。

PreparedStatement 在方便性和效率两方面都为数据库编程带来了很大的优势。

(1) 在方便性方面，包含于 PreparedStatement 对象中的 SQL 语句可具有一个或多个输入参数(IN 参数)。IN 参数的值在 SQL 语句创建时未被指定。与之相反，该语句为每个 IN 参数保留一个“?”作为占位符。每个“?”的值必须在该语句执行之前，通过适当的 set×××方法来提供。当然 SQL 语句中也可以不需要包含参数。

(2) 在效率方面，由于 PreparedStatement 对象已预编译过，所以其执行速度要快于 Statement 对象。因此，多次执行的 SQL 语句经常创建为 PreparedStatement 对象，以提高效率。

13.6 CallableStatement

CallableStatement 类是 PreparedStatement 类的一个子类，对存储过程的调用是 CallableStatement 对象所含的主要内容。

为了能够清楚地了解存储过程的调用方法，下面的代码块提供了一个在 MySQL 下针对 tb_account 数据表的统计存储过程的创建代码：

```
CREATE procedure sumBalance(in low int,in high int,out total int)
BEGIN
    declare u_cursor cursor for select sum(balance)  from tb_account  where
        balance>=low and balance<=high;
    open u_cursor;
    etch u_cursor into total;
    close u_cursor;
END
```

这个存储过程有两个输入整型参数，返回一个整型结果。为了调用它，首先需要针对这个存储过程创建一个 CallableStatement 的实例，类似下面代码：

```
CallableStatement cstmt=con.prepareCall("{call sumBalance(?,?,?)}");
```

Connection 实例调用 prepareCall 方法，提供一个参数，这个参数就是需要调用的目标数据库中的一个存储过程名字和实参，例如 sumBalance 就是一个存储过程。第一个和第二个“?”表示该存储过程汇总账户余额时需要的最低和最高余额区间，这两个参数是输入参数，第三个“?”表示调用存储过程后的返回结果，它是输出参数。

调用存储过程的语法如下：

```
{call 过程名[(?, ?, …)]}
```

注意：“[]”表示其间的内容是可选项，“[]”本身并不是语法的组成部分。

调用具有返回结果的存储过程的形式如下：

```
{? = call 过程名[(?, ?, …)]}
```

调用不带参数的存储过程的形式如下：

```
{call 过程名}
```

和 PreparedStatement 的用法一样，CallableStatement 实例包含的存储过程如果需要参数，在执行前也需要用 set×××方法按照出现的顺序，从 1 开始，将每个输入参数的值赋以实际的值，每个输出参数用 CallableStatement 实例的 registerOutParameter 方法确定它对应于 java.sql.Types 中的类型。程序 13-5 是针对上面 sumBalance 的一个调用。

```
    //程序 13-5 存储过程调用
    import java.sql.CallableStatement;
    import java.sql.Connection;
    import java.sql.DriverManager;
    import java.sql.SQLException;
    import java.sql.Types;

    public class CallableStatementDemo {
        public static void main(String[] args) {
            String url="jdbc:mysql://localhost:3306/bank?user= root&password=
                123456";
            Connection con=null;
            try {
1.              con=DriverManager.getConnection(url);
2.              String  procName="{call sumBalance(?,?,?)}";
3.              CallableStatement cstmt=con.prepareCall(procName);
4.              cstmt.setInt(1,1000);
5.              cstmt.setInt(2,0000);
6.              cstmt.registerOutParameter(3,Types.INTEGER);
7.              cstmt.execute();
8.              System.out.println(cstmt.getInt(3));
9.              cstmt.close();
10.             con.close();
            } catch (SQLException e) {
                e.printStackTrace();
            }
        }
    }
```

在程序 13-5 中标行号部分的第 3 行利用指定的存储过程创建了一个 CallableStatement 实例。

第 4 行和第 5 行的两条语句，利用 setInt 方法按照参数的顺序指定了输入值。

第 6 行的语句，指定了输出参数的返回值类型，Types 是 java.sql 包内的一个类。

执行存储过程后，如果有返回值，可以利用 get×××方法按照返回值参数在调用时出现的顺序获得返回值，第 8 行的语句就利用了 CallableStatement 实例的 getInt(3)，表示取得一个整型的返回值。

除了利用索引定义参数的顺序外，从 JDBC 3.0 规范开始，支持通过名称确定参数，从而使得代码的阅读性提高。例如上面 sumBalance 存储过程中有两个参数，内部参数名分别为 low 和 high，程序 13-5 中第 4 和第 5 行这两条语句可以改为下面的形式：

```
cstmt.setInt("low",1000);
cstmt.setInt("high",10000);
```

13.7 事　务

在某些时候,需要一个业务被完整地、不可中断地执行,即使被中断,已经做的部分工作也会被取消,恢复到未做之前的状态。例如银行的一笔转账业务,从A账户转移1万元到B账户,这样的操作可以分为两步。

(1) 从A账户减去1万元。

(2) 往B账户添加1万元。

显然,这两步操作必须作为一个不可分割的工作单元被完整地执行,任何一步的失败都会导致整个业务失败,恢复到业务开始前的状态,就好像什么都没发生。数据库的事务就是对现实生活中事务的模拟,它由一组在业务逻辑上相互依赖的SQL语句组成。为了保证事务的完整性,JDBC提供了相应的事务控制机制。

13.7.1 事务处理

在JDBC编程模型中,一个数据库连接建立时,就处于一个自动提交模式,每一个SQL语句被执行完成后就会被自动提交,保存到数据库中。当需要把几条逻辑相关的SQL语句组成一个事务执行时,就需要调用Connection实例的setAutoCommit方法关闭事务自动提交模式。如下面的语句所示。

```
con.setAutoCommit(false);                                    //关闭自动提交模式
```

一旦关闭了事务自动提交模式,除非显式地调用提交方法;否则,不会有任何SQL语句被提交至数据库系统执行。下面为提交语句的代码:

```
con.commit();
```

在这两条语句之间的SQL语句都被视为一个事务中的语句,每个Connection实例同时只能执行一个事务。当一个事务内的某个数据库操作发生了错误,而无法继续执行下去,则可以利用回滚(Rollback)机制取消本次事务中已经执行的SQL语句,回滚将使得数据库的状态恢复到事务执行前。

```
con.rollback();
```

程序13-6简单演示了账户转账业务的实现。

```
/*程序13-6事务管理*/
import java.sql.Connection;
import java.sql.DriverManager;
import java.sql.PreparedStatement;
import java.sql.ResultSet;
import java.sql.SQLException;
import java.sql.Statement;

public class BankOperation {
    private Connection con;
    public BankOperation() throws SQLException {
        super();
```

```java
        String url="jdbc:mysql://localhost:3306/bank? user=root&password=
            123456";
        try {
            con=DriverManager.getConnection(url);
        } catch (SQLException e) {
            throw e;                                //如果不能获得连接,抛出异常
        }
    }
    //根据指定的账户 id 找到对应的数据库记录,并转换成 Account 对象
    public Account getAccount(String id) throws SQLException{
        Statement stmt=null;
        stmt=con.createStatement();
        ResultSetrs=stmt.executeQuery("selectid,name,balance from tb_
            account where id='"+id+"'");
        Account account=null;
        if(rs.next()){
            String aid=rs.getString("id");
            String name=rs.getString("name");
            int balance=rs.getInt("balance");
            account=new Account(aid,name,balance);
        }
        rs.close();
        stmt.close();
        return account;
    }
    public void transfer(Account a,Accountb,int amount)throws SQLException {
        PreparedStatementpstmt =null;
        String sql="update tb_account set balance=? where id=?";
        try {
            pstmt=con.prepareStatement(sql,ResultSet.TYPE_SCROLL_SENSITIVE,
                ResultSet.CONCUR_UPDATABLE);
            //关闭自动提交模式,以下语句直到 commit()前都作为一个完整的事务执行
            con.setAutoCommit(false);
            //开始处理转账,将账户 a 上减少 amount 元
            pstmt.setInt(1, a.getBalance()-amount);
            pstmt.setString(2, a.getId());
            pstmt.executeUpdate();
            //将账户 b 上增加 amount 元
            pstmt.setInt(1,b.getBalance()+amount);
            pstmt.setString(2, b.getId());
            pstmt.executeUpdate();
            con.commit();               //提交上面的两次操作
        } catch (SQLException e) {
            con.rollback();             //回滚操作,取消本次事务中的所有已执行 SQL 语句
            throw e;                    //继续抛出异常,告诉调用者转账没有成功
        }
    }
    public static void main(String[] args) {
        BankOperation bank=null;
        try{
            bank=new BankOperation();
            Account a=bank.getAccount("51146d39-fa67-463f-a82f-984f1452ff7d");
```

```
            Account b=bank.getAccount("79a8a5fa-6be2-42d0-ac8a-7398d5de59b4");
            if(a!=null&&b!=null){
            bank.transfer(a, b, 100);
            }
            }catch(SQLException e){
                e.printStackTrace();
        }
    }
}
```

在程序的 transfer 方法中,两个账户的余额更改必须作为不可分割的整体被完整执行,任何一个更新失败都必须取消另一个账户的更新,所以将这两条数据库的操作语句置于一个事务中。

13.7.2 保存点

默认的回滚操作会取消一个事务中所有的操作,在某些情况下,可能需要取消的是一部分语句,JDBC 3.0 规范针对这种情况增加保存点(Savepoint)的概念,允许不取消所有的修改。下面的代码块可以添加到程序 13-6 中 BankOperation 类中,作为一个保存业务实现,这个方法实现了一个账户的存款业务,在更新了账户之后,又重新读出了账户的余额。该业务的关键在于账户的更新,因此在更新账户之后,设置了一个保存点。

```
//存款,事务保存点的实现
public int deposit(Account a,int amount)throws SQLException{
    Statement stmt=null;
    int lastBalance=0;                              //账户更新后的余额
    Savepoint deposit=null;
    try{
        stmt=con.createStatement(ResultSet.TYPE_SCROLL_SENSITIVE,ResultSet.
            CONCUR_UPDATABLE);
        ResultSetrs=stmt.executeQuery("select id,name,balance" +" from tb_
            account where id='"+a.getId()+"'");
        con.setAutoCommit(false);                   //关闭自动提交模式
        if(rs.next()){                              //更新账户余额
            rs.updateInt("balance", a.getBalance()+amount);
            rs.updateRow();
        }else{                                      //如果没有发现对应账户,则抛出异常
            throw new SQLException();
        }
        deposit=con.setSavepoint("deposit");  //设置一个事务保存点
        if(true){                     //程序在这里抛出一个异常,以便验证保存点的作用
            throw new SQLException();
        }
        rs=stmt.executeQuery("select id,name,balance"+" fromtb_account
            where id='"+a.getId()+"'");     if(rs.next()){
            lastBalance=rs.getInt("balance");
        }
    } catch (SQLException e) {
        if(deposit!=null){                          //如果更新操作正常完成,则不必回滚
            con.rollback(deposit);
```

```
        }else{
            con.rollback();
        }
        throw e;
    }finally{
        con.commit();
    }
    return lastBalance;
}
```

deposit()的方法在正常更新一个账户的余额后，设置一个事务保存点 deposit，程序为了验证保存点的作用，随后抛出一个异常，在 catch 代码块中，首先判断了 deposit 保存点是否存在，如果存在则表示账户更新操作是正常的，因此事务回滚到这个保存点，保存点之前的变化得以保存，以后的则全部撤销。

因为更新和回滚都是耗费大量资源的操作，因此在不频繁发生错误的情况下使用保存点回滚部分事务，其效果好于在执行更新前测试各事务以查看更新是否有效的编程模式。

13.8 使用 RowSet

javax.sql.RowSet 接口继承并扩展了 ResultSet 的功能，因此更容易使用。

13.8.1 RowSet 的种类

RowSet 对象可以建立一个与数据源的连接并在其整个生命周期中维持该连接，在此情况下，该对象被称为连接的 RowSet。RowSet 还可以建立一个与数据源的连接，从其获取数据，在关闭连接之后可以继续更改其数据，然后将这些更改发送回原始数据源，不过它必须重新建立连接才能完成此操作，这种 RowSet 被称为非连接 RowSet。

与 ResultSet 相比，RowSet 的离线操作能够有效地利用计算机越来越充足的内存，减轻数据库服务器的负担，由于数据操作都是在内存中进行然后批量提交到数据源，灵活性和性能都有了很大的提高。RowSet 默认是一个可滚动、可更新、可序列化的结果集，而且它作为 JavaBeans，可以方便地在网络间传输，用于两端的数据同步。

1. RowSet 的种类

在 JDK 中，Oracle 提供了 CachedRowSet、WebRowSet、FilteredRowSet、JoinRowSet 和 JdbcRowSet 这 5 个标准 RowSet 接口。在这 5 个标准接口中，JdbcRowSet 是链接的 RowSet，而其他 4 个是非链接的 RowSet，它们的类关系如图 13-3 所示。

图 13-3　RowSet 子接口的关系

表 13-6 列出了 RowSet 的主要子接口。

表 13-6　RowSet 的主要子接口

接　口	说　明
JdbcRowSet	对 ResultSet 的一个封装,使其能够作为 JavaBeans 被使用,是唯一的一个保持数据库连接的 RowSet。JdbcRowSet 对象是连接的 RowSet 对象,也就是说,它必须使用启用 JDBC 技术的驱动程序(JDBC 驱动程序)来持续维持它与数据源的连接
CachedRowSet	最常用的一种 RowSet。其他 WebRowSet、FilteredRowSet、JoinRowSet 都是直接或间接继承于它并进行了扩展。它提供了对数据库的离线操作,可以将数据读取到内存中进行增删改查,再同步到数据源。CachedRowSet 是可滚动的、可更新的、可序列化,可作为 JavaBeans 在网络间传输。支持事件监听、分页等特性。CachedRowSet 对象通常包含取自结果集的多个行,但是也可包含任何取自表格式文件(如电子表格)的行
WebRowSet	继承自 CachedRowSet,并可以将 WebRowSet 写到 XML 文件中,也可以用符合规范的 XML 文件来填充 WebRowSet
FilteredRowSet	通过设置 Predicate(在 javax.sql.rowset 包中),提供数据过滤的功能。可以根据不同的条件对 RowSet 中的数据进行筛选和过滤
JoinRowSet	提供类似 SQL JOIN 的功能,将不同的 RowSet 中的数据组合起来

2. 获得 RowSet 的实例

Java 7 提供了 RowSetFactory 接口和 RowSetProvider 类,可以通过 JDBC 驱动程序创建 RowSet 的所有类型。下面是获得 JdbcRowSet 实例的部分代码。

```
RowSetFactoryaFactory=RowSetProvider.newFactory();
JdbcRowSetjdbcRs=aFactory.createJdbcRowSet();
```

获得的 JdbcRowSet 实例此时没有数据,必须设置访问数据库的参数及执行命令,通过 JdbcRowSet 实例的 execute 方法建立到数据库的链接,具体程序代码参见程序 13-7。

13.8.2　使用 JdbcRowSet 访问数据库

JdbcRowSet 对象是连接的 RowSet 对象,程序 13-7 演示了如何获取 JdbcRowSet 对象并且向数据库插入一条记录的过程。

```
/*程序 13-7 使用 JdbcRowSet 访问数据库*/
import java.sql.SQLException;

import javax.sql.rowset.JdbcRowSet;
import javax.sql.rowset.RowSetFactory;
import javax.sql.rowset.RowSetProvider;

public class JdbcRowSetDemo {

    public static void main(String[] args) throws SQLException {
        RowSetFactoryaFactory=RowSetProvider.newFactory();
        JdbcRowSetjdbcRs=aFactory.createJdbcRowSet();
        jdbcRs.setUrl("jdbc:mysql://localhost:3306/bank");
        jdbcRs.setUsername("root");
        jdbcRs.setPassword("123456");
```

```
        jdbcRs.setCommand("select * from tb_account");
        jdbcRs.execute();
        while(jdbcRs.next()){
            System.out.println(jdbcRs.getString("name"));
        }
        jdbcRs.setAutoCommit(false);
        jdbcRs.moveToInsertRow();
        jdbcRs.updateString("id","11");       //注意关键字的值不要和已有记录重复
        jdbcRs.updateString("name","鲁宁");
        jdbcRs.updateInt("balance",100);
        jdbcRs.insertRow();
        jdbcRs.commit();
        jdbcRs.close();
    }
}
```

获得 JdbcRowSet 实例后，继续设置访问数据库的链接属性，并通过 setCommand 方法设置获取数据的语句，最后执行 execute 方法，该方法具体完成以下任务。

(1) 利用设置的 url、username、password 建立到指定数据库的链接。

(2) 执行通过 setCommand 方法设置的查询语句。

(3) 将获得的 ResultSet 对象读取的数据构造 JdbcRowSet 实例。

使用 JdbcRowSet 实例对数据库进行数据的更新和删除，首先利用 absolute、first、last、previous 等方法进行记录的定位，然后执行更新和删除语句，部分代码如下：

```
jdbcRs.absolute(1);                               //定位到第一行
jdbcRs.updateString("name", "丁莉莉");
jdbcRs.updateRow();
```

下面的代码片段演示了删除最后一条记录的方法。

```
jdbcRs.last();
jdbcRs.deleteRow();
```

13.8.3 使用 CachedRowSet 访问数据库

CachedRowSet 提供了对数据库的离线操作，它有两个用来获取数据的方法，一个是类似于 JdbcRowSet 的 execute()，另一个是 populate(ResultSet)。

1. 查询数据

程序 13-8 演示了如何实例化 CachedRowSet 对象以及访问数据库的过程。

```
//程序 13-8 实例化 CachedRowSet 对象以及访问数据库
import java.sql.SQLException;
import javax.sql.rowset.CachedRowSet;
import javax.sql.rowset.RowSetFactory;
import javax.sql.rowset.RowSetProvider;

public class CachedRowsetDemo {
    public static void main(String[] args) throws SQLException {
        RowSetFactoryaFactory=RowSetProvider.newFactory();
        CachedRowSetcrs=aFactory.createCachedRowSet();
```

```
        crs.setUrl("jdbc:mysql://localhost:3306/bank");
        crs.setUsername("root");
        crs.setPassword("123456");
        crs.setCommand("select * from tb_account");
        crs.execute();
        while(crs.next()){
            System.out.println(crs.getString("name"));
        }
    }
}
```

crs 根据设置的 url、username、password 参数去创建一个数据库连接，然后执行查询命令 command，用结果集填充 crs，最后关闭数据库连接。

基于 CachedRowSet 查询数据和 JdbcRowSet 过程基本一致，所不同的只是 CachedRowSet 是离线的数据处理，减轻了数据库服务器端的压力。

2. 更新数据

因为 CachedRowSet 是一个离线的数据处理，所以在进行数据更新处理时，必须重新获得数据库的链接。程序 13-9 演示了如何更新数据。

```
//程序 13-9 利用 CachedRowSet 对象更新数据
import java.sql.Connection;
import java.sql.DriverManager;
import java.sql.SQLException;

import javax.sql.rowset.CachedRowSet;
import javax.sql.rowset.RowSetFactory;
import javax.sql.rowset.RowSetProvider;

public class CachedRowSetUpdateDemo {
    public static void main(String[] args) throws SQLException {
        String url="jdbc:mysql://localhost:3306/bank?user=root&password=
            123456";
        Connection con=DriverManager.getConnection(url);
        RowSetFactoryaFactory=RowSetProvider.newFactory();
        CachedRowSetcrs=aFactory.createCachedRowSet();
        //首先获得一个没有数据的集合
        crs.setCommand("select * from tb_account where id='0'");
        crs.execute(con);
        crs.moveToInsertRow();
        crs.updateString("id", "0");            //注意关键字的值不要和已有记录重复
        crs.updateString("name", "鲁宁 0");
        crs.updateInt("balance", 100);
        crs.insertRow();
        crs.moveToCurrentRow();
        con.setAutoCommit(false);
        crs.acceptChanges();
    }
}
```

和程序 13-8 相比，程序 13-9 首先利用 execute(con)，利用已有的一个链接访问数据库，获取数据填充 csr 实例，moveToInsertRow 方法定位到记录插入行，然后进行插入记录的数

据设置,使用 insertRow 方法结束插入操作,最后再把游标移到当前行。注意一定要遵循这个步骤,否则将抛出异常。

3. 冲突的处理

因为 CachedRowSet 属于离线数据,因此在多用户环境下使用 CachedRowSet 更新数据库时,有可能因为内存中的数据已被其他用户修改而产生冲突。此时更新数据库的方法 acceptChanges 会抛出 SyncProviderException 异常,程序可以捕获产生冲突的原因并手动进行解决。程序 13-10 演示了这个过程。

```
//程序 13-10 利用 CachedRowSet 对象更新数据
import java.sql.Connection;
import java.sql.DriverManager;
import java.sql.SQLException;
import java.sql.Statement;
import javax.sql.rowset.CachedRowSet;
import javax.sql.rowset.RowSetFactory;
import javax.sql.rowset.RowSetProvider;
import javax.sql.rowset.spi.SyncProviderException;
import javax.sql.rowset.spi.SyncResolver;
public class CachedRowSetConflictDemo {
    public static void main(String[] args) throws SQLException {
        String url="jdbc:mysql://localhost:3306/bank? user=root&password=
            123456";
        Connection con=DriverManager.getConnection(url);

        RowSetFactoryaFactory=RowSetProvider.newFactory();
        CachedRowSetcrs=aFactory.createCachedRowSet();
        //下面两条语句是获得一条准备修改的记录填充 crs
        crs.setCommand("select id,name,balance from tb_account where id=
            '26a452b8- 18eb-4704-8f33-aae70b69e61c'");
        crs.execute(con);
        //下面两条语句是直接修改对应的数据库记录中 name 字段的值,
        //造成数据库中记录和 crs 中的数据不一致,形成冲突
        Statement stmt=con.createStatement();
        stmt.executeUpdate("update tb_account set name='测试' where id=
            '26a452b8- 18eb-4704-8f33-aae70b69e61c'");
        //定义用第 1 列的数据作为 crs 中每一行数据的唯一值,类似于关键字的作用
        int[] keys={ 1 };
        crs.setKeyColumns(keys);
        //下面的语句更新 crs 中的第一行数据中的 name 字段的值
        crs.first();
        crs.updateString("name", "丁莉");
        crs.updateRow();
        con.setAutoCommit(false);                //关闭自动提交模式
        try {
            crs.acceptChanges(con);              //提交 crs 的更新,检测冲突
        } catch (SyncProviderExceptionspe) {
            SyncResolver resolver=spe.getSyncResolver();
            //冲突的处理
            Object crsValue;                     //crs 离线数据修改的值
            Object resolverValue;   //SyncResolver 对象中保存的是数据库中已被修改的值
            Object resolvedValue;                //希望最终保存的值
```

```
            while (resolver.nextConflict()) {
                if (resolver.getStatus()==SyncResolver.
                    UPDATE_ROW_CONFLICT) {
                        int row=resolver.getRow();
                        crs.absolute(row);
                        int colCount=crs.getMetaData().getColumnCount();
                        for (int j=1; j<=colCount; j++) {
                            if (resolver.getConflictValue(j)!=null) {
                                crsValue=crs.getObject(j);
                                resolverValue=resolver.getConflictValue(j);
                                resolvedValue=crsValue;
                                resolver.setResolvedValue(j,resolvedValue);
                            }
                        }
                    }
            }
        } finally {
            if (crs!=null){
                crs.close();
            }
            con.setAutoCommit(true);
        }
    }
}
```

程序 13-10 首先利用从数据库获得一个目标记录填充 crs 对象，产生离线数据集，然后利用 Statement 对象 stmt 直接对数据库中目标记录的 name 字段进行修改，模拟制造了一个底层数据和离线数据中不匹配的现象，当 crs 执行 acceptChanges 方法，以便将对 crs 中数据所做的更改写入底层数据源时，如果 acceptChanges 方法完成并检测到一个或多个冲突时，他将抛出一个 SyncProviderException 对象。应用程序可以捕获该异常，并通过调用方法 SyncProviderException 异常对象的 getSyncResolver 方法使它检索 SyncResolver 对象。

SyncResolver 对象是实现了 SyncResolver 接口的一种特殊 CachedRowSet 对象或 JdbcRowSet 对象，它逐行检查冲突。它与同步的 RowSet 对象完全相同，区别在于它仅包含数据源中导致冲突的数据。将所有其他列值都设置为 null。为了从一个冲突值导航到另一个冲突值，SyncResolver 对象提供了方法 nextConflict 和 previousConflict。SyncResolver 接口也提供了一些方法，用于执行以下操作。

(1) 查明冲突是否涉及更新、删除或插入。

(2) 获取数据源中导致冲突的值。

(3) 设置应在数据源中的值(如果它需要更改)或设置应在 RowSet 对象中的值(如果它需要更改)。

SyncResolver 对象通过 getStatus 方法可以获得当前行的冲突类型，冲突类型主要包括 4 种：UPDATE_ROW_CONFLICT、DELETE_ROW_CONFLICT、INSERT_ROW_CONFLICT、NO_ROW_CONFLICT。另外 SyncResolver 对象通过 getConflictValue 方法可以获得造成冲突的当前数据库中的值，程序可以根据冲突的类型，决定将哪一个值最终保存在数据库中。

正是因为冲突的可能性存在,因此这种离线数据操作通常用于数据修改访问不频繁的系统。

13.9 数据源和连接池

前面介绍的获得数据库的连接都是通过构造一个特有的URL,然后利用驱动程序管理器来获得。这种方法和特定数据库绑定过于密切。为了简化这种获得连接的方式,使得程序进一步和外界的数据库的联系降低,JDBC 2.0 版本引入了DataSource接口,它是javax.sql扩展包的一部分。

通过DataSource建立到数据库的连接,只需要提供标准的连接信息。但是JDBC规范并没有提供任何关于DataSource的具体实现,它依赖于各个数据库驱动程序提供商的具体实现。例如,SQL Server提供的JDBC驱动中就有DataSource的实现类SQLServerDataSource。具体通过SQLServerDataSource获得连接的方法如下:

```
SQLServerDataSource ds=new SQLServerDataSource();
ds.setUser("sa");
ds.setPassword("123456");
ds.setServerName("localhost");
ds.setPortNumber(1433);
ds.setDatabaseName("bank");
con=ds.getConnection();
```

创建数据库的连接是一个费时的操作,当一个应用中数据库的操作比较频繁时,如果每次操作都要重新建立连接和关闭,则对应用程序的执行速度带来严重的影响。因此,实践中可以通过使用连接池的技术来改变这种状况。连接池就是一种可重复使用数据库连接的技术,其本质在于把提前建立(一般在程序启动时)的若干个数据库连接对象用一个集合对象管理起来,当程序需要时,从集合中取出一个连接,当程序用完时,再把连接对象送回到集合中。

JDBC定义了连接池的实现规范,但没有提供具体的实现。它依赖于数据库驱动程序提供商的实现,例如下面的代码就利用了SQLServer驱动程序提供的连接池实现。

```
SQLServerConnectionPoolDataSource ds=new SQLServerConnectionPoolDataSource();
PooledConnection pool=ds.getPooledConnection();     //获得连接池
ds.setUser("sa");
ds.setPassword("123456");
ds.setServerName("localhost");
ds.setPortNumber(1433);
ds.setDatabaseName("bank");
con = pool.getConnection();                          //通过连接池获得对象
```

在通过连接池获得连接使用完毕后,调用Connection实例的close方法,并不会真的关闭该链接,而只是将该链接送回了连接池,以便其他程序利用,这种方法可以利用代理技术实现。

一般而言,数据源和连接池总是配合在一起实现的,仅利用数据源技术除了在改善应用程序和数据库的耦合程度上有所改善外,在性能上并没有什么改观,但是一旦结合了连接池技术，则性能上会有很大的提高。

本章小结

本章介绍了如何通过JDBC实现对数据库的访问。通过学习，读者可以了解到基本的JDBC概念，掌握建立到数据库连接的方法，掌握DDL、DML操作在Java程序中的应用。

1. 基本概念

JDBC是Java中用来规范客户端程序如何来访问数据库的应用程序接口，提供了诸如查询和更新数据库中数据的方法。

要想正确地访问数据库，需要事先选择合适的驱动程序，并配置在正确的位置。

2. 基本的数据库访问步骤

完整的一次数据库访问需要加载驱动程序、获得数据库的连接、创建一个可以执行SQL语句的Statement对象，执行相应的SQL语句、对返回值进行处理、依次关闭到数据库的连接。

Connection、Statement及ResultSet实例占据着系统的资源，因此不能长时间占有而不释放。应用程序应当在不需要这些对象时，利用对象的close方法释放它们，否则可能会引起系统资源紧张而导致程序故障。

3. 重要的java.sql包下的接口

(1) Connection：提供创建语句以及管理连接及其属性的方法。

(2) Statement：用于执行不带参数的SQL语句。

(3) PreparedStatement：用于执行带或不带IN参数的预编译SQL语句。

(4) CallableStatement：用于执行对数据库存储过程的调用。

(5) ResultSet：表示数据库结果集的数据表，通常通过执行查询数据库的语句生成，它具有指向其当前数据行的指针，通过移动指针可以迭代结果集。

4. 使用ResultSet对象

默认的ResultSet对象不可更新，可以在Statement对象创建时，指定其生成ResultSet对象的结果集类型和并发类型。

要注意结果集的大小，不要一次性获得包含有大量记录的实例而导致系统出现异常或者性能上受到影响。

利用get方法获得结果集中每一列的值。

5. 事务

处于自动提交模式时，每一个SQL语句被执行完成后就会被自动提交，反映至数据库中，可以利用Connection实例的setAutoCommit方法关闭自动提交，这种情况下，除非明确地使用Connection实例的commit方法提交，否则不会有任何SQL语句提交到数据库执行。

当需要把几条逻辑相关的SQL语句组成一个不可分割的事务一起完整执行时，就需要关闭事务自动提交模式，当所有SQL语句执行完毕后，必须明确地调用提交方法表示事务结束。

保存点是一种将一个事务可以分为几个逻辑片段的技术，当异常发生时，可以根据情况确定回滚的位置。

6. RowSet

RowSet 接口继承并扩展了 ResultSet 的功能，分为连接的和非连接的 RowSet 两种类型。JdbcRowSet 属于连接类型，而 CachedRowSet 是典型的非连接类型。

由于 CachedRowSet 提供了离线数据处理机制，因此当离线数据更新后需要提交到数据库时，需要注意冲突的检测，利用 SyncResolver 对象可以完成这项工作。

7. 数据源和连接池

通过数据源对象也可以获得到数据库的连接。

连接池技术是一项能够极大提升数据库访问性能的技术，其本质是将事先建立好的若干连接存放于集合中，利用代理技术提供连接的获取和释放。

习 题 13

1. 简要介绍 JDBC 技术的作用。

2. 简要说明 Statement、PreparedStatement 和 CallableStatement 三者之间的关系及其主要作用。

3. 如果执行一个 select 语句，应当使用 Statement 实例的哪一个方法？

4. 如果需要对返回的 ResultSet 实例中的记录进行修改，创建 Statement 实例时有什么需要注意的？

5. 当迭代访问一个 ResultSet 实例中的记录时，如何检测是否到达记录尾？

6. 向数据库中增加记录时，有哪几种方法？

7. 如果当前记录中名为 age 的字段，其类型为 int，则该使用何种方法获得其值？如果需要修改其值，则又需要使用什么方法？

8. 事务有什么特性？

9. 保存点技术有什么优点？

10. 在程序中如何使得事务提交模式变为程序提交模式而不是自动提交模式？

11. 运用对象代理技术，构建一个工具类 ConnectionPool，实现下面的要求：

(1) 根据指定的初始连接个数构造连接池。

(2) 提供获得连接的方法 public static Connection getConnection()。

12. 修改前面章节布置的关于银行系统的作业，利用 JDBC 将账户、交易事件等实时保存到数据库中，当客户登录时，从数据库获取账户信息并转化为账户对象，同样地，在查询交易历史时，也需要从数据库中读取并显示出来。

13. 创建一个存储过程，要求能够根据提供的时间范围，返回符合条件的交易记录集。

14. 尝试在第 12 章第 11 题的基础上，将每次对战的结果(对战双方、胜负、时间等)写入数据库中。

第 14 章　用户界面开发

Java 中提供了大量的类用来构建图形用户界面(Graphical User Interface,GUI)来满足人机交互的需要。这些类分别包含在 java.awt 和 javax.swing 两个包内,其中 Swing 相关类是 GUI 编程普遍应用的基础。本章主要介绍如何创建交互界面以及事件响应机制。

学习目标:

(1) 利用 JFrame 创建可定制的应用程序主窗口。

(2) 理解组件和容器的差异,区别顶级容器和中间容器的作用。

(3) 能够灵活应用布局管器组织界面。

(4) 掌握向容器中添加和布局组件以及对组件外观进行修饰。

(5) 理解事件机制,掌握各类监听器的创建、注册和处理。

(6) 掌握基本的图形处理程序开发。

14.1　简　　介

14.1.1　从 AWT 到 Swing

抽象窗口工具包(Abstract Window Toolkit,AWT)是 JDK 提供的图形用户界面工具集,AWT 可用于 Java 的 Applet 和 Application 中。它支持图形用户界面编程的功能包括用户界面组件、事件处理模型、图形和图像工具(包括形状、颜色和字体类)、布局管理器,可以进行灵活的窗口布局而与特定窗口的尺寸和屏幕分辨率无关。数据传送类可以通过本地平台的剪贴板进行剪切和粘贴操作。

但 AWT 也存在一定的问题。AWT 设计的初衷是支持开发小应用程序的简单用户界面,缺少剪贴板、打印支持、键盘导航等特性,而且早期的 AWT 甚至不包括弹出式菜单或滚动窗格等基本元素。此外 AWT 还存在着严重的缺陷,不适应基于继承的,具有很大伸缩性的事件模型,基于 Peer(对等体)控件的体系结构,导致高度依赖操作系统自身所具备的绘图机制,也成为其致命的弱点。

在 Java 1.1 中,包 java.awt 提供了创建 GUI 程序所需的类(如 Button 和 Frame 等),但在 Java 1.2 中,引入了 Java Foundatin Class,即 JFC 图形框架,JFC 主要由 AWT、Swing 以及 Java 2D 等技术构成。

Swing 组件几乎都是轻量级组件,例如按钮类 JButton、文本输入框 JTextField。Swing 将对主机控件的依赖性降至了最低。实际上,Swing 只为窗口和框架这样的顶层组件使用对等体。大部分组件(JComponent 及其子类)都是使用纯 Java 代码来模拟的,而不依赖操作系统的支持,这是它与 AWT 组件的最大区别。Swing 在不同的平台上表现一致,并且有能力提供本地窗口系统不支持的其他特性。

Swing 采用了一种 MVC 的设计模式,即模型-视图-控制(Model-View-Controller)模

式,其中模型用来保存定义组件的数据,视图用来显示组件,其观感由组件的数据控制,控制器用来响应用户和组件的交互。Swing组件的视觉效果是由边框、边距、窗口装饰等通用元组组合起来的。Swing提供了可编程的渲染模型,使用户可以通过代码,指定边框、颜色、背景、透明度等属性。Swing外观感觉采用可插入的外观感觉(Pluggable Look and Feel, PL&F),在AWT组件中,由于控制组件外观的对等类与具体平台相关,使得AWT组件总是只有与本机相关的外观。Swing使得程序在一个平台上运行时能够有不同的外观。用户可以选择自己习惯的外观。

Swing胜过AWT的主要优势在于MVC体系结构的普遍使用。MVC是现有的编程语言中制作图形用户界面的一种通用的思想,其思路是把数据的内容本身和显示方式分离开,这样就使得数据的显示更加灵活多样。例如,某年级各个班级的学生人数是数据,则显示方式是多种多样的,可以采用柱状图显示,也可以采用饼状图显示,也可以采用直接的数据输出,因此在设计的时候就考虑把数据和显示方式分开,对于实现多种多样的显示是非常有帮助的。

为了简化组件的设计工作,在Swing组件中视图和控件两部分合为一体。每个组件有一个相关的分离模型和它使用的界面(包括视图和控件)。例如,按钮类JButton有一个存储其状态的分离模型ButtonModel对象。组件的模型是自动设置的,例如一般都使用JButton而不是使用ButtonModel对象。另外,通过Model类的子类或通过实现适当的接口,可以为组件建立自己的模型。把数据模型与组件联系起来用setModel( )方法。

14.1.2 创建第一个Swing窗口

应用Swing的窗口类,显示一个窗口的过程非常简单,方法就是创建JFrame的一个实例,设置该实例(窗口)的各类属性,最后显示这个窗口对象,如程序14-1所示。

```
//程序 14-1:创建一个 Swing 的窗口
import javax.swing.JButton;
import javax.swing.JFrame;
import javax.swing.UIManager;
public class FirstSwingApp {
    public static void main(String[] args) {
        //创建一个顶层容器并设置其标题为 FirstSwingApp。
        JFrame frame=new JFrame("FirstSwingApp");
        frame.add(new JButton("OK"));          //向窗口中增加一个按钮
        //设置窗口中右上角的关闭按钮图标的默认操作事件是关闭程序
        frame.setDefaultCloseOperation(JFrame.EXIT_ON_CLOSE);
        frame.setSize(600, 400);               //设置窗口对象的尺寸
        //让窗口对象自行决定以最合适的方式显示窗口,并不依赖前面定义的尺寸
        frame.pack();
        frame.setVisible(true);                //最后,让窗口对象可见
    }
}
```

创建一个窗口对象是通过创建一个JFrame及其子类的对象而实现的。JFrame提供了一个带有标题、边框和基本事件响应的顶层容器,它的继承层次如图14-1所示。

Component类是所有组件类的根类,它定义了所有组件所拥有的基本属性和方法,Container类则进一步增加了包含其他组件并对组件集进行管理的能力,Window对象是一个

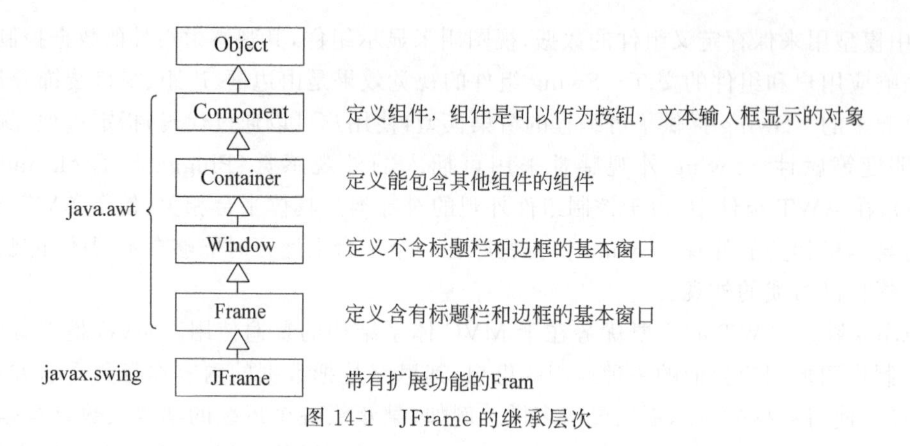

图 14-1　JFrame 的继承层次

没有边界和菜单栏的顶层窗口,可以处理用户和窗口之间的交互事件,Frame 添加了一个窗口所应具备的标题和边框等元素,而 JFrame 则符合 JFC/Swing 组件架构,扩展了 Frame 的功能。

程序 14-1 功能很简单,只能实现窗口的移动、缩放窗口的尺寸,可以单击右上角的关闭按钮来关掉窗口,还可以单击中间的 OK 按钮(不过没有什么响应),除此之外,并没有什么实际的价值,要想实现真正的应用,还需要进一步了解有关 Swing 程序的构成和规则。

14.2　容器和基本组件

Component(组件)代表一种可以显示在屏幕上的图形元素,也是一种能与用户进行交互的 Java 对象,例如按钮、标签等。组件不能独立地显示出来,必须将组件放在一定的容器中才可以显示出来。Container(容器)类继承于 Component 类,其本身及其子类可以容纳其他组件对象。

14.2.1　Swing API

图 14-2 显示了以 Component 为根的部分类层次。

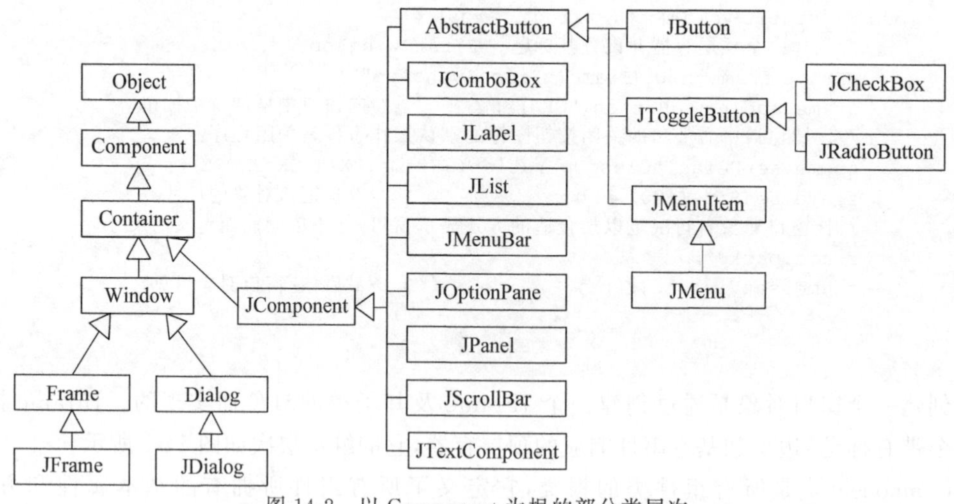

图 14-2　以 Component 为根的部分类层次

Swing 包是 JFC(Java Foundation Classes)的一部分,由许多包组成,如表 14-1 所示。

表 14-1　Swing 包(部分)

包	描　述
javax.swing	提供一组"轻量级"(全部是 Java 语言)组件,尽量让这些组件在所有平台上的工作方式都相同
javax.swing.border	提供围绕 Swing 组件绘制特殊边框的类和接口
javax.swing.colorchooser	包含供 JColorChooser 组件使用的类和接口
javax.swing.event	供 Swing 组件触发的事件使用
javax.swing.filechooser	包含 JFileChooser 组件使用的类和接口
javax.swing.plaf 及子包	提供一个接口和许多抽象类,Swing 用它们来提供自己的可插入外观功能
javax.swing.table	提供用于处理 javax.swing.JTable 的类和接口
javax.swing.text 及子包	提供各类文本编辑器的支持类
javax.swing.tree	提供处理 javax.swing.JTree 的类和接口

Swing 有很多组件,这些组件从功能上分为以下几类。

(1) 顶层容器: JFrame、JApplet、JDialog 和 JWindow。

(2) 中间容器: JPanel、Box、JScrollPane、JSplitPane 和 JToolBar。

(3) 特殊容器: 在 GUI 上起特殊作用的中间层,例如 JInternalFrame、JLayeredPane 和 JRootPane。

(4) 基本控件: 实现人机交互的组件,例如 JButton、JComboBox、JList、JMenu、JSlider、JTextField 等。

(5) 不可编辑信息的显示: 向用户显示不可编辑信息的组件,例如 JLabel、JProgressBar、JToolTip 等。

(6) 可编辑信息的显示: 向用户显示能被编辑的格式化信息的组件,例如 JColorChooser、JFileChoose、JFileChooser、JTable 、JTextArea 等。

由于 Swing 组件都是把 JComponent 作为基类,决定了这些组件都具备一些基本的功能。

(1) 颜色设置。可以使用 setBackground 和 setForeground 方法来设置组件的背景色和前景色,例如下面的语句将按钮对象的背景色设置为蓝色。

```
btnOK.setBackground(Color.BLUE);
```

(2) 边框设置。使用 setBorder 方法可以设置组件外围的边框,使用一个 EmptyBorder 对象能在组件周围留出空白,下面的语句设置按钮的边框为指定的红色。

```
btnOK.setBorder(BorderFactory.createLineBorder(Color.RED));
```

(3) 双缓冲区。使用双缓冲技术能改进频繁变化的组件的显示效果。与 AWT 组件不同,JComponent 组件默认双缓冲区,不必自己重写代码。如果想关闭双缓冲区,可以在组件上施加 setDoubleBuffered(false)方法。

(4) 提示信息。使用 setTooltipText 方法,为组件设置对用户有帮助的提示信息,当鼠标移向组件时,稍后会出现这个定义的提示信息。

```
btnOK.setToolTipText("Hi,这是一个按钮");
```

(5) 键盘导航。使用 registerKeyboardAction 方法,能使用户用键盘代替鼠标来驱动组件。JComponent 类的子类 AbstractButton 还提供了便利的方法——用 setMnemonic 方法指定一个字符,通过这个字符和一个当前 L&F(look and feel,观感)的无鼠标修饰符(通常是 Alt)共同激活按钮动作。

```
btnOK.setMnemonic(KeyEvent.VK_O);
```

(6) 可插入 L&F。每个 JComponent 对象有一个相应的 ComponentUI 对象,为它完成所有的绘画、事件处理、决定尺寸大小等工作。ComponentUI 对象依赖当前使用的 L&F,用 UIManager 类的 setLookAndFeel 方法可以设置需要的 L&F。

(7) 支持布局。通过设置组件最大、最小、推荐尺寸的方法和设置 X、Y 对齐参数值的方法能指定布局管理器的约束条件,为布局提供支持。

14.2.2 设计主窗口

可以作为容器的类很多,但是能够作为顶级容器控制整个界面的只有 JFrame 等 4 个,而这 4 个顶级容器中,JApplet 类主要开发用于浏览器中的 applet 小程序,而 JWindow 没有标题栏、窗口管理按钮或者其他与 JFrame 关联的修饰,并不适合做主窗口,JFrame 对象是用来代表应用程序主窗口的最佳选择,JDialog 通常需要一个 JFrame 对象来构造。

创建一个主窗口的过程可以像程序 14-2 一样很简单。

```
//程序 14-2:一个简单的主窗口类
import javax.swing.JFrame;
public class MyFirstSwingApp extends JFrame {
    public MyFirstSwingApp(String title,intwidth,int height)  {
        super(title);                          //调用父类构造方法,同时设置窗口标题
        //设置窗口的显示尺寸
        this.setSize(width, height);
        //设置窗口的关闭动作为关闭整个程序
        this.setDefaultCloseOperation(JFrame.EXIT_ON_CLOSE);
        //一般在构造方法中组织自己的主界面显示
    }
    public static void main(String[] args){
        MyFirstSwingApp app=new MyFirstSwingApp("我的第一个 Swing 窗口",600,400);
        app.setVisible(true);
    }
}
```

和程序 14-1 相比,这个程序在功能上没有什么变化,本质的变化是程序 14-2 中声明了一个 JFrame 的子类 MyFirstSwingApp 作为创建的窗口对象类型,更符合面向对象的思想,也是界面程序设计的一般过程,创建一个主窗口类用来管理初始界面,不同的 GUI 程序有不同的主窗口类。

14.2.3 添加组件到窗口

准确地说，并不是添加组件到窗口，而是添加组件到 JFrame 窗口管理的一个 Window Pane(窗口窗格)中，通常这是一个被称为 Content Pane(内容窗格)的窗口窗格，图 14-3 显示了 JFrame 管理的几个窗口窗格之间的关系。

图 14-3 JFrame 管理的几个窗口窗格之间的关系

通过图 14-3 可以看到一个类型为 JLayeredPane 的对象管理着菜单栏和内容窗格对象，在内容窗格覆盖的区域可以添加组件或者绘图。

下面的程序代码是程序 14-2 的改进，显示了如何将一个按钮添加到内容窗格中。

```
//程序 14-3:添加一个按钮组件到内容窗格中
import javax.swing.JButton;
import javax.swing.JFrame;
public class MyFirstSwingApp2 extends JFrame {
    public MyFirstSwingApp2(String title,intwidth,int height)  {
        super(title);                          //调用父类构造方法,同时设置窗口标题
        //设置窗口的显示尺寸
        this.setSize(width, height);
        //设置窗口的关闭动作为关闭整个程序
        this.setDefaultCloseOperation(JFrame.EXIT_ON_CLOSE);
        //一般在构造方法中组织自己的主界面显示,这里调用初始化方法 init()
        init();
    }
    private void init(){
        JButtonbtnOK=new JButton("Ok");        //创建一个按钮对象
        this.add(btnOK);                  //将按钮对象 btnOK 添加到当前窗口的内容窗口中
    }
    public static void main(String[] args){
        MyFirstSwingApp2 app=new MyFirstSwingApp2("我的第一个 Swing 窗口",600,400);
        app.setVisible(true);
    }
}
```

和程序 14-2 相比，程序 14-3 则多了一个私有的方法 init，其主要功能就是将一个按钮组件对象添加到了内容窗格中。在 init 方法中：

```
JButtonbtnOK=new JButton("Ok");
```

上述语句创建了一个显示文本为“OK”的按钮对象，然后，

```
this.add(btnOK);
```

上述语句是将这个按钮对象增加到了当前窗口的内容窗格中，以后就由内容窗格来管理这个按钮。

如果需要添加更多的组件到窗口，需要理解一些特别的概念，例如布局管理器，它决定了类似按钮的组件是如何被显示出来的。例如运行上面的程序显示结果，可以清楚地看到，出现的按钮并不符合通常对按钮的认识。

14.2.4 按钮 JButton

JButton 类允许用图标、字符串或两者同时构造一个按钮。其主要的构造方法如下：

```
JButton()                                  //创建不带有设置文本或图标的按钮
JButton(Icon icon)                         //创建一个带图标的按钮
JButton(String text)                       //创建一个带文本的按钮
JButton(String text,Icon icon)             //创建一个带初始文本和图标的按钮
```

下面的代码是一个带有图标的按钮的创建过程。

```
ImageIconbuttonIcon=new ImageIcon("on.gif");
JButtonbtnLogin=new JButton("登录(L)", buttonIcon);
btnLogin.setMnemonic(KeyEvent.VK_L);
```

14.2.5 标签 JLabel

JLabel 对象可以显示文本、图像或同时显示二者。其主要的构造方法如下：

```
JLabel()                               //创建无图像并且其标题为空字符串的 JLabel
JLabel(Icon image)                     //创建具有指定图像的 JLabel 实例
//创建具有指定图像和水平对齐方式的 JLabel 实例
JLabel(Icon image, int horizontalAlignment)
JLabel(String text)                    //创建具有指定文本的 JLabel 实例
//创建具有指定文本、图像和水平对齐方式的 JLabel 实例
JLabel(String text, Icon icon, int horizontalAlignment)
//创建具有指定文本和水平对齐方式的 JLabel 实例
JLabel(String text, int horizontalAlignment)
```

下面的代码是一个带有图标的标签的创建过程。

```
ImageIconicon=new ImageIcon("on.gif");
JLabellblUser=new JLabel ("用户名", icon,SwingConstants.LEFT);
```

其中，SwingConstants 中定义的 LEFT、CENTER、RIGHT、LEADING 或 TRAILING 常量用于指定组件的对齐方式。

14.2.6 文本组件

文本组件是以 JTextComponent 为基类，其主要类的层次结构如图 14-4 所示。

1. 单行文本输入框 JTextField

JTextField 是一个轻量级组件，它允许编辑单行文本，主要构造方法如下：

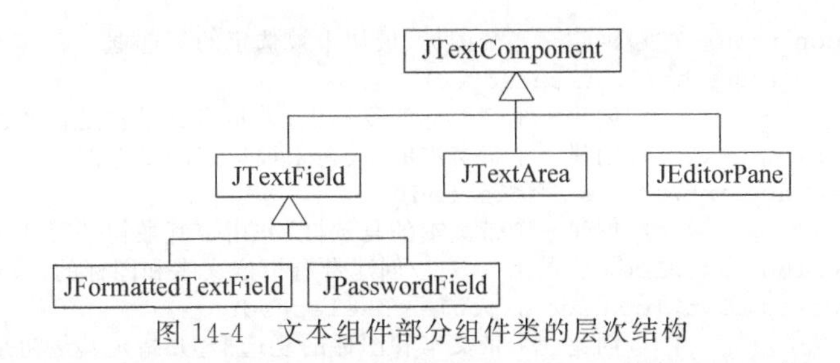

图 14-4 文本组件部分组件类的层次结构

```
JTextField()                                //构造一个新的 TextField。
JTextField(Document doc,String text,int columns)
                         //构造一个新的 JTextField,它使用给定文本存储模型和给定的列数
JTextField(int columns)                     //构造一个具有指定列数的新的空 TextField
JTextField(String text)                     //构造一个用指定文本初始化的新 TextField
JTextField(String text,int columns)         //构造一个用指定文本和列初始化的新 TextField
```

获得一个文本输入框中已有的文本内容的方法如下：

```
public String getText()                       //获取组件包含的文本
public String getText(int offs,intlen)        //获取组件包含的文本部分(由偏移量和长度决定)
public String getSelectedText()               //返回此 TextComponent 中包含的选定文本
```

2. 多行纯文本编辑框 JTextArea

JTextArea 是一个显示纯文本的多行区域,其主要构造方法如下：

```
JTextArea()                                 //构造新的 TextArea
JTextArea(int rows,int columns)             //构造具有指定行数和列数的新的空 TextArea
JTextArea(String text)                      //构造显示指定文本的新的 TextArea
JTextArea(String text,int rows,int columns)
                                            //构造具有指定文本、行数和列数的新的 TextArea
```

3. 密码输入框 JPasswordField

JPasswordField 是一个轻量级组件,允许编辑单行文本,其视图指示键入内容,但不显示原始字符,其主要构造方法如下：

```
JPasswordField()                        //构造一个新 JPasswordField
JPasswordField(int columns)             //构造一个具有指定列数的新的空 JPasswordField
JPasswordField(String text)             //构造一个利用指定文本初始化的新 JPasswordField
JPasswordField(String text,int columns)
                                     //构造一个利用指定文本和列初始化的新 JPasswordField
```

设置输入字符的回显字符的方法如下：

```
public void setEchoChar(char c)
```

14.2.7 选择性输入组件

1. JCheckBox

复选框是一个可以被选定和取消选定的项,它将其选择状态显示给用户。其主要构造方法如下：

```
JCheckBox(Icon icon)    //创建有一个图标、最初未被选定的复选框
JCheckBox(Icon icon, boolean selected)
                        //创建一个带图标的复选框,并指定其最初是否处于选定状态
JCheckBox(String text) //创建一个带文本的、最初未被选定的复选框
JCheckBox(String text,boolean selected)
                        //创建一个带文本的复选框,并指定其最初是否处于选定状态
JCheckBox(String text,Icon icon)       //创建带有指定文本和图标的、最初未选定的复选框
JCheckBox(String text,Icon icon, boolean selected)
                        //创建一个带文本和图标的复选框,并指定其最初是否处于选定状态
```

判断一个复选框是否被选中的方法如下:

```
public booleanisSelected()  //返回按钮的状态。如果选定了切换按钮,则返回 true,否则
                            //返回 false
```

2. JRadioButton

JRadioButton 实现一个单选按钮,一般和 ButtonGroup 对象结合,实现多选一的目标。程序 14-4 是一个对应的程序,可以用来理解这个过程。

```
//程序 14-4:JRadioButton 的使用
import javax.swing.ButtonGroup;
import javax.swing.JFrame;
import javax.swing.JPanel;
import javax.swing.JRadioButton;

public class RadioDemo  extends JFrame {
    public RadioDemo(String title,intwidth,int height)  {
        super(title);
        this.setSize(width, height);
        this.setDefaultCloseOperation(JFrame.EXIT_ON_CLOSE);
        this.setContentPane(new JPanel());
        init();
    }
    private void init(){
        JRadioButton rdb1=new JRadioButton("rdb1");
        JRadioButton rdb2=new JRadioButton("rdb2");
        JRadioButton rdb3=new JRadioButton("rdb3");
        //下面将 3 个按钮加入一个组中,而剩余两个没有加入
        ButtonGroupbg=new ButtonGroup();
        bg.add(rdb1);
        bg.add(rdb2);
        bg.add(rdb3);
        JRadioButton rdb4=new JRadioButton("rdb4");
        JRadioButton rdb5=new JRadioButton("rdb5");
        //每个按钮依然需要添加到内容窗格中,ButtonGroup 不是一个组件类
        this.add(rdb1);
        this.add(rdb2);
        this.add(rdb3);
        this.add(rdb4);
        this.add(rdb5);
    }
    public static void main(String[] args){
        RadioDemo app=new RadioDemo("RadioDemo",600,400);
```

```
        app.setVisible(true);
    }
}
```

ButtonGroup 只是对 JRadioButton 进行了逻辑分组，例如程序 14-4 中的 rdb1、rdb2 和 rdb3，加入 ButtonGroup 中的按钮在逻辑上成为一组，可以实现多选一的效果。而 rdb4 和 rdb5 由于是独立的，所以两个按钮的状态互不影响，另外，在显示 JRadioButton 对象方面，仍需主动将按钮对象添加到相应的容器中。

14.2.8　列表 JList

JList 用来显示对象列表并且允许用户选择一个或多个项的组件。其关联的 ListModel 类用于维护列表的内容。

1. 构造方法

```
JList()                           //构造一个具有空的、只读模型的 JList
JList(ListModeldataModel)         //根据指定的非 null 模型构造一个显示元素的 JList
JList(Object[] listData)          //构造一个 JList,使其显示指定数组中的元素
JList(Vector<? >listData)         //构造一个 JList,使其显示指定 Vector 中的元素
```

下面的代码片段显示了如何利用一个数组来构造一个列表。

```
String[] data={"one","two","three","four"};
JListmyList=new JList(data);
myList.setBorder(BorderFactory.createEtchedBorder());     //设置 myList 的边框
```

2. 设置选择模式

一个 JList 的默认选择模式是任意选择，通过调用对象的 setSelectionMode 方法可以修改选择模式，例如：

```
myList.setSelectionMode(ListSelectionModel.SINGLE_SELECTION);     //单选模式
```

通过修改参数，可以设置如下：

(1) ListSelectionModel.SINGLE_INTERVAL_SELECTION：一次只能选择一个连续的索引范围。

(2) ListSelectionModel.MULTIPLE_INTERVAL_SELECTION：在此模式中，不存在对选择的限制，此模式是默认设置。

3. 获得选择的数据

public int getSelectedIndex()：返回最小的选择单元索引。当只选择了列表中单个项时，返回该选择；选择了多项时，则只返回最小的选择索引；如果什么也没有选择，则返回−1。对应地，public ObjectgetSelectedValue()可以获得所选的对象。

public int[] getSelectedIndices()：所选的全部索引(按升序排列)；如果什么也没有选择，则返回一个空数组。对应的 public Object[] getSelectedValues()返回所有选择值的数组。

4. 利用 ListSelectionModel 管理选择数据

可以利用一个独立的 ListSelectionModel 对象管理 JList 组件的当前选择状态，该对象显示一个具有稳定索引的值列表。可以用下面的方法得到这个选择模型。

```
public ListSelectionModelgetSelectionModel()
```

5. 利用 ListModel 设置和获取 JList 对象的值

ListModel 接口定义了 JList、JComboBox 等组件用于获取列表中每个单元格的值以及列表长度的一些通用方法。DefaultListModel 是它的实现类，动态维护着 JList 的列表值。其中向模型中添加元素的方法如下：

```
public void addElement(Object obj)          //将指定组件添加到此类表的末尾
```

从模型中删除指定元素的方法如下：

```
public void removeElementAt(int index)       //删除指定索引处的组件
```

程序 14-5 显示了增加和删除列表数据的功能实现。

```
/**
 * 程序 14-5:向列表中追加数据的程序
 * ListDemo 窗口实现的 ActionListener 接口,使得自己可以监听到单击按钮的动作
 * 测试程序时,每次只能创建一个按钮,将另外一个按钮注释掉,具体原因,参考事件机
 * 制部分的内容
 * */
import java.awt.event.ActionEvent;
import java.awt.event.ActionListener;

import javax.swing.BorderFactory;
import javax.swing.DefaultListModel;
import javax.swing.JButton;
import javax.swing.JFrame;
import javax.swing.JList;
import javax.swing.JPanel;
import javax.swing.ListSelectionModel;

public class ListDemo extends JFrame implements ActionListener{
    JListmyList;
    DefaultListModeldata;
    int count;
    public ListDemo(String title,intwidth,int height)  {
        super(title);
        this.setSize(width, height);
        this.setDefaultCloseOperation(JFrame.EXIT_ON_CLOSE);
        this.setContentPane(new JPanel());
        init();

    }
    private void init(){
        data=new DefaultListModel();
        //首先增加 20 个元素到列表中供初始化使用
        for(int i=0;i<20;i++){
            data.addElement(i);
        }
        myList=new JList(data);
        myList.setBorder(BorderFactory.createEtchedBorder());
        this.add(myList);
```

```
        JButtonbtnCommand=new JButton("增加元素");
        //JButtonbtnCommand=new JButton("删除选中的元素");
        /* 按钮将当前窗口作为自己被单击时的处理者,当事件发生时自动执行后面的
            actionPerformed 方法 */
        btnCommand.addActionListener(this);
        this.add(btnCommand);
    }
    public static void main(String[] args) {
        ListDemo app=new ListDemo("ListDemo",600,400);
        app.setVisible(true);
    }
    //实现 ActionListener 接口定义的方法,定义了单击按钮时的功能
    public void actionPerformed(ActionEvent e) {
        //以下代码对应增加元素的按钮
        data.addElement(count);
        count++;
        //以下代码段对应删除选中的元素按钮
        //Object[] si=myList.getSelectedValues();     //获得所有被选择的元素
        //for(Object obj:si){
        //data.removeElement(obj);                  //从列表数据模型中删除指定的元素
        //}
        //myList.clearSelection();                  //清除已有的选择
    }
}
```

14.2.9 表格 JTable

JTable 用来显示和编辑常规二维单元表,其构造过程和基本功能类似于 JList。

1. 构造方法

(1) JTable():用于构造一个默认的 JTable,并使用默认的数据模型、默认的列模型和默认的选择模型对其进行初始化。

(2) JTable(int numRows, int numColumns):用于使用 DefaultTableModel 构造具有 numRows 行和 numColumns 列个空单元格的 JTable。

(3) JTable(Object[][] rowData, Object[] columnNames):用于构造一个 JTable 来显示二维数组 rowData 中的值,其列名称为 columnNames。

(4) JTable(TableModel dm):用于构造一个 JTable,并使用数据模型 dm、默认的列模型和默认的选择模型对其进行初始化。

(5) JTable(TableModel dm, TableColumnModel cm):用于构造一个 JTable,并使用数据模型 dm、列模型 cm 和默认的选择模型对其进行初始化。

(6) JTable(TableModel dm, TableColumnModel cm, ListSelectionModelsm):用于构造一个 JTable,并使用数据模型 dm、列模型 cm 和选择模型 sm 对其进行初始化。

(7) JTable(Vector rowData, Vector columnNames):用于构造一个 JTable 来显示 Vector 所组成的 Vector rowData 中的值,其列名称为 columnNames。

通过分析 JTable 的构造方法可以看出,表格显示所需的数据可以放在不同类型的数据结构中,实际中,往往创建一个自定义的表格模型来管理表格数据。

2. 表格模型

创建一个自定义的表格模型可以继承 DefaultTableModel 或者继承 AbstractTableModel。DefaultTableModel 使用一个 Vector 来存储单元格的值对象，并提供了对列和行数据进行操作的方法，该对象的变化将会直接反映到表格视图中，而 AbstractTableModel 没有指定数据的存储方式，而且对象变化并不会主动通知监听器，但提供了编程的灵活实现，自由度较大。

为了演示 JTable 数据模型的实现，下面对前面用到的 Transaction 类做了部分修改，如程序 14-6 的 Transaction 类所示，该类的关键有两个地方。

(1) 定义了一个字符串类型的数组 columnModel，其中元素将被用来作为表格的列名显示。

(2) 提供了一个通过下标访问对象每个属性的方法 get(int)。

```
/**
 *  程序 14-6a:Transaction
 *  添加了供表格显示列名的内容和利用下标访问对象数据的方法,其余的每个属性
 *  的 getter 和 setter 方法需要读者自己添加
 **/
public class Transaction {
    private String account;
    private String type;                                 //业务类型
    private double amount;                               //交易金额
    private double balance;                              //交易后的余额
    private String occurTime;                            //交易发生时间
    private boolean status;                              //交易状态
    //此数组用于提供表格的列名
    public static  final String[] columnModel={"账号","交易类型","交易金额","交
        易后余额","交易时间","交易状态"};

    public Transaction(String account,StringoccurTime,String type,double
        amount,double balance,boolean status) {
        super();
        this.account=account;
        this.type=type;
        this.amount=amount;
        this.balance=balance;
        this.occurTime=occurTime;
        this.status=status;
    }

    //模拟用下标访问对象的每个属性值
    public Object get(int i){
        Object retuval=null;
        switch(i){
            case 0:
                retuval=this.account;
                break;
            case 1:
                retuval=this.type;
                break;
            case 2:
                retuval=this.amount;
                break;
```

```
            case 3:
                retuval=this.balance;
                break;
            case 4:
                retuval=this.occurTime;
                break;
            case 5:
                retuval=this.status;
                break;
                default:
                retuval=null;
        }
        return retuval;
    }
    //添加必要的构造方法、每个属性的 getter 和 setter 方法以及其他方法。
}
```

基于 Transaction 类,定义一个包容交易数据的表格模型 TransactionTableModel。具体化一个 TableModel 的关键在于以下几点。

(1) 要至少实现以下几个方法。

① 返回该模型中的行数:

```
public int getRowCount();
```

② 返回该模型中的列数:

```
public int getColumnCount();
```

③ 返回 column 和 row 位置的单元格值:

```
public Object getValueAt(int row, int column);
```

④ 返回 columnIndex 位置的列的名称:

```
StringgetColumnName(int columnIndex);
```

(2) 要处理当表格模型关联的数据发生变化时,通知监听器。

程序 14-6 中 TransactionTableModel 类的 add 方法显示,当向关联的集合 trans 增加了一个新对象后,利用 fireTableRowsInserted 方法通知监听器集合里对象变化的范围,以便表格重新显示数据。

```
//程序 14-6b:表格模型 TransactionTableModel
import java.util.ArrayList;
import java.util.List;
import javax.swing.table.AbstractTableModel;

public class TransactionTableModel extends AbstractTableModel {
    private List<Transaction> trans=new ArrayList<Transaction>();

    public TransactionTableModel() {
        //注意在 Transaction 类中添加对应的构造方法
        trans.add(new Transaction("001","2022-04-10","deposit",100,10100,
            true));
```

```
        trans.add(new Transaction("003", "2022-04-10","deposit",100,10200,
            true));
        trans.add(new Transaction("002", "2022-04-10","withdraw",100,10100,
            true));

    }
    //返回表格显示所需的列名
    public String getColumnName(int column) {
        return Transaction.columnModel[column];
    }
    //向集合中增加一行数据,需要通知监听器哪一行发生了变化
    public void add(Transaction tran) {
        this.trans.add(tran);
        //通知表格重新显示
        this.fireTableRowsInserted(trans.size()-1,trans.size()-1);
    }
    //表格的总列数
    public int getColumnCount() {
        return 6;
    }
    //表格的总行数
    public int getRowCount() {
        return trans.size();
    }
    //表格的某一单元格的内容,注意这里用到了 Transaction 中的 get(index)方法
    public Object getValueAt(int rowIndex, int columnIndex) {
        Transaction t=trans.get(rowIndex);
        return t.get(columnIndex);
    }
}
```

3. 添加表格对象到容器中

下面的代码将一个基于 TransactionTableModel 表格数据模型的 JTable 对象添加到了一个 JPanel 容器中。

```
//程序 14-6c:表格 Panel
import java.awt.BorderLayout;
import java.awt.Color;
import java.awt.event.ActionEvent;
import java.awt.event.ActionListener;
import javax.swing.JButton;
import javax.swing.JPanel;
import javax.swing.JScrollPane;
import javax.swing.JTable;
import javax.swing.table.DefaultTableCellRenderer;
import javax.swing.table.TableColumn;
import javax.swing.table.TableRowSorter;
public class TransactionPanel extends JPanel implements ActionListener {
    private TransactionTableModeldb;
    public TransactionPanel () {
        super();
        this.setLayout(new BorderLayout());
        //实际中可以从数据库或者文件中获得真正的数据
```

```
        this.db=newTransactionTableModel();
        JTable table=new JTable(this.db);
        TableRowSorter sorter=new TableRowSorter(db);
        table.setRowSorter(sorter);
        TableColumn col=table.getColumn("交易状态");     //获得列对象
        col.setPreferredWidth(50);                     //设置该列的显示宽度
        //下面定义了一个对状态列内容输出时的新的呈现,利用了匿名类定义的方法
        DefaultTableCellRendererstatusColumnRenderer=new
            DefaultTableCellRenderer() {
            public void setValue(Object value) {
                Boolean cv=(Boolean)value;
                setBackground(cv ? Color.WHITE: Color.red);
                setText(cv ?"Y" : "N");
            }
        };
        //列对象关联到单元格的呈现对象
        col.setCellRenderer(statusColumnRenderer);
        JScrollPanescrollpane=new JScrollPane(table);
        this.add(scrollpane);
        JButtonbtnAdd=new JButton("add");
        this.add(btnAdd, BorderLayout.SOUTH);
        btnAdd.addActionListener(this); }
        //当单击按钮时,向表格模型中添加一条记录,同时表格会显示此行数据
        public void actionPerformed(ActionEvent e) {
            db.add(new Transaction("00x", "2022-04-10", "deposit", 100, 10200,
                true));
        }
}

//程序 14-6d:主窗口类
import javax.swing.JFrame;
public class TransactionPanelDemo extends JFrame {
    public TransactionPanelDemo(String title, int width, int height) {
        super(title);                          //调用父类构造方法,同时设置窗口标题
        //设置窗口的显示尺寸
        this.setSize(width, height);
        //设置窗口的关闭动作为关闭整个程序
        this.setDefaultCloseOperation(JFrame.EXIT_ON_CLOSE);
        //一般在构造方法中组织自己的主界面显示
        this.add(new TransactionPanel());
    }
    public static void main(String[] args) {
        TransactionPanelDemo app=new TransactionPanelDemo("TransactionPanel
            示例", 600, 400);
        app.setVisible(true);
    }
}
```

程序中 table 对象首先被添加到一个带滚动条的 JScrollPane 类型的容器组件中,并且利用 TableRowSorter 对象为此表格数据添加了行排序的功能。程序 14-6 的运行界面如图 14-5 所示。

如果需要表格提供单元格编辑、表格行或表格列操作等特殊行为,上述程序演示了利用

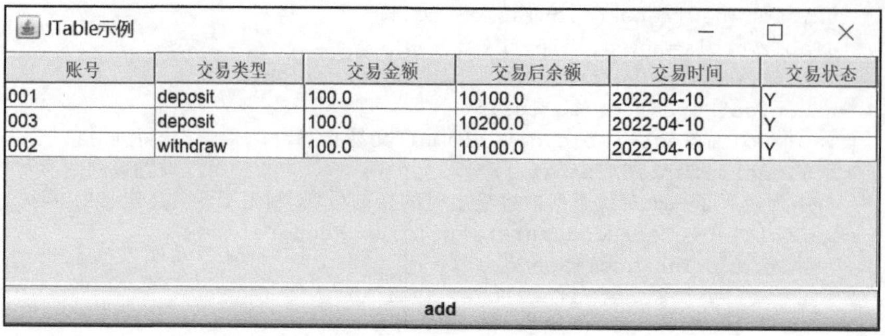

账号	交易类型	交易金额	交易后余额	交易时间	交易状态
001	deposit	100.0	10100.0	2022-04-10	Y
003	deposit	100.0	10200.0	2022-04-10	Y
002	withdraw	100.0	10100.0	2022-04-10	Y

图 14-5　JTable 示例

getColumn 方法获得一个列对象,进而定义了一个表格单元渲染器负责对特殊的单元显示效果进行控制。

14.2.10　添加菜单到窗口

菜单栏并不被添加到内容窗格中,而是有自己的固定位置,因此添加菜单到窗口有自己的方法。首先,创建一个 JMenuBar 菜单栏对象,将创建的菜单 JMenu 对象按顺序追加到 JMenuBar 对象中,而菜单项 JMenuItem 则按顺序逐个追加到对应的 JMenu 对象中,最后用 setJMenuBar 方法将 JMenuBar 对象设置为当前窗口的菜单栏。程序 14-7 显示了一个窗口的菜单设置过程。

```
//程序 14-7:菜单程序
import java.awt.event.InputEvent;
import java.awt.event.KeyEvent;
import javax.swing.JFrame;
import javax.swing.JMenu;
import javax.swing.JMenuBar;
import javax.swing.JMenuItem;
import javax.swing.JPanel;
import javax.swing.KeyStroke;

public class MenuDemo extends JFrame {
    public MenuDemo(String title,intwidth,int height)  {
        super(title);
        this.setSize(width, height);
        this.setDefaultCloseOperation(JFrame.EXIT_ON_CLOSE);
        this.setContentPane(new JPanel());
        initMenu();
    }
    private void initMenu(){
        //创建菜单栏对象
        JMenuBarmnubar=new JMenuBar();

        //创建第一个菜单,并将它追加到菜单栏中
        JMenumnuFirst=new JMenu("文件");
        mnubar.add(mnuFirst);
        //创建一个菜单项,并将它追加到菜单 mnuFirst 中
        JMenuItemitmAdd=new JMenuItem("添加");
        mnuFirst.add(itmAdd);
```

```
        mnuFirst.addSeparator();                //增加菜单分隔符
        //创建一个菜单项,并将它追加到菜单 mnuFirst 中
        JMenuItemitmExit=new JMenuItem("退出(E)");
        mnuFirst.add(itmExit);
        itmExit.setMnemonic(KeyEvent.VK_E);
        //设置快捷键,这里是同时按下 Ctrl+E 键,相当于选中该菜单项
        itmExit.setAccelerator(KeyStroke.getKeyStroke(KeyEvent.VK_E,
            InputEvent.CTRL_DOWN_MASK));
        //创建第二个菜单,并将它追加到菜单栏中
        JMenumnuSecpmd=new JMenu("Help");
        mnubar.add(mnuSecpmd);
        //将 mnuBar 设置为当前窗口的菜单栏对象
        this.setJMenuBar(mnubar);
    }
    public static void main(String[] args) {
        MenuDemo app=new MenuDemo("MenuDemo",600,400);
        app.setVisible(true);
    }
}
```

JMenuItem 类的 setAccelerator 方法可以为对应的菜单项指定键盘加速器,为常用菜单项添加快捷操作是改善用户交互的一种有效方式。

14.3 布局管理器

程序 14-1 与本章其他程序运行的界面效果差别很大,程序 14-1 的运行界面中的按钮占满了窗口,而其他程序则没有,主要差别是其他程序中在构造方法中均有如下的一行语句,而程序 14-1 则没有。

```
this.setContentPane(new JPanel());
```

这个语句的作用是指定当前窗口的内容窗格类型是 JPanel,这就是界面效果差异的关键,因为默认的内容窗格和 JPanel 类型的内容窗格在管理自己容器内的组件如何显示时,采取了不同的布局管理方式。

决定组件在容器中排列方式的对象称为 Layout Manager(布局管理器),Swing 程序采用布局管理器来管理组件的排放、位置、大小等布置任务,能实现平台无关的自动合理排列。Java 提供了多种类型的布局管理器,例如 BorderLayout、FlowLayout、GridLayout、GridBagLayout、CardLayout 等,每种管理器都有着特殊的组件布局管理方式。

Swing 的每一种容器都有自己的布局管理器,也可以根据需要替换成其他类型的布局管理器对象。重新设置一个容器的布局管理器可以调用容器的 setLayout 方法,例如,下面的语句将 JFrame 对象的布局管理器改为 FlowLayout。

```
JFramefrm=new JFrame();
frm.setLayout(new FlowLayout());
```

14.3.1 BorderLayout

BorderLayout(边界布局管理器)将管理的容器分为东、西、南、北、中 5 个位置,并通过

BorderLayout 类中相应的类常量进行标识：NORTH、SOUTH、EAST、WEST、CENTER，可以重复添加组件到相同的位置，但前面的组件将被移走。

BorderLayout 是 JFrame 的默认内容窗格、JDialog 以及 JApplet 容器的默认布局管理器。图 14-6 所示为它的显示特点。

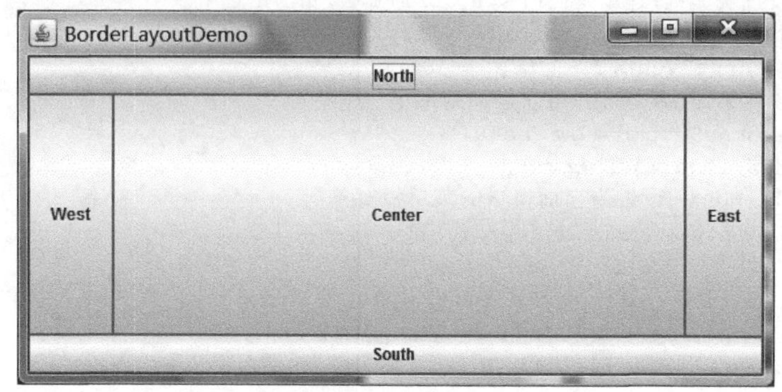

图 14-6 BorderLayout 管理的 5 个位置

可以采用下面的构造方法之一构造一个 BorderLayout 对象。

```
BorderLayout()                          //构造一个组件之间没有间距的新边框布局。
BorderLayout(int hgap,int vgap)         //构造一个具有指定组件间距的边框布局。
```

BorderLayout 管理的每个区域只允许添加最多一个组件，当然可以没有。下面的代码段是将一个 JPanel 对象的布局管理器设置为 BorderLayout，并将一个按钮增加到中间位置。

```
JPanel pan=new JPanel();
pan.setLayout(new BorderLayout());
pan.add(new JButton("Center"),BorderLayout.CENTER) ;
```

注意：

(1) 若每个区域或若干个区域没有放置组件，东西南北区域将不会有预留，而中间区域将置空。

(2) 当容器的尺寸发生变化时，各组件的相对位置不变，南北组件的高度不变，东西组件的宽度不变，但中间部分组件的尺寸会发生变化。

(3) 若没有指明放置位置，则表明为默认的 CENTER 方位。

(4) 如果想在一个区域添加多个组件，则必须先在该区域放一个 Panel 容器，再将多个组件放在该 Panel 容器中。

14.3.2 FlowLayout

FlowLayout 布局方式是将组件一排一排地依次放置，它自动调用组件的 getPreferredSize 方法，使用组件的最佳尺寸来显示组件。当容器被重新设置大小后，则布局也会随之发生改变：各组件的大小不变，但相对位置会发生变化。它是 JPanel 的默认布局。

构造一个 FlowLayout 对象可以采用下面的构造方法之一来完成：

```
FlowLayout()            //构造新的 FlowLayout,居中对齐,默认的水平和垂直间隙是 5 个单位
FlowLayout(int align)   /* 构造一个新的 FlowLayout,它具有指定的对齐方式(FlowLayout
    类声明的 3 个类常量 LEFT,RIGHT,CENTER),默认的水平和垂直间隙是 5 个单位 */
```

```
FlowLayout(int align,int hgap,int vgap)  /*创建一个新的流布局管理器,它具有指定的
      对齐方式以及指定的水平和垂直间隙*/
```

14.3.3 BoxLayout

BoxLayout 布局管理器允许垂直或水平布置多个组件。其构造方法如下：

```
//创建一个将沿给定轴放置组件的布局管理器
public BoxLayout(Container target,int axis)
```

编程时程序员一般会使用 Box 类，而不是直接使用 BoxLayout。Box 类是使用 BoxLayout 的轻量级容器。创建一个 Box 的过程如下：

```
Box hbox=Box.createHorizontalBox();          //创建一个水平排列组件的 Box 容器
Box vbox=Box .createVerticalBox();           //创建一个垂直排列组件的 Box 容器
```

将组件加入 Box 的容器中的方法如下面的语句：

```
hbox.add(new JButton("button1"));            //追加一个按钮到 Box 容器中
hbox.add(new JButton("button2"));
```

默认情况下，添加到容器中的组件在水平或垂直方向上一个接着一个排列，如果需要在它们之间添加空隙，可以利用 Box 提供的透明组件分隔。Box 可以提供 3 种类型的透明组件供选用。

(1) Rigid Area 组件具有固定的尺寸，可以用 Box 的类方法 createRigidArea()创建。如下面的代码片段，通过创建一个宽度为 20 像素的透明组件在两个按钮之间形成了空白。

```
hbox.add(new JButton("button1"));            //追加一个按钮到 Box 容器中
hbox.add(Box.createRigidArea(new Dimension(20,0)));
hbox.add(new JButton("button2"));
```

(2) 和 Rigid Area 具有固定尺寸不同，Box 还可以用类方法 createHorizontalGlue()创建自动占据剩余空间的水平透明组件(同样还有垂直组件)，如果有多个 Glue 组件，则它们平分一个方向上的剩余空间定义自己的尺寸。

(3) Box 提供的第三类透明组件是 Strut，它定义了在一个方向上具有固定尺寸的 Strut，例如 Box.createVerticalStrut(30)方法创建了一个高度为 30 像素的透明组件，可以用来间隔垂直方向上的两个组件间隙。

14.3.4 GridLayout

GridLayout 布局方式可以使容器中的各组件呈网格状分布。容器中各组件的高度和宽度相同，当容器的尺寸发生变化时，各组件的相对位置不变，但各自的尺寸会发生变化。

GridLayout 的构造方法如下：

```
GridLayout()                         //创建具有默认值的网格布局,即每个组件占据 1 行 1 列
GridLayout(int rows, int cols)                //创建具有指定行数和列数的网格布局
GridLayout(int rows, int cols, int hgap, int vgap)
          /*创建具有指定行数和列数的网格布局,此外,将水平和垂直间距设置为指定值*/
```

注意：

（1）各组件的排列方式：从左到右，从上到下。

（2）与 BorderLayout 类相类似，如果想在一个网格单元中添加多个组件，则必须先在该网格单元放一个 Panel 容器，再将多个组件放在该 Panel 容器中。

（3）通过构造方法或 setRows 和 setColumns 方法将行数和列数都设置为非零值时，指定的列数将被忽略。列数通过指定的行数和布局中的组件总数来确定。例如，如果指定了 3 行 2 列，在布局中添加了 9 个组件，则它们将显示为 3 行 3 列。仅当将行数设置为零时，指定列数才对布局有效，同样的仅当将列数设置为 0 时，指定行数才对布局有效，但不能两者同时为 0。

14.4 用中间容器组织界面元素

JFrame 是用来创建主窗口的顶级容器，很多程序中，组件并不直接添加到 JFrame 容器中，而是通过用中间容器组织好界面的布局，最后再根据要求将该中间容器对象加入主窗口中，从而可以实现复杂的界面变换。常用的中间容器有以下几种。

（1）JPanel：最灵活、最常用的中间容器，其默认的布局管理器是 FlowLayout。

（2）Box：综合利用其水平和垂直 Box，可以方便地布局一个规整的组件显示。

（3）JScrollPane：与 JPanel 类似，但还可在大的组件或可扩展组件周围提供滚动条。常用构造方法：JScrollPane(Component c)。

（4）JTabbedPane：包含多个组件，但一次只显示一个组件。用户可在组件之间方便地切换。

（5）JToolBar：按行或列排列一组组件（通常是按钮）。

（6）JSplitPane：用于拆分窗口。

在进行一般的交互界面开发中，通常可以为每一个交互界面定义一个 JPanel 的子类，在主窗口中进行不同 Panel 的切换。程序 14-8 利用 Box 布局了一个登录 Panel。

```
//程序 14-8a:一个登录的 Panel
import javax.swing.Box;
import javax.swing.JButton;
import javax.swing.JLabel;
import javax.swing.JPanel;
import javax.swing.JPasswordField;
import javax.swing.JTextField;

public class LoginPanel extends JPanel {
    //在构造方法之外声明两个输入组件成员，主要是为了在构造方法之外能够得到输入内容
    JTextFieldtxtName;
    JPasswordFieldtxtPwd;
    MainFramemfrm;                              //用来引用主窗口，作用见 14.6.3 节内容
    public LoginPanel(MainFramemfrm) {
        super();
        this.mfrm=mfrm;
        Box box1=Box.createHorizontalBox();
        JLabellblName=new JLabel("登录账号:");
        txtName=new JTextField(20);
        box1.add(lblName);
```

```
        box1.add(Box.createHorizontalStrut(20));
        box1.add(txtName);

        Box box2=Box.createHorizontalBox();
        JLabellblPwd=new JLabel("登录密码:");
        txtPwd=new JPasswordField(20);
        box2.add(lblPwd);
        box2.add(Box.createHorizontalStrut(20));
        box2.add(txtPwd);

        Box box3=Box.createHorizontalBox();
        JButtonbtnLogin=new JButton("登录");
        btnLogin.setActionCommand("login"); //指定按钮的动作命令
        box3.add(btnLogin);

        Box box=Box.createVerticalBox();
        box.add(box1);
        box.add(Box.createVerticalStrut(20));
        box.add(box2);
        box.add(Box.createVerticalStrut(20));
        box.add(box3);
        this.add(box);

    }
}
```

创建完界面之后,要做的只是把它们实例化,并显示它们,例如程序 14-8 的 MainFrame 类。

```
//程序 14-8b:MainFrame
import javax.swing.JFrame;
public class MainFrame extends JFrame {
    public MainFrame(String title,intwidth,int height)  {
        super(title);
        this.setSize(width, height);
        this.setContentPane(new LoginPanel(this));
        this.setDefaultCloseOperation(JFrame.EXIT_ON_CLOSE);
        this.pack();
    }
    public static void main(String[] args){
        MainFramefrm=new MainFrame("ATM 服务系统",800,600);
        frm.setVisible(true);
    }
}
```

程序中的 setContentPane 方法将一个 LoginPanel 的实例作为当前容器的 contentPane,也就是客户工作区,效果如图 14-7 所示。

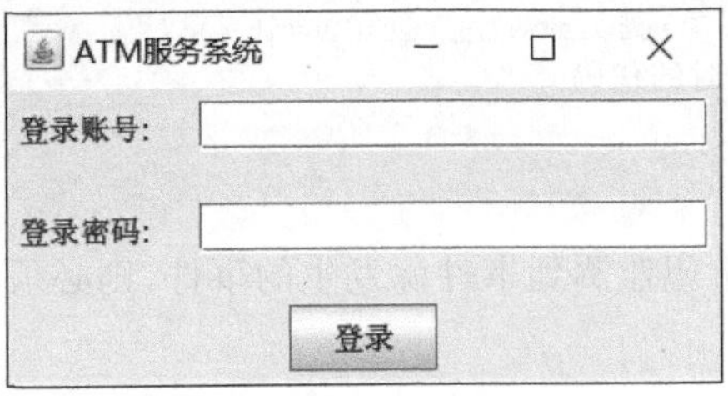

ATM服务系统

登录账号:

登录密码:

登录

图 14-7　程序 14-8 的效果

14.5 事件机制

开发 Swing 程序一般遵循的步骤如下。

(1) 根据需要创建不同的界面类。

(2) 添加合适的组件到对应的界面类中。

(3) 为界面和界面中的组件添加必要的事件监听器,对诸如菜单选择、单击按钮以及文本输入之类的事件进行响应。

14.5.1 事件处理过程

如图 14-6 所示,单击登录界面内的"登录"按钮,需要将用户名和密码送交登录验证程序进行处理。

这里的"登录"按钮在事件处理机制中就成了一个特定的事件源,由于鼠标单击或键盘触发,按钮对象内部创建了一个类型为 ActionEvent 的事件对象,这个事件对象包含了事件本身及事件源的信息,这个事件对象必须交给一个对应于该按钮的按钮动作监听器 ActionListener 对象才能得到处理,图 14-8 演示了这个过程。

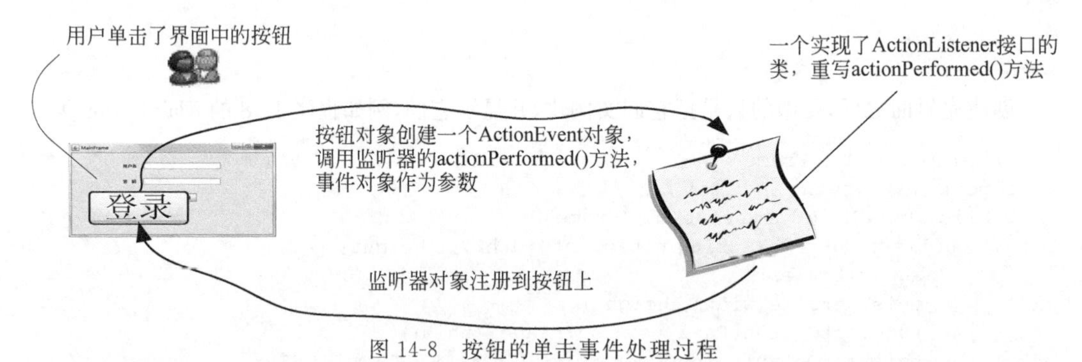

图 14-8 按钮的单击事件处理过程

Java 定义了各种各样的监听器接口,一个类只要实现了一种监听器接口,那么该类就可以称为监听器。每一种监听器只能监听特定的事件,一个事件源可以绑定多种监听器,用于满足监听不同类型事件的要求。

例如,下面的 ButtonListener 实现了 ActionListener 的接口,那么,ButtonListener 的对象就具备了监听按钮单击事件的能力。

```
import java.awt.event.ActionEvent;
import java.awt.event.ActionListener;
public class ButtonListenerimplementsActionListener{
    public void actionPerformed(ActionEvent e) {
        //添加事件发生时的代码
    }
}
```

一个监听器对象如果希望监测到事件源发生的事件,则必须将两者联系起来,下面的代码段实现了这个过程。

```
JButtonbtnLogin=new JButton("登录");
ButtonListenerloginListener=new ButtonListener();      //创建了一个动作监听器
btnLogin.addActionListener(loginListener);              //将监听器注册到按钮对象上
```

通过调用事件源组件对象的add×××Listener方法，就可以将一个监听器对象注册到组件上。例如，当按钮被单击时，按钮对象就会寻找注册的ActionListener(动作监听器)对象，如果找到，则调用监听器对象的actionPerformed方法，同时，按钮单击创建的事件对象作为该方法的参数，如果没有找到动作监听器，则该事件被忽略。

在实践中，既可以创建独立的监听器类用来监听事件，也可以通过组件所在的容器类等已有的类实现对应的监听器接口，容器本身就可以监听到组件发出的事件。例如，下面代码中LoginPanel既是一个容器类，又是一个动作监听器类。

```
public class LoginPanel extends JPanel implements ActionListener{
    public LoginPanel{
        JButtonbtnLogin=new JButton("登录");
        btnLogin.addActionListener(this);    //将所在容器作为该按钮的监听器
    }
    public void actionPerformed(ActionEvent e) {
        //添加实现代码,用来处理操作事件发生的情况
    }
}
```

注意：一个事件源可能发生多种类型的事件，因此可以在一个事件源组件上同时注册多个监听器。当然，一个监听器也可以同时注册到多个能够发出同样事件的事件源上，在这种情况下，监听器需要从接收的事件对象里获得事件源组件的信息，分辨出究竟是哪个组件发出的，以便做出针对性的响应。例如，ActionEvent对象可以通过getActionCommand方法判断出是哪个组件发出的事件，当然不同组件需要设置特殊的command才行，例如JButton对象可以通过setActionCommand方法指定一个按钮的特殊命令。

14.5.2 主要事件类型

不同种类的组件可以产生不同种类的事件，表14-2列出了部分事件。

表14-2 部分事件及监听器

事件类型	事件源组件类型	监听器接口	必须实现的方法
ActionEvent	JButton、JCheckBox、JMenuItem、JMenu、JCheckBoxMenuItem、JTextField等	ActionListener	void actionPerformed (ActionEvent e)
ItemEvent	JButton、JCheckBox、JMenuItem、JMenu、JCheckBoxMenuItem、JTextField等	ItemListener	void itemStateChanged (ItemEvent e)
MouseEvent	JFrame、JPanel、JButton等容器类	MouseListener MouseMotionListener MouseWheelListener	void mouseClicked (MouseEvente) mousePressed mouseReleased mouseDragged mouseMoved mouseWheelMoved

Java 的事件类中常用的事件有 ActionEvent(行为事件)、FocusEvent(焦点事件)、ItemEvent(项目事件)、KeyEvent(击键事件)、MouseEvent(鼠标事件)、TextEvent(文本事件)和 WindowEvent(窗口事件),它们的层次结构如图 14-9 所示。

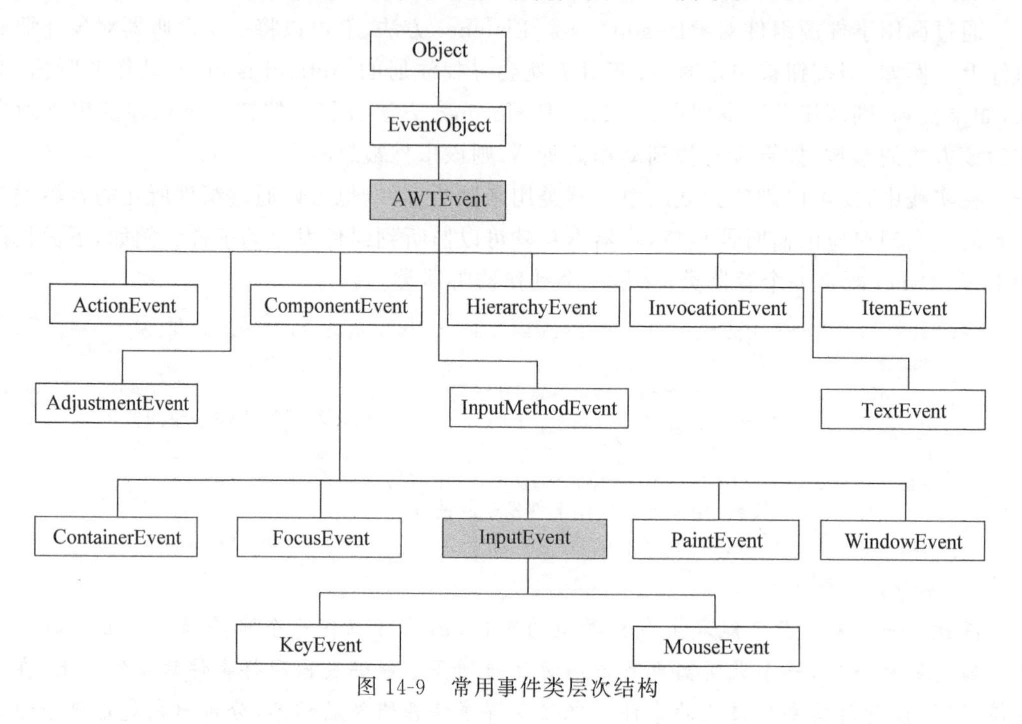

图 14-9　常用事件类层次结构

1. ActionEvent(行为事件)

当 GUI 组件指定行为发生时,组件就会产生行为事件。例如,当用户按下一个按钮或选中菜单项时,产生一个行为事件。

2. FocusEvent(焦点事件)

当一个组件得到或失去焦点时,发生焦点事件。例如,当光标在对话框中从一个组件移到另一个组件进行制表时产生。界面上的组件只能有一个组件获得焦点,其余的组件都将失去焦点。

3. ItemEvent(项目事件)

当用户选择一个复选框、复选框菜单项、选择列表或列表项时,就会发生项目事件。当选定或撤销选定时,会激发项目事件。这两种状态分别由 ItemEvent 类中的 SELECTED 和 DESELECTED 常量代表。如果要获取当前项目的状态,可以通过调用 ItemEvent 中的 getStateChange 方法。还可以用事件对象中的 getSelectedItems 方法获取所选择的项目。

4. KeyEvent(击键事件)

当用户按下或释放一个键时,发生击键事件,它分为 3 类:键按下、键释放和键输入。当用户按下键时发生键按下事件,而释放键则发生键释放事件。键按下/释放由一个 key code(键码,通常是一个 32 位整数)来表示。当按下键就会产生一个 Unicode 字符(一种字符编码,用 16 位表示),同时会产生一个键输入事件。击键事件的发生是有先后顺序的,通常先是键按下事件,然后是键输入事件,最后才是键释放事件。在 KeyEvent 类中提供了许多常量(例如 VK_A 和 VK_ENTER)来标识键码。要从事件对象中获取键码,可以通过调用 KeyEvent 中的 getKeyCode 方法实现。而要获取所输入的字符可以使用事件对象中的 getKeyChar 方法。

5. MouseEvent(鼠标事件)

用户按下鼠标、释放鼠标或移动鼠标指针时,发生鼠标事件。从 MouseEvent 类中创建的对象代表鼠标事件。

MouseEvent 中的 getX 和 getY 方法可以返回鼠标指针的坐标。这些坐标是相对于事件源对象的坐标而言的,例如鼠标在窗口中单击,则返回的坐标是鼠标在窗体中的坐标值。还可以调用 getPoint 方法,把它们作为一个点对象来获取。当操作弹出式菜单时,需要调用 MouseEvent 的 isPopupTrigger 方法,这个方法获取弹出式触发器的设置(当用户激发弹出菜单,将返回一个逻辑真)。

6. TextEvent(文本事件)

当文本框或单行文本框的内容发生改变时,发生文本事件。也就是说当按键(这个组件焦点)或调用组件的 setText 方法时,组件的内容发生了改变,就会触发文本事件。

7. WindowEvent(窗口事件)

当窗口执行激活、撤销、打开、关闭等动作时,就会激发窗口事件 WindowEvent。要标识激发事件的容器窗口,例如对话框、文件框或框架,需要调用 WindowEvent 中的 getWindow 方法。

14.5.3 一个事件处理的实例

本节通过一个完整的程序把程序 14-6 的 TransactionPanel 和程序 14-8 的 LoginPanel 两个界面联系起来。用户通过输入账户名和密码后(如图 14-7 所示),切换到程序 14-6 的界面(如图 14-5 所示),为了达到这一目的,首先需要修改 LoginPanel 类,为它添加必要的按钮监听代码,如程序 14-9 所示。

```
/**
 * 程序 14-9a:新的 LoginPanel,添加了按钮事件监听
 *   User 是一个表示登录用户的实体类
 */
public class LoginPanel extends JPanel implements ActionListener{
    //在构造方法之外声明两个输入组件成员,主要是为了在构造方法之外能够得到输入内容
    JTextFieldtxtName;
    JPasswordFieldtxtPwd;
    MainFramemfrm;                                      //用来引用主窗口
    public LoginPanel(MainFramemfrm) {
        super();
        this.mfrm=mfrm;
        Box box1=Box.createHorizontalBox();
        JLabellblName=new JLabel("登录账号:");
        txtName=new JTextField(20);
        box1.add(lblName);
        box1.add(Box.createHorizontalStrut(20));
        box1.add(txtName);
        Box box2=Box.createHorizontalBox();
        JLabellblPwd=new JLabel("登录密码:");
        txtPwd=new JPasswordField(20);
        box2.add(lblPwd);
```

```
        box2.add(Box.createHorizontalStrut(20));
        box2.add(txtPwd);

        Box box3=Box.createHorizontalBox();
        JButtonbtnLogin=new JButton("登录");
        btnLogin.setActionCommand("login");      //指定按钮的动作命令
        btnLogin.addActionListener(this);
        box3.add(btnLogin);

        Box box=Box.createVerticalBox();
        box.add(box1);
        box.add(Box.createVerticalStrut(20));
        box.add(box2);
        box.add(Box.createVerticalStrut(20));
        box.add(box3);
        this.add(box);
    }
    public void actionPerformed(ActionEvent e) {
        if(e.getActionCommand().compareTo("login")==0){
            //因为 getPassword()返回的是字符数组,所以需要形成字符串
            User u=new User(txtName.getText(),new String(txtPwd.getPassword()));
            if(u.login()){     //当系统验证了登录用户的合法身份后,通知主窗口切换界面
                mfrm.loadTransactionPanel();
            }
        }
    }
}
```

程序运行中当发生了操作登录按钮的时候，就触发了按钮注册的监听器的 actionPerformed 方法的执行，创建了一个 User 对象，User 类表示登录账户信息，当执行 User 对象的 login 方法成功后，通知主窗口调入新的界面。

```
//程序 14-9b:User 类
public class User {
    String userName;
    String password;
    public User (String userName, String password) {
        super();
        this.userName=userName;
        this.password=password;
    }
    //添加的 login 方法只是为了模拟登录,没有实际的登录验证逻辑
    public boolean login(){
        return true;
    }
}
```

为了在主窗口内切换显示不同的界面，需要对程序 14-8 的 MainFrame 程序进行修改，在 LoginPanel 中当登录验证通过后，通知主窗口执行 loadTransactionPanel()的方法，将新的面板对象设为当前界面显示，从而实现了界面的切换。

```
//程序 14-9c:新的 MainFrame,添加了切换界面的功能
```

```
import java.awt.Dimension;
import javax.swing.JFrame;
public class MainFrame extends JFrame {
    private Dimension standardSize;;
    public MainFrame(String title,intwidth,int height)  {
        super(title);
        this.setSize(width, height);
        standardSize=new Dimension(width, height);    //记录指定的尺寸
        this.setContentPane(new LoginPanel(this));
        this.setDefaultCloseOperation(JFrame.EXIT_ON_CLOSE);
        this.pack();
    }
    //加载交易数据表格 Panel 到窗口,实现了界面的切换
    public void loadTransactionPanel(){
        TransactionPaneltp=new TransactionPanel();
        this.setContentPane(tp);      //重新设置内容窗格
        this.setSize(standardSize);  //恢复为指定尺寸
        this.validate();              //在修改了容器的子组件后,调用此方法重新显示。
    }
    public static void main(String[] args){
        MainFramefrm=new MainFrame("ATM 服务系统",800,600);
        frm.setVisible(true);
    }
}
```

14.6 对 话 框

和利用中间容器组织界面不同,Java 提供了一类特殊的窗口编程——对话框编程。对话框可以显示在另一个窗口即父窗口的范围内,使用对话框可以在不切换原有视图内容的情况下和用户交互,例如简单地输入、操作确认等。

打开一个对话框通常有两种模式:一种是打开时封锁同一程序其他窗口的交互,这种模式称为模态对话框;另一种是不阻塞同一程序其他窗口的继续交互,称为无模态对话框。

Swing 除了提供 JDialog 类自定义对话框外,还提供了 JOptionPane 用于完成常规交互的标准对话框、文件对话框 JFileChooser 和颜色对话框 JColorChooser 等。

14.6.1 选项对话框

JOptionPane 有助于方便地弹出要求用户提供输入值或向其发出通知的标准对话框。例如下面的代码片段当按下按钮时,监听器显示了一个简单的确认窗口。

```
public void actionPerformed(ActionEvent e) {
    JOptionPane.showConfirmDialog(null,"您确认删除这条信息吗?","操作提示",
        JOptionPane.YES_NO_OPTION);
}
```

showConfirmDialog 方法是 JOptionPane 提供的类方法,根据方法最后的实参 JOptionPane.YES_NO_OPTION 可以确定在对话框底部显示的选项按钮的集合,如图 14-10 所示。

图 14-10　选项对话框实例

除了 showConfirmDialog 这样用于简单输入的对话框外，JOptionPane 还提供了确认对话框 showConfirmDialog、信息告知对话框 showMessageDialog 和选项对话框 showOptionDialog，并且提供了只能在指定窗口内移动的对话框 showInternalXxxxDialog，例如 showInternalConfirmDialog 的参数要求提供一个指定窗口对象的对象引用。

14.6.2　文件对话框

JFileChooser 为用户选择文件提供了一种简单的机制，通过它可以获得用户选择的文件信息，例如位置和文件名等，进而可以利用前面介绍的 I/O 编程的知识实现文件的处理。下面的代码显示了如何实现文件显示过滤和获得选中文件信息的过程。

```
public void actionPerformed(ActionEvent e) {
    JFileChooser chooser=new JFileChooser();
    //创建了一个文件名过滤器,文件类型参数是一个变长的参数类型
    FileNameExtensionFilter filter=new FileNameExtensionFilter("JPG & GIF
        Images","jpg","gif");
    chooser.setFileFilter(filter);
    //return 保存了用户选择按钮的情况
    int returnVal=chooser.showOpenDialog(this);
    //利用 getSelectedFile 方法返回一个 File 对象表示用户选中的文件
    if (returnVal==JFileChooser.APPROVE_OPTION) {
        System.out.println("被选择的文件是: "+ chooser.getSelectedFile().
            getName());
    }
}
```

JFileChooser 提供了一个返回值类型是 File 的 getSelectedFile 方法，通过这个 File 对象可以获得用户所选文件的属性信息。

14.6.3　自定义对话框

可以通过继承 JDialog 创建一个自定义的对话框，满足程序特定的需要。创建一个对话框重点需要确定以下问题。

(1) 满足应用需要的组件搭配和屏幕布局，这个过程和前面讲述的窗口和容器的处理一致。

(2) 如何向使用者返回必要的信息，包括用户所需的结果和关闭对话框的方式等。

下面的程序片段定义了一个模拟 JOptionPane.showConfirmDialog 风格的对话框类。

```
//程序 14-10:一个简单的 JOptionPane.showConfirmDialog 风格的实现
import java.awt.Dimension;
```

```java
import java.awt.Window;
import java.awt.event.ActionEvent;
import java.awt.event.ActionListener;

import javax.swing.Box;
import javax.swing.JButton;
import javax.swing.JDialog;
import javax.swing.JLabel;
import javax.swing.JTextField;
import javax.swing.SwingConstants;
import javax.swing.WindowConstants;

public class CustomDialog extends JDialog implements ActionListener{
    private JTextFieldtxtInfo;                    //设置输入框
    /**
     * @param owner 对话框的所有者
     * @param title 对话框的标题
     * @param modalityType 如果为真,则对话框显示时,阻塞所有其他操作,即模态对话框
     */
    public CustomDialog(Window owner, String title, ModalityTypemodalityType) {
        super(owner,title, modalityType);
        Box vbox=Box.createVerticalBox();    //创建一个容器内组件垂直排列的 box

        JLabellblTitle=new JLabel("请输入信息");
        vbox.add(lblTitle);
        //在 Label 和 JTextField 组件中间添加一个高度为 20 像素的透明组件
        vbox.add(Box.createRigidArea(new Dimension(0,20)));
        txtInfo=new JTextField();
        vbox.add(txtInfo);
        //为了将两个按钮水平排列,所以将它们放入一个水平 Box 容器中
        Box hbox=Box.createHorizontalBox();
        //首先添加一个 Glue,则使得两个按钮只能靠右对齐
        hbox.add(Box.createHorizontalGlue());
        JButtonbtnOk=new JButton("确认");
        btnOk.addActionListener(this);
        hbox.add(btnOk);
        hbox.add(Box.createRigidArea(new Dimension(20,0)));
        JButtonbtnCancel=new JButton("取消");
        btnCancel.addActionListener(this);
        hbox.add(btnCancel);
        vbox.add(hbox);                 //将水平 Box 作为一个组件添加到垂直 Box 容器中
        this.add(vbox);                 //添加到 Jpanel 容器中
        this.pack();                    //按照实际的容器尺寸,布局容器内组件
        this.setDefaultCloseOperation(WindowConstants.DISPOSE_ON_CLOSE);
    }
    public void showInputDialog(){
        this.setVisible(true);
    }
    //提供给外部使用的方法来获得收入的内容
    public String getInput(){
        return txtInfo.getText().trim();
    }
    public void actionPerformed(ActionEvent e) {
```

```
        this.dispose();                             //释放屏幕等资源
    }
}
```

上述代码片段利用了 Box 对话框中的组件进行布局管理，因为 JDialog 默认的布局管理器是 BorderLayout。

程序并没有对对话框的按钮进行任何控制，只是简单地释放了该对象所占用的屏幕设备资源，实际中可能需要添加上对不同的按钮做出的不同响应等。

14.7 图形编程基础

要在面板上绘图，首先需要了解几个最基本的概念。

1. 组件的显示

每个组件知道应该如何显示自己，这是因为每个组件都有一个 paint 的方法，当组件需要显示时，运行时环境会调用它。paint 的方法包括一个 Graphics 类型的参数，Swing 应用程序不应直接调用 paint，而是应该使用 paintComponent 方法来安排重绘组件，该方法可以重载。

```
protected void paintComponent(Graphics g)
```

2. 图形环境

Java 应用程序绘图需要一个类型为 Graphics2D(继承于早期版本提供的 Graphics 类)的对象，通常称这个对象为图形设备上下文，它提供了在屏幕上绘图的独立于平台的接口，可以使用它绘制直线、各类几何图形等。

3. 组件中的坐标系

Graphics 绘图时的用户坐标系统采用像素作为单位，其原点(0,0)坐标默认在左上角，Graphics2D 对象会自动将组件的用户坐标映射到具体的设备坐标，例如打印机、计算机屏幕等。

4. 颜色

绘图时用的特殊颜色可以使用 Color 对象。颜色由红、绿、蓝三原色构成，每个原色分量的亮度值都用一个 byte 值表示，0～255(当 byte 值为 255 时最亮)。例如创建一个 Color 对象的语法如下：

```
Color c=new Color(r,g,b);
```

例如，更改当前绘图颜色时，可以使用类似下面的代码实现：

```
g.setPaint(Color.RED);        //g 是图形设备上下文 Graphics2D 的实例
```

5. 字体

通常使用 Font 和 FontMetrics 来完成所绘图形的文字效果设置。Font 对象可以用来设置组件和绘制时的字体，而 FontMetrics 用来计算字符串的精确长度和宽度。

6. 画笔

Stroke 接口允许 Graphics2D 对象获得一个 Shape，该 Shape 是指定 Shape 的装饰轮

廓,或该轮廓的风格表示形式。例如,在绘图时可以设置所用线宽的代码如下:

```
Strokestroke=new BasicStroke(4);
```

程序 14-11 演示了一个绘图面板的实现,当单击面板时,在单击位置绘出一个椭圆,中心带有粗体的文字,并且当再次单击时,清除上一个椭圆,绘制新的图形。

```
/**
 *  程序 14-11:一个绘图面板的实现
 *  使用此程序需要再创建一个窗口,设置此面板对象作为窗口的 contentPane
 */
import java.awt.Color;
import java.awt.Font;
import java.awt.Graphics;
import java.awt.Graphics2D;
import java.awt.Point;
import java.awt.event.MouseEvent;
import java.awt.event.MouseListener;
import javax.swing.JPanel;

public class DrawPanel extends JPanel implements MouseListener {
    Point lastLocation;                                   //保存上一次的单击位置
    public DrawPanel() {
        super();
        this.addMouseListener(this);
    }
    @Override
    protected void paintComponent(Graphics g) {
        super.paintComponent(g);
    }
    public void mouseClicked(MouseEvent e) {
        //获得当前环境的图形设备
        Graphics2D g=(Graphics2D) this.getGraphics();
        if (lastLocation!=null) {                         //此分支用于清除上次的绘图
            Color bg=g.getBackground();                   //获得当前的背景色
            g.setColor(bg);
            //用背景色在原来的位置重新绘制,以达到清除图形的目的
            g.fillRect(lastLocation.x, lastLocation.y,101,101);
        }
        Point p=e.getPoint();
        g.setPaint(Color.RED);
        g.drawOval(p.x,p.y,100, 100);
        g.setFont(new Font("宋体", Font.BOLD,10));        //设置新字体
        g.drawString("Oval",p.x+50,p.y+50);
        lastLocation=p;                                   //记录此次的绘图位置
    }
    //以下的方法因为没有使用,所以无须具体实现
    public void mouseEntered(MouseEvent e) {
    }
    public void mouseExited(MouseEvent e) {
    }
    public void mousePressed(MouseEvent e) {
    }
```

```
    public void mouseReleased(MouseEvent e) {
    }
}
```

当鼠标单击事件发生时，触发执行 mouseClicked 方法，该方法首先获得当前的图形设备上下文，然后利用它在当前的单击位置画出了一个带文字的椭圆，并且用和背景色一致的画笔在上次绘制的地方同样绘制了一次，等于是擦掉了原来的图形。

本章小结

本章主要介绍了 Java GUI 编程时需要掌握的内容，具体如下。

1. Java GUI 从 AWT 到 Swing 的演化

AWT 是 Java 提供的用来建立和设置 Java 的图形用户界面的基本工具。AWT 由 Java 中的 java.awt 包提供，里面包含了许多可用来建立图形用户界面(GUI)的类，这些类又被称为组件(Component)。AWT 的主要缺陷表现在和宿主操作系统的结合过于紧密，影响了程序的可操作性和可移植性。

Java Swing 是 Java Foundation Classes(JFC)的一部分，Swing 是在 AWT 组件基础上构建的。所有 Swing 组件实际上也是 AWT 的一部分。Swing 使用了 AWT 的事件模型和支持类，例如 Colors、Images 和 Graphics。Swing 在模型与视图和控件分离、可编程外观、呈现器和编辑器以及可访问性方面有了更好的改善。

2. 容器和组件

组件代表一种可以显示在屏幕上的图形元素，也是一种能与用户进行交互的 Java 对象，组件只能处于一个指定的容器中才能显示和处理。

Jframe、JApplet、JDialog、JWindow 是 Swing 提供的主要顶级容器，一般用来作为 GUI 程序的主窗口，它们有各自的用途，JFrame 主要用来提供应用程序顶级窗口。

JPanel、Box、JScrollPane、JSplitPane、JToolBar 作为中间容器常用来组织不同功能的应用界面。

由于 Swing 的组件都继承于 JComponent，每个组件都具备独立的可编程外观等特性。GUI 的编程需要对 JFC 提供的组件的作用、创建方式、功能有一个基本的认识。

对话框编程也是一种常见的任务。Swing 除了提供 JDialog 类来实现自定义对话框外，还提供了 JOptionPane 完成常规交互的标准对话框，以及文件对话框 JFileChooser 和颜色对话框 JColorChooser 等。

自定义对话框的编程和一般的 GUI 界面开发原理是一致的，需要特别注意的就是当关闭对话框时，需要给使用者提供获得操作结果的途径。

3. 布局管理器

Swing 程序采用布局管理器来管理组件的排放、位置、大小等布置任务，能实现平台无关的自动合理排列。Java 提供了多种类型的布局管理器，例如 BorderLayout、FlowLayout、GridLayout、GridBagLayout、CardLayout 等，每种管理器都有着特殊的组件布局管理方式。

每个容器均可以使用 setLayout 方法定义自己新的布局管理器。

4. 事件处理机制

不同的组件可以产生不同的事件，例如 JButton 可以产生 ActionEvent 事件代表按钮被单击、按下等事件，而容器可以检测到组件的添加和删除等事件。

Java GUI 编程对于组件的事件处理采用了委托处理模型。由事件产生的组件均可以采用 addXxxListener()的方法指定自己发生某种事件时的处理程序，也就是监听器。

Java 提供了多种不同种类的监听器接口，应用程序需要实现这些接口，以便事件源组件和这些事件监听器对象绑定起来，当组件发生了事件，绑定的监听器对象能够对此进行处理。

5. 图形编程

应用程序的图形编程一般需要在界面类重载 paintComponent 方法来绘制组件。

了解图形绘制设备上下文 Graphics 对象，对于图形处理非常重要，它提供了诸如绘图颜色、画笔、字体的控制，并提供了点、线、面等几何体绘制方法。

习 题 14

1. 列出 Swing 的顶级窗口和常用的中间容器。
2. 分析 JButton 的结构，简要阐述 MVC 的设计思想。
3. 简述 GUI 事件模型的组成要素以及事件处理模型的处理过程。
4. 准备两个同样大小的图像文件。定义一个界面，放置一个带图标的按钮(图标使用准备的其中一个图像文件)，当每次按下按钮时，按钮上的图标都会更换为另一个图像文件。
5. 设计一个有 9 个格子的人机交互游戏，准备两张小图片，一张为鱼，一张为猫，通过鼠标来控制猫在哪个格子出现，程序控制鱼在哪个格子出现，两个动物出现在一个格子里，游戏结束。

图书资源支持

感谢您一直以来对清华版图书的支持和爱护。为了配合本书的使用，本书提供配套的资源，有需求的读者请扫描下方的“书圈”微信公众号二维码，在图书专区下载，也可以拨打电话或发送电子邮件咨询。

如果您在使用本书的过程中遇到了什么问题，或者有相关图书出版计划，也请您发邮件告诉我们，以便我们更好地为您服务。

我们的联系方式：

清华大学出版社计算机与信息分社网站：https://www.shuimushuhui.com/

地　　址：北京市海淀区双清路学研大厦 A 座 714

邮　　编：100084

电　　话：010-83470236　010-83470237

客服邮箱：2301891038@qq.com

QQ：2301891038（请写明您的单位和姓名）

资源下载：关注公众号“书圈”下载配套资源。

资源下载、样书申请

书圈

图书案例

清华计算机学堂

观看课程直播